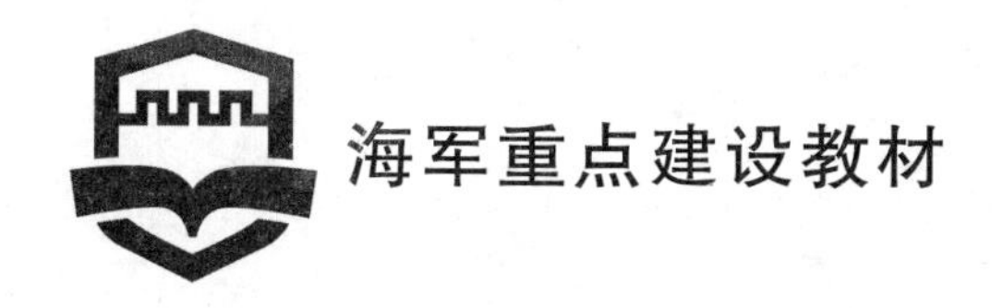


# 电子设备故障诊断与维修技术

王　朕　秦　亮　张文广　聂新华　编著

北京航空航天大学出版社

## 内 容 简 介

故障设备的诊断与维修是每一名工程师都会遇到的，也是每一名军事院校测试、维修保障专业学员或地方理工科电子电气类本科学生应了解和掌握的内容。

本书将电子设备故障的诊断、电子设备的故障维修作为整体，按照工程实践要求，遵循教学及学生认知规律，以电子设备为基本研究对象，对其发生故障后的故障诊断与进一步开展设备维修所用的理论、技术、仪器、工具和设备作了系统而全面的论述。全书主要内容可以分为三大部分，第一部分主要介绍电子设备诊断与维修的基本概念、目的和意义、发展历程、方法和分类及未来发展方向；第二部分主要介绍电子设备的故障规律分析、故障诊断方法和智能故障诊断技术；第三部分主要介绍电子设备常用维修技术、元器件的检测、维修工具及仪器、维修工艺及综合故障诊断设备。

书中每一章都由导语、正文、本章小结、思考题和课外阅读五部分组成。导语用于激发学习本章知识的兴趣，而课外阅读主要用于扩展学生的知识面。

本书体系新颖，结构完整，内容丰富，重点突出，尤其注重实用性和先进性。本书可作为军事院校测控工程、维修保障等相关专业本科学历教育和任职教育学员的教材或参考书，或作为地方高校理工科电子电气类本科学生的专业教材，也可作为部分专业研究生、高级士官和任职培训学员的辅助教材。

**图书在版编目(CIP)数据**

电子设备故障诊断与维修技术 / 王朕等编著. -- 北京：北京航空航天大学出版社，2018.2

ISBN 978-7-5124-2606-1

Ⅰ. ①电… Ⅱ. ①王… Ⅲ. ①电子设备—故障诊断②电子设备—故障修复 Ⅳ. ①TN05

中国版本图书馆 CIP 数据核字(2017)第 305444 号



电子设备故障诊断与维修技术

王朕　秦亮　张文广　聂新华　编著

责任编辑　金友泉

*

北京航空航天大学出版社出版发行

北京市海淀区学院路 37 号(邮编 100191)　http://www.buaapress.com.cn

发行部电话：(010)82317024　传真：(010)82328026

读者信箱：goodtextbook@126.com　邮购电话：(010)82316936

北京时代华都印刷有限公司印装　各地书店经销

*

开本：787×1 092　1/16　印张：20.5　字数：525 千字

2018 年 3 月第 1 版　2020 年 1 月第 2 次印刷　印数：2 001～4 000 册

ISBN 978-7-5124-2606-1　定价：46.00 元

若本书有倒页、脱页、缺页等印装质量问题，请与本社发行部联系调换。联系电话：(010)82317024

# 前　言

随着现代工业和军事装备的发展，电子设备的应用越来越广泛。随着电子设备性能的逐渐提高，其结构也越来越复杂。通常，电子设备越复杂，发生故障的概率越高、可靠性越差；同时，随着自动测试技术的发展，电子设备或武器装备的自动检测变得越来越简单、越来越智能化，但对操作人员（尤其是部队相应岗位的官兵）的设备维护与维修技能的要求却逐渐提高。由于生产设备、武器装备的信息化、电子化和智能化程度越来越高，电子设备故障导致的企业停产、装备不可使用越来越不可接受，因此，快速完成故障设备的诊断和维修也成为设备操作人员或维修保障人员的能力要求之一。这就要求军事院校测控、维修保障等相关专业的学员或地方理工科电子电气类专业学生要掌握一定的电子设备故障诊断与维修知识，具备一定的故障诊断与维修的能力。鉴于此，国内部分高校开设了电子设备故障诊断和维修课程，但目前尚无同时涵盖电子设备的故障诊断与维修两方面内容的参考书或教材，编者根据相关专业人才培养计划和部队岗位任职能力要求，并结合实践经验编写了本教材，在考虑系统性、理论性和实践性的基础上力求内容全面、重点突出。

本教材共9章，分为三大部分。

第一部分为第1章绪论，主要介绍电子设备维修与诊断的相关概念、目的和意义、发展历程、方法和分类及未来研究方向。

第二部分为电子设备的故障诊断，包括第2～4章，其中第2章是电子设备的故障分析，主要介绍故障的描述、模式、分布规律，并从器件和设备两个方面分析设备发生故障的机理，最后总结电子设备的故障规律；第3章是电子电路故障诊断方法，介绍电子设备的基础电路/模拟电路和数字电路的故障诊断方法，并着重介绍模拟电路故障诊断中的故障字典法、组合逻辑电路故障诊断的D算法以及时序逻辑电路的故障诊断步骤；第4章是智能故障诊断技术，首先简单介绍智能故障诊断技术的分类，然后着重介绍当前在综合故障诊断设备或系统级设备故障诊断应用较多的四种智能故障诊断技术：基于故障树的故障诊断技术、基于专家系统的故障诊断技术、基于神经网络的故障诊断技术和基于信息融合的故障诊断技术。

第三部分为电子设备的维修，包括第5～9章，其中第5章是电子设备维修技术，首先介绍电子设备维修技术的发展及意义，然后介绍基层级和基地级两个维修层次常用的维修技术，最后介绍电子设备维修的基本步骤和常用方法；第6章是电子元器件检测，从电子设备的基层单元/器件开始，介绍常用线性元器件、分立半导体器件和集成电路的识别、检测与替换修复方法;第7章是电子设备维修工具及仪器,首先介绍焊接、拆焊、装配等常用工具,然后重点介绍维修时常用的数字万用表、数字示波器、数字电桥、频谱分析仪、函数信号发生器、直流稳压电源和电子负载的基本原理及使用方法;第8章是电子设备的维修工艺,介绍电子设备生产和维修时必用的装配连接、焊接、装配和调试工艺;第9章是综合故障诊断设备,介绍大型或系统级电子设备进行测试诊断与维修所采用的综合故障诊断设备的开发流程、体系结构,并以一款便携式数模混合电路板故障诊断设备为例详细讲解了综合故障诊断设备的开发过程。

本教材由王朕副教授、秦亮讲师和张文广副教授共同编写,聂新华讲师编写了部分课外阅读,绘制了大量插图,并完成了书稿文字的初步校正。史贤俊教授担任本书的主审,并提出了许多宝贵的意见,在此表示诚挚的谢意。

在本书编写过程中,参考了大量国内外书刊资料、兄弟院校相关教材、学术及学位论文、国家标准和仪器使用说明等资料,在此对原作者致以深深的敬意和谢意。同时,海军航空大学岸防兵学院、参谋部教务处等领导机关、教研室各位同事都给予了大力支持和帮助,在此表示衷心的感谢。

由于水平有限,难免有错误和疏漏之处,恳请读者、专家批评指正并联系我们,修订时一定予以更正。

编　者

**2018年3月**

# 目　　录

# 第1章　绪　论

**导语**：了解过去才能理解现在，更有助于把握未来。通过学习绪论，可以理解教材所属知识的存在意义、需求背景、基本现状和未来发展，更有助于激发学习兴趣、促进有的放矢的学习。

## 1.1　电子设备诊断与维修的相关概念

### 1.1.1　故障与故障诊断

**1. 故　障**

故障(Fault)通常是指设备在规定条件下不能完成其规定功能的一种状态。这种状态往往是由不正确的技术条件、运算逻辑错误、零部件损坏、环境恶化、操作错误等引起的。这种不正常的状态可分以下几种：

① 设备在规定的条件下丧失功能。

② 设备的某些性能参数达不到设计要求，超出了允许范围。

③ 设备的某些零部件发生磨损、断裂、损坏等，致使设备不能正常工作。

④ 设备工作失灵，或发生结构性破坏，导致严重事故甚至灾难性事故。

根据故障发生的性质，可将故障分为两类：硬故障和软故障。硬故障指设备硬件损坏引起的故障，如结构件或元部件的损伤、变形、断裂等；软故障如系统性能或功能方面的故障。设备故障一般具有以下特性：

① 层次性：故障一般可分为系统级、子系统(分机)级、部件(模块)级、元件级等多个层次。高层次的故障可以由低层次故障引起，而低层次故障必定引起高层次故障。故障诊断时可以采用层次诊断模型和层次诊断策略。

② 相关性：故障一般不会孤立存在，它们之间通常相互依存和相互影响。一种故障可能对应多种征兆，而一种征兆可能对应多种故障。这种故障与征兆之间的复杂关系，给故障诊断带来一定的困难。

③ 随机性：突发性故障的出现通常都没有规律性，再加上某些信息的模糊性和不确定性，就构成了故障的随机性。

④ 可预测性：设备大部分故障在出现之前通常有一定先兆，只要及时捕捉到这些征兆信息，就可以对故障进行预测和防范。

**2. 故障诊断**

故障诊断(Fault Diagnosis)就是对设备运行状态和异常情况做出判断。也就是说，在设备没有发生故障之前，要对设备的运行状态进行预测和预报；在设备发生故障后，对故障原因、部位、类型、程度等做出判断，并进行维修决策。故障诊断的任务包括故障检测、故障识别、故障分离与估计、故障评价和决策。故障诊断通常有以下几种分类方法。

① 根据诊断方式分:功能诊断和运行诊断。功能诊断是检查设备运行功能的正常性,如发电机组的输出电压、功率等是否满足功能需要,它主要用于新安装或刚大修后的设备;运行诊断则是监视设备运行的全过程,主要用于正常运行的设备。

② 根据诊断连续性分:定期诊断和连续监控。定期诊断是按规定的时间间隔进行,一般用于非关键设备且性能改变为渐发性故障及可预测性故障。连续监控是在机器运行过程中自始至终加以监视和控制,一般用于关键设备且性能改变属突发性故障及不可预测性故障。

③ 根据诊断信息获取方式分:直接诊断和间接诊断。设备在运行过程中进行直接诊断是比较困难的,一般都是通过二次的、综合的信息来做出间接诊断。

④ 根据诊断的目的分:常规诊断与特殊诊断。

电子设备故障诊断是一项十分复杂、困难的工作。虽然电子设备的故障几乎与电子技术本身同步发展,而故障诊断技术的发展速度似乎要慢得多。在早期的电子设备故障诊断技术中,其基本方法是依靠一些测试仪表,按照跟踪信号逐点寻迹的思路,借助人的逻辑判断来决定设备的故障所在。这种沿用至今的传统诊断技术在很大程度上与维修人员的实践经验和专业水平有关,基本上没有一套可靠的、科学的、成熟的办法。随着电子工业的发展,人们逐步认识到,对故障诊断问题有必要重新研究,必须把以往的经验提升到理论高度,同时在坚实的理论基础上,系统地发展和完善一套严谨的现代化电子设备故障诊断方法,并结合先进的计算机数据处理技术,实现电子电路故障诊断的自动检测、定位及故障预测。

所谓电子电路故障诊断技术,就是根据对电子电路的可及节点或端口及其他信息的测试,推断设备所处的状态,确定故障元器件部位和预测故障的发生,判别电子产品的好坏并给出必要的维修提示方法。

### 1.1.2 维修与电子设备维修

#### 1. 维 修

维修就是维护和修理的统称。维护就是保持某一事物或状态不消失、不衰竭、相对稳定;修理就是使损坏了的设备能重新使用,即恢复其原有的功能。维修是伴随着生产工具的使用而出现的,随着生产工具的发展,机器设备大规模地使用,人们对维修的认识也在不断地深化。虽然对维修定义的标准略有不同,但基本都认为:维修是为了使装备保持、恢复和改善规定技术状态所进行的全部活动,最终目的是提高装备的使用效能。

#### 2. 电子设备维修

**(1) 电子设备维修的内涵**

电子设备维修是指为使电子设备保持、恢复和改善规定的技术状态所进行的全部活动,是一个多层次、多环节、多专业的保障系统。它主要包括维修思想、维修体制、维修类型、维修方式、维修专业、维修手段、维修作业等,并以维修管理贯穿其中,使之相互联系、相互作用,构成一个有机的整体。

**(2) 电子设备维修的分类**

按照维修性质和功能,电子设备维修可分为预防性维修、修复性维修、改进性维修和战场(现场)抢修四种基本类型。

① 预防性维修:预防性维修是指为预防故障或提前发现并消除故障征兆所进行的全部活动,主要包括清洁、润滑、调整、定期检查等。这些活动均在故障发生前实施的,目的是消除故

障隐患，防患于未然。由于预防性维修的内容和时机是事先加以规定并按照预定的计划进行的，因而也称为预定性维修或计划维修。

② 修复性维修：修复性维修是指电子设备发生故障后，使其恢复到规定技术状态所进行的全部活动，主要包括故障定位、故障隔离、分解、修理、更换、组合、安装、调校及检测等。由于修复性维修的内容和时机带有随机性，不能在事前做出确切安排，因而也称非定性维修或非计划维修。

③ 改进性维修：改进性维修是指为改进已定型和部署中使用的电子设备的固有性能、用途或消除设计、工艺、材料等方面的缺陷，而在维修过程中，对电子设备实施经过批准的改进或改装。改进性维修也称改善性维修，是维修工作的扩展，其实质是修改电子设备的设计。

④ 战场（现场）抢修：战场（现场）抢修指在战斗中（使用中）电子设备遭受损伤或发生可修理的事故后，在损伤评估的基础上，采用快速诊断与应急修复技术使之全部或部分恢复必要功能或自救能力而进行的电子设备战场（现场）修理活动。战场（现场）抢修虽然属于修复性范畴，但由于维修环境、条件、时机、要求和所采用的技术措施等与一般修复性维修不同，因而可把它视为一种独立的维修类型。

**(3) 电子设备的维修方式**

电子设备的维修方式是指电子设备维修时机和工作内容的控制形式。科学地确定维修方式，对增强维修工作的针对性、经济性具有重要意义。在长期的维修实践中，人们对控制设备的拆卸和维修方式形成了比较固定的做法，并归纳总结为：定期维修方式、视情维修方式和事后维修方式。

① 定期维修方式：定期维修方式是指电子设备使用到预先规定的间隔期，按事先安排的内容进行维修。规定的间隔期一般是以直升机、发动机的主体使用时间为基准的，可以是累计工作时间、日历时间或循环次数等。维修工作的范围从装备分解后清洗、检查直到装备大修。定期维修方式以时间为标准，维修时机的掌握比较明确，便于安排计划，但针对性、经济性差，工作量大。

② 视情维修方式：视情维修方式是对电子设备进行定期或连续监测，在发现其功能参数变化，有可能出现故障征兆时进行的维修。视情维修是基于大量故障不是瞬时发生的，故障从开始到发生，出现故障的时间总会有一个演变过程而且会出现征兆。因此，监控一项或几项参数跟踪故障现象以预防故障的发生，这种维修方式又称预知维修或预兆维修方式。视情维修方式的针对性和有效性强，能够较充分地发现电子设备的使用潜力，减少维修工作量，提高使用效益。

③ 事后维修方式：在电子设备发生故障或出现功能失常现象以后进行的维修，称为事后维修方式。对不影响安全或完成任务的故障，不一定必须做拆卸、分解等预防性维修工作，可以使用到发生故障之后予以修复或更换。事后维修方式不规定电子设备的使用时间，因而能最大限度地利用其使用寿命，使维修工作量达到最低，是一种比较经济的维修方式。

以上三种维修方式，各有其特点和适用范围，关键在于方式的针对性和适应性。由于大型电子设备系统复杂，组成单元众多，一般都采用三种维修方式结合的办法。随着现代电子技术及电子设备的发展，以及可靠性工程、维修性工程等技术的发展，这三种维修方式已逐渐融合，成为更加合理的维修工作类型。

### 1.1.3 可靠性与电子设备的可靠性

#### 1. 可靠性

可靠性是指产品在规定的条件下和规定的时间内,完成规定功能的能力。规定的条件是指产品的使用环境条件、应力条件以及操作人员的技术要求等;规定的时间是指产品的有效使用期限,通常用使用时间、动作次数、日历时限等来表示;规定的功能是指产品的质量特性应具备的技术标准。

根据设计和应用的角度不同可靠性有不同的定义标准。从设计角度出发,可靠性分为基本可靠性和任务可靠性。从应用角度出发可靠性分为固有可靠性和使用可靠性。随着信息技术在电子设备中的广泛应用,软件可靠性逐渐引起了人们的重视。软件可靠性是指在规定的条件下和规定的时间内,软件不引起系统故障的能力。软件的可靠性与软件存在的差错、系统输入和系统使用有关。

#### 2. 电子装备的可靠性

随着电子技术的快速发展,电子设备逐渐向综合化、系统化、智能化方向发展,科技含量越来越高,工艺制作生产越来越复杂,这就导致了电子装备的可靠性下降。因为电子装备的元器件及数量是决定可靠性的关键,元器件越多,可靠性就越低。

为了提高电子设备的可靠性,必须在原材料、设备、工艺、试验、管理等方面采取相应的措施。对于研制和生产单位来说,必然会使装备成本增加,但从使用方面来说,由于装备可靠性的提高大大减少了使用和维修费用。电子装备的可靠性主要取决于设计制造,而制造尽量保持设计的可靠性。因此,电子设备的设计阶段必须在性能上作出权衡,运用技术措施提高可靠性。

电子设备电磁兼容性的可靠性是不容忽视的问题,当电子设备内部或外部电磁干扰超过允许值时,就会使设备性能降低或不能工作。

### 1.1.4 维修性与电子设备的维修性

#### 1. 维修性

维修性是指设备在规定的条件下和规定的时间内,按规定的程序和方法进行维修时,保持或恢复其规定的能力。其概率度称为维修度。规定的条件是指维修机构、场所、人员、设备、设施、工具、备件、技术资料等资源。规定的程序与方法是指按技术文件采用的维修工作类型、步骤和方法等。

#### 2. 电子设备的维修性

电子设备的维修性具有一定的要求。维修工作量要少,便于维修,维修实践要短,减少维修差错提高维修安全,注意人机的有机结合,维修费用要低等都是对电子设备的维修性提出的具体要求。

电子设备维修性涉及内容很多,主要包括:可达性、易拆装性、标准化、互换性,检测诊断准确、快速、简便,具有完善的防差错措施及识别标识、安全性要求等。

### 1.1.5 保障性与电子设备的保障性

**1. 保障性**

保障性是指系统的设计特性和规划的保障资源能够满足平时战备完好性及战时使用要求的能力。保障性是装备系统的固有属性,包括两方面的含义,即与装备保障有关的设计特性和保障资源的充足和适用程度。

保障性中所指的设计特性是指与装备使用与维修保障有关的设计特性,如可靠性和维修性等,以及使装备便于操作、检测、维修、装卸、运输、补给(消耗品,如油、水、气、弹)等的设计特性。这些都是通过设计途径赋予装备的硬件和软件。如果装备具有满足使用与维修要求的设计特性,就说明它是可保障的。

计划的保障资源是指为保证装备完成平时和战时的使用要求所规划的人力和物力资源。其中,有些是沿用现役装备的保障资源,但大部分需要重新研制,人员也要进行专门训练。保障资源的满足程度有两方面的含义:一是指数量与品种上满足装备使用与维修要求;二是保障资源的设计与装备相互匹配。这两方面都需要通过保障性分析和保障资源的设计与研制来实现。由于保障资源的复杂性,保障资源的研制需要使用方与承制方的有效协调和实施科学管理方能顺利实施。

**2. 电子设备的保障性**

电子设备的保障性贯穿于从论证、设计到研制、生产、使用寿命周期。特别是论证、设计阶段是决定电子设备保障性优劣的关键,所涉及保障性问题将直接影响装备的设计特性和研制、生产、使用各阶段保障工程的开展。保障分析是电子设备研制工作的一个重要组成部分,是研究保障对电子设备设计的影响和确定资源的分析。电子设备使用阶段保障性的工作主要包括:

① 完善综合保障总计划:根据使用阶段发现的保障性问题,修订综合保障总计划的有关内容,完善综合保障总计划。

② 实施停产后的保障计划。

③ 制定维修规划:根据综合保障总计划,制定电子设备维修规划,确定维修组织、维修条件、维修计划、维修内容和维修要求。

④ 实施维修保障:根据维修规划,培训维修人员,提供维修技术、设备、设施、器材保障,开展电子设备维修工作。

⑤ 进行部署后的保障评估:部署后的保障评估是验证实际使用条件下,计划的保障资源对保证设备使用的充分性。要现场考核保障资源的充分程度、设计要求和各量化指标,并进行保障费用核算,进而完善设备的保障系统,为设备性能改进等保障性问题提供有价值的数据和资料。

## 1.2 电子设备诊断与维修的目的和意义

随着现代化大生产的发展和科学技术的进步,系统的规模日益扩大,复杂程度越来越高,同时系统的投资也越来越大。由于受到许多无法避免的因素影响,系统会出现各种各样的故障,从而或高或低丧失其预定的功能,甚至造成严重的损失乃至灾难性事故。国内外曾发生的各种空难、海难、爆炸、断裂、倒塌、毁坏以及泄露等恶性事故，造成了人员伤亡，还产生了严重的社会影响；即使是日常生产中的事故，也因生产过程不能正常运行或机器设备损坏而造成巨大的经济损失。因此，如何提高系统的可靠性、可维护性和有效性，从而保证系统的安全运行并消除事故，是十分迫切的问题。

设备故障诊断技术为提高设备的可靠性、可维护性和有效性开辟了一条新的途径。对于工业生产过程来说，为了避免某些生产过程发生故障而引起整个生产过程瘫痪，必须在故障发生伊始迅速进行有效处理，维持系统的功能基本正常，从而提高设备的利用率和使用安全性，保证生产过程安全可靠地进行。用计算机监控系统检测生产过程中的故障并分离出故障源已成为生产控制的重要任务之一。

以武器装备为例，早在20世纪50年代，人们已从局部战争中认识到武器装备仅有优良的性能是远远不够的，由于可靠性、维修性差发生故障而影响武器装备的战备完好率和任务成功率，最终导致装备作战效能过低的教训至今仍令人记忆犹新。

从单纯追求性能到重视综合效能观念的变革经历了几十年的时间，这是问题的一个方面；另一方面，几十年来，在世界范围内，在部分高科技产品采购价格大幅度增长的同时，维修使用费用竟上升至约占投资费用的1/4，甚至1/3。

众所周知，由于可靠性、维修性不佳导致系统发生故障，已成为维修使用费用剧增的重要因素。我国是发展中国家，必须使用有限的资金大力发展民用产品和军事装备。对于武器系统来说，引入故障的检测与诊断是提高武器有效度、更好发挥现有装备效能的重要途径。面对两种发展趋势，迎接挑战是我们面临的刻不容缓的实际问题。而防止故障发生于发展故障诊断技术是十分重要的，两者有着不可分割的关系。

### 1.2.1 电子设备诊断与维修的目的

故障诊断技术是指在系统运行状态或工作状态下，通过各种监测手段判别其工作是否正常。如果不正常，经过分析与判断指出发生了什么故障，便于管理人员维修；或者在故障未发生之前提出可能发生故障的预报，便于管理人员尽早采取措施，避免发生故障(或避免发生重大故障)造成停机停产，给工程带来重大经济损失。这是故障诊断技术的任务，也是发展故障诊断技术的目的。

故障诊断是排除设备故障、开展设备维修的基础。它可以做到以下几点：

① 能及时、正确地对各种异常状态做出诊断，预防或消除故障，对系统的运行进行必要的指导，提高系统运行的可靠性、安全性和有效性，从而把故障损失降低到最低水平。

② 保证系统发挥最大的设计能力，制定合理的检测维修制度，以便在允许的条件下充分挖掘系统潜力，延长服役期限和使用寿命，降低全寿命周期费用。

③ 通过检测监视、故障分析和性能评估等为系统结构修改、优化设计、合理制造以及生产过程提供数据和信息。总之，故障诊断既要保证系统的安全可靠运行，又要获得更大的经济效益和社会效益。

对电子设备而言，故障诊断与维修的基本目的仍是在最经济、最有效、最不影响任务的情况下，最大可能保持设备功能的正常。

### 1.2.2　电子设备诊断与维修的意义

对工业系统、武器装备、电子设备开展故障诊断与维修的重要意义体现在以下方面。

**1. 提高设备管理水平**

“管好、用好、修好”设备，不仅是保证简单再生产的必不可少的条件，而且对保持战备完好率，提高企业经济效益，推动国民经济持续、稳定、协调发展具有极其重要的意义。而设备的状态监测和故障诊断是提高设备管理水平的一个重要组成部分。

**2. 保证产品质量，提高系统的可靠性与维修性**

现代高科技产品是一个复杂的技术综合体，要保证产品研制成功并能有效地应用，研制过程中就必须在可靠性、维修性、安全性、经济性、可生产性和质量控制等方面加以保证。在工业界，产品的可靠性问题已经被提高到产品生命线的高度(而不是单纯追求产品性能指标)。解决可靠性问题，需要动员各个职能部门的力量，运用各种手段和各种技术，协同作战；需要应用系统工程观点和优化观点，对产品(设备也是产品)进行从开发、设计、制造、安装调试到维修使用实施全过程管理；并需要有长期的技术更新、数据存储和经验的积累，包括对某些传统观念的更新，从而提高企业的自身素质来加以综合保证。通过开展故障诊断工作，可以有效地延缓系统可靠性的下降速度，并对维修决策提供有力的支持。

**3. 避免重大事故的发生，减少事故危害性**

现代化工业生产中重大事故的发生不仅会造成巨大的损失，而且会带来严重的灾难。近些年来，国际上曾先后发生过几起引起全球很大震动的严重事故，例如：

① 1986年1月28日，美国“挑战者”号航天飞机由于右侧固体火箭发动机装配接头和密封件失效，造成航天飞机爆炸，7名宇航员遇难身亡。

② 1986年4月，苏联切尔诺贝利核电站爆炸，造成2 000多人死亡，几万名居民撤离原居住区，溢出的放射性物质污染了西欧上空，带来近30亿美元的巨额损失，影响了国际政治关系。

③ 1986年10月与1988年2月，我国陕西和山西先后发生两起20万千瓦电站机组由于运行失稳导致机组剧烈震动、轴系断裂、零件飞出毁坏厂房的恶性电站事故。

④ 1998年9月2日，由美国纽约飞往瑞士日内瓦的瑞士航空111号航班由于机上电缆短路故障，造成飞机在加拿大哈利法克斯机场附近海域冲入大西洋解体，机上229人全部遇难。

⑤ 2003年11月29日，日本H2A火箭从日本鹿儿岛县种子岛宇宙中心发射升空，中途出现故障，未能将两颗间谍卫星送入预定轨道，由地面控制引爆。

⑥ 2011年3月12日，地震导致日本福岛核电站控制系统失常发生爆炸，造成极大核污染。

⑦ 2011年9月27日，上海地铁10号线突发设备故障导致两辆列车追尾，事故造成260人受伤。

故障的发生是不可避免的，但是开展有效的故障诊断工作，在故障发生之前对可能发生的故障进行预警，及早采取相应的措施，可以降低故障发生率和故障严酷度，从而避免重大事故的发生，减少事故危害性。

**4. 可以获得潜在的巨大经济效益和社会效益**

现代工业生产的特点是：设备大型化、生产连续化、高度自动化和高度经济化。这在提高生产率、降低成本、节约能源和人力、减少废品率以及保证产品质量等方面具有巨大的优势。但是,一旦生产过程发生故障,哪怕是一个零件或组件,也会迫使生产中断,整个生产线停止运行,从而带来生产损失。根据生产规模的大小,以小时计,这种损失可达几万或几十万之巨。故障诊断技术是研究系统在运行状态下是否存在故障、工作是否正常;如果有故障,要求能够给予早期预报,并为设备管理提供技术支持,从而尽最大可能减少非计划性停机时间,以实现生产高效率、高经济性的目的。

为最大限度地提高生产经济性,即要“充分发挥设备的效能,取得良好的投资效益”,现代设备管理以追求最大限度降低寿命周期费用(LCC)为目标。寿命周期费用(LCC)是指系统从规划设计到报废所消耗费用的总和。如果以公式来表示,即

寿命周期费用(LCC)=研制费用+生产费用+使用、维修费用=
购置费用+使用维护费用 (1-1)

购置费用是一次性投资,又称非再现性费用,是寿命周期费用中的重要成分。使用、维护费用,又称可再现性费用或维持费用。由于没有采用现代化管理和现代维修技术,再现性费用可以几倍或几十倍高于非再现性费用。减少再现性费用对故障诊断技术起到十分重要的作用。

# 1.3 电子设备诊断与维修的发展

故障诊断技术的发展是和人类对设备的维修方式紧密相连的,因此设备的故障诊断与设备维修也是分不开的。故障诊断自有工业生产以来就已经存在,但故障诊断作为一门学科是20世纪60年代以后发展起来的,它是适应工程实际需要而形成和发展起来的一门综合学科。纵观其发展过程,故障诊断可依据其技术特点分为以下五个阶段。

**1. 原始诊断阶段**

原始诊断始于19世纪末到20世纪中期,这个时期由于机器装备比较简单,故障主要依靠装备使用专家或维修人员通过感官、经验和简单仪表进行诊断,并排除。

**2. 基于材料寿命分析的诊断阶段**

20世纪初到60年代,由于可靠度理论的发展与应用,使得人们能够利用对材料寿命的分析与评估,以及对设备材料性能的部分检测,来完成诊断任务。

**3. 基于传感器与计算机技术的诊断阶段**

基于传感器与计算机技术的故障诊断始于20世纪60年代的美国。在此阶段,由于传感器技术和动态测试技术的发展,使得对各种诊断信号和数据的测量变得容易和快捷;计算机和信号处理技术的快速发展,弥补了人类在数据处理和图像显示上的低效率和不足,从而出现了各种状态监测和故障诊断方法,涌现了状态空间分析诊断、时域诊断、频域诊断、时频诊断、动态过程诊断和自动化诊断等方法。机械信号检测、数据处理与信号分析的各种手段和方法,构成了这一阶段装备故障诊断技术的主要研究和发展内容。

**4. 智能化诊断阶段**

智能化诊断技术始于20世纪90年代初期。这一阶段,由于机器设备日趋复杂化、智能化及光机电一体化,传统的诊断技术已经难以满足工程发展的需要。随着微型计算机技术和智

能信息处理技术的发展，智能信息处理技术的研究成果应用到故障诊断领域中，以常规信号处理和诊断方法为基础，以智能信息处理技术为核心，构建了智能化故障诊断模型和系统。故障诊断技术进入了新的发展阶段，传统的以信号检测和处理为核心的诊断过程，被以知识处理为核心的诊断过程所取代。虽然智能诊断技术还远远没有达到成熟阶段，但智能诊断的开展大大提高了诊断的效率和可靠性。

**5. 健康管理阶段**

20世纪90年代中期，随着计算机网络技术的发展，出现了智能维修系统(Intelligent Maintenance System,IMS)和远程诊断、远程维修技术，开始强调基于装备性能劣化监测、故障预测和智能维修研究。进入21世纪以来，故障诊断的思想和内涵进一步发展，出现了故障预测与健康管理(Prognostic and Health Monitoring,PHM)技术，该技术作为大型复杂装备基于状态的维修和可靠性工程等新思想的关键技术，受到美英等国的高度重视。所谓故障预测与健康管理事实上是传统的机内测试(BIT)和状态监控能力的进一步拓展。其显著特点是引入了预测能力，借助这种能力识别和管理故障的发展与变化，确定部件的残余寿命或正常工作时间长度，规划维修保障。目的是降低使用与保障费用，提高装备系统安全性、可靠性、战备完好性和任务成功性，实现真正的预知维修和自主式保障。PHM重点是利用先进的传感器及其网络，并借助各种算法和智能模型来诊断、预测、监控与管理装备的状态。至此，传统的故障诊断已经发展到了诊断与预测并重阶段，通常称之为故障诊断与预测(Diagnosis and Prognosis,DP)阶段。

当前，故障诊断领域中的几大研究课题主要为故障机理研究、现代信号处理和诊断方法研究、智能综合诊断系统与方法研究以及现代故障预测方法的研究等。智能故障诊断与预测研究已成为现代装备故障诊断技术的一个最有前途的发展方向。故障诊断技术的发展呈现出以下三方面的发展趋势。

① 诊断系统智能化：专家系统、模糊诊断、神经网络、进化计算、群体智能和综合诊断等方法正走向成熟，并将在故障诊断系统中得到广泛的应用。

② 诊断系统集成化：诊断系统的开发转向专门技术的组合和集成，软件更加规范化、模块化，硬件更加标准化、专业化。

③ 诊断与预测综合化：由过去单纯的监测、诊断和预测，向今后的集监测、诊断、预测、健康管理、咨询和训练一体化的综合化方向发展。

随着电子设备故障诊断技术的发展，电子设备的维修大致经历了事后维修、定期维修及预防性维修三个阶段(见1.1.2节)。

# 1.4 电子设备故障诊断的方法及分类

## 1.4.1 故障的分类

故障的分类有多种，从不同的角度观察故障，例如从故障的性质、发展速度、起因、严重程度、影响后果等方面，可以有不同的分类方法，其综合分类方法如图1-1所示。

**1. 按故障的性质分类**

① 人为故障：由于操作失误造成的故障。

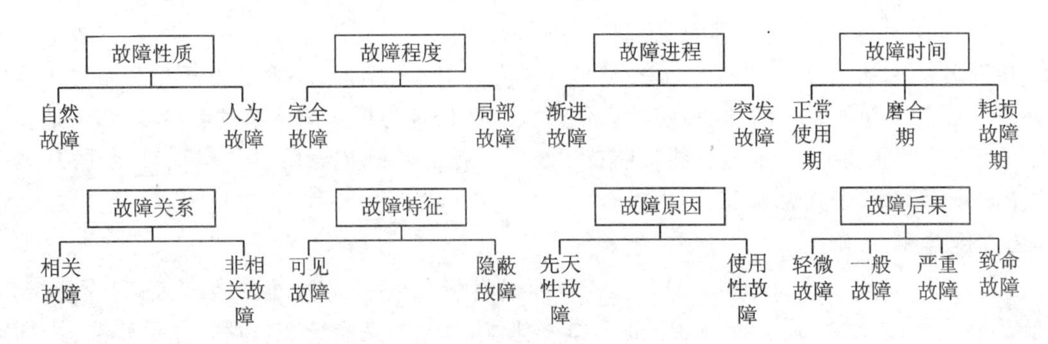


图1-1 故障的综合分类

② 自然故障:设备运行时,由于设备自身的原因(发展规律)发生的故障。

**2. 按故障的程度分类**

① 局部故障:设备部分性能指标下降,但未丧失其全部功能的故障。

② 完全性故障:设备或部件完全丧失其功能的故障。

**3. 按故障发生的进程分类**

① 突发性故障:发生前无明显可察觉征兆,突然发生的故障,不能依靠事前监测等手段来预测。

② 渐进性故障:某些零件的技术指标逐渐恶化,发生与发展有一个渐变过程,最终超出允许范围而引起的故障,可以通过事前监测等手段提前预测。

**4. 按故障发生的时间分类**

① 磨合期故障,又称早期故障:由于设计加工或材料缺陷导致设备在运行初期暴露出来,经过一段时间的工作磨合后,情况逐渐改善。这种早期故障经处理后,设备故障率开始下降。

② 正常使用期故障:产品有效寿命期内发生的故障,由载荷和设备本身无法预知的偶然因素引起。

③ 耗损期故障,又称后期故障:长时间使用、甚至超出寿命后,因零部件逐渐磨损、疲劳和老化等原因导致的设备故障。

**5. 按故障的关系分类**

① 相关故障,又称间接故障,由设备其他部件引起的故障。

② 非相关故障,又称直接故障,由设备的零部件本身引起的故障。

**6. 按故障产生的原因分类**

① 先天性故障:由于设计、制造不当而造成的设备固有缺陷而引起的故障。

② 使用性故障:由于维修、运行过程中使用不当或自然产生的故障。

**7. 按故障造成的后果分类**

① 轻微故障:设备略微偏离正常的规定指标,影响轻微的故障。

② 一般故障:设备个别部件劣化,部分功能丧失,造成运行质量下降,导致能耗增加、环境噪声增大等故障。

③ 严重故障:关键设备或关键部件劣化,整体功能丧失,造成停机或局部停产甚至整个生产线完全停产或部分停产的故障。

④ 致命故障,又称恶劣故障:该类故障是指设备遭受严重破坏,造成重大经济损失,甚至

危及人身安全或造成严重污染的故障。

### 1.4.2 故障诊断方法及分类

所谓故障诊断是指设备在一定工作环境下查明导致设备某种功能失调的原因或性质，判断劣化状态发生的部位或部件以及预测状态劣化的发展趋势等。广义上讲，故障诊断技术主要包含三个方面：故障检测、故障隔离和故障辨识。故障检测是指判断系统中是否发生了故障及检测出故障发生的时刻；故障隔离是指在检测出故障后确定故障的位置和类型；故障辨识是指在分离出故障后确定故障的大小和时变特性。本质上讲，故障诊断技术是一个模式分类与识别的问题，即把设备(系统)的运行状态分为正常和异常两类，判别异常的信号究竟属于哪种故障。

故障诊断技术发展至今，已经出现了许多故障诊断方法。按照国际故障诊断权威德国Frank教授的观点，将故障诊断方法划分为基于数学模型的方法、基于知识的方法和基于信号处理的方法三大类。近年来，随着理论研究的深入和相关领域的发展，各种新的诊断方法层出不穷，传统的分类方法已经不再适用。山东科技大学周东华教授从整体上将故障诊断分为定性分析和定量分析两大类，如图1-2所示。其中，定量分析方法又分为基于解析模型的方法和数据驱动的方法，后者又进一步包括机器学习类方法、多元统计分析类方法、信号处理类方法、信息融合类方法和粗糙集方法等。随着新型设备的出现、故障诊断技术的不断发展，各种

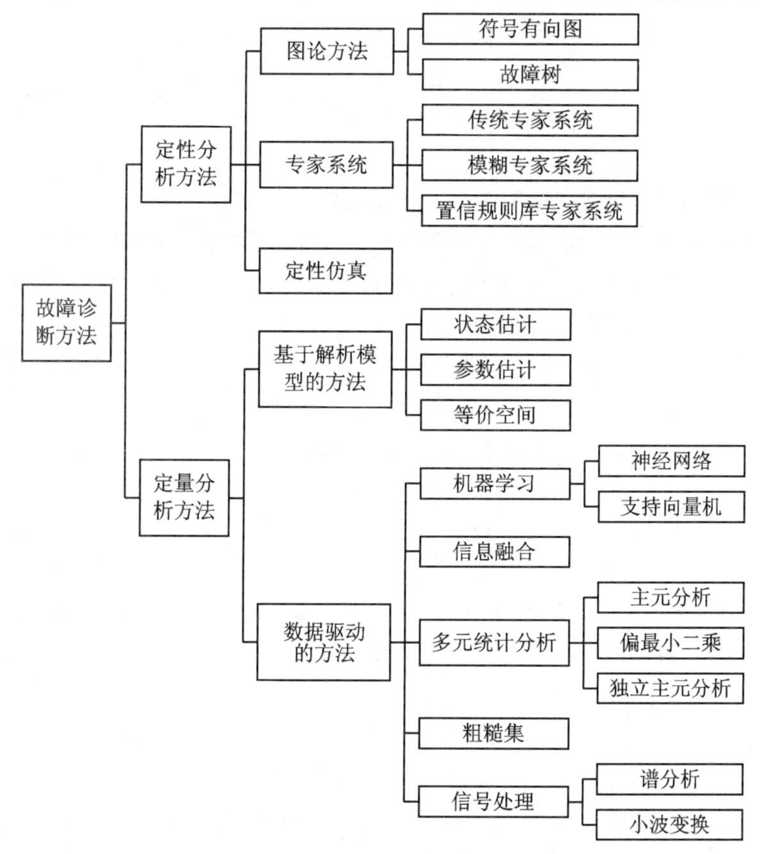


图1-2 故障诊断方法分类示意图

新的诊断技术和方法也不断涌现,诊断技术的分类规则也随之改变。

### 1. 定性分析方法

定性分析方法指借助一些定性分析工具和行业专家的直觉、经验,凭分析对象过去和现在的延续状况及最新的信息资料,对分析对象的性质、特点和发展变化规律做出判断的一种方法。该方法利用的是专家的经验和事物之间的因果关系,适用于故障逻辑关系比较明确的系统。

#### (1) 图论方法

基于图论的故障诊断方法主要包括符号有向图(Signed Directed Graph,SDG)方法和故障树(Fault Tree)方法。

SDG 是一种被广泛采用的描述系统因果关系的图形化模型。在 SDG 中,事件或者变量用节点表示,变量之间的因果关系用从原因节点指向结果节点的有方向的边表示。在系统正常时,SDG 中的节点都处于正常状态,发生故障时故障节点的状态将会偏离正常值并发生报警。根据 SDG 给出的节点变化间的因果关系,并结合一定的搜索策略就可以分析出故障所有可能的传播路径,判明故障发生的原因,并且得到故障在过程内部的发展演变过程。

故障树是一种特殊的逻辑图。基于故障树的诊断方法是一种由果到因的分析过程,它从系统的故障状态出发,逐级进行推理分析,最终确定故障发生的基本原因、影响程度和发生概率。

基于图论的故障诊断方法具有建模简单、结果易于理解和应用范围广等特点,但当系统比较复杂时,该类方法搜索过程会变得非常复杂,而且诊断正确率不高,可能给出无效的故障诊断结果。

#### (2) 专家系统

基于专家系统(Expert System)的故障诊断方法利用领域内的专家在长期实践过程中积累起来的经验建立知识库,并开发设计一套计算机程序模拟人类专家的推理和决策过程进行故障诊断。专家系统通常由知识库、推理机、综合数据库、人机接口及解释模块等部分构成。

知识库和推理机是专家系统的核心,传统专家系统中,专家知识常用确定性的 IF-THEN 规则表示。通常专家知识不可避免地具有不确定性。模糊专家系统在专家知识的表示中引入了模糊隶属度的概念,并利用模糊逻辑进行推理,能够很好地处理专家知识中的不确定性。模糊理论善于描述由于不精确性所引起的不确定性,证据理论则能够描述由于不知道所引起的不确定性。

基于专家系统的故障诊断方法能够利用专家丰富的经验知识,无须对系统进行数学建模并且诊断结果易于理解,因此得到了广泛的应用。但是这类方法的不足之处表现在:首先,知识的获取比较困难,这成为专家系统开发中的主要瓶颈;其次,诊断的准确程度依赖于知识库专家经验的丰富程度和知识水平的高低;最后,当规则较多时,推理过程中存在匹配冲突、组合爆炸等问题,从而使推理速度变慢、效率低下。

#### (3) 定性仿真

定性仿真(Qualitative Simulation)是获得系统定性行为描述的一种方法,定性仿真得到的系统在正常和各种故障情况下的定性行为描述可以作为系统知识用于故障诊断。

### 2. 定量分析方法

定量分析方法是依据统计数据建立系统模型,并用模型计算出分析对象的各项指标及其数值的一种方法。该方法适用于有大量历史数据或能够建立系统精确解析模型的系统故障诊断。

**(1) 基于解析模型的方法**

这种方法的核心是要建立一个比较准确的被控过程的数学模型来描述被测系统。基于解析模型的故障诊断方法就是利用系统精确的数学模型和可观测输入输出量构造残差信号来反映系统期望行为与实际运行模式之间的不一致,然后基于对残差信号的分析进行故障诊断。在没有故障时,残差等于零或近似为零;而当系统中出现故障时,残差应显著偏离零点。根据残差产生形式的不同,这类方法又可以分为状态估计(State Estimation)方法、参数估计(Parameter Estimation)方法和等价空间(Parity Space)方法。

状态估计方法的基本思想是利用系统的定量模型和测量信号重建某一可测变量,将估计值与测量值之差作为残差,以检测和分离系统故障。在能够获得系统的精确数学模型的情况下,状态估计方法是最直接有效的方法。基于状态估计的故障诊断方法主要包括滤波器方法和观测器方法,该方法通过被控过程的状态直接反映系统的运行状态并结合适当的模型进行故障诊断。首先,重新构造被控过程状态,并构造残差序列,残差序列包含各种故障信息及基本残差序列;然后,通过构造适当的模型并采用统计检验法把故障从中检测出来,并作进一步分离、估计及决策。通常可用 Luenberger 观测器或卡尔曼滤波器进行状态估计。

基于参数估计的故障诊断认为故障会引起系统过程参数的变化,而过程参数的变化会进一步导致模型参数的变化,因此可以通过检测模型中的参数变化来进行故障诊断。

基于等价空间的故障诊断方法利用系统的解析数学模型建立系统输入输出变量之间的等价数学关系,这种关系反映了输出变量之间静态的直接冗余和输入输出变量之间动态的解析冗余,然后通过检验实际系统的输入输出值是否满足该等价关系达到检测和分离故障的目的。

基于解析模型的故障诊断利用了对系统内部的深层认识,具有很好的诊断效果。但是这类方法依赖于被诊断对象精确的数学模型,实际中对象精确的数学模型往往难以建立,此时基于解析模型的故障诊断方法便不再适用。但是由于系统在运行过程中积累了大量的运行数据,因此需要研究基于过程数据的故障诊断方法。

**(2) 基于数据驱动的方法**

基于数据驱动的故障诊断方法就是对过程运行数据进行分析处理,从而在不需要知道系统精确解析模型的情况下完成系统的故障诊断。这类方法通常包括机器学习类方法、多元统计分析类方法、信号处理类方法、信息融合类方法和粗糙集方法等。

1) 机器学习

机器学习类故障诊断方法的基本思路是利用系统在正常和各种故障情况下的历史数据训练神经网络(Neural Network)或者支持向量机(Support Vector Machine)等机器学习算法用于故障诊断。

在故障诊断中神经网络主要用来对提取出来的故障特征进行分类。神经网络的训练需要大量对象的历史数据,这对于某些系统是无法实现的。与神经网络不同,支持向量机适用于小样本的情况。

基于机器学习的故障诊断方法以故障诊断正确率为学习目标,并且适用范围广。但机器学习算法需要过程故障情况下的样本数据,且精度与样本的完备性和代表性有很大关系,因此难以用于那些无法获得大量故障数据的工业过程。

2）多元统计分析

基于多元统计分析的故障诊断方法利用多个变量之间的相关性对过程进行故障诊断。这类方法根据过程变量的历史数据，利用多元投影方法将多变量样本空间分解成由主元变量张成的较低维的投影子空间和一个相应的残差子空间，并分别在这两个空间中构造能够反映空间变化的统计量，然后将观测向量分别向两个子空间进行投影，并计算相应的统计量指标用于过程监控。不同的多元投影方法所得的子空间分解结构反映了过程变量之间不同的相关性，常用的多元投影方法包括主元分析（Principal Component Analysis，PCA）、偏最小二乘（Partial Least Squares，PLS）及独立主元分析（Independent Component Analysis，ICA）。

PCA 对过程变量的样本矩阵或者样本方差矩阵进行分解，所选取的主元变量之间是互不相关的，并且可以由过程变量通过线性组合的形式得到。PCA 方法得到的投影子空间反映了过程变量的主要变化，而残差空间则主要反映了过程的噪声和干扰等。

基于 PCA 的故障诊断方法将子空间中的所有变化都当作过程故障，而实际中人们往往最关心过程质量变量的变化，因此只对那些能够导致质量变量发生变化的故障感兴趣。PLS 就是利用质量变量来引导过程变量样本空间的分解，所得到的投影空间只反映过程变量中与质量变量相关的变化，因此具有比 PCA 更强的对质量变量的解释能力。如果质量变量能够实时在线测量，则可以建立过程变量与质量变量之间的软测量模型，将质量变量的预测值与实测值比较进行故障诊断。但是质量变量通常无法在线获得，这种情况下就只能利用 PLS 给出的过程变量的投影结构和实测值来对质量变量进行监控。当 PLS 用于过程监控时，更为贴切的名称是潜空间投影（Projection to Latent Structures）。

基于 PCA 的故障诊断方法假设过程变量服从多元正态分布，然而有些情况下过程变量并不完全是正态分布的。此时，PCA 所提取出来的主元变量只是不相关的，并不是相互独立的。针对具有非高斯分布的多个过程变量，ICA 认为影响这些过程变量的少数本质变量时相互独立且非高斯的，并且可以由过程变量的线性组合得到，利用 ICA 算法可以提取出这些互相独立的主元变量。

基于多元统计分析的故障诊断方法不需要对系统的结构和原理有深入的了解，完全基于系统运行过程中传感器的测量数据，而且算法简单、易于实现。但是，这类方法诊断出来的故障物理意义不明确，难以解释，并且由于实际系统的复杂性，这类方法中还有许多问题有待进一步研究，比如过程变量之间的非线性以及过程的动态性和时变性等。

3）信号处理

这类方法是对测量信号利用各种信号处理方法进行分析处理，提取与故障相关的信号的时域或频域特性用于故障诊断，主要包括谱分析（Spectrum Analysis）方法和小波变换（Wavelet Transform）方法。不同的故障会导致测量信号的频谱表现出不同的特征，因此可以通过对信号的功率谱、倒频谱等进行谱分析来进行故障诊断。

以傅里叶变换为核心的传统谱分析方法虽然在平稳信号的特征提取中发挥了重要作用，但是实际系统发生故障后的测量信号往往是非平稳的，而且傅里叶变换是一种全局变换，不能反映信号在时域频上的局部特征；而小波变换作为一种非平稳信号的时频域分析方法，既能够反映信号的频率内容，又能够反映该频率内容随时间变化的规律，并且其分辨率是可变的（即在低频部分具有较高的频率分辨率和较低的时间分辨率，而在高频部分具有较高的时间分辨率和较低的频率分辨率）。小波变换在故障诊断中的应用主要有以下种类：

① 利用小波变换对信号进行多尺度多分辨率分析，从而提取信号在不同尺度上的特征用于故障诊断。

② 利用小波变换的模极大值可以检测出信号的突变，因此基于小波变换的奇异性检测可用于突发型故障的诊断。

③ 根据实际系统中有用信号往往集中在低频部分且比较平稳，而噪声主要表现为高频信号的特点，小波变换还经常对随机信号进行去噪。小波分解与重构的去噪声方法通过在小波分解信号中去除高频部分来达到去噪的目的。

4）粗糙集

粗糙集(Rough Set)是一种从数据中进行知识发现并揭示其潜在规律的新的数学工具。与模糊理论使用隶属度函数和证据理论使用置信度不同，粗糙集的最大特点就是不需要数据集之外的任何主观先验信息就能够对不确定性进行客观的描述和处理。属性约简是粗糙集理论的核心内容，它是在不影响系统决策的前提下删除不相关或者不重要的条件属性，从而达到用最小的属性信息得到正确的分类结果的目的。因此，在故障诊断中可以使用粗糙集来选择合理有效的故障特征集，从而减小输入特征量的维数，降低故障诊断系统的规模和复杂程度。

5）信息融合

信息融合技术通过对多源信息加以自动分析和综合来获得比单源信息更为可靠的结论。信息融合按照融合时信息的抽象层次可分为数据层融合、特征层融合和决策层融合。目前，基于信息融合的故障诊断方法主要包括决策层融合方法和特征层融合方法。

决策层融合诊断方法是对不同传感器数据得到的故障诊断结果或者相同数据经过不同方法得到的故障诊断结果利用决策层融合算法进行融合，从而获得一致的更加准确的结论。基于DS证据理论(Dempster-Shafer Evidence Theory)融合的方法是决策层融合故障诊断中研究最多的一类。DS证据理论在处理不确定性的多属性判决问题时具有突出优势，它不但能够处理由于不精确引起的不确定性，而且能够处理由于不知道所引起的不确定性。

特征层融合诊断方法主要利用神经网络或支持向量机将多个故障特征进行融合，得到融合后的故障特征用于诊断或者直接输出故障诊断结果。故障特征既可以是从多个传感器数据中得到的，也可以是从相同数据中抽象出来的不同特征。

基于信息融合的故障诊断方法利用了多个传感器的互补和冗余信息，但是如何保证这些信息能够被有效利用，以达到提高故障诊断的准确性及减少虚报和漏报的目标还有待进一步研究。

总之，数据驱动的故障诊断方法不需要过程精确的解析模型，完全从系统的历史数据出发，因此在实际系统中更容易直接应用。但是，这类方法因为没有系统内部结构和机理的信息，因此对于故障的分析和解释相对比较困难。需要说明的是，虽然基于解析模型的方法和数据驱动的方法是两类完全不同的故障诊断方法，但它们之间并不是完全孤立的。

故障诊断技术发展至今，上述诊断方法均已取得了丰硕的成果。在定量分析方法中，基于解析模型的诊断方法研究较早，对于线性系统的诊断也比较完善；对于非线性系统的故障诊断仍是当前的研究热点和难点问题，采用非线性理论、自适应观测器及定性方法等可以对一些简单的非线性系统进行故障诊断。另一方面，故障诊断的鲁棒性研究也日益重要，它是和故障诊断的灵敏性要求的合理折中，又是一个难点；此外，故障诊断的最优阈值的选取和故障的准确定位等诊断性能方面的问题也是研究方向之一。基于数据驱动的方法避开了系统建模的难点，实现简单，实时性较好，但对潜在的早期故障的诊断显得不足，多用于故障的检测，对故障的分离和诊断要差一些，与其他诊断方法结合可以提高其故障诊断性能。

定性分析方法对于复杂系统和非线性系统有较高的实际意义。由于该方法充分考虑了人的智能因素，更符合对实际系统的自然推理，所以是一类很有前途的诊断方法。但该类方法的有些理论自身尚不成熟，真正应用于工业实际过程的不是很多，许多方面还有待进一步研究。

# 1.5 电子设备诊断与维修的研究方向

## 1.5.1 电子设备故障诊断的研究方向

经过几十年的发展，故障诊断研究已经取得了大量的成果，但是已有成果中，对故障检测问题研究得较多，而对故障分离和辨识问题研究得较少；对单故障的诊断问题研究得较多，而对多故障的诊断问题研究得较少。此外，对故障的鲁棒性、自适应性等问题的研究和结论也比较少。总的来讲，未来故障诊断主要向以下几个方面发展。

### 1. 基于人工智能的故障诊断技术研究

人工智能（Artificial Intelligence，AI）这门学科诞生于 1965 年，它是研究、开发用于模拟、延伸和扩展人的职能的理论、方法、技术及应用系统的一门新的技术科学。人工智能是研究使计算机来模拟人的某些思维过程和智能行为（如学习、推理、思考、规划等）的学科，主要包括计算机实现智能的原理、制造类似于人脑智能的计算机，使计算机能实现更高层次的应用。

基于人工智能的故障诊断方法是人工智能技术在故障诊断领域中的应用，即将人工智能领域的各种研究成果用于故障诊断，如基于专家系统的方法、基于人工神经网络的方法、基于遗传算法及模糊推理的方法、基于信息融合的方法等，它是计算机技术和故障诊断技术相互结合与发展进步的结果。将遗传算法、模糊推理、神经网络和专家系统等人工智能领域中的各种方法加以综合利用并用于故障诊断，特别是针对具有模糊性的诊断对象，将更有利于深入细致地刻画与描述故障的特征，有利于克服故障诊断中非此即彼的绝对性，使推理过程与客观实际更加相符；同时也克服了传统的故障诊断专家系统中所存在的知识获取“瓶颈”问题，知识“窄台阶”问题及容易出现的“匹配冲突”“组合爆炸”及“无穷递归”等问题。将人工智能领域中的各种方法有机结合，可以大大提高故障诊断的水平和效率。因此，基于人工智能的故障诊断技术仍将是未来相当长一段时间的研究方向和热点之一。

### 2. 复杂系统的混合故障诊断技术研究

实际系统的复杂性以及各种故障诊断方法的局限性使得单一的故障诊断方法往往无法达到理想的效果。因此，如何有效地利用多种故障诊断方法提高诊断系统的性能具有重要的现实意义。

目前，故障诊断正处于智能化诊断阶段。这一阶段的特点是将人工智能的研究成果（专家经验的总结、模糊逻辑和人工神经网络等）应用到故障诊断领域中，它以常规诊断技术为基础，以人工智能技术为核心，其研究内容与实现方法已发生并正在继续发生重大变化。智能故障诊断的研究大大提高了诊断的效率和可靠性。目前，智能诊断技术主要有三个研究方向：专家系统故障诊断、模糊逻辑故障诊断和神经网络故障诊断，每种故障诊断都取得了较大进步和较好的诊断效果。但为进一步提高复杂系统的故障诊断正确率，将多种不同的智能技术混合起来构成混合诊断系统是未来复杂系统或智能故障诊断的一个发展趋势。将专家系统、模糊逻辑和神经网络相结合构成的模型是人工智能领域研究的热点，也是目前智能故障诊断领域的研究热点。

**3. 数据驱动的复杂系统的故障诊断技术研究**

复杂系统具有高维、强非线性、强耦合及大时延等特性，这些都使得复杂系统很难建立精确的数学模型。因此，根据负载系统的实际运行数据对其进行故障诊断成为保障复杂系统可靠运行的关键问题之一。

**4. 基于定量数据和定性信息的故障诊断技术研究**

系统知识既包括客观反映系统运行状态的定量测量数据，也包括人们的主观定性认知和经验，因此，如何在故障诊断中将这些客观定量数据主观定性信息进行综合利用也是故障诊断重要的研究方向。

**5. 基于 Internet 的远程协作故障诊断技术研究**

基于因特网的设备故障远程协作诊断是将设备诊断技术与计算机网络技术相结合，用若干台中心计算机作为服务器，在关键设备上建立状态监测点，采集设备状态数据；在技术力量较强的科研院所建立分析诊断中心，为用户提供远程技术支持和保障。

跨地域远程协作诊断的特点是测试数据、分析方法和诊断知识的网络共享，因此必须使传统诊断技术的核心部分即信号采集、信号分析和诊断专家系统，能够在网络上远程运行。要实现这一步应重点研究和解决如下几个问题：

① 远程信号采集与分析。

② 实时监测数据的远程传输。

③ 基于 Web 数据库的开放式诊断专家系统设计。

④ 通用标准(包括测试数据标准、诊断分析方法标准和共享软件设计标准)。

**6. 特定系统的故障诊断技术研究**

对混杂系统、奇异系统和网络化控制系统等进行处理时，需要解决其特有的问题，一般动态系统的故障诊断方法很难适用，因此必须研究针对这类系统结构和特点的故障诊断方法。

### 1.5.2 电子设备维修技术的研究方向

由于电子设备的复杂程度、研发周期、维护费用等因素的影响，电子设备的维修出现一些新的研究方向。

**1. 全程化维修**

电子设备的维修在工业生产、社会持续发展中越来越重要，并消耗着大量资源，而维修问题又先天地决定于电子设备的研制、生产，因此，维修问题必须从电子设备全系统、全寿命、全费用的角度来谋划，并贯穿于设备寿命周期全过程，面向整个寿命周期进行维修设计。电子设备全程化维修主要体现在：

① 重视设备的可靠性、维修性等与维修密切相关的设计特性，在研制中进行设计、分析和试验，以达到规定的技术指标，在设备使用中通过改进、完善，使这些特性得到增长。

② 开展包含维修在内的设备与过程并行设计，及早进行维修规划和资源配备。

③ 设备维护、修理、改进、再利用与制造的有机结合，重视改进性维修。

④ 用户强化资产前期管理，包括维修基地建设、参与设计制造、重视安装调试等。全程化维修要以新的设计、管理、使用理念和技术为基础，建立健全全过程的使用维修信息系统。

### 2. 精确化维修

电子设备的精确或准确化维修是实现维修高效、低耗、优质，提高设备可用度或利用率的主要途径。精确化维修主要体现在：

① 时间的准确：及时维修，不停机或少停机；适时维修，以利于设备使用和各种维修资源的使用。

② 位置的准确：由正确的维修场所或机构，在适当的地点开展维修。

③ 部位的准确：正确确定设备维修部位、项目和适当的维修深度。

④ 方法和手段的正确：精确化维修要以信息技术、状态监控技术、测试诊断技术、故障分析与预测和各种维修分析与决策技术为基础。

### 3. 集约化维修

本质上，设备维修就体现节约资源和减少污染。同时，设备维修过程本身也存在节约资源和减少污染的问题。在21世纪，面对保护生态平衡、社会持续发展这个人类的共同愿望，节省资源、减少污染的绿色维修将有更大发展。集约化维修主要体现在：

① 设备维修过程不产生污染物和其他污染(如辐射、噪声等)，废弃物、排放物少。

② 节省人力、物力、资源，资源综合利用，利用率高。

③ 对劳动者有效的环境保护。集约化维修的实现，首先要靠资产设计、选材，依靠设计特性(拓展的可靠性、维护性、安全性)来保证，其次要科学设计和管理维修过程。

### 4. 高技术手段维修

各种高新技术及其手段，将广泛应用于现代电子设备的维修工作中。主要表现在：

① 以机理分析、状态监控、信息技术等支撑的故障预测技术。

② 智能化的故障诊断技术。

③ 表面工程、纳米技术等在维修工作中的应用。

④ 远程故障诊断与维修技术。

⑤ 维修管理的科学化、数字化，维修范围的全社会化、全球化。高新技术维修手段的出现给电子设备维修带来了新的机遇和挑战，要求维修人员和管理人员的素质尽快提高，要求设备维修管理部门加大投入和加强管理。

## 本章小结

了解电子设备故障诊断与维修的基本知识对学习故障诊断技术、开展设备的故障诊断与维修具有重要意义。本章在介绍电子设备故障诊断与维修的相关概念、目的、意义、发展过程和现状的基础上，重点介绍了故障诊断的性能指标、故障的分类、故障诊断方法的分类以及各种故障诊断方法的优缺点，并阐述了未来一段时期电子设备故障诊断与维修技术的重点研究方向。

# 思考题

① 开展故障诊断的主要意义有哪些？

② 故障诊断发展分为几个阶段？各有什么特点？

③ 简述故障及故障诊断方法的分类。

④ 简述电子设备维修的类别与方式。

⑤ 简述故障诊断的未来研究方向有哪些。

⑥ 简述未来电子设备维修技术的发展方向。

# 课外阅读

## 美军装备现行维修体制介绍

在当今战场上，要想战斗取得成功需要对装备实施尽可能快的维修。好的维修工作，维修分队的向前配置，高效的备件修理、装备更换系统以及明确的恢复或修理优先级等对战斗能否取得成功非常关键。同样，正确的战场抢修和后送策略，充分而全面支援和基地级修理、更换设施对战斗的成功也具有很大的贡献。

### 一、维修的原则

维修是战斗的倍增器。在作战双方军队拥有同等数量和质量的装备时，利用高效维修系统使装备保持较高可用度的一方将具有明显的优势。拥有可用的、能持续作战的装备的一方在一开始就显示出优势，维修能使战损的和瘫痪的装备迅速投入战斗。系统最终目标的实现需要各个级别的维修要素共同作用，这要求维修必须具有适当的人员、设备、工具和可更换备件。其中，人员必须经过系统的理论培训，能够快速诊断并排除故障，且在维修作业时能够迅速得到可用的备件。基层级维修和直接保障维修分队主要负责使装备尽可能快的直接投入战斗，总体保障维修分队和基地级修复则负责把修复的装备投入到供应系统。

维修是战斗成功的核心。实用的维修系统应具有敏捷性并与战斗方案同步，能够对作战需求进行预计。对一个指挥人员来说，如果能够通过24 h修理使坦克的可用度由65%提高到90%，那么推迟进攻则是一个明智的选择。

美军维修的指导原则是：

① 靠前修理：采用靠前修理提高了修理能力，使最大数量的装备在最短的时间内尽可能靠近使用分队。

② 预期保障建立在弹性的维修级别上：为了使可以用于战斗的装备的数量达到最大，维修管理人员需要对保障需求进行预计。维修系统不把维修人员限定在按人工区分的维修级别上（在那里，维修人员仅仅执行维修分配图指定的修理），而是维修人员可以根据自己的能力（技能和修理经验）和战斗情况执行必要的修理任务。

战区综合保障人员首要关心的是维修分队的类型和位置，尤其是能够为战斗指挥员提供最好保障的维修分队。维修系统能够弥补供应系统的不足。当装备供应短缺时，指挥人员通常利用维修系统去抵消那种短缺。随着装备科技含量的增多，结构变得越来越复杂，实施维修比供应更容易满足装备的需求。维修分队的类型和维系位置的恰当结合能够很好地满足战斗指挥员的要求，而且尽快满足在战斗方案中的必要的维修能力对保障预先配备装备的可用度非常重要。

## 二、维修系统

### 1. 维修保障

美国陆军维修大纲是一个灵活的四层维修系统，分别为：操作人员/基层级、直接支援(DS)级、全面支援(GS)级和基地级(空军维修有三个级别)。每一级别都有特定的任务，该级别维修人员的技能、测试工具和设备的可用度也都有明确的规定。尽管维修级别的划分很明确，但是由于任务的重叠使维修系统具有较强的灵活性，维修人员无须把自己限定在某一特定的级别内，而维修级别本身也是可以变动的。加入装备或部件是不可修的，那么它只需在上一个级别上进行更换或定时报废。因此，作为后勤倍增器的级别维修经过适当的综合后，可以为指挥人员的作战计划提供极大帮助。

### 2. 维修管理

战略、战役和战术层维修管理人员对各项活动中的维修活动进行协调，其中，国家战略层维修管理人员负责工业部门与基地级的维修活动；战区战役层维修管理人员负责协调全面支援层的维修、具体的修理/靠前修理活动，此外还负责指导综合保障活动；战术层维修管理人员负责检查操作人员/机组、基层分队和直接支援级的维修活动。

根据管理职能不同可把维修管理的效果分为两类：战备完好性和持续的维修活动。指挥人员负责装备的战备完好性。团及团以下单位的战备完好性，可由管理人员通过维修管理提高，直接对指挥人员进行保障。装备完好性管理人员则通过靠前抢修使装备尽可能快地投入战斗，从而实现装备战备完好性的最大化。团及团以上单位的持续作战维修管理人员，通过器材管理、装备维修、持续保障分队、联合保障/通用装备保障以及标准的陆军系统等手段提高装备的持续作战能力。

战备完好性维修管理人员负责旅一级单位的相关工作，持续作战维修管理人员负责战区和陆军保障司令部的相关工作。这些管理人员利用他们的知识和经验以及战斗勤务保障(CSS)计算机系统明确了保障中潜在的和已经出现的问题，促进了问题的解决。后期保障人员经常利用大量的CSS管理信息系统去发现问题。

物资管理中心(MMC)是靠前配置装备的管理器，它是连接前置装备和保障基地的纽带。MMC同后勤保障分队(LSE)保持密切的联系，战区全面支援维修群的工作少于LSE，它也对其他现役美军和多国部队进行保障。LSE的指挥员同陆军装备司令部(AMC)以及其他向LSE提供资源的机构保持密切的协作关系。这种协作关系有利于及时接受来自美国本土的保障。

### 3. 战略保障

战略基地是维修系统的支柱。在该层上，维修对应系统进行保障的主要方式是修理或翻新故障零件或因费用太高不能获取的部件。维修管理的核心是确定陆军供应系统的需求并制定大纲来满足这些需要。战略保障也包括对靠前配置装备的维修。

### 4. 战役保障

维修规划的总体目标是满足指挥员和作战计划对保障的需求，其初始目标是使参加战术层战斗的作战系统的数量实现最大化。指挥人员通过调整和部署战区的维修分队最大限度地保证该目标的实现。通过维修系统对战区作战力量的保障,战役层维修可对战术层战斗进行支援。指挥人员通过正确使用维修资源,减少供应系统的短缺并对无法预料的需求进行保障。

战役保障计划是连接战术层作战单元需求和战略基地维修能力的纽带。维修系统对供应系统促进和保障,直接支援维修分队通过靠前保障满足了战术需求,而全面支援分队则减轻了供应的短缺,包括工业部门在内的多方面强有力的维修能力满足了各种无法预料的需求。

#### 5. 战术保障

现代战场的特点要求维修系统尽快、尽可能在故障或损伤附近对装备进行修理,这意味着维修应向前延伸到旅或师的配置区域。因为这一级的战斗更加猛烈、损伤率更大,维修资源必须尽可能向前配置,从而对不能作战和战损的装备进行修复,使其尽快地投入战斗。

维修分队由机动度较高的维修保障组(MSTs)组成。在直接支援维修群指挥员和维修管理人员的领导下,该小组在战场上实施靠前保障。维修小组的任务是负责向前线输送急需的人员、备件、试验、测量与诊断设备和工具等,当前线不再需要时则把这些维修资源撤回。

战场损伤评估和修复(BDAR)在该层次也非常关键。战场损伤评估和修复通过采取临时绑定、旁路或采用应急部件等手段把战损装备尽快地送回战场。它通过使装备恢复到最低限度的、必要的战斗性能保障具体战斗任务的完成或使装备恢复自救。战场损伤评估和修复由使用人员、维修小组、机动维修保障组负责执行。

### 三、维修级别

#### 1. 操作人员/基层级维修

预防性维修:检测和保养(PMCs)可以快速地确定潜在问题。操作人员/基层级维修是维修系统的关键,它包括巡回修理,例如更换零部件、小修和定期保养等。制定有效的预防性维修检测和保养大纲非常关键。大纲的执行需要有经过培训的操作人员/乘员和严格的监督及实施步骤。司令部不重视将会产生粗略的预防性维修:PMCs将会对装备战备完好性和战斗性能带来不利的影响,同样也会加重维修系统的负担。

基层级维修的主要任务是把装备送到使用单位,尽快地对任务产生影响。操作人员或乘员利用随身携带的探测器或视情检测确定故障,利用随身携带的备件和工具进行快速的修理。

大多数维修分队、单位或维修机构都有对所属装备实施分队级维修的、成建制的维修人员。在任务、敌人、地形、部队、可用时间和平民事项(METT-TC)等条件允许的情况下,维修人员可以对故障件进行筛选修理,从而减少较高一层的订货和对维修人员的技能的要求。但机动性和修理时间是限制基层修理能力的关键要素,它限制了维修分队携带特殊工具和备件的能力。

#### 2. 直接支援维修

直接支援维修机构由基地级维修群构成,基地级维修群由维修组扩展而成,维修组对特定的作战分队进行保障。被保障分队的编成决定了被指派到基本维修群的维修组的种类和数量。这些维修组对战区或特殊区域的作战分队实施直接支援。那些对特殊区域的作战分队实施直接支援的维修组将配属到战区,并对被保障的作战分队实施伴随保障。他们通过最近的直接支援维修群接收修理备件和实施维修保障。

对前线实施保障的直接支援维修分队和维修小组必须随保障对象不断地机动运行。这些分队中的维修人员主要进行换件修理。假如这些维修分队由于缺少时间或专门的工具/测试设备不能对装备进行修理，那么来自较高一层的保障小组将到现场对装备进行修理或评估。在任务、敌人、地形、部队、可用时间和平民事项等条件允许的情况下，利用分队维修资源，直接支援维修分队的维修人员可以对选定部件进行修理，从而降低较高一层的订货和维修技能。

### 3. 持续支援维修

持续支援维修包括全面支援维修和基地级维修，它由几种不同类型的活动组成，这些活动经过组合可以满足各种维修需求。

全面支援和基地级修理活动的目标是对战区作战计划实施最好的保障。利用编制(TOE/TDA)分队、国家编制人员和合同人员去保障战区供应系统。维修保障活动通常靠近战区内机动的或半固定的装备，目的是为了保持装备持续的作战能力。尽管维修活动能够向前配置，但这是一个非常耗时却人员和装备需集中的繁杂过程。尽管如此，它们仍能按照要求向前配置到排、部、分队以保障战斗的完成。当靠前配置时，这些维修项目由最近的维修组负责，但所有的维修需求需通过司令部进行传递。

#### (1) 全面支援维修

全面支援部件修理活动的主要任务是修理返回到供应系统中的部件。管理人员根据部件消耗率设置优先级，且消耗率由持续支援维修管理人员确定。全面支援维修的第二项修理任务是为支援基地级而进行成品件的修理和零部件的修理。全面支援维修的第三项任务是为直接支援维修分队提供支持。当没有其他的维修资源可以利用或当供应通道不足以弥补战场损伤时，通常执行上述第三项任务。全面支援维修机构也可以作为培训基地用于培训专门的维修人员。

#### (2) 基地级维修

基地级维修队战略层的保障：陆军装备司令部(AMC)基地或机构、合同商和国家保障人员通过执行这个级别的维修队供应系统进行保障。它们通常对美国大陆和战区的固定装备实施维修工作。生产线的维修描述了这种保障的特征。

通常情况下，那些维修分队在最适合保障作战部队的地方进行基地级维修。这些地方可能是通信区域、美国大陆、近海和第三方国家。这些维修行动保障了整个陆军部的存货管理计划，是用于满足陆军部装备需求的可用资产的新的获取渠道或备选方案。

陆军总部批准基地级维修计划后由陆军装备部执行。陆军军械库和基地维修厂执行已批准的计划。在其他情况下，各军种基地级维修三军通用计划在基地维修中起着重要的作用。各军种基地级维修三军通用计划的主要目标是通过基地修理决策过程有效地利用国防部基地。基地修理决策过程是综合后勤系统规划和综合维修计划的重要里程碑。基地修理决策过程通常和其他军事部门一致，按照其他军事部门以及商业公司的合同执行基地维修计划。战略规划人员定期调整维修大纲以满足供应系统的要求。当然，他们也考虑修理备件和其他维修资源可用性。

当后勤保障分队配置到战区时，它将对战区级支援维修活动进行指挥和管理。LSE 是一个灵活性很强的机构，作战需求和供应系统的短缺能够反映它的能力和构成，它包括战区总体支援维修群、靠前修理机构(FRAS)和专门修理机构(SRAS)等。FRAS 的目的是向战区提供有限的基地级维修保障。SRAS 对部件进行修理后把它们返回到供应系统或用户。SRAS 具有修理/测试部件的专用工具和测试设备。FRAS 和 SRAS 可以雇佣军队人员、国防部文职人员、合同承包商或上述三类人员的组合。上述维修保障分队通常对军队后方、战区或美国大陆保障基地的固定或半固定的设施、设备进行维修。

## 四、航空维修

美军航空维修的目标是向指挥员保证执行任务飞机的最大可用性。航空维修分队通过对所有的航空产品实施维修来完成这个目标,这些航空产品包括靠前配置的军用飞机和武器系统。

航空维修系统由三个级别组成:基层级维修(AVUM)、中继级维修(AVIM)和基地级维修(DEPOT)。

航空机组指挥员和AVUM分队居航空维修的第一位。AVUM分队以营或中队为建制单位,尽可能地提供靠前保障。靠前保障组负责出航飞机的维修任务,出航飞机通常要求具有最少的航空停工期。航空基层级维修分队也在后方区域执行广泛的、连续的定期维修任务。航空基层级维修任务包括更换部件、执行小修、调整、清洗、润滑和保养等。

AVIM(也称第二级维修)分队提供中继级维修保障和对AVUM进行支援,并执行出航系统的修理和离航子系统的修理。AVIM分队也向被保障的分队提供修理备件。AVIM通常情况下比AVUM需要更多的时间、更复杂的工具和测试设备、较高技能的人员。

基地级维修是维修的第三层。基地级维修过程非常详细和费时,它需要复杂的设备和特殊的工具、特殊的设施和维修技能。典型的基地级维修任务包括飞机的检查、大修、改装、特殊的加工、分解测试以及上漆等。

## 五、船只维修

美军船只维修面临的问题和解决手段同其他类型的装备不同。船只的维修设施(工具)必须位于或靠近水边。那些维修设施不是和其他系统一样沿着战区的前轴线排列,而是沿着战区的后方边界横向展开。除了一些内陆的水运系统以外,船只一般面向战区后方。位于战区或其他国家的船只分队通常由民间造船厂进行维修保障。当前美海军实现了船只的网络修理,这将会和美军当前的船只修理程序一样有效。

## 六、特殊信号装备的维修

特殊信号装备的维修具有独到的特征。尽管特殊信号装备群可以远离师或军维修分队实施操作,但是它们必须保持较高程度的战备完好性。智能电子对抗营的装备复杂程度高、密集度低。在这种情况下,该部队具有:

① 故障诊断和小修的能力。

② 携带备件。

③ 通过陆地或航空运输从后方区域进行机动维修保障组(MSTS)的靠前配置。

## 七、修理备件保障

第九类项目(也称修理备件)由一些零件、分组件、组件或部件组成。它们对除医疗设备以外的所有陆军装备维修进行保障。其范围包括从小的通用零部件到大的、复杂的系列可更换单元。

### 1. 战备观念

修理零部件的管理程度同保障的最终产品的战备完好率成正比。库存产品的类型和数量直接和作战需求相联系。计算机辅助保障系统(CSS)在战略、战役和战术层所承担的责任将在以下的段落中讨论。

国家战略层修理备件的管理依靠产品的总体分类而不是最终产品的使用。因此对分队级维修任务的需求通常要超过商业需求。当成品是一个主要系统的时候(如 M1A1 坦克),程序管理员必须保证该最终产品的计算机辅助保障系统(CSS)是经济有效的。因此,具有该类问题的维修分队为解决他们所关心的问题常常进行单独联系。在该层上,供应需求驱使 NICP 管理人员利用基地级维修去修复不可用资产以保障供应需求。

战役层主要任务是提供修理备件和不被 ALOC 送往战区的产品的库存量。通过系列可更换单元的持续维修的可用资产可以减少供应需求。那些产品成为可用资产后能减轻战略供应层的保障压力。

战术层的修理备件用于保障基层或直接支援级的维修任务。各种维修机构能储存规定携行清单(PLL)中限量的产品去保障维修任务。通常情况下,线数大约限制为 300,但是必须满足战斗和保障需求。指挥人员为适应作战需求或因为其他的原因可以进行部分微调。PLL 中产品的灵活性也应考虑。PLL 在分队运输时应该具有 100%的灵活性。全面支援和直接支援层导弹系统维修分队为所有被保障的系统提供战区维护核定库存表(ASL),他们也为战场上的导弹供应备件。

全面支援维修分队为保障核定维修任务实施工厂库存。他们通过物资管理中心(MMC)申请库存补充,但不保留 ASL,这不适用于航空中继级维修。

### 2. 配件拆用和换件修理

拥有不可用装备的指挥人员有权决定是否进行配件拆用和换件修理。配件拆用是指在特定的条件下从授权处理的装备上拆除可用的和不可用的零件、部件和组件。换件修理是从不可用的、经济上可修理的装备上拆除可用的零件、部件和组件,直接用于恢复装备的同类产品,从而使装备恢复战斗力或再利用。当备件在供应系统中不能得到时,指挥人员可以根据战场的情况进行配件拆用和换件修理。

靠近战损装备位置的指挥人员可以根据陆军条例进行配件拆用和换件修理。他们根据上级司令部的指导方针进行决策。战时关键备件的主要来源是配件拆用,维修人员可以根据指挥人员的指示灵活大胆地应用。

## 八、核生物化学(NBC)环境下的维修

无论什么时候,在任务、敌人、地形、部队、可用时间和平民事项允许的情况下,后勤保障人员都应避免在化学污染的环境内进行维修操作。为了不在污染的区域进行操作,战斗勤务保障(CSS)分队实行装备早转移、装备的净化和重新进行维修保障活动。人员灵活程度的降低和保护性外罩上石油产品溢出量的影响降低了装备的维修操作能力。

避免装备的感染要比净化它容易得多。净化是一项费时的工作,它可能腐蚀或损坏某类装备。为装备和供应品提供高空覆盖对于减少液体类物质的感染非常重要。在分队力所能及的情况下,应让他们对自己的装备进行净化。移交给维修人员的装备也能像使用分队所采取的措施一样使它们免受感染。使用分队在恢复、处理和净化所属装备时建立了标准的操作规程。

当使用分队的人员不能对装备进行净化时,应标记装备感染的类型和日期。假如可能,标记装备感染的具体区域以警告维修人员危险,也应对受感染的装备进行隔离。当使用分队不能净化受损的或不能使用的,但对战斗非常关键的装备时,管理人员应考虑更换装备。

# 第 2 章　电子设备的故障分析

**导语**：掌握事物发展的规律，可以达到事半功倍的效果。掌握电子设备故障发生的原因和规律，可以更有效地进行电子设备的故障诊断、定位与维修。

## 2.1　电子设备的故障

### 2.1.1　电子设备的故障描述

电子设备的故障描述可分为定性描述和定量描述。当设备或设备的一部分不能或将不能完成预定功能的事件或状态时，则可认为设备发生故障，这就是电子设备故障的定性描述。而电子设备故障的定量描述比较复杂，它与产品的可靠性密不可分。下面介绍几个与可靠性、电子设备故障相关的定量描述概念。

**1. 可靠度与故障分布函数**

可靠度(Reliability)是指产品在规定的条件(如温度、负载、电压等)下和规定的时间(设计寿命)内完成规定功能或正常运转的概率。通常，可靠度可以用来衡量产品或系统在规定寿命完成规定功能的能力。一般将可靠度记为 $R(t)$，它是时间 $t$ 的函数，称为可靠度函数。从概率分布角度看，它又称为可靠度分布函数，且是累积分布函数。它表示在规定的条件下和规定的时间内，无故障地发挥功能而工作的设备占全部工作产品(累积起来)的百分数，因此有下式计算，即

$$0 \leqslant R(t) \leqslant 1 \tag{2-1}$$

若"产品在规定的条件下和规定的时间内完成规定功能"的这一事件($E$)的概率用 $P(E)$ 表示，则可靠度作为描述产品正常工作时间 $T$ 这一随机变量的概率分布可写为

$$R(t) = P(E) = P(T \geqslant t) \tag{2-2}$$

故障分布函数是产品在规定的条件下和规定的时间内丧失规定功能的概率，用 $F(t)$ 表示。$F(t)$ 也称累积故障概率或不可靠度，即

$$F(t) = P(T \leqslant t) \tag{2-3}$$

由于产品有故障和无故障这两个条件是不相容的，所以有

$$R(t) + F(t) = 1 \tag{2-4}$$

为了估计一种产品在一定时间内的可靠度与不可靠度，根据概率测试原则，可以通过这类产品的大量实验来决定。如有 $N_0$ 个产品在规定的条件下工作到某个规定的时间 $t$ 有 $n(t)$ 个产品出故障，则此时不可靠度和可靠度可以表示为

$$F(t) \approx \frac{n(t)}{N_0}, R(t) \approx 1 - F(t) = \frac{N_0 - n(t)}{N_0} \tag{2-5}$$

一般说来，产品可靠度 $R(t)$ 与不可靠度 $F(t)$ 随使用时间的变化有不同的表现。在开始使用或实验时，可以认为所有产品都是好的，因此，$n(0)=0, R(0)=1, F(0)=0$；随着时间的

增长，产生故障不断增加，因此故障分布函数（不可靠度）单调递增，而可靠度则单调递减；任何产品在使用过程中总是要发生故障的，因此有：$n(\infty)=N$，$R(\infty)=0$，$F(\infty)=1$。

**2. 故障密度函数**

故障密度函数 $f(t)$是累积故障概率 $F(t)$的导数，也即不可靠度的导数，它反映的是任意时刻故障概率的变化，即

$$f(t)=\frac{\mathrm{d}F(t)}{\mathrm{d}t}=-\frac{\mathrm{d}R(t)}{\mathrm{d}t} \tag{2-6}$$

设 $N$ 为受试产品总数，$\Delta N(t)$是时刻 $t$ 到 $t+\Delta t$ 时间间隔内产生的故障产品数，当 $N$ 足够大，$\Delta t$ 足够小时，则有

$$f(t)\approx\frac{\Delta N(t)}{N\cdot\Delta t}\approx\frac{1}{N}\frac{\mathrm{d}N}{\mathrm{d}t} \tag{2-7}$$

式(2-7)表示时刻 $t$ 的故障概率。由式(2-6)可得

$$F(t)=\int_0^t f(t)\mathrm{d}t \tag{2-8}$$

而产品的可靠度则可表示为

$$R(t)=1-F(t)=1-\int_0^t f(t)\mathrm{d}t=\int_t^{\infty} f(t)\mathrm{d}t \tag{2-9}$$

**3. 故障率**

故障率又称失效率，它可从平均故障率和瞬时故障率两方面来讨论。

**(1) 平均故障率**

平均故障率指在规定的条件下和规定的时间内，产品的故障总数与寿命单位总数之比，一般用 $\lambda$ 表示，平均故障率是产品可靠性的一个基本参数；寿命单位是对产品使用持续时间的度量单位，如工作小时、月、年、次等。

**(2) 瞬时故障率**

瞬时故障率指在时刻 $t$ 工作着的产品到时刻 $t+\Delta t$ 的单位时间内发生故障的条件概率。它的观测值记为 $\lambda(t)$，即

$$\lambda(t)=\frac{\Delta n}{[N_0-N_f(t)]\Delta t} \tag{2-10}$$

式中，$N_0$ 为受试产品总数；$N_f(t)$为工作到 $t$ 时刻已损坏的产品数；$\Delta n$ 为 $t$ 时刻后 $\Delta t$ 时间内损坏的产品数。则有

$$\lambda(t)=f(t)\frac{1}{1-F(t)}=\frac{f(t)}{R(t)}=-\frac{R'(t)}{R(t)}=-\frac{\mathrm{d}\ln R(t)}{\mathrm{d}t} \tag{2-11}$$

对公式(2-11)积分得

$$R(t)=\exp\left[-\int_0^t\lambda(t)\mathrm{d}t\right] \tag{2-12}$$

$$f(t)=R(t)\lambda(t)\cdot R(t)=\lambda(t)\cdot\exp\left[-\int_0^t\lambda(t)\mathrm{d}t\right] \tag{2-13}$$

由前面的诸关系式可得 $f(t)$，$F(t)$，$R(t)$和 $\lambda(t)$的关系，如表 2-1 所列。

表2-1 $f(t)$,$F(t)$,$R(t)$和$\lambda(t)$的关系

| 项 目 | $f(t)$ | $F(t)$ | $R(t)$ | $\lambda(t)$ |
|---|---|---|---|---|
| $f(t)$ | — | $\frac{dF(t)}{dt}$ | $-\frac{dR(t)}{dt}$ | $\lambda(t)\exp\left[-\int_0^t \lambda(t)dt\right]$ |
| $F(t)$ | $\int_0^t f(t)dt$ | — | $1-R(t)$ | $1-\exp\left[-\int_0^t \lambda(t)dt\right]$ |
| $R(t)$ | $\int_t^\infty f(t)dt$ | $1-F(t)$ | — | $\exp\left[-\int_0^t \lambda(t)dt\right]$ |
| $\lambda(t)$ | $\frac{f(t)}{\int_0^t f(t)dt}$ | $\frac{dF(t)/dt}{1-F(t)}$ | $-\frac{d\ln R(t)}{dt}$ | — |

**4. 平均寿命**

在产品的寿命指标中,最常用的是平均寿命。产品寿命是指无故障工作时间,而平均寿命是指产品寿命的平均值。平均寿命对不可修复产品和可修复产品有不同的定义。

对于不可修复产品,其寿命是指故障前的工作时间。因此,平均寿命就是指该产品从开始使用到故障前的工作时间的平均值,或称故障前平均时间,一般记为MTTF (Mean Time to Failure),即

$$\text{MTTF} \approx \frac{1}{N}\sum_{i=1}^{N} t_i \tag{2-14}$$

式中,$N$为测试产品总数;$t_i$为第$i$个产品故障前的工作时间。

对于可修复的产品,其寿命是指相邻两次故障间的工作时间。因此,它的平均寿命即为平均故障间隔时间,一般记为MTBF(Mean Time Between Failure),即

$$\text{MTBF} \approx \frac{1}{\sum_{i=1}^{N} n_i}\sum_{i=1}^{N}\sum_{j=1}^{n_i} t_{ij} \tag{2-15}$$

式中,$N$为测试产品总数;$n_i$为第$i$个测试产品的故障数;$t_{ij}$为第$i$个产品从第$j-1$次故障到第$j$次故障的工作时间。MTTF和MTBF的理论意义和数学表达式的实际内容都是一样的,故统称为平均寿命。

## 2.1.2 电子设备的故障模式

电子设备故障模式是指电子设备故障的表现形式。它注重的不是设备为何出故障,而是设备出什么样的故障。电子设备的故障模式很多,常见的故障模式如表2-2所列。

在电子设备故障诊断与修理中,故障统计分析的任务之一就是从大量的故障数据统计分析中,搜寻每种设备的典型故障模式及其发生概率,分析典型故障模式的影响及危害性,提高设备的利用率。

表 2-2 电子设备常见的故障模式

| 序 号 | 故障模式 | 序 号 | 故障模式 |
|---|---|---|---|
| 1 | 无法开机 | 10 | 无法切换 |
| 2 | 无法关机 | 11 | 指示错误 |
| 3 | 动作错误 | 12 | 机械磨损 |
| 4 | 短 路 | 13 | 击 穿 |
| 5 | 开 路 | 14 | 氧 化 |
| 6 | 输入超限 | 15 | 断 裂 |
| 7 | 输出超限 | 16 | 变 形 |
| 8 | 无输入 | 17 | 其 他 |
| 9 | 无输出 | | |

## 2.1.3 电子设备常见故障模式分布

### 1. 正态分布

正态分布又称高斯(Gauss)分布,也称常态分布,是一切随机现象中最常见和应用最广泛的一种概率分布,可用来描述许多自然现象和各种物理性能。正态分布曲线呈钟形,两头低、中间高、左右对称,因此,常被称为钟形曲线。正态分布在故障统计中的主要用途:用于因磨损、老化、腐蚀而出现故障的设备故障统计分析;用于对制造设备及其性能的分析和质量控制。若随机变量 $X$ 的概率密度函数为

$$f(X)=\frac{1}{\sqrt{2\pi}\sigma}\exp\left[-\frac{1}{2}\left(\frac{X-\mu}{\sigma}\right)^2\right],\quad -\infty<X<+\infty \tag{2-16}$$

式中,$\sigma$ 为标准偏差;$\mu$ 为均值或中位数,$-\infty<\mu<+\infty$,称 $X$ 服从参数 $\sigma$ 和 $\mu$ 的正态分布,并记为:$X\sim N(\mu,\sigma)$。

当 $X$ 为电子设备的寿命 $t$ 时,就得到正态故障密度函数,即

$$f(t)=\frac{1}{\sqrt{2\pi}\sigma}\exp\left[-\frac{1}{2}\left(\frac{t-\mu}{\sigma}\right)^2\right],\quad 0\leqslant t<+\infty \tag{2-17}$$

其累积故障分布函数为

$$F(t)=\frac{1}{\sqrt{2\pi}\sigma}\int_0^t \exp\left[-(t-\mu)^2/(2\sigma^2)\right]\mathrm{d}t \tag{2-18}$$

其故障率函数为

$$\lambda(t)=\frac{f(t)}{1-F(t)}=\frac{\exp\left[-(t-\mu)^2/(2\sigma^2)\right]}{\int_t^\infty \exp\left[-(t-\mu)^2/(2\sigma^2)\right]\mathrm{d}t} \tag{2-19}$$

其可靠度函数为

$$R(t)=1-F(t)=\frac{1}{\sqrt{2\pi}\sigma}\int_t^\infty \exp\left[-(t-\mu)^2/(2\sigma^2)\right]\mathrm{d}t \tag{2-20}$$

图 2-1 为正态分布的故障密度函数 $f(t)$,从中可见它具有如下特点:

① $f(t)$曲线以 $\mu$ 为对称,曲线与 $X$ 之间的面积在 $\mu$ 两边各为 0.5;

② $f(t)$曲线在 $\mu\pm\sigma$ 处有拐点；

③ 当 $t=\mu$ 时，$f(t)$有最大值$\frac{1}{\sigma\sqrt{2\pi}}$；

④ 当 $t\to\infty$或 $t\to 0$ 时，$f(t)\to 0$；

⑤ 曲线 $f(t)$以 $t$ 为渐进线，且有 $\int_0^{+\infty} f(t)\mathrm{d}t=1$。

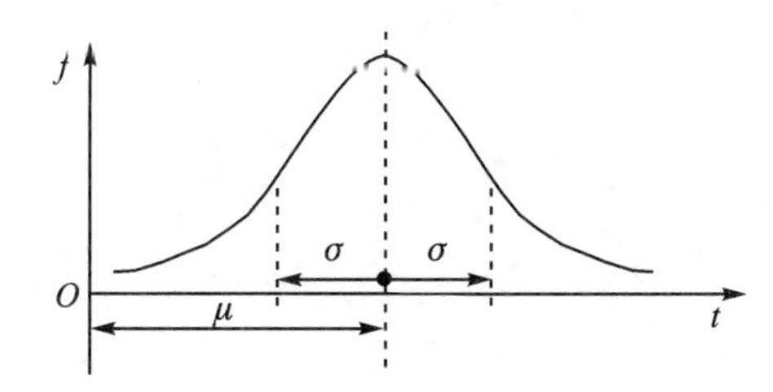


图 2-1　正态分布的故障密度函数

**2. 对数正态分布**

若随机变量 $t$ 取对数 $\ln t$ 后服从正态分布 $N(\mu,\sigma^2)$，则称 $t$ 服从对数正态分布。近些年来对数正态分布在可靠性领域得到了人们的关注，主要用于机械零件的疲劳寿命和设备维修时间的分布。当设备故障服从对数正态分布 $\ln t\sim N(\mu,\sigma^2)$时，类似于正态分布，其故障密度函数表示为

$$f(t)=\frac{1}{\sqrt{2\pi}\sigma t}\exp\left[-\frac{1}{2}\left(\frac{\ln t-\mu}{\sigma}\right)^2\right] \tag{2-21}$$

其累积故障分布函数为

$$F(t)=\int_0^t \frac{1}{\sqrt{2\pi}\sigma t}\exp\left[-(\ln t-\mu)^2/(2\sigma^2)\right]\mathrm{d}t \tag{2-22}$$

其故障率函数为

$$\lambda(t)=\frac{f(t)}{1-F(t)}=\frac{\frac{1}{\sqrt{2\pi}\sigma t}\exp\left[-(\ln t-\mu)^2/(2\sigma^2)\right]}{\int_t^{\infty}\frac{1}{\sqrt{2\pi}\sigma t}\exp\left[-(\ln t-\mu)^2/(2\sigma^2)\right]\mathrm{d}t} \tag{2-23}$$

其可靠度函数为

$$R(t)=1-F(t)=\int_t^{\infty}\frac{1}{\sqrt{2\pi}\sigma t}\exp\left[-(\ln t-\mu)^2/(2\sigma^2)\right]\mathrm{d}t \tag{2-24}$$

**3. 威布尔分布**

威布尔分布(Weibull distribution)又称韦伯分布或韦布尔分布，是物理学家威布尔(W. Weibull)在分析材料强度及链条强度时推导出的一种分布函数，它是由最弱环节模型导出的，这个模型如同由许多链环串联而成的一根链条，两端受拉力时，其中任意一个环断裂，则链条失效(故障)。显然，链条断裂发生在最弱环节。广义而言，一个整体的任何部分故障则为整体故障，此即最弱环节模型。威布尔分布是可靠性分析及寿命检验的理论基础。

威布尔分布在可靠性分析中得到广泛应用，它特别适用于疲劳、磨损等故障模式，尤其适用于机电类产品的磨损累计失效分布形式，利用概率值很容易推断出其分布参数，因此广泛应

用于各种寿命试验的数据处理。电子设备中的继电器、断路器、开关、磁控管等元器件的故障往往服从威布尔分布。当设备故障服从威布尔分布时，其故障密度函数为

$$f(t)=\frac{m}{t_0}(t-\gamma)^{m-1}\exp\left[\frac{(t-\gamma)^m}{t_0}\right] \tag{2-25}$$

累积故障分布函数为

$$F(t)=1-\exp\left[\frac{(t-\gamma)^m}{t_0}\right] \tag{2-26}$$

故障率函数为

$$\lambda(t)=m\cdot\frac{(t-\gamma)^{m-1}}{t_0} \tag{2-27}$$

其可靠度函数为

$$R(t)=1-F(t)=\exp\left[\frac{(t-\gamma)^m}{t_0}\right] \tag{2-28}$$

式(2-25)到式(2-28)中，$m$ 为形状参数，用来表征分布曲线的形状；$\gamma$ 为位置参数，用来表征分布曲线的起始位置；$t_0$ 为尺度参数，用来表征坐标的尺度。

① 形状参数 $m$ 对故障密度函数的影响：

当 $m<1$ 时，故障密度函数 $f(t)$随时间单调下降，故障率函数 $\lambda(t)$随时间变化为递减型。

当 $m=1$ 时，故障密度函数 $f(t)$随时间下降，故障率函数 $\lambda(t)$随时间变化为常数型，威布尔分布变成指数分布。

当 $m>1$ 时，故障密度函数 $f(t)$出现峰值，故障率函数 $\lambda(t)$随时间变化为递增型。

当 $m\geqslant3.5$ 时，故障密度函数 $f(t)$接近于正态分布。从图 2-2 可以看出形状参数 $m$ 对故障分布函数的影响。

② 尺度参数 $t_0$ 只与分布曲线坐标标尺比例有关，起到放大或缩小坐标尺度的作用，如图 2-3 所示。

③ 位置参数 $\gamma$ 对故障分布函数 $f(t)$的形状没有影响，它只表示分布曲线在 $t$ 上的起始位置。当 $\gamma<0$ 时，表示设备开始工作前就已发生故障；当 $\gamma>0$ 时，表示设备在 $\gamma=t_0$ 之前不发生故障，此时，$\gamma$ 又称作最小保证寿命。位置参数 $\gamma$ 对故障分布函数 $f(t)$的影响如图 2-4 所示。

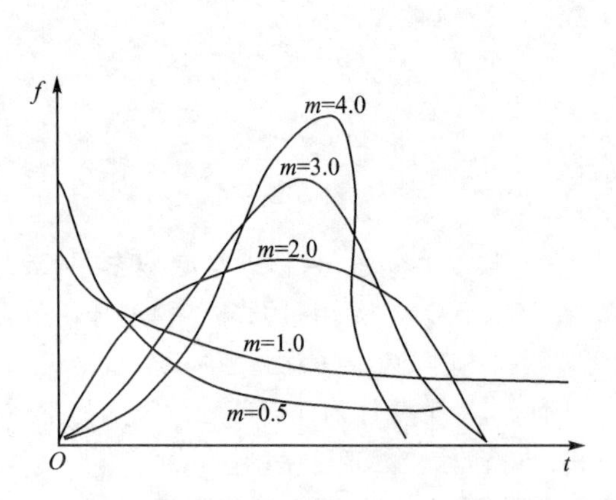


图 2-2 参数 $m$ 对故障分布函数的影响

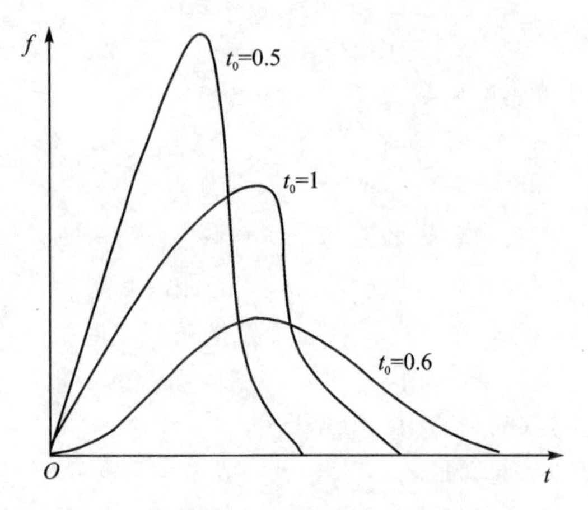


图 2-3 参数 $t_0$ 对故障分布函数的影响

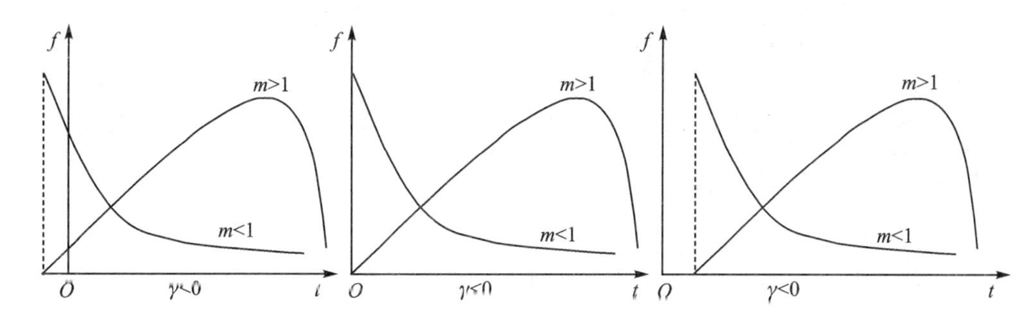


图 2-4　位置参数 $\gamma$ 对故障分布函数 $f(t)$ 的影响

威布尔分布由于其通用性而广泛用于拟合故障数据分布，威布尔分布具有以下优点：

① 威布尔分布可以描述系统使用过程中的不同阶段，具有良好的工程实际意义，根据形状参数的取值范围不同，可以用来描述设备的早期故障、偶发期故障和耗损性故障。

② 威布尔分布可以通过调整其尺度参数、形状参数以及位置参数来拟合多种故障数据，工程适用范围比较广，正态分布及后面的指数分布都可以看作威布尔分布的特例。

③ 从拟合数据的角度看，威布尔模型富有弹性，这归结于参数的多样化及形状参数、寿命参数和位置参数。

**4. 指数分布**

在进行电子设备可靠性设计和故障数据分析时，指数分布占有相当重要的地位，指数分布是威布尔分布的一个特例，当故障率函数 $\lambda(t)=\lambda$ 为常数时，便得到指数分布，即

$$f(t)=\lambda\exp(-\lambda t) \tag{2-29}$$

$$F(t)=1-\exp(-\lambda t) \tag{2-30}$$

$$R(t)=\exp(-\lambda t) \tag{2-31}$$

指数分布曲线如图 2-5 所示。由于故障率函数 $\lambda(t)=\lambda$ 为常数，所以指数分布具有“无记忆性”。所谓“无记忆性”是指设备使用一段时间后，仍然同新设备一样，故障率与前相同。在电子设备中，电路的短路、开路、机械结构的损伤所造成的故障也都服从指数分布。指数分布在可靠性分析中有重要地位，这是由它本身的特性决定的：

① 它描述了 $\lambda(t)=\lambda$ 为常数的故障过程，这一过程又称随机(偶然)故障过程(阶段)。在这一期间内，设备的故障完全是偶然的，它是设备工作的最佳阶段。很多电子元器件和电子设备的故障过程都呈指数分布。

② 指数分布的各项可靠性指标有严格的统计计算方法，而且用数学处理也很方便。在不少地方用指数分布的各项公式作为统一的对比方法是比较方便的，如指数分布的均值为

$$\mu=\int_0^\infty tf(t)\mathrm{d}t=\int_0^\infty R(t)\mathrm{d}t=1/\lambda \tag{2-32}$$

指数分布的方差为

$$\sigma^2=\lambda\int_0^\infty t^2\mathrm{e}^{-\lambda t}\mathrm{d}t-\mu^2=1/\lambda^2 \tag{2-33}$$

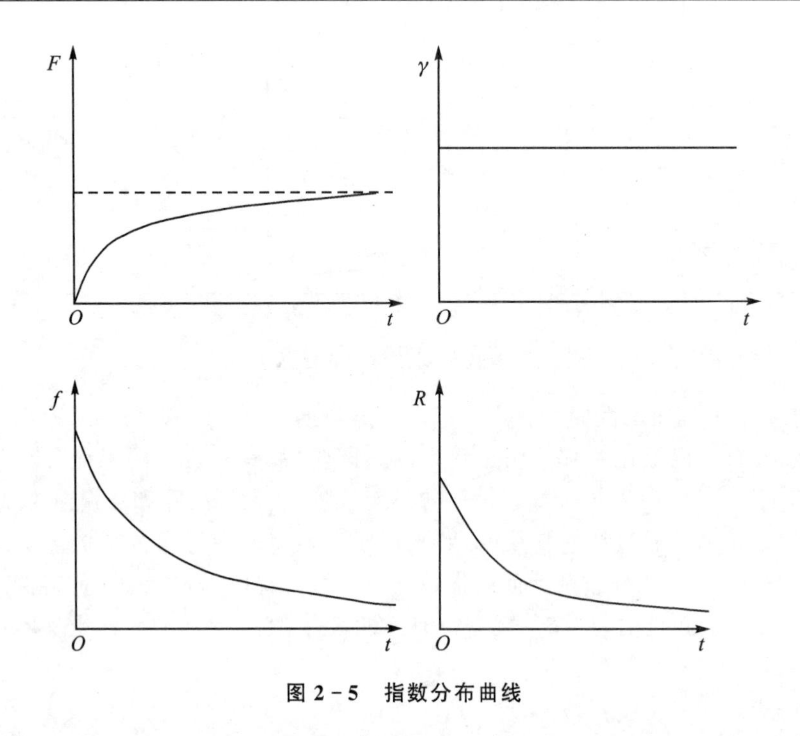


图 2-5 指数分布曲线

# 2.2 电子设备故障机理分析

## 2.2.1 电子元器件失效机理分析

习惯上把元器件故障称为失效，了解元器件的失效模式和失效机理以及设备的故障机理对诊断设备故障、保持设备固有的可靠性是十分必要的。对电子设备来说，元器件种类很多，常见的有电阻器、电容器、接插件、焊接件、线圈、集成块、变压器等。

### 1. 电阻器失效机理

电子设备中电阻的使用数量很大，而且是一种发热元器件，由电阻器失效导致的电子设备故障占有一定的比例。其失效原因与产品的结构、工艺特点、使用条件有密切关系。

电阻器失效可以分为两大类，即致命失效和参数漂移失效。从现场使用统计来看，电阻器失效的大多数情况是致命失效，常见的有：断路、引线断裂、机械损伤、接触损坏、短路、击穿等；只有少数失效为阻值漂移失效。

电阻器按其构造形式分为：线绕电阻器和非线绕电阻器；按其阻值是否可调分为：固定电阻器和可变电阻器(电位器)。从使用的统计结果看，它们的失效机理是不同的。

① 非线绕固定电阻器：引线断裂、膜层不均匀、膜材料与引线端接触不良、基体缺等，如碳膜电阻器；电阻膜不均匀、电阻膜破裂、基体破裂、电阻膜分解、静电荷作用等，如金属膜电阻器。据统计，在非绕线电阻失效模式中，开路约占 49%，阻值漂移约占 22%，引线断裂约占 17%，其他原因约占 7%。

② 线绕电阻器：接触不良、电流腐蚀、引线不牢、焊点熔解等。据统计，在绕线电阻失效模式中，开路约占 90%，阻值漂移约占 2%，引线断裂约占 7%，其他原因占 1%。

可变电阻器:接触不良、焊接不良、引线脱落、杂质污染、环氧胶质量较差等。

**2. 电容器失效机理**

电容器失效模式常见的有:击穿、开路、参数退化(包括电容量超差、损耗角正切值增大、绝缘性能下降等)、电解液泄漏、引线腐蚀或断裂、机械损伤等。导致这些失效的主要原因有以下几方面。

**(1)击　穿**

① 介质中存在疵点、缺陷、杂质等;

② 介质材料的老化(电老化、热老化);

③ 金属离子迁移形成导电沟道或边缘飞弧放电;

④ 介质材料内部气隙击穿或介质电击穿;

⑤ 介质的机械损伤;

⑥ 介质材料分子结构的改变;

⑦ 高湿度或低气压环境中的极间电飞弧;

⑧ 机械作用下电介质的瞬间短路。

**(2)开　路**

① 引线与电极接触点氧化而造成低电平开路;

② 引线与电极接触不良或绝缘;

③ 电解电容器阳极引出金属因腐蚀而导致开路;

④ 工作电解质的干枯或冻结;

⑤ 在机械应力作用下工作电解质和电介质之间的短时开路。

**(3)电参数退化**

① 潮湿或电介质老化与热分解;

② 电极材料的金属离子迁移;

③ 表面污染;

④ 介质的老化(电老化、热老化);

⑤ 电极的电解腐蚀或化学腐蚀;

⑥ 杂质或有害离子的影响;

⑦ 材料的金属化电极的自愈效应等;

⑧ 引出线和电极的接触电阻增大。

**(4)电解液泄漏**

① 电场作用下,电解液或浸渍材料分解放气使电容器壳内气压升高;

② 电容器金属外壳与密封盖焊接不良;

③ 绝缘层与外壳或引线焊接不良;

④ 机械密封不良;

⑤ 电解液腐蚀焊点。

**(5)引线腐蚀或断裂**

① 高温环境中电场作用下产生的电化学腐蚀;

② 电解液沿引线渗漏,引起引线的化学腐蚀;

③ 引线在电容器制造过程中受到机械损伤;

④ 引线机械强度不够。

由于电容器是在工作应力和环境应力的综合作用下工作的，因而有时会产生一种或几种失效模式和失效机理，还会由一种失效模式导致另外失效模式或失效机理的发生。各失效模式有时是相互影响的。电容器的失效与产品的类型、材料的种类、结构的差异、制造工艺及工作环境等诸多因素密切相关。

### 3. 集成块的失效模式与失效机理

① 电极开路或时通时断：主要原因是电极间金属迁移、电蚀和工艺问题；

② 电极短路：主要原因是电极间金属电扩散、金属化工艺缺陷或外来异物等；

③ 引线折断：主要原因有线径不均、引线强度不够、热点应力和机械应力过大和电蚀等；

④ 机械磨损和封装裂缝：主要由封装工艺缺陷和环境应力过大等造成；

⑤ 电参数漂移：主要原因是原材料缺陷、可移动离子引起的反应等；

⑥ 可焊接性差：主要由引线材料缺陷、引线金属镀层不良、引线表面污染、腐蚀和氧化造成；

⑦ 无法工作：一般是工作环境因素造成的。

### 4. 接触件的失效模式与失效机理

所谓接触件，就是用机械的压力使导体与导体之间彼此接触，并有导通电流功能的元器件的总称。接触件通常包括：开关、接插件、继电器和启动器等。接触件的可靠性较差，往往是电子设备或系统可靠性不高的关键所在，应引起人们的高度重视。一般来说，开关和接插件以机械故障为主，电气失效为次，主要由于磨损、疲劳和腐蚀所致。而接点故障、机械失效等则是继电器等接触件的常见故障模式。

#### (1) 开关及接插件常见失效机理

① 接触不良：接触表面污染、插件未压紧到位、接触弹簧片应力不足和焊剂污染等；

② 绝缘不良：表面有尘埃和焊剂污染、受潮、绝缘材料老化及电晕和电弧烧毁碳化等；

③ 机械失效：主要由弹簧失效、零件变形、底座裂缝和推杆断裂等引起；

④ 绝缘材料破损：主要原因是绝缘体存在残余应力、绝缘老化和焊接热应力等；

⑤ 弹簧断裂：弹簧材料的疲劳、损坏或脆裂等。

#### (2)继电器常见失效机理

① 继电器磁性零件去磁或特性恶化：主要原因是磁性材料缺陷或外界电磁应力过大造成的；

② 接触不良：接触表面污染或有介质绝缘物、有机吸附膜及碳化膜等，接触弹簧片应力不足和焊剂污染等；

③ 节点误动作：结构部件在应力下出现谐振；

④ 弹簧断裂：弹簧材料的疲劳、裂纹损坏或脆裂、有害气体的腐蚀等；

⑤ 线圈断线：潮湿条件下的电解腐蚀和有害气体的腐蚀等；

⑥ 线圈烧毁：线圈绝缘的热老化、引出线焊接头绝缘不良引起短路而烧毁等。

电子元器件的失效一般是由设计缺陷、工艺不良、使用不当和环境影响造成的，大多数情况下可从以上几方面找到真正原因。

### 2.2.2　电子设备的故障机理分析

一般说来，电子设备故障主要表现在两方面：一是设备本身有缺陷；二是由于设备的外部环境恶劣引起的。具体来说，电子设备的故障机理主要有：元器件失效、设计缺陷、制造工艺缺陷、使用维护不当、环境因素影响等。

**1. 元器件失效**

元器件失效会直接影响电子设备的正常使用，在通常情况下，据统计元器件失效大约占电子设备整机故障的40%左右。元器件失效的原因主要有以下几个方面：元器件本身可靠性低、筛选不严及苛刻的环境条件等。对元器件失效除上面介绍的常规元器件外，对可编程的集成芯片器件，如果软件编程有错误或者有病毒侵蚀，往往导致软件瘫痪，元器件失效；在条件恶劣时，如电磁干扰、大电机启停、振动、高温等也会导致元器件失效。

**2. 设计缺陷**

设计缺陷也是导致电子设备故障的重要原因之一。即使电子元器件质量很好，在组成具有一定功能的电子设备时，如果设计有缺陷，同样会导致设备故障。常见的设计故障有：抗干扰设计不到位，通风散热设计差，精度设计考虑不周，耐环境设计差，电路设计不合理，没有注意降额设计等。以抗干扰设计为例，就必须进行多方面考虑，有些电子设备，在实验室能正常运行，但送到使用现场却无法工作，其原因就是抗干扰设计不到位。

电子设备的干扰按作用方式不同，可将其分为差模干扰和共模干扰两类。在设计产品时应根据不同的情况，采取不同的措施。

**(1) 针对差模干扰信号的特性和来源可采用的设计措施**

① 若差模干扰频率比被测信号频率高，则采用输入低通滤波器来抑制高频差模干扰。如果差模干扰频率比被测频率低，则采用输入高通滤波器来抑制低频差模干扰。如果干扰频率处于被测信号频谱的两测，则使用带通滤波器较为适宜。一般差模干扰要比被测信号变化快，故常用两级阻容低通滤波网络作为模/数转换器的输入滤波器。

② 当尖峰形差模干扰成为主要干扰源时，用双斜率积分模/数转换器可以削弱差模干扰的影响。因为此类变换器是对输入信号的平均值，而不是对瞬时值进行转换，所以对尖峰干扰具有抑制能力。若取积分周期等于主要差模干扰的周期或为其整数倍，则通过积分比较变换器后，对差模干扰会有更好的效果。

③ 在电磁感应作为差模干扰的主要发生源的情况下，对被测信号应尽可能早地进行前置放大，从而达到提高回路中的信号噪声比的目的；或者尽可能早地完成模/数转换，也可以采用隔离和屏蔽等措施。

④ 如果差模干扰的变化速度与被测信号相当，则上述措施的效果不佳，这时可以采用以下两种方法：一是从根本上消除产生差模干扰的原因，即对测量仪表（如热电偶、压力变送器、差压变送器等）进行良好的电磁屏蔽；测量仪表到计算机的信号线应选用带有屏蔽层的双绞线或同轴电缆线，并应有良好的接地措施。二是利用数字滤波技术对进入计算机的带有差模干扰的数据进行处理，从而可较理想地滤除难以抑制的差模干扰。

**(2) 针对共模干扰信号的特性和来源可采用的设计措施**

① 利用变压器或光电耦合器把各种模拟负载与数字信号源隔离开来，也就是把“模拟地”与“数字地”断开。被测信号通过变压器耦合或光电耦合获得通路，使共模干扰由于不成回路

而得到有效的抑制。也可利用光电耦合器的开关特性组成的具有串行接口功能的共模抑制电路，利用这种电路时由于光电耦合器有很高的输入/输出绝缘电阻和较高的输出阻抗，因此能抑制较大的共模干扰电压。

当共模干扰电压很高或要求共模漏电流非常小时，常在信号源与计算机的共模传送途径中插入隔离放大器，利用光电耦合器的光隔离技术或者变压器耦合的载波隔离技术，把“数字地”和“模拟地”隔离开来，从而消除共模干扰的产生途径，达到将输入数据和系统电平隔离开来的目的。

② 采用浮地输入双层屏蔽放大器抑制共模干扰。这是利用屏蔽方法使输入信号的“模拟地”浮空，从而达到抑制共模干扰的目的。

③ 利用双端输入的运算放大器作为模/数转换器的前置放大器。

④ 用仪表放大器来提高共模抑制比，该器件是一种用于分离共模干扰与有用信号的器件。

除去上面介绍的电子设备的硬件抗干扰设计外，还可以采用一些软件抗干扰设计，如数字滤波等。

### 3. 制造工艺缺陷

设备制造不完善、工艺质量控制不严和设备生产人员技术水平低等因素，都会导致设备可靠性下降，产生故障。因此，制造工艺缺陷也是造成电子设备故障的原因之一。常见的制造工艺缺陷有：

① 焊接缺陷：如虚焊、漏焊和错焊，常调整和强震动部位处焊接不良等。

② 元器件的材料挑选和元器件老化不够。

③ 产品出厂时关键参数的调整和校正不当。

④ 设备的各组件组装不合理等。

### 4. 人为与环境因素

人为因素主要指电子设备的装备和维修人员、不按规定的操作规程和组装、使用、调校电子设备而导致的人为故障。

使用条件恶劣会导致电子设备故障增多，如高温、强振、强电磁干扰等超出设备的设计要求，使之不能正常工作。

## 2.3 电子设备故障规律分析

以上描述的是电子元器件及整机设备的故障机理，称为微观规律。故障的宏观规律则是描述电子设备故障发生频率与使用时间关系的统计规律。按前述的故障统计分析可将电子设备故障率$\lambda(t)$随时间的变化曲线分为下列3种类型：

① 故障率递减型：在设备的早期，故障率高，但随着工作时间增加而快速下降。描述这类故障规律的理论分布可用形状参数$m \leqslant 1$的威布尔分布。

② 故障率常数型：在设备的偶然故障期，设备故障是随机的，此时，设备处于使用寿命中的最佳状态，描述此类故障规律的理论分布可用指数分布。

③ 故障率递增型：在设备的故障耗损期，故障率从某一时刻开始增大并且集中出现故障。描述此类故障规律的理论分布为正态分布和对数正态分布。

电子设备的故障率曲线往往是由上述一种或多种类型的曲线组成的。电子设备故障宏观规律主要包括早期经典的浴盆曲线规律、新兴的复杂电子设备无耗损期规律及全寿命故障率递减规律。

## 2.3.1 浴盆曲线规律

浴盆曲线形成于 20 世纪 50 年代，是最经典的故障宏观规律。它分为早期故障期、偶然故障期和耗损故障期，如图 2-6 所示。浴盆曲线组成如图 2-7 所示。

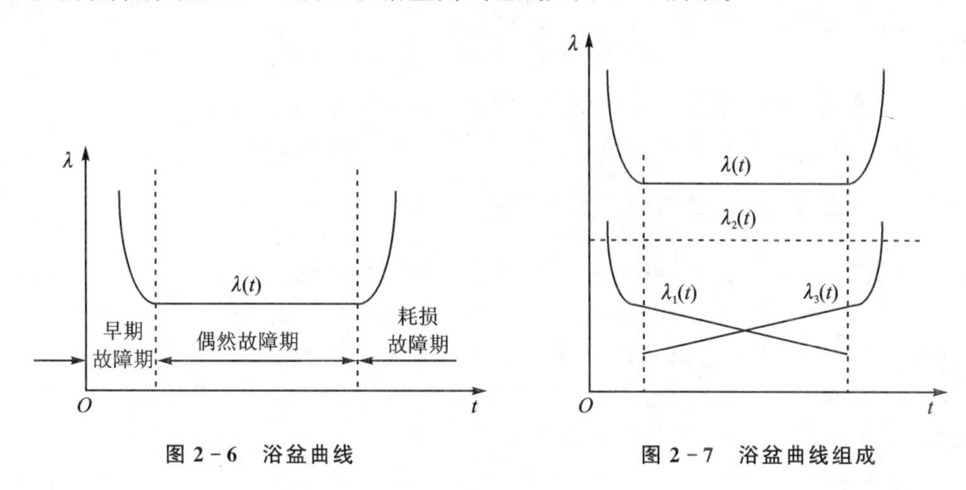


图 2-6　浴盆曲线　　图 2-7　浴盆曲线组成

### 1. 早期故障期

早期故障期是设备的使用初期，其特点是故障率较高，但随着时间的增加而快速下降。导致设备早期故障率高的主要原因：

① 元器件不合格。

② 设计、制造和装配工艺问题。

③ 未排除的明显故障。

在使用一段时间，排除发现的故障后，设备故障率会很快下降，进入偶然故障期。

### 2. 偶然故障期

偶然故障期是设备的有用寿命期，其特点是故障率低而稳定，近似为常数。在此期间内，设备故障是在任意时间间隔内偶然发生的，故障的原因是由于设计缺陷、工艺缺陷、材料缺陷、使用维护不当及环境参数超过设计极限等因素造成的。

### 3. 耗损故障期

耗损故障期出现在设备的使用寿命的末期，元器件故障率开始随时间的增加而快速增加，表现为故障集中出现的趋势。耗损故障期的显著特点是故障率随时间递增。故障原因主要是电子元器件及其他构件的老化、疲劳、腐蚀、磨损等。

### 4. 浴盆曲线的数学模型

从上面的分析可以看出，电子设备的浴盆曲线虽然不能用准确的函数关系表达，但在设备的不同使用阶段，可用适当的理论分布函数近似表达。如前所述，可用形状参数 $m \leqslant 1$ 的威布尔分布来描述早期故障期设备故障；可用指数分布来描述偶然故障期设备故障；可用正态分布和对数正态分布来描述耗损故障期设备故障。浴盆曲线的数学模型如下：

$$\lambda(t)=\lambda_1(t)+\lambda_2(t)+\lambda_3(t)=\sum_{i=1}^{3}\lambda_i(t) \tag{2-34}$$

式中：$\lambda(t)$为设备总故障率；$\lambda_1(t)$为早期故障率；$\lambda_2(t)$为偶然期故障率；$\lambda_3(t)$为耗损期故障率。浴盆曲线是这3种故障率的综合。图2-7示出这种综合过程。在设备的故障早期，存在$\lambda_1(t)$和$\lambda_2(t)$，而$\lambda_3(t)$较小可忽略，此时有$\lambda(t)=\lambda_1(t)+\lambda_2(t)$；在偶然故障期，$\lambda_1(t)$和$\lambda_3(t)$较小，且变化趋势相反，此时有$\lambda(t)=\lambda_2(t)$；而在耗损故障期，$\lambda_2(t)$和$\lambda_3(t)$对设备故障率都有较大实用意义，故有$\lambda(t)=\lambda_3(t)+\lambda_2(t)$。

浴盆曲线规律表明，电子设备预防更换的时机应选择在设备进入耗损故障期之前，而在早期故障期及偶然故障期只能在发现故障后立即采取排除措施，不适合采取事前的预先更换措施，因为在这一时期内，定期更换电子部件反而会使平均故障率保持在高水平。

### 2.3.2 复杂设备无耗损区规律

在20世纪60年代，提出以可靠性为中心的维修理论，经过大量研究，对于复杂设备共有六种基本形式的故障率曲线(见图2-8)。图中，A型为经典的浴盆曲线，设备有明显的损耗期，占设备总数的4%；B型也有明显的损耗期，占设备总数的2%。符合这两种类型的机件大多是单体的或简单的产品，如轮胎、刹车片、活塞式发动机汽缸、喷气式发动机的压气机叶片和飞机结构元件的故障，它们通常具有机械磨损、材料老化、金属疲劳等特点。C型没有明确的损耗期，故障率随使用的增加而增加，占设备总数的5%。A、B、C三种形式仅占设备总数的11%。而没有损耗期的D、E、F三种类型的故障率曲线的设备分别占设备总线的7%、14%、68%(共占设备总数的89%)，其他占11%。复杂设备无损耗规律就是针对D、E、F三种形式的故障设备而言的。

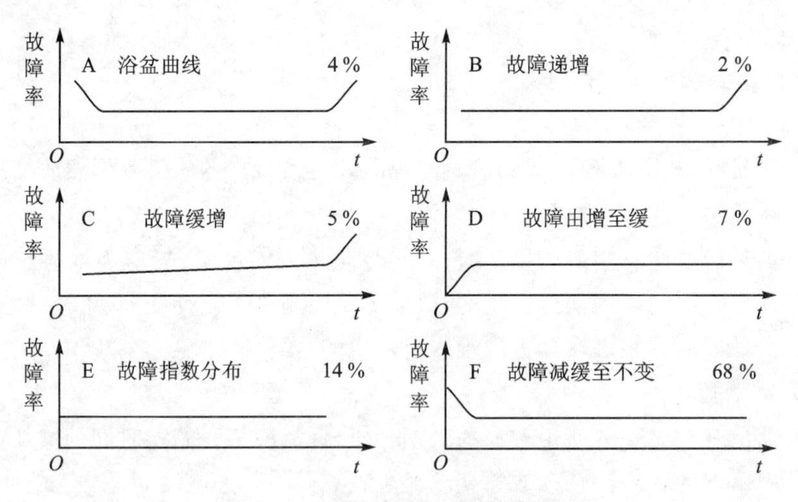


图2-8 六种基本形式的故障率曲线

复杂设备无耗损区规律是在20世纪60年代提出的，它是对浴盆曲线规律的补充和发展，复杂设备无耗损区规律仍承认浴盆曲线规律对于简单设备和具有支配性故障模式的复杂设备的实用性。

复杂设备无耗损区规律来源于人们对航空设备故障率曲线的研究。人们发现在航空设备的诸多组件中，对那些简单设备和具有支配性故障模式的复杂设备，在使用过程中有明显的耗损期存在，对这些设备可以规定使用寿命，定期更换；对那些复杂的设备，包括航空电子设备，在使用过程中无耗损期存在，因此，对它们不需要规定使用寿命。这就是复杂设备无耗损区规律的基本内容。

### 2.3.3 设备全寿命故障率递减规律

设备全寿命故障率递减规律源于20世纪80年代的统一场故障理论。该理论认为，现代电子设备的故障发生遵从寿命故障率递减规律，也即全寿命期内故障率随时间的变化是递减的。

设备全寿命故障率递减规律的基本观点：设备生产出来后就有缺陷，在内外应力的作用下，缺陷导致设备发生功能故障；应力施加的速度快，故障就会提前出现；每个偶然故障都有它的原因和结果；随着应力施加时间的增加，设备缺陷总数按指数规律递减，因而故障也将按指数规律递减；设备从制造、试验到使用都存在这种相同的过程。

设备全寿命故障率递减规律实质是将设备出厂前筛选的概念扩大到整个使用阶段。设备在工厂筛选阶段，经过工厂筛选和严格条件下的运转，并剔除缺陷，使其在工厂筛选阶段故障率呈递减趋势；设备正式使用时，受内外应力作用，其未剔除的缺陷最终会发展为故障，经检查发现后加以排除，所以说设备的使用过程就是一种筛选过程，与生产厂筛选具有相同的性质，只是筛选的时间、应力大小和方式不同而已。如果把筛选的过程移植到使用阶段，那么使用阶段也将出现故障率递减现象。这即是所谓的设备全寿命故障率递减规律。

统一场故障理论目前尚无统一的故障率表达式，但已论证了目前工厂筛选的故障率模型和使用阶段故障率模型的相关性。不过设备全寿命故障率递减规律目前只是一种假说，尚未完全得到公认。

## 本章小结

电子设备的故障诊断是设备故障诊断的一部分；电子设备的故障分析就是利用概率理论和数理统计的方法，对发生或可能发生故障的电子设备及其组成部分进行定性或定量分析，包括对电子设备进行故障分布、故障规律和故障趋势的分析。本章首先介绍了电子设备的故障描述、故障模式等内容，然后重点分析了电子元器件的故障机理及电子设备故障发生频率与使用时间关系的统计规律；其中前者为故障的微观规律，后者为故障的宏观规律。通过本章学习，应掌握电子设备故障描述参数、常见故障模式及典型的故障规律，为开展电子设备的故障诊断和维修奠定基础。

## 思考题

① 电子设备故障诊断技术的定量描述参数有哪些？

② 电子设备常见的故障模式有哪些？

③ 什么是正态分布？

④ 简述电子设备故障机理。

⑤ 简述浴盆曲线规律。

⑥ 什么是全寿命故障率递减规律?

# 课外阅读

## 概率论与数理统计的起源与发展

电子设备的故障分布(如正态分布、威布尔分布)、故障规律(如浴盆曲线规律、全寿命故障率递减规律等)和器件失效规律其理论基础都是概率论和数理统计,了解概率论和数理统计的起源于发展有助于理解电子设备的故障分析。

概率论产生于17世纪,本来是由保险事业的发展而产生的,但由于赌博者的请求,数学家们开始思考概率论,这就是概率论的源泉。

早在1654年,意大利医生兼数学家卡当,是个大赌博家,他在赌博时研究不输的方法,该方法成为概率论的萌芽。在那个时代,虽然概率论的萌芽有些进展,但还没有出现真正的概率论。

17世纪中叶,法国贵族德·美黑在骰子赌博中,由于有紧急处理的事情必须中途停止赌博,要靠对胜负的预测把赌资进行合理的分配,但不知用什么样的比例分配才算合理,于是就写信向当时法国的数学家帕斯卡请教。正是这封信使概率论向前迈出了一步。帕斯卡和当时一流的数学家费尔玛一起,研究了德·美黑提出的关于骰子赌博的问题,于是一个新的数学分支——概率论登上了历史舞台。1657年,荷兰著名的天文、物理兼数学家惠更斯写成了《论机会游戏中的计算》一书,这就是最早的概率论著作。

在早期的概率问题研究中,逐步建立了事件、概率和随机变量等重要概念以及它们的基本性质。后来许多社会问题和工程技术问题,如人口统计、保险理论、天文观测、误差理论、产品检验和质量控制等促进了概率论的发展。从17世纪到19世纪,贝努力、隶莫弗、拉普拉斯、高斯、普阿松、切贝谢夫、马尔可夫等著名数学家都对概率论的发展做出了杰出的贡献。在这段时间里,概率论的发展简直到了令人着迷的程度。但是,随着概率论在各个领域获得大量成果,以及概率论在其他基础学科和工程技术上的应用,由拉普拉斯给出的概率定义的局限性很快就暴露出来,甚至无法适用于一般的随机现象。因此可以说,到20世纪初,概率论的一些基本概念,诸如概率等尚没有确切的定义,概率论作为一个数学分支,缺乏严格的理论基础。

概率论的第一本专著是1713年问世的雅各·贝努力的《推测术》。经过20年的艰难研究,贝努力在该书中表述并证明了著名的"大数定律"。所谓"大数定律",简单地说,当实验次数很大时,事件出现的频率和概率有较大偏差的可能性很小。这一定律第一次在单一的概率值与众多现象的统计度量之间建立了演绎关系,构成了从概率论通向更广泛应用领域的桥梁。因此,贝努力被称为概率论的奠基人,而为概率论确定严密的理论基础的是数学家柯尔莫格洛夫。1933年,他发表了著名的《概率论的基本概念》,明确了公理化结构。这个结构明确定义了概率论发展史上的一个里程碑,为以后概率论的迅速发展奠定了基础。

20世纪以来,由于物理学、生物学、工程技术、农业技术和军事技术发展的推动,概率论飞速发展,理论课题不断扩大与深入,应用范围大大拓宽。在最近几十年中,概率论的方法被引入各个工程技术学科和社会学科。目前,概率论在近代物理、自动控制、地震预报和气象预报、工厂产品质量控制、农业试验和公用事业等方面都得到了重要应用。有越来越多的概率论方法被引入经济、金融和管理学科，概率论成为它们有力的工具。现在，概率论已经发展成为一门与实际紧密相连的理论严谨的数学学科，它内容丰富、结论深刻，有别开生面的研究课题，有自己独特的概念和方法，已经成为近代数学一个有特色的分支。

数理统计是伴随着概率论的发展而发展起来的一个数学分支，它研究如何有效地收集、整理和分析受随机因素影响的数据，并对所考虑的问题做出推断或预测，为采取某种决策和行动提供依据或建议。

数理统计起源于人口统计、社会调查等各种描述性统计活动。公元前2250年，大禹治水，根据山川土质、人力和物力的多寡，将全国分为九州；殷商时代实行井田制，按人口分地，进行了土地与户口的统计；春秋时代常以兵车多寡论诸侯实力，可见已进行了军事调查和比较；汉代全国户口与年龄的统计数字有据可查；明初编制了黄册和鱼鳞册，黄册乃全国户口名册，鱼鳞册系全国土地图籍，绘有地形，完全具有现代统计图表的性质。可见，我国历代对统计工作非常重视，只是缺少系统研究，未形成专门的著作。

西方各国，统计工作开始于公元前3050年，埃及建造金字塔，为了征收建筑费用开始对全国人口进行普查和统计；到了亚里士多德时代，统计工作开始往理性演变。这时，统计在卫生、保险、国内贸易、军事和行政管理方面的应用都有详细的记载。

数理统计的发展大致可分为古典时期、近代时期和现代时期三个阶段。

古典时期（19世纪以前），这是描述性的统计学形成和发展阶段，是数理统计的萌芽时期。在这一时期里，瑞士数学家贝努力（1654—1795）较早地系统论证了大数定律；1763年，英国数学家贝叶斯提出了一种归纳推理的理论，后被发展为一种统计推断方法——贝叶斯方法，开创了数理统计的先河；法国数学家隶莫弗（1667—1754）于1733年首次发现了正态分布的密度函数并计算出该曲线在各种不同区间内的概率，为整个大样本理论奠定了基础；1809年，德国数学家高斯（1777—1855）和法国数学家勒让德（1752—1833）各自独立地发现了最小二乘法，并应用于观测数据的误差分析，在数理统计的理论与应用方面都作出了重要贡献，他不仅将数理统计应用到生物学，而且还应用到教育学和心理学的研究，并详细地论证了数理统计应用的广泛性，他曾预言："统计方法可以应用于各种学科的各个部门"。

近代时期（19世纪末至1845年），数理统计的主要分支建立，是数理统计的形成时期。20世纪初，由于概率论的发展从理论上接近完备，加之工农业生产迫切需要，推动着这门学科的蓬勃发展。1889年，英国数学家皮尔逊（1857—1936）提出了矩阵估计法，次年又提出了频率曲线的理论，并于1900年在德国数学家赫尔梅特发现$c^2$分布的基础上提出了$c^2$检验，这是数理统计发展史上出现的第一个小样本分布。1908年，英国的统计学家戈赛特（1876—1937）创立了小样本检验代替了大样本检验的理论和方法（即$t$分布和$t$检验法），这为数理统计的另一分支——多元分析奠定了理论基础。1912年，英国统计学家费歇（1890—1962）推广了$t$检验法，同时发展了显著性检验及估计和方差分析等数理统计新分支。这样，数理统计的一些重要分支（如假设检验、回归分析、方差分析、正交设计等）有了其决定其面貌的内容和理论。数理统计成为应用广泛、方法独特的一门数学学科。

现代时期（1945年以后），美籍罗马尼亚数理统计学家瓦尔德（1902—1950）致力于用数学方法使统计学精确化、严密化，取得了很多重要成果。他发展了决策理论，提出了一般的判别问题，创立了序贯分析理论，提出了著名的序贯概率比检法。瓦尔德的两本著作《序贯分析》和《统计决策函数论》被认为是数理发展史上的经典之作。计算机的应用推动了数理统计在理论研究和应用方面不断地向纵深发展，并产生了一些新的分支和边缘性的新学科，如最优设计和非参数统计推断等。

目前，数理统计的应用范围越来越广泛，已经渗透到许多学科领域，应用到国民经济各个部门，成为科学研究不可缺少的工具。概率与统计的方法也日益渗透到各个领域，广泛应用于自然科学、经济学、医学、金融保险甚至人文科学中，为人类的生产生活带来便利。

# 第3章　电子电路故障诊断方法

**导语：**由简入繁、先易后难符合人类学习、认知的规律。电子设备故障诊断的学习应从最基础的电子电路开始，而模拟电子电路和数字电子电路则是电子电路的基础，因此本章主要讨论模拟电子电路和数字电子电路的故障诊断方法。

## 3.1　电子电路故障诊断方法概述

### 3.1.1　模拟电子电路故障诊断方法概述

模拟电子电路(简称模拟电路)广泛应用于军工、航天、通信、自动控制、测量仪表、家用电器等方面。随着电子技术的飞速发展，模拟电路的复杂度与密集度不断增长，对其运行可靠性的要求也日益提高。尤其在军工、航天等部门，对电子设备运行可靠性的要求更为严格。当模拟电路发生故障时，希望能及时将故障诊断出来，以便检修、调试、更换。对模拟电路、模拟器件生产商而言，更希望能够快速诊断出故障，以便分析故障原因，改进生产工艺，提高商品成品率，缩短上市时间。

自从20世纪70年代起，随着电子产业的高速发展，电路的诊断在整个产业持续发展中的作用越来越重要。据统计，在1993年，用于电路诊断的费用已经占到了全部制造费用的30%。而且随着整个电子产业的发展，这一份额仍在不断提升。

目前，数字电子电路(简称数字电路)的诊断技术已经日益成熟，美国电气和电子工程师协会已经先后推出了一系列在国际范围内被业界认可的针对数字电路故障诊断的标准。然而由于模拟电路的复杂性，模拟电路故障诊断技术和方法发展缓慢，离实际应用还有相当的距离。

据统计，虽然电子设备中的数字电路超过80%，但在出现的故障中，80%以上的故障却来自模拟电路部分。在集成电路设计中，超过60%的电路包含数模混合电路。在混合信号电路中，虽然模拟部分仅仅占5%的芯片面积，但花费在模拟电路诊断上的费用已经占据总诊断费用的95%以上。而且用于电路诊断的费用逐年增长，模拟电路诊断已经成为困扰电子电路工业生产和发展的技术瓶颈之一。为保证产品的质量与可维护性，提高系统的稳定性，实现模拟电路的自动诊断已成为一个亟待解决的问题。

**1. 模拟电子电路故障诊断的特点**

由于模拟电路的故障状态复杂、待诊断电路信息不充分、参数容差的作用、电路元器件的非线性效应、数字/模拟混合电路的普遍使用等问题，模拟电路的故障诊断工作非常困难。相比数字电路的故障诊断，模拟电路故障诊断进展缓慢，至今无论在理论上还是方法上均未完全成熟，尚不能形成行业标准，距实用更是有相当大的距离。造成这种现象的原因主要是由于模拟电路故障诊断时具有如下特点：

① 模拟电路的故障现象往往十分复杂，任何一个元件的参数变值超过其误差时就属故障，而且根据超过误差范围的大小又可分为软故障和硬故障(见图3-1)。软硬故障产生的后

果也不尽相同，硬故障可以导致整个电路系统严重失效，甚至完全瘫痪。这种故障的特点是元件参数值变化出现两种极端情况。软故障又称参数故障或偏离故障，是指故障元件的参数值偏离出允许的取值范围，即元件的参数偏移超出误差范围。大多数情况下软、硬故障不会引起电路系统的完全失效，但会引起系统性能的异常或恶化。这种故障的特点是其可能出现无限多个不同的状态，且易于与电路误差混淆，是模拟电路故障诊断的难点之一。总的来说，模拟电路的故障状态是无限的，故障特性是连续的；而在数字电路中，一个门的状态一般只有两种可能，即 1 或 0，所以，故障特性是离散的，整个系统的故障状态是有限的，便于处理。

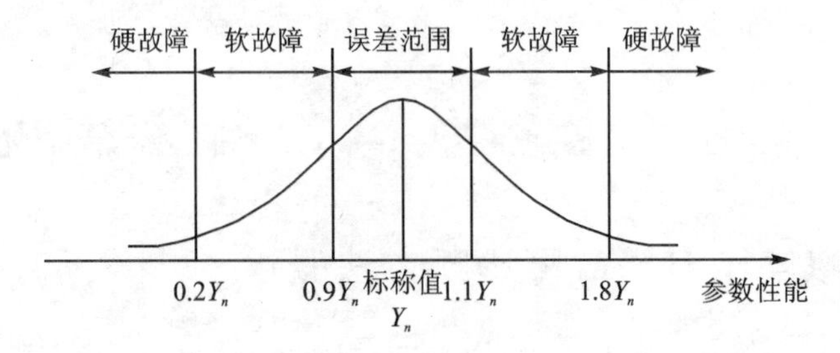


图 3－1　模拟电路软、硬故障参数范围示意图

② 模拟电路的输入/输出关系比较复杂，即使是线性电路，其输出响应与各个元件参量之间的关系也往往是非线性的，何况许多实际电路中还存在着非线性元件。而在数字电路中，只需用一幅真值表或状态转换图就足以清楚地描述它的输入/输出特性。

③ 虽然模拟电路中非故障元件的参数标称值（设计值）是已知的，但一个具体电路的实际值会在其标称值上下作随机性的变动，一般并不正好等于其标称值。另外，模拟电路中特有的一些复杂因素，诸如元件非线性的表征误差、测试误差等，也会给诊断带来很大困难。所有这些原因，均使模拟电路的故障诊断比数字电路的故障诊断困难得多。目前的电子设备中，模拟电路仍占相当大的比例，而且模拟电路的故障问题较多又特别复杂，但不断发展的计算机辅助测试技术为此问题的解决提供了客观可能。现有的自动测试设备（ATE）可以在微机控制下十分迅速地对一个待诊断电路进行各种测试，使人们能方便地获得诊断所需的大量精确数据。同时，近代网络理论也为故障诊断准备了深厚的理论基础，故障诊断也已成为网络理论的一个重要分支。

**2. 故障诊断与网络理论**

通常认为网络理论具有两大分支，即网络分析和网络综合（或网络合成），如表 3－1 中前两项所列。

在网络分析中，已知量是激励信号及网络本身，包括网络的拓扑及其元件的性质和数值，求解的未知量是响应。求解方法可以是解析的，也可以是数值的，而其解通常应该是唯一的。

在网络综合中，已知量是激励信号和响应结果，求解的未知量是网络本身，包括网络拓扑及其元件。求解方法通常采用逼近理论或优化设计，而其解通常不唯一，一般也不要求唯一。

随着网络理论的不断发展，人们已开始认识到网络诊断是继网络分析和网络综合后发展起来的网络理论的第三大分支。这是因为在网络诊断中，已知量除了通常的激励信号和部分输出响应外，还增加了网络拓扑及其各元件的性质，甚至还有部分元件的参量值，待求的未知量是其余一些元件的参量值及其位置。求解方法一般依赖于计算机辅助测试，并要求其解是唯一的。“要求解唯一”这一条件是不容易满足的，但在实际应用中是必要的。网络理论的三大分支如表3-1所列。

在网络理论的各分支中，激励信号一般总是作为已知量的。在网络诊断中，激励信号原则上可以由人们任意选择，因此，不论是模拟电路还是数字电路，为了获得网络诊断的最佳效果，必须在作为已知量的激励信号中赋予必要的信息。对于数字电路的故障诊断，就有各种各样的测试生成，以便由它产生的各种脉冲序列能充分识别故障，并正确诊断。对于模拟电路的故障诊断来说，激励信号当然不仅限于直流信号，还可以是不同频率的正弦信号(频域信号)，也可以是具有不同幅度、波形的其他信号(时域信号)。

表3-1　网络理论类型表

| 分　支 | 特　征 | | | | |
|---|---|---|---|---|---|
| | 已知量 | 待求量 | 象征图 | 求解方法 | 解的唯一性 |
| 网络分析 | 激励和网络 | 响应 | | 解析法<br>数值法 | 通常唯一 |
| 网络综合 | 激励和响应 | 网络 | ? | 逼近理论<br>计算机辅助设计 | 不要求唯一 |
| 网络诊断 | 激励、部分响应<br>网络结构 | 未知元件的<br>位置、参数 | 元件<br>参数? | 计算机<br>辅助求解 | 要求唯一 |

除了在已知的激励信号上可以赋予其必要的信息外，如网络结构、各处输出响应及元件的已知量只能根据它们原有的实际情况，尽可能精确地提取它们客观存在的信息，而不可能也不允许任意赋予其信息。因此，还应该根据待诊断网络中原有的实际情况，研究激励信号具有什么样的特征，才能获得最佳的诊断效果。

### 3. 模拟电路故障诊断方法的分类

查明电路是否存在故障称作故障检测(Fault Detection)。发现故障后确定引起故障的原因及明确当前故障的状态称作故障诊断(Fault Diagnosis)。更确切地说，电路的故障诊断就是在电路所允许的条件下进行各种必要的测试，以决定引起电路性能不正常的故障元件的位置及该故障元件的参数值，前者简称故障定位(Fault Location)，后者简称故障定值(Fault Evaluation)。前后两者统称故障辨识(Fault Identification)。

故障诊断可分为在线诊断(On-line Diagnosis)及离线诊断(Off-line Diagnosis)两种类型。所谓在线诊断，是指不中断生产线或测试线上运行条件时开展的诊断，其余便称离线诊断。相应地，也可把诊断过程中的计算分为在线计算及离线计算两部分。

对于模拟电路，有许多种诊断方法。对于这些诊断方法，可从不同的角度进行分类，具体可归纳为以下几种方法：从诊断是否仅仅限于故障检测或进一步要求故障的定位或定值来分类；根据待诊断电路的复杂性(例如线性或非线性)来分类；根据诊断过程中能否充分保证测试条件来分类。按照对被诊断电路进行现场测试之先于(或后于)电路模拟(Circuit Simulation)的方法来分类。此类分类方法有测前模拟法(Simulation before Test Approach)和测后模拟法(Simulation after Test Approach)，其中测前模拟法又可分为故障字典法和概率统计法，测后模拟法可分为元件参数辨识和故障预猜验证法，如图3-2所示。

故障字典法的思路是预先模拟(既可以是理论的，也可以是实验的，甚至是经验的)出各种常见故障状态下的网络端口征兆，然后将这些端口征兆经过某种处理后编撰成一部字典，称作

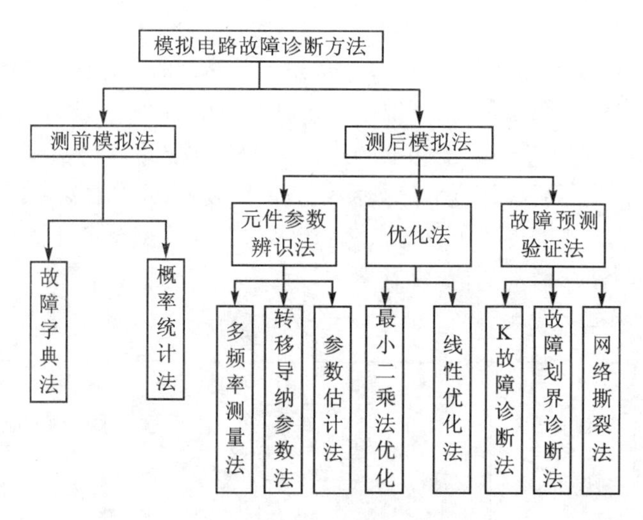


**图 3-2 模拟电路故障诊断方法分类**

故障字典。诊断时可根据待诊断电路的现场测试结果，在字典中检索出相应的故障类型，因此，这种方法本质上是一种经验性的诊断方法。由于模拟电路中的故障现象十分复杂，需要考虑的因素很多（包括故障值的连续性和容差等问题），因此，用字典法诊断模拟电路的故障不如诊断数字电路有效。但它毕竟是在模拟电路故障诊断领域早期就已发展起来的一种主要方法，也确实能够解决不少实际问题，特别是那些对输入/输出特性难以深入进行解析分析的系统问题。

元件参数辨识法是通过解析分析，直接从网络响应与元件参数值之间的关系中求解出元件的实际参数值，进而识别故障元件，因此在测试条件充分时，有可能不牵涉误差问题。但是，正因为它是通过解析分析直接从网络响应与元件参数值之间的关系中求解出元件的实际参数值，所以它只适用于故障元件的位置已明确的场合。在元件参数辨识法中，待诊断电路即使是线性的，其诊断方程通常也是非线性的，因此计算起来比较复杂，一般需要有较大容量的计算机。特别是当需要从非线性诊断方程中解出所有元件的参数值时，从可解性的条件出发，端口测试必须充分。

故障预测验证法一般用在测试条件较差的场合，即可及端口数较少的场合。该方法首先认为网络中存在的故障很少，而且假定非故障元件的实际值即为其标称值，这样就可预测哪几个元件是故障元件。通常根据测试结果与故障元件拓扑之间的约束条件作为验证式来判别上述预测是否正确，如此不断筛选，直至搜索到符合“验证式”要求的真实故障元件的位置（故障定位）后才进行故障定值。由此可见，故障预测验证法所处理的故障元件，不仅其参数值是未知的，其位置也是未知的，这是本方法的一个十分重要的特点。但当电路的规模较大，且其中故障元件为数较多时，则故障预测验证法的筛选、搜索工作量较大，不过每一次验证所涉及的运算比较简单，而且对于线性电路通常其诊断方程可以是线性的，同时该方法中的不少运算工作可事先离线毕备，因此一般微机便可胜任该方法的计算任务。然而，由于误差的存在，非故障元件的实际值与标称值之间的偏差却往往并不很小，以致该法诊断效果不够理想。

逼近法（Approximation Method）包括测后模拟法中的优化法与测前模拟法中的概率统计法两种。由于这两种方法所得的解都是或然的，因此也统称为近似法。

上述各种方法各有其优缺点，其中测后模拟法中的元件参数解法有较大的发展前途，但需要进一步改进、探索。在实际诊断中，常把各种方法结合起来使用，根据实际场合的需要，取长补短，达到最佳诊断效果。目前国内外许多学者正在总结数十年来所积累的丰富的故障侦察及维修经验，以期用人工智能等方法把各种诊断法综合应用。

## 3.1.2 数字电子电路故障诊断方法概述

### 1. 数字电子电路故障诊断的发展

在数字电路故障诊断发展的初期，故障检测主要靠工程技术人员凭借自己的经验进行查找，那时的故障诊断系统主要用于功能测试，使用了特殊的硬件设备，如电压表、测试示波器和校验电路等。从20世纪50年代起，随着系统规模的增大和复杂性的增加，数字电路故障诊断技术的研究已经逐渐地由人工诊断转向了机器诊断，专用测试仪器及硬件设备逐渐成为诊断故障的辅助手段，诊断故障的主要工作转向依靠诊断程序来完成。

检查硬件设备的研究工作是从最简单的组合逻辑电路开始。Eldred在1959年发表了第一篇关于组合电路的测试报告，尽管它只是针对单级或两级组合电路中的固定型故障作检测，但它已实际应用于第一代的电子管计算Datamatic1000的诊断中，揭开了数字系统故障诊断的序幕。但是，Eldred提出的方法只能解决两级以内的组合电路的故障测试问题。

D. B. Armstrong在1966年根据Eldred的基本思想提出了一维通路敏化的方法，其主要思路是对多级门电路寻找一条从故障点到可及输出端的敏化通路，使在可及端可以观察到故障信号。利用这种方法，确实解决了相当多的组合电路的故障诊断问题。当时人们认为，非冗余的组合电路中任一故障信号都是沿某一条通路传输到可及端的。直至1976年，Schneider提出了一个反例证明了某些故障信号只通过一条通路是不可能传输至可及输出端的，而必须同时沿两条或两条以上的通路传输，才能在可及输出端测到故障信号。Schneider指出了一维通路敏化存在的问题，但是没有提出解决这个问题的方法。

事实上罗思(Roth)于1966年提出的著名的D算法就已经考虑了故障信号向可及端传输的所有可能的通路(包括多通路传输)，弥补了一维通路敏化的缺陷。经实践证明，这种方法是可行的，此后罗思从理论上证明了D算法的确实性，因此D算法一直沿用至今。虽然以后对此有不少改进，但都没有超出罗思的基本思想。因此，从理论上说，组合电路故障检测和诊断在罗思的D算法中已到达了最高点。在实际应用中，脱胎于D算法的PODEM算法和FAN算法已经趋于完善，到达了完全实用的阶段。在罗思之后，Seller等提出的布尔差分法与Thayse提出的布尔微分法，虽然在实际使用中存在一定的困难，但是使通路敏化的理论得到了系统化。因此这两者在数字系统诊断理论中均占有重要的地位，是进行理论研究的必要工具和基础。

罗思的D算法从理论上解决了组合逻辑电路的测试问题，即任何一个非冗余的组合逻辑电路中任意单故障都可以用D算法来找到测试它的测试矢量。但是在实际使用中还存在着计算工作量十分浩大，以至对大型电路很难付诸实施的问题。虽然各种改进方法在不同程度上提高了运算速度，但总的计算工作量还是很大的。Armstrong在1966年提出了enf(等效正则)法，其核心问题是寻找一个可诊断(检测)电路内全部故障的最小测试集。波格(Poage)和博森(Bossen)等提出了用因果函数来找寻诊断所有单故障和多故障的最小检测集，并在小型的组合逻辑电路测试中取得了比较满意的结果。但是上述几种方法通常都要处理大量文字型的数据，所需的工作量和计算机内存容量都比较大，因此对大型的组合电路难以付诸实用。我国学者魏道政教授等提出的多扇出分支计算的主通路敏化法以及较为直观的图论法，在实际应用中显示出较大的优越性。

随着系统和电路规模的增大和元件集成度的提高，大型组合电路故障检测和诊断日趋迫切，对计算机的运算速度要求越来越高，所需的计算机内存容量也越来越大，使得某些算法已失去了实用的价值，因此必须研究和探讨新的方法，或探索某一类系统或部件的专用测试方法，这就是为什么数字系统故障理论和方法的研究始终没有停止的原因之一。比如，随着PLA(Programmable Logic Arrays，可编程逻辑阵列)的出现和广泛应用，PLA 的特殊测试理论和方法纷纷出现。有趣的是，过去认为没有实用意义的穷举测试方法，随着电路规模的增大而有了新的发展。因为穷举测试的测试矢量的产生是非常简单的，1984 年 Archambeau 等提出的伪穷举法，该法用以解决大型组合电路的测试开拓了新的途径。

时序电路的测试比组合逻辑电路的测试要困难得多，其主要原因有三个：第一个原因是在时序电路中存在着反馈线，而对反馈线的处理是比较困难的，它不仅对故障的检测和诊断带来不便，而且使电路的仿真也甚为困难。第二个原因是存在着存储元件，因此电路中存在着状态变量的初态问题，在没有总清或复位的条件下，这些状态变量的初态是随机的，要寻找一个复位序列使这些状态变量转移至已知的确定状态，并不是一件轻而易举的事情，尤其是当电路存在着一些故障时，这种复位序列是否存在还是一个问题。第三个原因是时序元件，尤其是异步时序元件，对竞态现象是异常敏感的，因此产生的测试序列，不仅在逻辑功能上要满足测试要求，而且要考虑到竞态对测试过程的影响。正因为时序电路的测试存在着上述三个难以解决的问题，因此它的测试理论和方法的研究进展一直比较缓慢，切实行之有效的方法也比较少。

解决时序电路测试问题的最初途径是沿用组合电路的算法，但由于要对电路的状态作估算，因此使计算工作量陡增。Hennie 在 1964 年首先提出了把时序电路“复原”的输入序列的问题，但实际上并非所有的时序电路都存在这样的“复原”序列。

为了较好地解决时序电路的测试问题，相继提出了逻辑函数的多值模拟法，其中比较成功的有三值、六值和九值布尔模拟。多值布尔模拟中所引入的新的布尔变量，主要是为了解决时序系统中状态变量的初值设置，以及在测试过程中某些元件的未知状态或随意状态的表达问题。这些多值的布尔模拟方法不仅使时序电路的测试理论日趋完善，而且使时序电路的测试成为可能。目前常见的方法有九值算法、线路/时间方程算法和 M0M1 算法等。我国学者提出的 H 算法也作了有益的尝试，并取得了一定的成果。

在研究面向故障的测试矢量产生方法的同时，时序电路功能测试问题也得到了广泛的重视。这种测试方法不考虑电路的结构，而只考虑电路或系统的功能流程，它只检验系统的逻辑功能是否正确，而不考虑故障的定位问题，因此它不能替代一般的测试问题，但在验证一个设计方案和检验生产厂家的产品时是非常有用的。

不管是时序系统，还是组合逻辑系统，虽然至今都已有了一些成熟的理论和实用方法来测试，但是它们的计算工作量和测试的开销都是很大的。尤其是现在系统的规模越来越大，测试的矛盾也日益尖锐。人们开始认识到，传统的系统设计过程，即设计人员主要考虑完成一定的逻辑功能的系统设计，测试人员根据已有的系统或器件来研究测试方法和开发测试设备，已经越来越不适应生产的实际需要。由于测试的开销在系统设计中占有的比例急剧增长，已经不能再把测试问题看作是一个附属的次要问题，而应看作系统设计中的一个重要的组成部分。

例如，据美国有关公司统计，当今一些 PCB (Printed Circuits Board，印刷电路板)的测试开销已占整个生产过程中总开销的 50%以上，因此单纯研究新的测试方法和开发新的测试设备已很难满足厂家生产的需要。所以，根本的解决方法是在进行系统设计时就充分考虑到测试的要求，即要用故障诊断的理论去指导系统设计，这就是所谓的可测性设计。从故障诊断理论角度看，系统中各节点的值越易控制(容易使故障得到激活)，故障信号越易观察或测量(容易使故障信号传输至可及端)，则系统中的故障越易检测和诊断(定位)。

### 2. 数字电路的故障模型

为研究数字电路的故障对电路或系统的影响，定位故障的位置时有必要对数字电路的故障进行分类，并选择最典型的故障，这个过程叫做故障的模型化，用以代表一类的典型故障，称为模型化故障。故障模型化有两个基本原则：

一个是模型化故障应能准确反映某一类故障对电路或系统的影响，即应具有典型性、准确性和全面性。另一个是模型化故障应该尽可能简单，以便作各种运算和处理。

数字电路的常用故障如下：

**(1) 固定型故障**

固定型故障(Stuck Faults)主要反映在电路或系统中某一根信号线上的信号不可控，即系统运行过程中该信号线永远固定在某一个值上。导致固定型故障的原因很多，可能是信号短路造成的，也可能是器件错误状态造成的。固定型故障通常有以下三类：

① s-a-1：如果节点或信号线固定在逻辑高电平，称为固定 1 故障(Stuck-at-1)；

② s-a-0：如果节点或信号线固定在逻辑低电平，称为固定 0 故障(Stuck-at-0)；

③ 开路故障：指由于电路开路导致的故障。在电路板中，依据不同的电路具体结构，可以等价于 s-a-1 或 s-a-0 故障。

**(2) 桥接故障**

桥接故障(Bridging Faults)也称为粘连故障，主要由覆铜和连线之间的短路、焊点之间的粘连等造成。在实际电路系统中主要出现的是元件一端之间的两线桥连或三线桥连。如果此时相连的两个节点逻辑电平不一样，就难以确定短路节点上的逻辑电平，这时要从以下两种情况考虑：

① "或"短路(OR Short)：若节点上的驱动能力是逻辑"1"占支配地位，当两节点短路时，最终的逻辑值为两节点逻辑值相"或"。

② "与"短路(AND Short)：若节点上的驱动能力是逻辑"0"占支配地位，当两节点短路时，最终的逻辑值为两节点逻辑值相"与"。

固定型故障不会改变电路的拓扑结构，它只是使电路中某一个节点的值不可控，桥接故障会改变电路的拓扑结构，导致系统的基本性能发生根本性的变化，从而导致故障诊断变得十分困难。

**(3) 芯片故障**

电路系统中芯片故障主要是芯片内部结构出现故障和引脚连线出现故障。在实际诊断中，对芯片的诊断都是对它进行功能测试，即看芯片是否能正常完成功能，并不要求诊断芯片内部哪部分出现故障，但要求能对引脚故障进行诊断。

**(4) 时滞故障**

时滞故障(Delay Faults)主要考虑电路中信号的动态故障，即电路中各元件的时延变化和脉冲信号的边沿参数变化等。这类故障主要导致时序配合上的错误,因此在时序电路中影响较大。这可能是由于元件参数变化引起的,也可能是电路结构设计不合理引起的,后者可以用故障仿真的方法来解决,对前者的检测和诊断往往很困难。

### 3. 数字电路故障诊断方法的分类

目前数字电路的故障诊断方法非常多,按诊断对象分可分为组合逻辑电路故障诊断方法和时序逻辑电路故障诊断方法;按测试信号可分为基于电压的故障诊断方法和基于电流的故障诊断方法;按诊断算法可分为传统故障诊断方法和智能诊断方法;也可按基于功能测试和基于缺陷测试对数字电路故障诊断方法进行分类。

#### (1) 基于功能测试的故障诊断方法

基于功能测试的故障诊断方法主要是通过测量节点电压来判断电路功能是否正常的诊断方法,该方法具有测试速度快、识别 0/1 精度要求不高等特点,主要适用于固定型故障的诊断。常用的基于功能测试的故障诊断方法主要有以下几种。

① 穷举测试法:穷举测试法指在数字电路的输入端输入所有可能存在的输入信号,作为测试向量,然后观察被测电路的输出是否符合电路逻辑功能的故障检测方法。该方法的步骤是先找到电路中可能存在的故障测试向量集合,把这些测试向量加入待测电路,同时检测出电路的响应,即可实现故障诊断。

这种方法在小、中型组合逻辑电路的故障诊断中具有非常好的应用效果,但随着数字电路输入端的增加,测试向量以几何指数形式剧增,导致测试时间过长,极易使得故障测试失败。

② 伪穷举测试法:为克服穷举测试法在大型数字电路中测试向量过多、测试时间太长的缺点,在实际使用时,往往先把电路进行合理化的分块,且每个被划分为块的电路都采用穷举测试法进行穷举测试,从而实现电路的故障诊断。

这种方法在大型组合逻辑电路或部分时序逻辑电路的故障诊断中取得较好的应用效果,具有实际操作简单可行等优点。

③ 布尔差分法:布尔差分法的基本思路是利用对同一输入测试矢量测试时,正常的输出矢量和故障的输出矢量之间异或的逻辑关系进行数字电路故障诊断,通常有一阶布尔差分法和高阶布尔差分法之分。利用布尔差分法可以求得检测故障的全部测试,即求得了所有激活故障以及所有可能敏化的传输途径。

布尔差分法是组合逻辑电路测试矢量生成的一种方法,具有描述严格简洁、物理意义清晰等特点,因此在研究组合逻辑电路测试的理论和方法时具有重要意义,但是采用布尔差分法进行故障诊断时,需要同时处理大量文字符号的计算,因此计算布尔差分是非常困难的,尤其是在进行高阶布尔差分计算时。由于布尔差分和布尔微分之间的类比关系,使得也可以利用布尔微分进行组合电路的故障诊断。

④ 边界扫描测试法:边界扫描测试法是基于 IEEE1149.1 标准的一种测试方法,IEEE1149.1 意味着每一个符合 IEEE1149.1 标准的器件,在其外引脚和内部逻辑之间,插入标准的边界扫描单元,这些单元彼此串联在器件的边界构成移位寄存器。这个移位寄存器的两端分别与测试数据输入端和测试数据输出端相连接,这就构成了此数字器件本身的扫描路径。一个器件的测试数据输出端和另一个器件的测试数据输入端相连,如此便形成了串行的测试数据通道。这种测试方法对器件测试具有很好的效果,但边界扫描技术只适合具有边界扫描特性器件的电路板。

⑤ D算法：D算法是针对故障电路寻找具体测试矢量能够"复原"故障的一种算法，它从理论上解决了产生故障测试矢量的寻找问题(由于采用了0,1,$X$,$D$和$\overline{D}$五个变量，D算法也被称为五值算法)。D算法可以认为是拓扑结构测试中最经典的方法，也是最早实现自动化的测试生成算法之一。它是完备的测试算法，可以检测非冗余电路中所有可以检测的故障。自20世纪60年代提出以来，被更改过多次，在它基础上许多新的算法也应运而生，并一直沿用至今。

D算法在具体应用时，计算工作量很大，尤其是对大型的组合电路计算时间很长，原因是在做敏化通路的选择时随意性很大，特别是考虑多通路敏化时各种组合的情况太多，然而真正"有效"的选择往往较少，做了大量的返回操作。改进的算法，如PODEM和FAN算法，有效地减少了返回次数，提高了效率。

⑥ 九值算法：九值算法是在D算法的基础上开发的测试生成算法，与D算法的基本思想类似，只是它在D算法的5值代数(0,1,$X$,$D$,$\overline{D}$)的基础上又再增加了4个部分未知值，成为九值。

九值算法主要解决异步时序逻辑电路的测试问题，它比一般的扩展D算法减少了很多次无用计算，同时它充分考虑了故障在重复阵列模型中的重复影响作用，从而大大减少了计算工作量，同时可能对用一般D算法无法产生测试的故障产生测试矢量。

⑦ 特征分析法：特征分析法是把故障电路的输出矢量特征提取出来，并与正常电路的输出矢量特征进行比较，从而实现对数字电路故障诊断的方法。这种方法主要解决了大型组合逻辑电路测试序列较长、测试时间较长、测试速度较慢、占用计算机内存较多的缺点，但采用该方法一定要保证被测故障电路输出端或可及测量端能测到与正常电路不一致的响应。

由于组合电路的测试生成不仅在理论上比较成熟，而且有具体的方法和程序可供使用，因此时序逻辑电路进行故障诊断的基本思路是将时序逻辑电路先转换成组合逻辑电路，然后应用组合电路的故障诊断方法和理论进行故障诊断。无论是同步时序逻辑电路还是异步时序逻辑电路，核心问题仍是测试矢量的生成问题。目前，正在研究的13值算法、M0M1算法、H算法等各种算法，不同之处在于进行故障诊断时生成的测试矢量大小、数量不同，故障诊断时测试速度的不同等，本质上与D算法并无区别。更多情况下，对时序逻辑电路的故障诊断仅仅是判断电路或系统是否发生故障，而不着眼于故障的定位。

**(2) 基于缺陷测试的故障诊断方法**

随着微电子技术的迅猛发展及CMOS电路的广泛应用，传统的基于电压测试方法对高集成度、高性能数字集成电路的故障诊断已显得力不从心。经长期实践，人们发现对某些类型的故障(如栅氧短路、操作感应、PN结漏电等故障)或暂态故障，电路并不表现为逻辑故障，因此无法使用测试输出矢量逻辑电平来检测，但是这些故障会大大降低器件、电路或设备的可靠性。因此，基于缺陷测试的故障诊断方法在数字电路故障诊断中重新获得重视。基于缺陷测试的故障诊断方法是以电流为测试对象的故障诊断方法，这种方法可以有效弥补基于功能测试的故障诊断方法的不足，进一步提高故障覆盖率。基于缺陷测试的故障诊断方法有静态电流测试法和动态电流测试法。

① 静态电流测试法：静态电流测试法是以电源电流为测试对象，其原理就是检测静态时数字电路的漏电流，当电路正常时静态电流非常小(CMOS电路在纳安量级)，而存在缺陷时静态电流就大得多。如果用静态电流法检测出电路的电源电流超过设定的阈值，则意味着该

电路可能存在缺陷或发生故障。

静态电流测试法广泛用于CMOS集成电路的故障诊断，能够在极大减小检测集合的同时仍保持较高的故障覆盖率，对于逻辑冗余故障、桥接故障更是十分有效。但静态电流存在两个先天性的缺点：

- 测试速度低。通常对电流的测量所需时间要大于对电压的测量所需时间，如果对大规模CMOS集成电路的每一个测试向量都进行一次静态电流测试，将需要很长的时间。尤其在高速数字集成电路测试中，静态电流测试速度显得明显不足。
- 深亚微米技术给静态电流的测试带来困难。随着深亚微米技术的发展，晶体管门长度的不断缩小，单片集成电路晶体管数目的不断增加，使得晶体管关闭状态漏电流的控制更为困难，导致正常电路与故障电路测得的静态电流值没有明显区别，给故障诊断带来困难，甚至导致故障诊断失败。

② 动态电流测试法：动态电流测试法是通过观察电路在其内部状态发生变化时流经电路的动态电流，来发现某些不被其他测试方法所能发现的故障。当电路状态发生变化时，由于CMOS电路中的PMOS晶体管和NMOS晶体管同时导通以及电路中电容的充放电，使得在电源与地之间形成一个短暂的导电通路，流经这个通路的电流称为动态电流。通过动态电流使得观察电路内部的开关性能变为可能，因此，动态电流测试作为电压测试和静态电流测试的补充手段逐渐受到重视。

动态电流测试法相对于静态电流测试法来讲，主要研究电路在动态变换过程中电流的变化情况，因此静态漏电流的大小不影响动态电流测试的结果，避免了高度集成化电路不断增长的静态漏电流对测试的影响；此外，动态电流测量不需要等待电流稳定后进行，因此可以有效提高电路的测试速度，这点在高速CMOS电路测试中尤其重要。但是动态电流测试法对后续处理算法要求较高，实时性较差，对高速变化的动态电流进行超高速采样时对设备的要求比较苛刻，不利于工程上的实现。

## 3.2 故障字典法

故障字典法是模拟电路故障诊断的典型方法之一。它是把各种故障与其许多征兆（如节点电压）之间的关系一一对照，并整理成字典形式的一种诊断方法。诊断时按测得的种种征兆在该字典中进行检索，并按某种判别准则确定最可能的故障状态。因此，应用任何一种故障字典法都包含以下三个步骤：

① 明确故障的诊断范围：由于故障通常大都是元件参量的变异，而模拟电路中元件参量的变值是连续的，因此可以认为故障状态是无限多的，这显然不可能在一本篇幅有限的字典中完全罗列出来。为此，在着手编制一本故障字典之前，必须首先明确这本故障字典的诊断范围。通常总是根据元件的可靠性与以往维修工作中的经验，把最常遇到的一些故障作为一本字典的诊断范围。一本故障字典适用的对象一般只是某一特定设备或某一专门电路，而不是任一设备或任一电路；而且认为常见的故障大多是硬故障，即元件的开断或短路等，而很少是元件参量连续变值的软故障，即故障字典法比较适用于模拟电路的硬故障。

② 辨明故障的征兆：每种故障都有其各种征兆。编撰一本故障字典时，首先必须把故障诊断范围内的每一种故障的种种征兆搜集整理在一起，再按便于查找、检索故障的某种方式进

行编排。故障的征兆既可以用特定激励下的响应来体现,也可以用为了获得某一特定响应的激励来表达,有时候还需要用多种激励和其相应的多种响应来表征,以便区别不同的故障。这些征兆一般总是在诊断测试之前,通过对被诊断电路的模拟而取得。一般是在计算机上进行模拟,必要时也可用实物模拟。

③ 在线诊断要快速准确:当待诊断对象出现故障后,即按与编写字典时辨明故障征兆相同的步骤对待诊断对象进行检测,再在字典中按所得征兆逐个查找。但实际中经常存在着这样一种情况,即多个不同的故障有着相近的征兆,这时就需按一定的判别准则加以区分,以确定它为某一故障。

故障模拟中元件特性的表征误差、实际元件的容差以及测试过程中难免出现的测试误差等因素都会使在线诊断时所得的结果不能完全符合测前模拟所得的征兆,以致诊断不准确,甚至引起误判。为了保证诊断的正确可靠,必须提高对故障状态,亦即故障征兆的分辨率。因此,在建立故障字典时,必须在给定的可测性条件下,适当选择激励点和测试点以及测试信号,以提高分辨率。

由于字典法本质上是一种经验性的诊断方法,因此对于那些没有条件进行解析分析或难以获得其输入/输出解析特性的系统非常适用,而且字典法的在线诊断又比较简便省时,这是它的优点。但实际上,字典法一般只局限于处理单个故障,且故障类型都为硬故障。若要诊断多个故障及软故障,则对待测电路预先要作大量模拟,还要保证对故障状态具有较高的分辨率。

### 3.2.1 直流域中字典的建立

人们在诊断实践中发现,模拟电路的故障大约有80%是硬故障,其中又有60%~80%是电阻开断、电容短路以及三极管和二极管等引出线的开断或短路而引起的故障。这样人们自然会想到,解决实际问题应先从解决硬故障入手。以图3-3所示的视频放大器为例来说明编写一个直流故障字典的一般过程。

#### 1. 电路故障状态字典的建立

**(1) 网络描述**

由图3-3可知,该视频放大器共有50个电阻、4个电感、9个三极管、7个二极管和4个稳压二极管,共有43个节点和4种电源,整个放大器的电路拓扑结构可以用关联矩阵来描述。

**(2) 网络故障定义**

该放大器中的元器件种类较多,但无源元器件如电阻、电感、电容和二极管的可靠性较高,发生故障的概率较小,而晶体三极管和稳压二极管发生故障的概率较大,是关键器件。现将图3-3电路中与晶体三极管、稳压二极管相关的20种故障定义列于表3-2。表中T代表三极管,DZ代表稳压二极管,S代表短路,O代表开路,B代表基极,E代表发射极,C代表集电极。显然,这里定义的故障均系硬故障,且诊断范围仅包括前6个三极管,没有考虑后3个三极管,不包括电感的硬故障。又因为电路中无电容,因此该电路可以在直流域中建立故障字典。

**(3) 输入激励**

由图3-3可见,该电路共有43个节点,节点14、21、25、35、42是输入节点,其中节点14可作为激励端口,在该节点上允许施加±30 V的直流电压作为激励信号。所以,本电路的输入激励向量定义为

$$U_{IN}=(U_{14},U_{21},U_{25},U_{35},U_{42})^{T} \tag{3-1}$$

表 3-2 视频放大器故障定义

| 故障序号 | $F_0$ | $F_1$ | $F_2$ | $F_3$ | $F_4$ | $F_5$ | $F_6$ |
|---|---|---|---|---|---|---|---|
| 故障说明 | 正常 | $T_{1BES}$ | $T_{2CES}$ | $T_{2BO}$ | $T_{3BES}$ | $T_{3BO}$ | $T_{4BES}$ |
| 故障序号 | $F_7$ | $F_8$ | $F_9$ | $F_{10}$ | $F_{11}$ | $F_{12}$ | $F_{13}$ |
| 故障说明 | $T_{4BO}$ | $T_{5BES}$ | $T_{5BO}$ | $T_{6BES}$ | $T_{6BCS}$ | $T_{6BO}$ | $DZ_{1O}$ |
| 故障序号 | $F_{14}$ | $F_{15}$ | $F_{16}$ | $F_{17}$ | $F_{18}$ | $F_{19}$ | $F_{20}$ |
| 故障说明 | $DZ_{1S}$ | $DZ_{2O}$ | $DZ_{2S}$ | $DZ_{3O}$ | $DZ_{3S}$ | $DZ_{4O}$ | $DZ_{4S}$ |

现选用两个向量，即在节点 14 上分别输入+30 V 和−30 V、节点 21 上输入+5 V、节点 25 上输入+25 V、节点 35 上输入+5 V、节点 42 上输入−5 V

$$U_{IN1} = (30,5,25,5,-5)^T \tag{3-2}$$

$$U_{IN2} = (-30,5,25,5,-5)^T \tag{3-3}$$

式中，上标“T”代表转置。如果这两个输入激励向量不足以进行故障检测，或者所得隔离度不够，那么就需要增加新的激励向量。

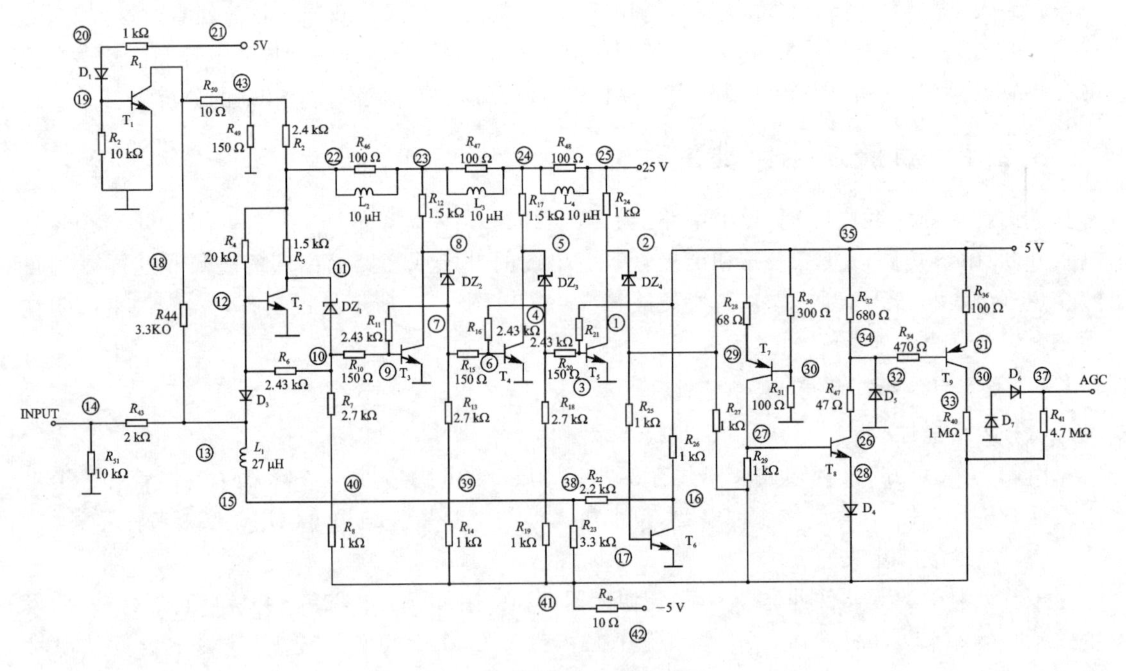


图 3-3 视频放大器电路图

**(4) 测试点选择**

很明显，选择全部 43 个节点作为测试点是不明智的。测试节点选择的基本要求是，尽量减少测试点，但要保证满意的故障隔离度。为叙述方便起见，先选用 10 个节点，即节点 2、5、8、11、16、18、26、27、33 和 36，然后分别施加 $U_{IN1}$ 和 $U_{IN2}$ 两个激励向量，在这两个激励向量的作用下测出以上 10 个节点的电压值，作为故障征兆来建立故障字典。

**(5) 测试量估算**

本电路共有 21 种情况，即一个正常情况和 20 个故障情况(见表 3-2)。此外，它有两个激励向量，因此共需要 21×2=42 次电路测试。在 10 个测试点上共可得出 420 个电压值。虽然该电路是非线性的，但这些节点电压均可由通用的电路分析程序模拟获得。为了说明清楚起见，这里用 SPICE 程序进行模拟所得 420 个数据，如表 3－3 所列。

**表 3－3　节点电压模拟数据表**

| 状　态 | 激励值/V | 节点及电压值/V | | | | | | | | | |
|---|---|---|---|---|---|---|---|---|---|---|---|
| | | 2 | 5 | 8 | 11 | 16 | 18 | 26 | 27 | 33 | 36 |
| $F_0$ | +30 | 7.97 | 0.04 | 7.27 | 0.11 | 0.05 | 0.05 | −4.21 | −3.38 | 4.12 | −4.07 |
| | −30 | 0.05 | 7.23 | 0.04 | 6.90 | 1.19 | 0.04 | 5.00 | −5.93 | −5.93 | −0.48 |
| $F_1$ | +30 | 7.97 | 0.04 | 7.27 | 0.11 | 0.05 | 1.80 | −4.21 | −3.38 | −4.12 | −0.47 |
| | −30 | 0.05 | 7.23 | 0.04 | 6.91 | 1.24 | 1.10 | 5.00 | −5.93 | −5.93 | −0.48 |
| $F_2$ | +30 | 7.97 | 0.04 | 7.27 | 0.00 | 0.05 | 0.05 | −4.21 | −3.38 | 4.12 | −0.47 |
| | −30 | 7.97 | 0.04 | 7.10 | 0.00 | 0.03 | 0.04 | −4.26 | −3.43 | 4.12 | −0.47 |
| $F_3$ | +30 | 0.05 | 7.23 | 0.04 | 7.49 | 6.70 | 0.05 | 5.00 | −5.88 | −5.88 | −0.48 |
| | −30 | 0.05 | 7.23 | 0.04 | 6.90 | 1.19 | 0.04 | 5.00 | −5.93 | −5.93 | −0.48 |
| $F_4$ | +30 | 7.97 | 0.04 | 7.27 | 0.11 | 0.05 | 0.05 | −4.21 | −3.38 | 4.12 | −0.47 |
| | −30 | 7.97 | 0.04 | 7.27 | 5.20 | 0.03 | 0.04 | −4.24 | −3.42 | 4.12 | −0.47 |
| $F_5$ | +30 | 7.97 | 0.04 | 7.27 | 0.11 | 0.05 | 0.05 | −4.21 | −3.38 | 4.12 | −0.47 |
| | −30 | 7.97 | 0.03 | 7.57 | 11.12 | 0.03 | 0.04 | −4.23 | −3.41 | 4.12 | −0.47 |
| $F_6$ | +30 | 0.05 | 7.25 | 6.50 | 0.15 | 6.69 | 0.05 | 5.00 | −5.88 | −5.88 | −0.48 |
| | −30 | 0.05 | 7.24 | 0.04 | 6.90 | 1.19 | 0.04 | 5.00 | −5.93 | −5.93 | −0.48 |
| $F_7$ | +30 | 0.04 | 7.50 | 10.14 | 0.09 | 6.69 | 0.05 | 5.00 | −5.87 | −5.87 | −0.49 |
| | −30 | 0.05 | 7.23 | 0.04 | 6.90 | 1.19 | 0.04 | 5.00 | −5.93 | −5.93 | −0.48 |
| $F_8$ | +30 | 7.97 | 0.04 | 7.27 | 0.11 | 0.05 | 0.05 | −4.21 | −3.38 | 4.12 | −0.47 |
| | −30 | 7.96 | 6.53 | 0.04 | 6.93 | 0.03 | 0.04 | −4.24 | −3.42 | 4.12 | −0.47 |
| $F_9$ | +30 | 7.97 | 0.04 | 7.27 | 0.11 | 0.05 | 0.05 | −4.21 | −3.38 | 4.12 | −0.47 |
| | −30 | 8.07 | 9.80 | 0.04 | 6.93 | 0.03 | 0.04 | −4.22 | −3.42 | 4.12 | −0.47 |
| $F_{10}$ | +30 | 7.92 | 0.04 | 7.27 | 0.11 | 6.75 | 0.05 | −4.21 | −3.38 | 4.12 | −0.47 |
| | −30 | 0.05 | 7.23 | 0.04 | 6.90 | 1.19 | 0.04 | 5.00 | −5.93 | −5.93 | −0.48 |
| $F_{11}$ | +30 | 7.97 | 0.04 | 7.27 | 0.11 | 0.83 | 0.05 | −4.21 | −3.39 | 4.12 | −0.47 |
| | −30 | 0.05 | 7.23 | 0.04 | 6.90 | 0.43 | 0.04 | 5.00 | −5.93 | −5.93 | −0.48 |
| $F_{12}$ | +30 | 8.10 | 0.04 | 7.27 | 0.11 | 6.75 | 0.05 | −4.20 | −3.38 | 4.12 | −0.47 |
| | −30 | 0.05 | 7.23 | 0.04 | 6.90 | 1.18 | 0.04 | 5.00 | −5.93 | −5.93 | −0.48 |
| $F_{13}$ | +30 | 7.97 | 0.04 | 7.27 | 0.11 | 0.05 | 0.05 | −4.21 | −3.38 | 4.12 | −0.47 |
| | −30 | 7.97 | 0.04 | 7.10 | 25.00 | 0.02 | 0.04 | −4.26 | −3.43 | 4.12 | −0.47 |
| $F_{14}$ | +30 | 7.97 | 0.04 | 7.28 | 0.10 | 0.05 | 0.05 | −4.21 | −3.38 | 4.12 | −0.47 |
| | −30 | 0.05 | 7.23 | 0.04 | 2.27 | 1.22 | 0.04 | 5.00 | −5.93 | −5.93 | −0.48 |
| $F_{15}$ | +30 | 0.05 | 7.20 | 25.00 | 3.98 | 6.70 | 0.05 | 5.00 | −5.89 | −5.89 | −0.48 |
| | −30 | 0.05 | 7.23 | 0.04 | 6.90 | 1.19 | 0.04 | 5.00 | −5.93 | −5.93 | −0.48 |

续表 3-3

| 状态 | 激励值/V | 节点及电压值/V | | | | | | | | | |
|---|---|---|---|---|---|---|---|---|---|---|---|
| | | 2 | 5 | 8 | 11 | 16 | 18 | 26 | 27 | 33 | 36 |
| $F_{16}$ | +30 | 7.97 | 0.04 | 2.64 | 0.11 | 0.05 | 0.05 | −4.21 | −3.38 | 4.12 | −0.47 |
| | −30 | 0.05 | 7.25 | 0.04 | 6.90 | 1.19 | 0.04 | 5.00 | −5.93 | −5.93 | −0.48 |
| $F_{17}$ | +30 | 7.97 | 0.04 | 7.27 | 0.11 | 0.05 | 0.05 | −4.21 | −3.38 | 4.12 | −0.47 |
| | −30 | 7.95 | 25.00 | 0.04 | 6.92 | 0.03 | 0.04 | −4.25 | −3.43 | 4.12 | −0.47 |
| $F_{18}$ | +30 | 7.97 | 0.04 | 7.27 | 0.11 | 0.05 | 0.05 | −4.21 | −3.38 | 4.12 | −0.47 |
| | −30 | 0.04 | 2.60 | 0.04 | 6.90 | 1.18 | 0.04 | 5.00 | −5.90 | −5.90 | −0.48 |
| $F_{19}$ | +30 | 25.00 | 0.04 | 7.23 | 0.12 | 5.70 | 0.05 | 5.00 | −5.90 | −5.90 | −0.48 |
| | −30 | 0.05 | 7.23 | 0.04 | 6.90 | 1.19 | 0.04 | 5.00 | −5.93 | −5.93 | −0.48 |
| $F_{20}$ | +30 | 3.21 | 0.04 | 7.27 | 0.11 | 0.05 | 0.05 | −4.18 | −3.34 | 4.12 | −0.47 |
| | −30 | 0.04 | 7.23 | 0.04 | 6.90 | 1.19 | 0.04 | 5.00 | −5.83 | −5.93 | −0.48 |

## 2. 电路故障状态模拟集划分

### (1) 删除不需要的测试点

由表 3-3 可见,节点 36 上的电压对诊断这 20 种故障不提供任何有用信息。因为不论激励是+30 V 还是−30 V 电压,不论在无故障的标称状态,还是在 20 种故障状态下,节点 36 上的电压值均在−0.47～−0.48 V 范围内。节点 18 上的电压除了在故障 $F_1$ 状态时略高以外,均在 0.04～0.05 V 范围内。除上述两节点外,节点 26、27、33 上的电压值基本上是相关的,比如在故障 $F_1$ 状态时,3 个节点电压值均有变化,并且它们和节点 2 上的电压值提供的信息基本类同,只是在故障 $F_{19}$ 和 $F_{20}$ 的状态下尚有差别,即当节点 2 的电压值在某一故障状态下发生变化时,节点 26、27 和 33 的电压值也发生变化,因此它们三者提供的信息基本一致。通过上述分析可见,在最初选择的 10 个测试点中,可以将 18、26、27、33 和 36 这 5 个节点删除,只需要保留另外 5 个节点(即节点 2、5、11、8、16)就足以隔离 20 种故障中的 19 种,其中 $F_{10}$ 和 $F_{12}$ 是两个不能唯一隔离的故障。但由表 3-2 可知,$F_{10}$ 和 $F_{12}$ 都与晶体管 $T_6$ 有关,任一故障可通过更换 $T_6$ 来排除,因此,无须进一步隔离。

### (2) 故障隔离

本电路共有 5 个测试点,2 个输入激励向量,21 种情况,所以总计有 5×2×21=210 种电压值,如表 3-3 左侧所列。至此,上面的结果只能检测出电路有无故障,并没有进行故障的隔离,这是因为存在模糊集的缘故。由于电路模拟分析程序进行故障模拟时,非线性器件的表达式难免与被诊断器件的不完全一致,上述测试点的电压都是假定某个元器件的值是精确的,而且 PN 结的正向电压小于 0.7 V,因此,表 3-3 中的节点电压总不免有些偏差,这是需要注意的一个方面。在线诊断时,由于测试中存在误差以及待诊断电路中无故障元件的容差等因素,所测得的节点电压也不免有些偏差,这是需要注意的另一方面。为此,建立字典时,可把电路施加各次激励时所有可测节点上的电压模拟值划分成几个模糊集,以便用模糊观点来确定电路中的故障状态,这样对在线诊断查找字典也较简便有效。

### (3) 模糊集的划分

模糊集的划分可按如下原则进行:把各个故障状态以及无故障标称状态相对应的所有节点电压模拟值作为原始数据,挑选其中比较密集的数据群构成数个模糊集。各模糊集之间不允许有相互重叠的情况，而且各模糊集之间应尽可能分离。每一模糊集所覆盖的具体电压值可根据具体情况而定。

模糊集划分的基本原则为：模糊集应该包含所有划分在集内的状态值；两个模糊集之间不能重叠，至少应有0.2 V的隔离区；每一模糊集所覆盖的具体电压值可根据具体情况而定。

**(4) 建立故障模糊集表**

对于表3-3中节点2、5、8、11、16上的电压数据，根据各模糊集之间不应重叠而且务须分离的原则，可具体划分为下列四个模糊集：

① 0～1.25 V；② 2.25～4.0 V；③ 6.0～8.15 V；④ 9.8～11.2 V。

此外有额外值25 V。显然，①、②两模糊集之间有约1 V的间隔，②、③模糊集之间及③、④模糊集之间均有约2 V的间隔，而每一模糊集所覆盖的电压量程也不过1～2 V上下。至于额外值25 V，与前四个模糊集间隔更大。

从这里也可以看出，之所以删去18、26、27、33、36五个节点，不仅因为它们对该诊断范围内的20种故障状态提供的信息不多或甚至不提供任何信息，而且也是为了有利于选取更合适的模糊集。例如上述分集情况下，如果需要考虑节点18上的±30 V电压激励时，存在故障$F_1$状态时所出现的1.8 V就难处理了。根据上述划分，可得表征各节点电压在各模糊集上的故障状态，如表3-4所列。

**表3-4 故障的模糊集表**

| 节 点 | 激励值 | ① 0～1.25 V | ② 2.25～4.0 V | ③ 6.0～8.15 V | ④ 9.8～11.2 V | ⑤ 25 V |
|---|---|---|---|---|---|---|
| 2 | +30 V | $F_3$、$F_6$、$F_7$、$F_{15}$ | $F_{20}$ | $F_0$、$F_1$、$F_2$、$F_4$、$F_5$、$F_8$、$F_9$、$F_{10}$、$F_{11}$、$F_{12}$、$F_{13}$、$F_{14}$、$F_{15}$、$F_{17}$、$F_{18}$ | | $F_{19}$ |
| | -30 V | $F_0$、$F_1$、$F_3$、$F_6$、$F_7$、$F_{10}$、$F_{11}$、$F_{12}$、$F_{14}$、$F_{15}$、$F_{16}$、$F_{18}$、$F_{19}$、$F_{20}$ | | $F_2$、$F_4$、$F_5$、$F_8$、$F_9$、$F_{13}$、$F_{17}$ | | |
| 5 | +30 V | $F_0$、$F_1$、$F_2$、$F_4$、$F_5$、$F_8$、$F_9$、$F_{10}$、$F_{11}$、$F_{12}$、$F_{13}$、$F_{14}$、$F_{16}$、$F_{17}$、$F_{18}$、$F_{19}$、$F_{20}$ | | $F_3$、$F_6$、$F_7$、$F_{15}$ | | |
| | -30 V | $F_2$、$F_4$、$F_5$、$F_{13}$ | $F_{18}$ | $F_0$、$F_1$、$F_3$、$F_6$、$F_7$、$F_8$、$F_{10}$、$F_{11}$、$F_{12}$、$F_{14}$、$F_{15}$、$F_{16}$、$F_{19}$、$F_{20}$ | $F_9$ | $F_{17}$ |
| 8 | +30 V | $F_3$ | $F_{16}$ | $F_0$、$F_1$、$F_2$、$F_4$、$F_5$、$F_6$、$F_8$、$F_9$、$F_{10}$、$F_{11}$、$F_{12}$、$F_{13}$、$F_{14}$、$F_{17}$、$F_{18}$、$F_{19}$、$F_{20}$ | $F_7$ | $F_{15}$ |
| | -30 V | $F_0$、$F_1$、$F_3$、$F_6$、$F_7$、$F_8$、$F_9$、$F_{10}$、$F_{11}$、$F_{12}$、$F_{14}$、$F_{15}$、$F_{16}$、$F_{17}$、$F_{18}$、$F_{19}$、$F_{20}$ | | $F_2$、$F_4$、$F_5$、$F_{13}$ | | |

续表 3-4

| 节　点 | 激励值 | ① 0～1.25 V | ② 2.25～4.0 V | ③ 6.0～8.15 V | ④ 9.8～11.2 V | ⑤ 25 V |
|---|---|---|---|---|---|---|
| 11 | +30 V | $F_0$、$F_1$、$F_2$、$F_4$、$F_5$、$F_6$、$F_7$、$F_8$、$F_9$、$F_{10}$、$F_{11}$、$F_{12}$、$F_{13}$、$F_{14}$、$F_{16}$、$F_{17}$、$F_{18}$、$F_{19}$、$F_{20}$ | $F_{15}$ | $F_3$ | | |
| | −30 V | $F_2$ | $F_{14}$ | $F_0$、$F_1$、$F_3$、$F_4$、$F_6$、$F_7$、$F_8$、$F_9$、$F_{10}$、$F_{11}$、$F_{12}$、$F_{15}$、$F_{16}$、$F_{17}$、$F_{18}$、$F_{19}$、$F_{20}$ | $F_5$ | $F_{13}$ |
| 16 | +30 V | $F_0$、$F_1$、$F_2$、$F_4$、$F_5$、$F_8$、$F_9$、$F_{10}$、$F_{11}$、$F_{14}$、$F_{16}$、$F_{17}$、$F_{18}$、$F_{20}$ | | $F_3$、$F_6$、$F_7$、$F_{10}$、$F_{12}$、$F_{15}$、$F_{19}$ | | |
| | −30 V | $F_0$～$F_{20}$(全部状态) | | | | |

### 3. 分析判定电路故障状态

表 3-4 既然说明了±30 V 激励时上述五个节点上所得电压落在某一模糊集时所代表的故障状态，若一旦电路出现故障，该表能否唯一地判断该诊断范围内所有的 20 个故障呢？通常故障的判断应遵循以下规则。

规则Ⅰ：故障诊断是否具有唯一性，取决于给定的可测性条件下所获得的故障征兆能否有效地区分出不同的故障状态；如果模糊集只包含一个故障，则唯一地区别该故障，并保留相应测试。例如，当+30 V 激励时，若节点 8 上的电压落在模糊集①中，则该电路中的故障必为故障 $F_3$($T_{2BO}$)；同样地，当+30 V 激励时，节点 11 上的电压落在模糊集③中，则该电路中的故障也必为故障 $F_3$，两者可相互验证。再例如，当+30 V 激励时，若节点 2 上的电压落在模糊集②或为额外值 25 V，则相应的故障分别为故障 $F_{20}$ 或 $F_{19}$，又如节点 8 上的电压若落在③、④集或为额外值 25 V，则相应的故障分别为故障 $F_{16}$、$F_7$、$F_{15}$。再例如，当−30 V 激励时，若节点 5 上的电压落在模糊集③、④集或为额外值 25 V，则相应的故障分别为故障 $F_{18}$、$F_9$、$F_{17}$。若节点 11 上的电压凡落在模糊集①、②、④或为额外值 25V，则相应的故障分别为故障 $F_2$、$F_{14}$、$F_5$、$F_{13}$。由此可见，这些故障状态，诸如故障 $F_2$、$F_3$、$F_5$、$F_7$、$F_9$、$F_{13}$、$F_{14}$、$F_{15}$、$F_{16}$、$F_{17}$、$F_{18}$、$F_{19}$、$F_{20}$ 在±30 V 激励时，可根据某可测节点上电压是否出现在某一模糊集中而唯一地被确定。

规则Ⅱ：如果模糊集的交集只包含一个故障，则可唯一地确定该故障，并保留相应的各个测试。

规则Ⅲ：若模糊集的对称差包含故障，则可排除对称差所包含的故障。例如故障 $F_4$ 就可在不出现故障 $F_2$、$F_5$、$F_{13}$ 的情况下，通过检查−30 V 激励时节点 8 的电压是否落在模糊集③，或节点 5 的电压是否落在模糊集①而被唯一地确定。故障 $F_6$ 可在确定故障 $F_{16}$ 不出现情况下，由+30 V 激励时节点 5 的电压不落在模糊集①而节点 8 的电压却出现在模糊集③而得以被唯一地确定。故障 $F_8$ 可在确定故障 $F_{18}$ 不存在的情况下，由−30 V 激励时节点 2 上电压不落在模糊集①而节点 5 的电压落在模糊集③中而得以被唯一地确定。

此外，在确定不存在故障 $F_{19}$ 情况下，故障 $F_{10}$ 和 $F_{12}$ 可由+30 V 激励时，节点 5 的电压落在模糊集①，而节点16的电压不落在模糊集①而得以被同时确定。但是它们虽能被确定，却难以判断具体对应哪一故障。余下的故障 $F_1$ 和无故障状态 $F_0$ 也是如此，只有再利用节点18的电压才可以区别它们。

通过上例可以看出，不同节点上的不同激励在诊断故障时所起的作用并不一样。节点2、8、11在+30 V激励时和节点5、11在−30 V激励时都对诊断起着较大的作用。

总之，建立故障字典时，在确定诊断范围后，需要选择测试点，也可改变输入激励量，甚至还可适当调整模糊电压集量程，这样才能最终分辨清楚各种故障状态。

将表3-4的故障字典模糊集数据存储到以计算机为核心的电子线路故障自动测试设备中，构成故障字典数据。通过对图3-3所示的视频放大器进行自动测试，将测试数据按照一定的规则进行逻辑运算，并与故障字典数据库的特征值进行比较，就能自动分析、判别图3-3所示电路的工作状态。

## 3.2.2 频域中字典的建立

对于线性交流电路，可根据它的频率响应来构造故障字典。频域字典法的优点是理论分析比较成熟，所需硬件比较简单，只要有正弦信号发生器、电压表就可以了，如果有频谱分析仪就更好了。

线性电路的频域分析理论已十分成熟，因此频域中建立故障字典的方法也较多。主要方法有 Seshu-Wakman 方法（Bode 图法）、双线性变换法和稀疏矩阵法等。

### 1. Seshu-Wakman 方法

#### (1) 基本原理

这是一种比较早期的方法，它利用传输函数的幅频特性来构造字典，如果采用对数幅频特性来构造字典则进一步演变成 Bode 图法。设待测电路中某一传输函数 $H(s)$ 为

$$H(s)=k\prod_{i=1}^{n_z}(s-z_i)/\sum_{i=1}^{n_p}(s-p_i) \tag{3-4}$$

式中：$s$ 为复频率，$k$ 为常数，$z_i$、$p_i$ 分别代表传输函数的零极点，其数目分别为 $n_z$、$n_p$。这些零极点的位置及常数 $k$ 完全决定了 $H(s)$ 的幅频特性及相频特性。因此，对于该传输函数的特性，也可由 $(n_z+n_p+1)$ 个频率点上 $H(s)$ 的值来完全确定。换句话说，一旦获得了 $(n_z+n_p+1)$ 个频率点上的 $H(s)$ 值，原理上就可完全确定式(3-4)中的 $k$、$z_i$ 及 $p_i$。

在 RC 网络中，零极点均为实根，故可把它们的绝对值分别视为角频率 $\omega_i$ 和 $\omega_j$，此即为上、下折角频率，这样很容易画出该 $H(s)$ 的波特图。当网络中某一元件发生故障时，部分或全部折角频率也将随之改变，从而引起整个 $H(s)$ 的波特图。

总之，在建立频域中故障字典时，应在 $(n_z+n_p+1)$ 个频率点上计算出电路处于无故障标称状态及各种故障状态时的 $H(s)$ 的幅值，由这些幅值就可构造故障字典。

#### (2) 基本步骤

建立这种故障字典的一般步骤为：

① 首先用符号网络函数分析程序实现 $H(s)$ 的符号表达式，即将 $H(s)$ 的分子、分母多项式中的各系数用各元件符号的函数来表达。

② 将无故障状态时元件标称值代入上式，对分子、分母多项式进行因式分解，计算出各折角频率。

③ 至少在$(n_z+n_p+1)$个测试频率点上计算出电路处于各种故障状态时的$H(s)$幅值。这些测试频率宜按如下方式选取；在相邻的两个折角频率之间选取一个测试频率，同时在最高折角频率以上和最低折角频率以下也各取一个测试频率。

④ 在上述各测试频率点上，把电路处于各种故障状态下的$H(s)$的幅值按一定方式存储起来。一定方式通常是指将这些幅值直接存储，或取其与标称值的偏离进行量化、编码，并以征兆码形式存储。

**(3) 应用实例**

图3-4为某型导弹弹上电源滤波稳压电路的一部分，其中$R_1=R_4=1\ \mathrm{M\Omega}$，$R_2=10\ \mathrm{M\Omega}$，$R_3=2\ \mathrm{M\Omega}$，$C_1=0.01\ \mu\mathrm{F}$，$C_2=C_3=0.001\ \mu\mathrm{F}$，其频域故障字典建立过程如下。

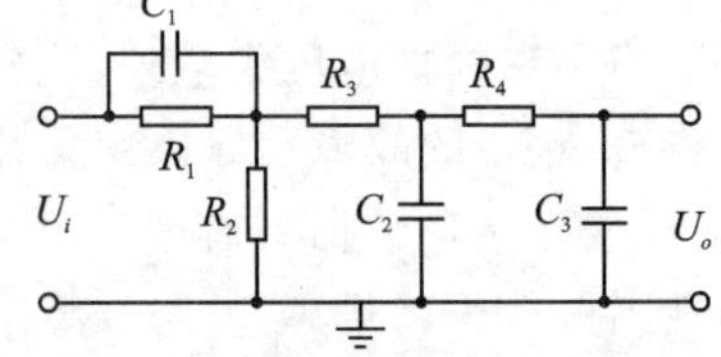


**图3-4 某型导弹弹上电源滤波稳压部分电路图**

由图3-4可求得其电压传输函数为

$$H(s)=\frac{U_o(s)}{U_i(s)}=\frac{a_0+a_1s}{b_0+b_1s+b_2s^2+b_3s^3} \tag{3-5}$$

式中，$a_0=R_2$，$a_1=R_1R_2C_1$，

$b_0=R_1+R_2$，$b_1=R_1C_1C_2+R_2R_4C_3+(C_2+C_3)(R_2R_3+R_3R_1+R_1R_2)+R_1R_4C_3$

$b_2=R_1R_2R_3C_1(C_2+C_3)+R_1R_2R_4C_3(C_1+C_2)+R_3R_4C_2C_3(R_1+R_2)$

$b_3=R_1R_2R_3R_4C_1C_2C_3$

求得其折角频率分别为(零点)$\omega_0=100$ rad/s和(极点)$\omega_1=83.3$ rad/s，$\omega_2=288.6$ rad/s，$\omega_3=2\ 288.1$ rad/s。

按照测试频率应处于相邻的零极点之间，且在最高折角频率以上以及最低折角频率以下的选取原则，选择以下5个测试频率点，$\omega_{c_1}=10$ rad/s，$\omega_{c_2}=95$ rad/s，$\omega_{c_3}=200$ rad/s，$\omega_{c_4}=800$ rad/s，$\omega_{c_5}=5\ 000$ rad/s，并将正常状态下的传递函数$H(s)$记为$H^0(s)$。

当图3-4中的7个元件的实际值偏离其标称值+50%和-50%时，分别记为$R^+$、$C^+$或$R^-$、$C^-$。由公式(3-4)计算故障状态下$H(s)$的赋值，并按照表3-5进行量化编码，得到在5个测试频率点上的故障字典如表3-6所列。

**表3-5 量化编码定义**

| $\lvert H(s)\rvert-\lvert H^0(s)\rvert$ | 码 | $\lvert H(s)\rvert-\lvert H^0(s)\rvert$ | 码 |
|---|---|---|---|
| ≤±0.5 dB | 0 | 0.5～1 dB | 5 |
| -1～-0.5 dB | 1 | 1～2 dB | 6 |
| -2～-1 dB | 2 | 2～5 dB | 7 |
| -5～-2 dB | 3 | ≥5 dB | 8 |
| ≤-5 dB | 4 | | |

表3-6 故障字典

| 故障类型 | 故障特征码 | 故障类型 | 故障特征码 |
| --- | --- | --- | --- |
| $R_1^+$ | 10000 | $R_1^-$ | 56000 |
| $R_2^+$ | 50000 | $R_2^-$ | 21000 |
| $R_3^+$ | 02434 | $R_3^-$ | 06788 |
| $R_4^+$ | 00214 | $R_4^-$ | 00578 |
| $C_1^+$ | 05050 | $C_1^-$ | 01210 |
| $C_2^+$ | 02334 | $C_2^-$ | 06778 |
| $C_3^+$ | 02434 | $C_3^-$ | 06778 |

由故障字典可以看出，$R_3^+$ 与 $C_3^+$、$R_3^-$ 和 $C_3^-$ 都具有相同的故障特征码，因此，两个故障共占一个模糊集，导致不能唯一地确定单个元件故障。这种情况下，只有再增加测试频率点，才有可能唯一确定单个故障元件。

## 2. 双线性变换方法

双线性变换法是以电路的传输轨迹作为故障特征建立故障字典；测试后，根据实际测量在复平面上找出对应点，测量点明显地靠近某一轨迹，由此轨迹可以决定系统测量特性对应的元件参量偏差，从而确定故障。该方法适用于线性电路的单故障，包括硬故障和软故障，但不适用于故障导致零响应的情况。

由网络理论得知，线性网络的网络函数可以表示为某一元件参量 $r_i$ 的双线性函数，即

$$H(s,r_i)=\frac{a_1 i(s)r_i+a_0 i(s)}{b_1 i(s)r_i+b_0 i(s)} \tag{3-6}$$

式中，$a$、$b$ 均为 $s$ 的多项式，而这些多项式的系数又是各元件参数 $r_i(j\neq i)$ 的函数。根据 $H(s,r_i)$与 $r_i$ 的上述双线性关系来构造故障字典，即对每一个测试频率，在复平面上作出 $H(s,r_i)$与 $r_i$ 的关系曲线。由双线性变换的特性可知，当 $r_i$ 在一定范围内变化时，该曲线或是一条直线，或是一段弧线。将在所有测试频率上作出的这些关系曲线存储起来，就构成了一部故障字典。

测试频率仍按相邻零极点间穿插的方式选取。因此，对有 $n_z$ 个零点与 $n_p$ 个极点的函数 $H(s)$，至少需在$(n_z+n_p+1)$个测试频率上计算出 $H(s,r_i)$与某一 $r_i$ 的关系曲线。对于单一故障构造出来的故障字典确实能够比较全面地反映出各种故障征兆，包括硬、软故障的征兆。

从双线性函数式(3-6)可以看出，其分子、分母的4个系数中只有三个是独立的，因此只需三个点上的 $H(s,r_i)$的值就可完全确定该双线性函数。于是，为了构造整个故障字典，按照式(3-6)至少需计算出 $3(n_z+n_p+1)n_b$ 个值作为基本数据，这里 $n_b$ 为元件数。

## 3. 稀疏矩阵字典法

稀疏矩阵字典法是以电路的传输特性(幅值或相位)的偏差作为故障特征建立故障字典；测试后，根据实际传输特性的偏差查找字典确定故障；考虑到元件的容差和测量误差，规定一门限，当特性偏差在门限值之内时认为电路正常。稀疏矩阵字典法的优点是所需存储量较少，因此能缩短运算时间，但在线诊断时有可能不利于区分故障。

设待测电路的某一网络函数 $H(\omega)$可测，且定义该电路有 $n_f$ 种故障状态，$f=1,2,\cdots$，

$n_f$。模拟出每种故障状态在 $n_\omega$ 个频率($i=1,2,\cdots,n_\omega$)上网络函数 $H^f(\omega_i)$的值。令它们与标称无故障网络函数 $H^0(\omega_i)$的偏差为

$$d_{if}^* \triangleq H^0(\omega_i)-H^f(\omega Li),\quad i=1,2,\cdots,n_\omega,\quad f=1,2,\cdots,n_f \tag{3-7}$$

式中,$H^0(\omega_i)$及 $H^f(\omega_i)$既可表示幅值,也可表示相位。也就是说,对应某些频率,如$H^0(\omega_i)$、$H^f(\omega_i)$可表示幅值,而对另一些频率可表示相位。若把 $d_{if}^*$ 看作是 $i$ 行 $f$ 列的一个元素,则可构成一个矩阵。

考虑到元件容差的影响,可对 $d_{if}^*$ 进行量化。设因元件容差及测试误差而引起的 $d_{if}^*$ 的偏差不超过 $\psi_i$,则 $d_{if}^*$ 可按如下公式进行量化,即

$$d_{if}=\begin{cases}1, & \text{当 } d_{if}^*>\psi_i \text{ 时}\\ 0, & \text{当 } |d_{if}^*|\leqslant\psi_i \text{ 时}, i=1,2,\cdots,n_\omega\\ -1, & \text{当 } d_{if}^*<-\psi_i \text{ 时}, f=1,2,\cdots,n_f\end{cases} \tag{3-8}$$

以量化后的 $d_{if}$ 作为元素而组成的矩阵就是要构造的故障字典。由于这个矩阵是一个稀疏矩阵,因此这种字典称为稀疏矩阵字典。为了提高故障在字典中的分辨率,通常可选用较多的测试频率,例如选 $n_\omega\geqslant 3n_b$,$n_b$ 为元件数。

### 3.2.3 时域中字典的建立

对于线性或非线性动态电路,可以利用它的时域响应,模拟出它在时域中的各种故障征兆,从而建立故障字典,这种方法称为时域内故障字典法,主要有伪噪声信号法和测试信号设计法两种。

**1. 伪噪声信号法**

伪噪声信号法是以伪噪声信号获得的电路冲击响应的变化作为故障特征,建立故障字典的方法。

在待测网络的输入端施加一周期性的伪噪声信号 $\eta(t)$,所得响应为 $v(t)$,则可证明:对于线性电路,激励与响应的互相关函数近似为网络的冲激响应 $h(t)$,即

$$h(i\tau)\approx\frac{1}{T}\int_0^T\eta(t-i\tau)v(t)\mathrm{d}t \tag{3-9}$$

式中,$\tau$ 为 $\eta(t)$的周期,$T$ 为测试时间,它的选择取决于信噪比。

按式(3-9)模拟出待测网络在标称状态及各种故障状态下的冲击响应,分别记作 $h^0(i\tau)$及 $h^f(i\tau)$。将它们的差值记为

$$d_{if}^*=h^0(i\tau)-h^f(i\tau),\quad i=1,2,\cdots,n_i,\quad f=1,2,\cdots,n_f \tag{3-10}$$

式中,$n_i$ 为在时域中进行模拟的时间点数,$n_f$ 为各种故障状态的数目。

根据上述 $d_{if}^*$,既可直接将它存储起来构成字典,也可仿照上节频域中稀疏字典的构造方法对其进行量化、归一化处理后构成故障字典。

按直接方法建立字典时,式(3-9)可用延迟器、乘法器和积分器等硬件来实现(见图 3-5),当然也可用计算机来模拟。

**2. 激励信号设计法**

激励信号设计法是将电路在不同状态下激励信号的阶跃幅度和电路对辅助信号响应中跨零位置的变化作为故障特征而进行编码,进而建立故障字典的方法。

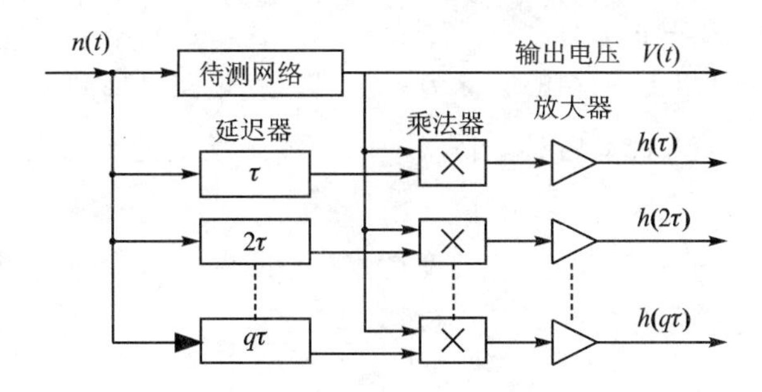


图 3-5 伪噪声信号法硬件实现示意图

对于线性待测动态电路，在其发生故障前后，若把它从零状态驱使到零状态，两者所需要的非平凡激励信号是不相同的，因此可用激励信号参数来标志电路的各种故障，这就是激励信号设计法。

对于线性动态电路，其输入输出特性可用下列微分方程来描述，即

$$a_n \frac{\mathrm{d}^n y}{\mathrm{d}t^n} + a_{n-1} \frac{\mathrm{d}^{n-1} y}{\mathrm{d}t^{n-1}} + \cdots + a_0 y = b_0 u + b_1 \frac{\mathrm{d}u}{\mathrm{d}t} + \cdots + b_m \frac{\mathrm{d}^m u}{\mathrm{d}t^m} \tag{3-11}$$

引入辅助参量 $x$，可将式(3-11)表示为状态方程式

$$\dot{x} = Ax + Bu, \quad y = Cx \tag{3-12}$$

式中

$$A = \begin{bmatrix} 0 & 1 & 0 & 0 & \cdots & 0 \\ 0 & 0 & 1 & 0 & \cdots & 0 \\ 0 & 0 & 0 & 1 & \cdots & 0 \\ \vdots & \vdots & \vdots & \vdots & & \vdots \\ \dfrac{-a_0}{a_n} & -\dfrac{a_1}{a_n} & -\dfrac{a_2}{a_n} & -\dfrac{a_3}{a_n} & \cdots & -\dfrac{a_{n-1}}{a_n} \end{bmatrix}$$

$$B = \begin{bmatrix} 0 & 0 & \cdots & \dfrac{1}{a_n} \end{bmatrix}^{\mathrm{T}}$$

$$C = \begin{bmatrix} b_0 & b_1 & b_2 & \cdots & b_m & 0 & \cdots & 0 \end{bmatrix}$$

由此可把该电路设计成从零状态驱使到零状态的非平凡激励信号。因为状态方程式(3-12)的解为

$$x(t) = \mathrm{e}^{A(t-t_0)} x(t_0) + \int_{t_0}^{t} \mathrm{e}^{A(t-\tau)} Bu(\tau)\mathrm{d}\tau \tag{3-13}$$

故当激励信号为阶跃函数

$$u(\tau) = a_k \quad kT \leqslant \tau < (k+1)T，且\ k = 0,1,2,\cdots \tag{3-14}$$

的组合时，则有

$$x[(k+1)T] = \mathrm{e}^{AT} x(kT) + (\mathrm{e}^{AT} - I)A^{-1}Ba_k \tag{3-15}$$

令

$$U = (\mathrm{e}^{AT} - I)A^{-1}B \tag{3-16}$$

则有

$$x[(k+1)T] = \mathrm{e}^{AT} x(kT) + Ua_k \tag{3-17}$$

设电路的初始状态为零，即 $x(0)=0$；又设 $a_0=1$，则

$$x[(n+1)T]=[(e^{AT})^n+a_1(e^{AT})^{n-1}+\cdots+a_1 1]U \tag{3-18}$$

适当选择 $a_k$ 的值,可使式(3-18)右侧为0,此即驱使电路又回到零状态。注意到 Cayley-Hamilton 定理,当 $a_k$ 的值为状态转移矩阵 $e^{AT}$ 的特征多项式的系数时,公式(3-18)右侧即为零。

设A的各特征值为 $r_1$、$r_2$、…、$r_n$,它们都是该电路的极点,则特征值为 $e^{r_iT}$,$i=1,2,\cdots,n$。由一元 $n$ 次方程的根与系数的关系,$a_i$ 可表示为

$$a_1=-\sum_{i=1}^{n}e^{r_iT}$$

$$a_2=+\sum_{i=1}^{n-1}\sum_{j=i+1}^{n}e^{(r_i+r_j)T}$$

$$a_3=-\sum_{i=1}^{n-2}\sum_{j=i+1}^{n-1}\sum_{k=j+1}^{n}e^{(r_i+r_j+r_k)T}$$

$$a_n=(-1)^n\exp\left(\sum_{i=1}^{n}r_iT\right)$$

这就是把由式(3-11)描述的电路从零状态驱使到零状态所需要的非平凡激励信号参数。由这些参数确定的信号式(3-14)称作互补信号。$a_i$ 是 $r_i$ 的函数,当电路中存在故障时,极点位置也相应改变,故信号参数 $a_i$ 也随之改变。因此 $a_i$ 的大小可视作故障征兆。

再考察 $C$ 及式(3-12)的 $y=Cx$,因为其中 $C$ 表征了网络的零点特征,因此可以从输出 $y(t)$ 观察其零点位置的变化。为此,在该互补信号作用下,输出 $y(t)$ 的零点位置的改变可以作为故障的又一类征兆。

设电路无故障时的互补信号参数为 $a_1,a_2,\cdots,a_n$,在该互补信号作用下的响应的零点为 $t_1,t_2,\cdots,t_n$;处于某一故障状态下的互补信号参数为 $\hat{a}_1,\hat{a}_2,\cdots,\hat{a}_n$,在该信号作用下的响应的零点为 $\hat{t}_1,\hat{t}_2,\cdots,\hat{t}_n$。令 $\Delta a_i=a_i-\hat{a}_i$,$\Delta t_i=t_i-\hat{t}_i$,则可得故障征兆为

$$Q\underline{\underline{\Delta}}[\Delta a_1,\Delta a_2,\cdots,\Delta a_n,\Delta t_1,\Delta t_2,\cdots,\Delta t_n]^{\mathrm{T}}$$

事先对待测电路模拟出其处于各种不同故障状态时的 $\hat{a}_i$ 与 $\hat{t}_i$,从而可获得征兆 $Q$,将它们存储起来就是一部故障字典。

以上介绍了诊断线性动态电路中故障的两种时域字典法,并通过解析分析,说明了其中故障征兆的含义。事实上,时域字典法更有效的应用是非线性动态电路的故障诊断。可以在激励端口上施加不同幅度的激励信号,如阶跃函数等,在响应端分不同的时刻取得其即时值。这样,在各种故障状态下模拟出这些即时值后,原则上就可构成一本时域故障字典。

## 3.3 组合逻辑电路故障诊断典型方法

### 3.3.1 测试矢量的生成

测试矢量生成的基本思想是敏化通路,所谓“敏化通路”是选择一条能使电路故障的错误信号传播到该电路的可观测(可测量)输出端的通路。为此,要适当地选择原始输入测试矢量 $X$ 的值,使得故障位置端的正常信号值与故障信号值相反,并且这个信号值的改变应当引起

线路的原始输出端逻辑值的改变，从而使故障点的信号差异经过敏化通路传播到输出端而被检测。

## 3.3.2 D算法

D算法就是其中的一种重要方法。罗思(Roth)在1966年提出的D算法对于任意非冗余的组合电路中的故障均能找到某个(某些)故障的测试矢量，而且它的计算方法很容易用计算机来实现，它的基本思想是找到一个测试矢量使得在故障点处的逻辑值在电路正常与故障情况下不同，而且这个测试矢量能使得这个逻辑值顺利地传输到输出端。

### 1. 基本概念

**(1) 函数的D立方**

任意一个具有 $n$ 个输入变量的函数均可在一个 $n$ 维空间上表示。例如一个有三个输入变量的函数可以在一个三维空间中表示(见图3-6)。设 $f=x_1\overline{x_2}+x_2x_3$ 则可利用线段 $P$ 和 $Q$ 分别表示 $x_1\overline{x_2}$ 和 $x_2x_3$。

$n$ 维空间中任意一个点、一条线段、……均称为一个立方。其中点是对应于逻辑函数的最小项。而除点以外的各种线段、面等表示的均不是最小项，称为奇异立方。任一逻辑函数都可以用若干(奇异)立方来描述。例如函数 $f=x_1x_3+x_2\overline{x_3}$ 可以用奇异立方(1×1)和(×10)来描述。事实上逻辑函数的立方表示法就是真值表的压缩格式表示法。

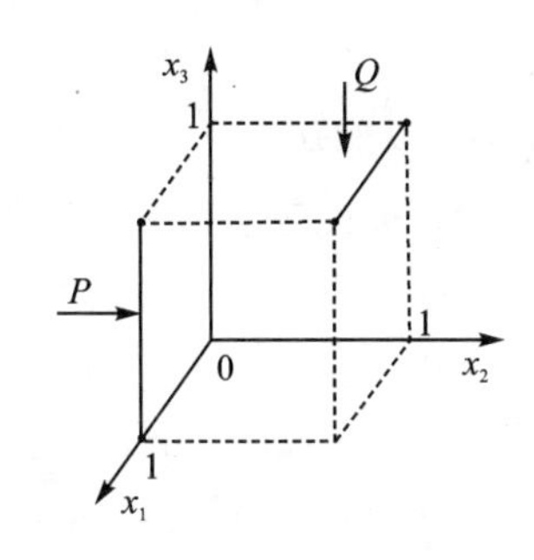

图3-6　三维D立方空间

函数的立方可分成两类，一类是用 $f=1$ 的立方，用集合 $\alpha_1$ 表示；另一类是用 $f=0$ 的立方，用集合 $\alpha_0$ 表示。

下面定义一种立方之间的求交运算：有两个立方 $\alpha_i=(i_1,i_2,\cdots,i_n)$ 和 $\alpha_j=(j_1,j_2,\cdots,j_n)$ 具有相同维数的，则定义它们的交为

$$\alpha_i\cap\alpha_j=(i_1\cap j_1,i_2\cap j_2,\cdots,i_n\cap j_n)$$

其中每个元素 $i\cap j$ 的运算规则见表3-7，表中的 $\varphi$ 表示该交不存在。如果立方 $\alpha_i\cap\alpha_j$ 中有一个元素或几个元素为 $\varphi$，则说明该立方不存在，也用 $\varphi$ 表示。

表3-7　求交运算规律

|  | 0 | 1 | × |
|---|---|---|---|
| 0 | 0 | $\varphi$ | 0 |
| 1 | $\varphi$ | 1 | 1 |
| × | 0 | 1 | × |

**(2) 故障D立方**

在元件 $E$ 的输出处可产生故障信号 $D(\overline{D})$ 的最小输入条件叫做故障D立方。其中 $D$ 表示正常电路输出为1，故障时输出为0，简记为 $D=1/0$；$\overline{D}$ 则反之，简记为 $\overline{D}=1/0$。

如果用 $\beta$ 表示正常电路的奇异立方，用 $\alpha$ 表示故障电路的奇异立方，则有

$$D=\beta_1\cap\alpha_0 \tag{3-19}$$

$$\overline{D}=\beta_0\cap\alpha_1 \tag{3-20}$$

**(3) 传播D立方**

把元件 $E$ 输入端的若干故障信号传播至 $E$ 的输出端的最小输入条件叫做传播D立方。

为了求 $r$ 线上故障(错误)的传播D立方,可以用以下两种方法来计算:

① 把 $r=0$ 时的 $\beta_0$ 和 $r=1$ 时的 $\beta_1$ 求交($r$ 线除外),该条件是把 $r$ 线上的故障信号 $D(\overline{D})$ 传播到输出端仍为 $D(\overline{D})$,即同相传播。

② 把 $r=1$ 时的 $\beta_0$ 和 $r=0$ 时的 $\beta_1$ 求交($r$ 线除外),该条件是把 $r$ 线上的故障信号 $D(\overline{D})$ 传播到输出端仍为 $D(\overline{D})$,即同相传播。

上述两种方法可用下述式子来表示,即

$$T[D(\overline{D}) \rightarrow D(\overline{D})]=\beta_0 \mid_{r=0} \cap \beta_1 \mid_{r=1} \tag{3-21}$$

$$T[D(\overline{D}) \rightarrow D(\overline{D})]=\beta_0 \mid_{r=1} \cap \beta_1 \mid_{r=0} \tag{3-22}$$

传播D立方都是成对出现的,且 $D$ 正好互补。其物理意义是,能够作 $D\rightarrow D$ 传播的条件必可作 $\overline{D}\rightarrow\overline{D}$ 传播;能够作 $D\rightarrow\overline{D}$ 传播的条件必可作 $\overline{D}\rightarrow D$ 传播。

一个完整的传播D立方表示既包括传输的输入条件,也应该包括 $r$ 线和输出端的故障信号。

**(4) D驱赶**

逐级将故障信号 $D(\overline{D})$ 从故障点敏化至可及输出端的过程叫做D驱赶(D Drive)。

D驱赶的具体做法是将输入端有 $D(\overline{D})$ 信号而输出值尚未确定的元件(这种元件叫做D激活元件)的传播D立方同测试立方作求交运算,使该元件输出 $D$ 或 $\overline{D}$ 信号(即将错误信号 $D$ 或 $\overline{D}$ 驱赶通过该元件)。如果该交存在,说明本次驱赶成功,否则不成功。驱赶过程中的求交运算按表3-8进行。

**表3-8 驱赶过程中的求交运算**

| | 0 | 1 | $D$ | $\overline{D}$ | × |
|---|---|---|---|---|---|
| 0 | 0 | $\varphi$ | $\varphi$ | $\varphi$ | 0 |
| 1 | $\varphi$ | 1 | $\varphi$ | $\varphi$ | 0 |
| $D$ | $\varphi$ | $\varphi$ | $D$ | $\varphi$ | |
| $\overline{D}$ | $\varphi$ | $\varphi$ | $\varphi$ | $\overline{D}$ | $\overline{D}$ |
| × | 0 | 0 | $D$ | $\overline{D}$ | × |

在驱赶过程中,经常把激活元件记录在一张 $A$(称为D前沿)的表中。每做一次成功的驱赶就要修改一次 $A$ 表,而且历次的 $A$ 表均需保留,以便驱赶失败时可以返回到前一张 $A$ 表上去。$A$ 表的修改规则是:若对元件 $E_I$ 驱赶成功,则在 $A$ 表中删去元件 $E_I$,同时增加以 $E_I$ 为输入且输出值未定的所有元件,即 $A^{I+1}=(A^I-E_I)\cup$(以 $E_I$ 为输入的全部元件)。

**(5) 蕴 涵**

在D驱赶过程中会确定某些线上的值,从而使得有些元件的输出值已经唯一确定了。此时应把这些值及时确定下来,确定唯一值的过程叫做蕴涵(Implication)。

蕴涵的具体求法是将与新确定值有关的各元件的奇异立方同测试立方求交。如果先确定的是该元件的输入端值,则求交之后可以确定它的输出值,这叫前向蕴涵。如果先确定的是元件 $E_I$ 的输出值,则求交之后可以确定它的输入值,这叫后向蕴涵。

在D算法中经常建立一张 $B$ 表。在确定一个新值之后，把与新值有关的元件全部记录在 $B$ 表内，然后逐一加以处理，直至 $B$ 表空为止。

**(6) 线确认和相容性检查**

线确认(Line Justification)是相容性检查(Consistency)的一种。所谓相容性检查是指在一次D驱赶成功之后，还要检查一下所得测试立方是否与元件的奇异立方(已经确定了的)有矛盾，以便及早发现矛盾而及早返回。

相容性检查的具体做法是，将测试立方与该次D驱赶过程中没有使用到的元件的已确定的奇异立方逐一求交，如果对每个元件至少能找到一个相容的奇异立方，则相容性检查通过，此时才称该次D驱赶完全成功。如果相容性检查没有通过，此次D驱赶仍未成功，应该及时返回到上一个选择点。

线确认是指在D驱赶全部结束后(在可及输出端出现了 $D$ 或 $\overline{D}$ 信号)，测试立方中可能仍有若干元素没有赋值，需要给它们确定值，这个过程叫做线确认。

因为在D驱赶通过元件 $E$ 时，$E$ 的输出端已经有 $D(\overline{D})$ 信号，而输入端的某些线未确定值。如果这些线的值能够唯一确定，则在作蕴涵操作时可以确定下来。如果这些值不能唯一确定，那么可能存在多种选择，因此要从可供选择的输入中任选一个，同时记下备选的值，然后用选定的值做前后向的蕴涵操作，如果相容，则再去确定另一些未确定线上的值；如果不相容，则再选另一个备选的值重做。如果试验了所有的情况均不能相容，则线确认失败，也应返回到上一个选择点。

**2. D算法**

D算法的具体思路是对于给定的电路设定某一故障，并在故障位置上加上错误信号 $D$，求出错误信号D驱动的敏化通路，从设定的故障位置出发，利用按位求交操作，求出错误信号 $D$ 向电路某一可检测的输出端的通路，然后再进行一致性操作，求出满足错误信号D驱动的各端点的条件，以求出测试矢量，D算法总框图如图3-7所示 。具体实现过程如下：

**(1) 准备工作**

① 给电路节点编号，一般应使元件的输出端号大于其输入端号，同时输出端号也就是元件号，这样便于确认。

② 按所编好号的电路，将电路的拓扑关系及各元件的类型输入到计算机中。

③ 输入所有元件的奇异立方及故障传播D立方。

④ 建立故障表，同时输入各故障的故障D立方。

**(2) 开始作D算法(以求一个故障的测试为例)**

① 选定一个故障，给指针 $I$ 赋值0，给测试立方 $(tc)^{-1}$ 各元素均赋×值(见框②)。其中指针 $I$ 用以跟踪各次的测试立方及 $A^{I}$ 表，以便实现退回操作。

② 从该故障的故障D立方中任取一个矢量作为 $C$(见框③)。如果该故障的故障D立方已经选定，则说明该故障不可测(电路有冗余)，该次D算法失败(见框⑨)。

③ 驱赶及蕴涵和相容性检查(见框④)。

将 $(tc)^{I-1}$ 与 $C$ 求交，其中 $C$ 第一次就是故障D立方，而以后是某个元件的某个传播D立方。

如果相容性检查不通过，说明该元件的这个传播D立方选得不合适，或者根本不能由该元件传播故障信号，因此或是另选一个传播D立方，或是另选一个元件做D驱赶。如果相容

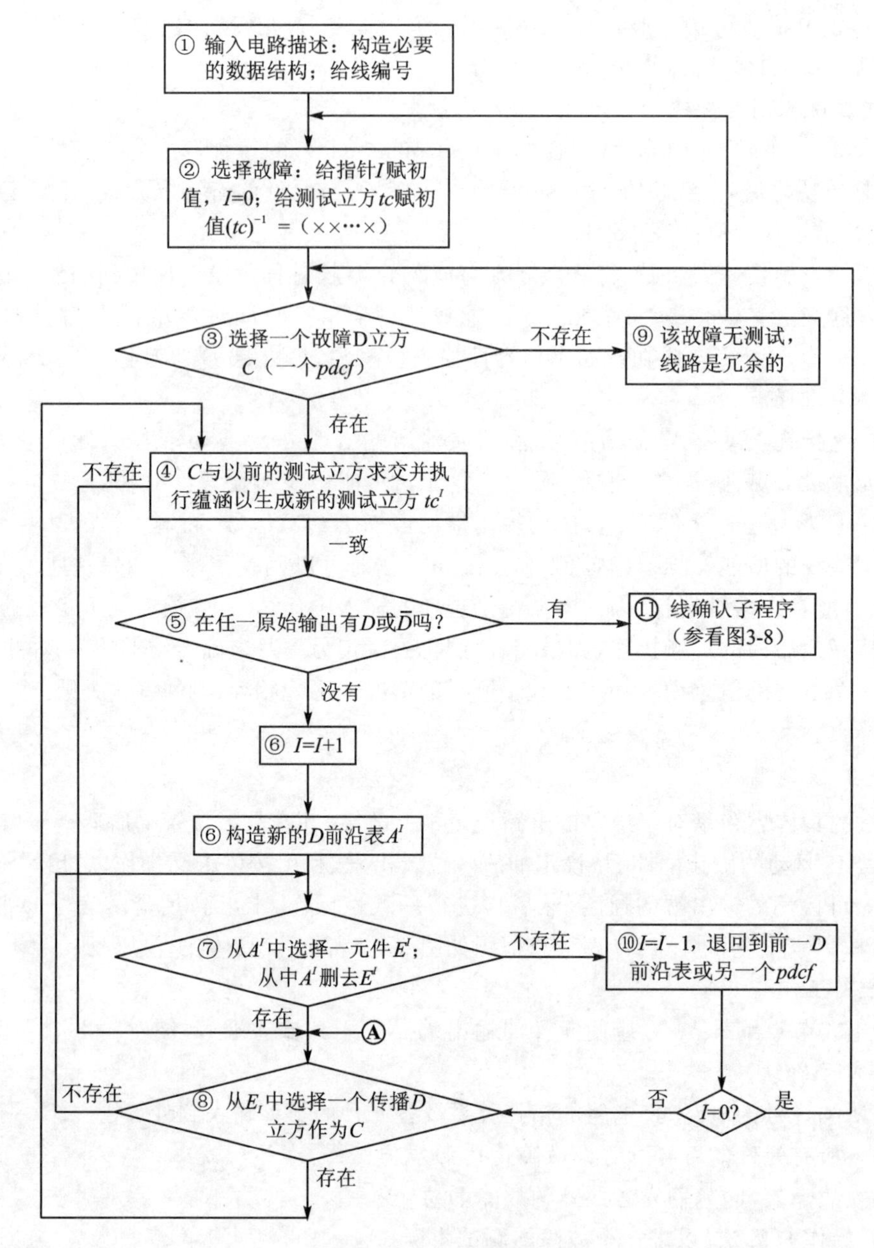


**图 3-7　D 算法总框图**

性检查通过，说明可以继续往下做驱赶，或者可能驱赶已经完毕。

在进行相容性检查时，事实上也就是做蕴涵操作，如果由驱赶得到的新值是元件 $E$ 的输出，而 $E$ 只有一个奇异立方 $C_p$ 的输出值同该新值相同，则把测试立方同 $C_p$ 求交；如果驱赶得到的新值是元件 $E'$ 的输入值，而元件 $E'$ 的某个奇异立方 $C'_p$ 与所确定的值完全相同. 则把测试立方同 $C'_p$ 求交。如果驱赶所得新值是元件 $E$ 的输出值，且元件 $E$ 的所有奇异立方输出值与之全不相同，或确定的新值是元件 $E'$ 的输入值，但同以前确定的值又不相同，那么这次相容性检查就不通过。

如果相容性检查通过，则令 $(tc)^I=(tc)^{I-1}\cap C$，并把蕴涵所得的值也填入 $(tc)^I$；如果相容性检查未通过，则仍保持为$(tc)^{I-1}$。

④ 在驱赶成功之后检查是否已经把故障信号$D(\overline{D})$传播到了可及输出端（见框⑤）。

如果可及输出端已经有了$D(\overline{D})$信号，并不意味着已经产生测试，还需转至线确认的子程序去确定那些尚未赋值的线的值。因为在线确认时经常会出现矛盾，因此测试矢量仍然不一定能够产生。

如果可及输出端仍没有错误信号，说明D驱赶尚未完成，需要作进一步的驱赶。

⑤ 构造新的$A^I$表（见框⑥）。

由于驱赶一次成功，所以指针$I$增1，需要构造新的$A^I$表，为便于返回，前一个$A^{I-1}$表仍需保留。构造新的$A^I$表的方法。

需要指出的一点是：如果在作蕴涵操作时不考虑$D(\overline{D})$的蕴涵（即把它看成不确定值），则$A^I$新表的构造方法可以按前面所说方法来进行，而有关$D(\overline{D})$的操作均由D驱赶来完成，但这样整个D算法的过程比较长。如果作蕴涵操作时考虑到了$D(\overline{D})$的蕴涵（即把它看成确定值）时，$A^I$表的构造方法就比较复杂，已经不同于前述的方法，但是这样做可以加速D算法的进程。

⑥ 为进一步进行驱赶做准备（见框⑦、⑧）。

从$A^I$表中任取一个元件$E_I$准备做驱赶，此时可从$E_I$的若干传播D立方中任取一个作为$C$，此时可能出现三种情况。

（ⅰ）所选$E_I$的这个传播D立方是合适的，即可把$D(\overline{D})$驱赶至$E_I$的输出端，并做蕴涵及相容性检查通过；

（ⅱ）所选$E_I$的这个传播D立方不合适，则应另选一个传播D立方来试一试。如果取尽$E_I$的所有传播D立方均不合适，说明此时故障信号不能通过元件$E_I$，则应从$A^I$中另取一个元件（即换一条路径）来作试验。

（ⅲ）如果选遍$A^I$表中所有元件均不成功，说明通过现在的$A^I$表中的各元件是无法继续做D驱赶了，此时应返回前一张$A^{I-1}$表（注意：说明从$A^{I-1}$中所选$E_{I-1}$的通路是不成立的）。

（ⅳ）返回$A^{I-1}$表，另取一个元件（通路）$E_I'$做驱赶试探（见框⑩）。

如果此时已返回$A^0$表（即故障D立方），说明在取该故障D立方时无法进行测试，因此只能选该故障的另一个故障D立方来进行试探。如果已经选遍了该故障的所有故障D立方均不成功，说明该故障不可测。

（ⅴ）线确认子程序（见框⑪）。

在可及输出端已经出现$D(\overline{D})$信号时，说明D驱赶已经结束，但是电路中可能留有一些未被赋值的线，现在需要对这些线赋值，赋值时要同时检查是否与已确定的其他值在逻辑上有矛盾。如果赋完全部值均不产生矛盾，说明该故障的测试已经进行；如果不能给全部未赋值的线赋以不矛盾的值，说明在测试时在输出端不可能有$D(\overline{D})$信号出现，故应该在元件$E_I$的其他传播D立方中再选一个做试探。

线确认操作是一个很费时间的工作，其过程如下（见图3-8）：

（ⅰ）置确认指针$I^1=I$，用以跟踪被确认的线和测试立方（见框⑬）。

（ⅱ）给$(tc)^{I^1}$中未确认的线加标志，并选出其中编号最大的线（元件）$\beta_{I^1}$。因为线确认从最大号开始（电路中最靠近输出的地方）容易一次确认较多原来未赋值的线（见框⑭）。

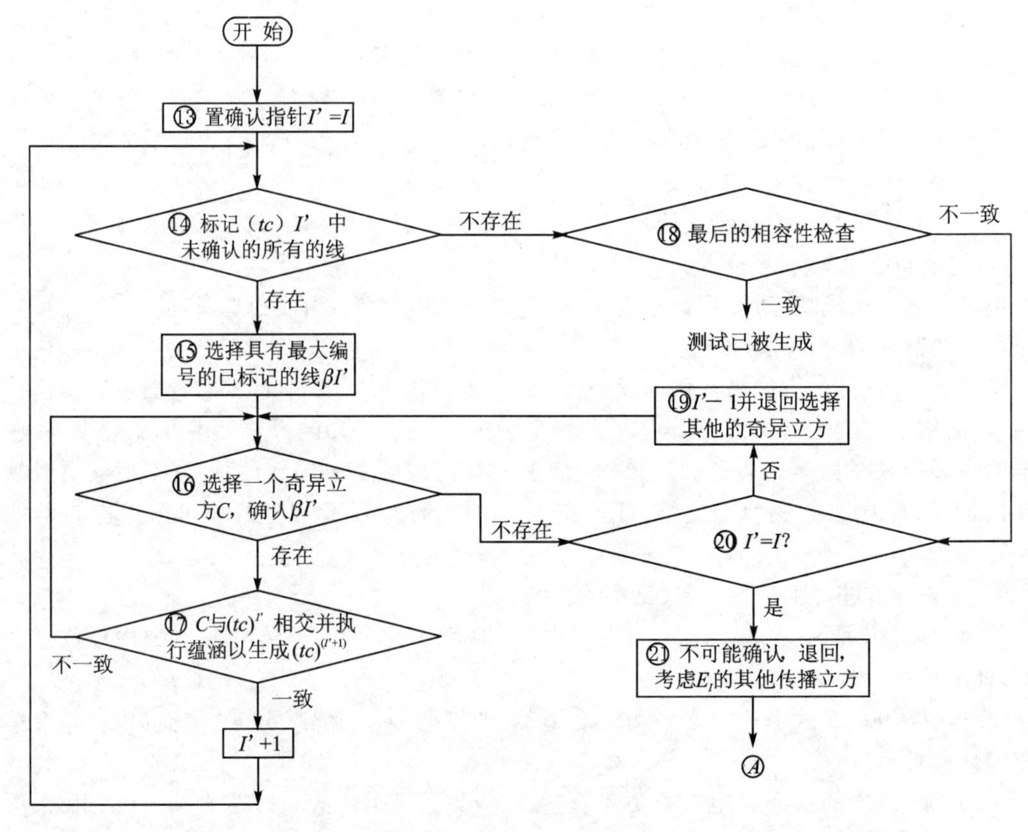


图 3-8 线确认子程序框图

如果所有的线均已确认，还要进行最后一次相容性检查（见框⑱）。如果相容性检查通过，则得到测试；如果不通过，则仍需返回。

（ⅲ）确认 $\beta_{I^1}$（见框⑮、⑯、⑰），方法是从 $\beta_{I^1}$ 中任选一个奇异立方为 $C$，且作求交运算 $(tc)^{I^1}\cap C$，同时作蕴涵及相容性检查。如果相容性检查通过，则令 $(tc)^{I^1+1}=(tc)^{I^1}\cap C$，同时在 $(tc)^{I^1+1}$ 中填入蕴涵的结果，且令指针 $I^1$ 增 1，并把该线上的标志去掉，把其他已赋值的线的标志也去掉；如果相容性检查不通过，则应另选 $\beta_{I^1}$ 的其他奇异立方来试。如果取遍了它的全部奇异立方均不成功，则执行返回操作。

（ⅳ）返回处理（见框⑲、⑳、㉑）。

由于返回后要去确认次最大号线的值，因此指针 $I^1$ 应该减 1。如果此时 $I^1$ 已经等于 $I$ 说明已经恢复至初态，即不可能确认这些线上的值，在实际测试时不可能在可及端输出 $D(\overline{D})$ 信号，因此要考虑选择 $E_I$ 的另一个传播 D 立方，或另选一个元件（通路），或退回前一张 $A^I$ 表去，甚至可能需要另选一个故障 D 立方来试（从 A 处出口）。

# 3.4 时序逻辑电路故障诊断简介

时序电路由于内部有存储元件，它的输出不仅决定于当前的输入信号，而且决定于存储元件的状态，因此对它进行故障检测或故障诊断比组合电路要困难得多。但是目前由于在电路的可测性设计中,时序电路的可测性解决得比组合电路要好得多,因此时序电路的测试问题反而比组合电路简单。

目前,对于时序逻辑电路的故障诊断可以归结为两大类:一类称为线路测试法,它的前提是假定测试人员对电路的实现以及可能发生的每一个故障都有确切的了解;另一类称为转换核对法或称为故障检测试验法,这种方法是假定测试人员对电路一点都不了解,把电路视为一个黑箱子,经过多次故障试验导出一个测试序列,宏观地检测电路的逻辑功能,以确定它是否实现了预定的状态表,将导出的测试序列施加于被测时序电路,如果该时序电路输出序列与预定状态一致,则电路无故障,否则,电路有故障。

## 3.4.1　时序电路的功能核实序列

在装置或 PCB 的生产流水线上,经常需要检验它们的功能是否正常,而不必要(或在后续流程中需要)确诊故障点,因此可以用功能测试的方法来检测。这时并不需要知道电路具体的逻辑图,而只需要知道状态转换图或流程表。在电路不清楚,或电路太复杂,故障的模式不甚清楚时经常采用功能测试。

对一个电路系统进行故障检测时,需要输入一个测试序列 $I$,与之相对应的系统输出为序列 $O$。当系统已经确定后,与这个系统相对应的序列偶$(I,O)$也就确定了,而且两者是严格对应的。反过来,如果已经知道一个序列偶$(I,O)$,则也可以确定这个系统的功能。检测系统是否正常,只需要核实它的序列偶$(I,O)$是否正常就可以了,所以把 $T=(I,O)$称为这个系统的功能核实序列。

系统的功能核实序列一般应包括下述几种序列:

同步序列 $X_S$:同步序列是将系统从任意状态转移到同一个已知末态的序列,但并非每个系统都存在同步序列。

引导序列 $X_H$:可以使系统从一个未知状态“引导”到某些已知的末态(可根据不同的响应序列来判定末态)的输入序列。

区分序列 $X_D$:能够根据不同的响应序列来区分系统的初态和末态的输入序列叫做区分序列。区分序列也不是每个系统都存在的。

转换序列 $X_T$:可以使电路系统从已知的初态转换为预定的末态的输入序列。

下面先介绍上述序列的求法。

**1. 三种序列的求法**

这里介绍的三种序列的求法都是根据状态转换图或流程表来做的,对以其他方式给出的逻辑函数均可转换成流程表。

**(1) 同步序列的求法**

以系统的状态集合为树根,根据不同输入激励向下分支,得到响应状态的集合,并作如下处理:

① 相同的状态合并成一项。

② 若新的状态集合与以前出现过的集合相同,则停止向下分支,并对该状态集标记“.”。

③ 若新的状态集合仅含有一个元素,则停止操作,并对该状态标记“。”。

④ 其他情况则继续向下分支。

由于这里所说的系统是一个有限状态的系统,因此它的状态集也是有限的,所以这种操作是收敛的，各分支或终止于标记“.”，或终止于标记“。”。其中从树根开始到标记“。”的输入序列称为该系统的同步序列 $H_S$。因为不管系统原来的状态是哪一个，在施加同步序列 $H_S$ 后，系统都是处于同一个状态，这个状态叫做同步状态。

对于一个系统而言，它可能不存在同步序列，但也可能存在多个同步序列。在存在多个同步序列的情况下，一般要找一个最短的同步序列。应该从包含元素较少的集合先向下作分支，如果找不到同步序列，则再从包含元素较多元素的集合向下分支，直到找到一个同步序列为止。

**(2) 引导序列的求法**

任何系统的引导序列总是存在的。

以系统的状态集为树根，根据不同的输入向下分支，得到相应的次态集合和输出，并作如下处理：

① 根据不同的输出响应，将次态集分割成次态子集。

② 若新的次态子集的集合与以前出现过的子集的集合相同，则停止向下分支，并将该状态标记“.”。

③ 若每个次态子集中的元素均相同，则停止向下分支，并将此状态标记“*”。

④ 若每个次态子集中都只有一个元素(这实际上是③的一种特例)，则停止向下分支，并将此状态标记“。”。

⑤ 其他情况，即至少有一个子集中含有不同的元素，且该子集的集合以前没有出现过，则继续向下分支。注意在继续分支时，子集只能向更小的子集作分割，而不能作任何合并的操作。

由于一个系统的状态是有限的，且根据理论分析知道，任何系统的引导序列总是存在的，因此这种操作是收敛的，它终止于标记“.”“*”或“。”。其中从树根开始到标记“*”或“。”的输入序列就是该系统的引导序列。这是因为终止标记“*”或“。”的状态中的各个子集，或都是相同的元素，或仅有一个元素，即可从输出序列来唯一确定末态。

**(3) 区分序列的求法**

求区分序列的过程和求引导序列基本相同，其中每一个从树根开始到标记“。”的输入序列都是区分序列。显见每个区分序列也必然是一个引导序列。

区分序列和引导序列的不同之处在于：在施加引导序列时，可以根据不同的响应序列来确定系统的引导态，而区分序列不仅可以从不同的响应序列来确定它的末态，而且可以确定不同的初态。

如果系统的状态集包含 $n$ 个元素，区分序列的长度为 $m$，则必有 $2^m \geqslant n$。这是因为要区分 $n$ 种不同的初态，至少应该有 $n$ 种不同的输出响应序列，但有的系统是不存在区分序列。

**2. 同步时序电路的功能核实序列**

同步时序电路的功能核实序列一般应包括下述三种序列：

① 利用同步序列把系统从未知的初态同步到一个唯一的同步状态。如果系统不存在同步序列，则可以先施加引导序列，根据响应序列确定系统的引导状态后，再用不同的过渡序列，把系统引导到唯一状态。因为任何系统都存在引导序列，因此这一步总是可以做到的。

② 利用区分序列来核实系统状态集中的各种状态。如果系统不存在区分序列，则应考虑使用引导序列来实施，但有时步骤比较长。

③ 核实状态转换功能的核实序列,这个序列中也要用到区分序列。

如果一个系统不存在区分序列,而用引导序列来实施全部的功能核实,则一般需要比较长的核实序列。

**3. 异步时序电路的功能核实序列**

异步时序电路的功能核实过程基本和同步电路相似,但在异步电路中要特别注意两点:一是由于异步时序电路对险态现象是很敏感的,因此在测试时应尽量避免或减少险态的产生,通常应使输入矢量中每次只变化一个变量。另一点要保证在测试序列的任何矢量激励下,电路都不应该产生振荡。

## 3.4.2 同步时序逻辑电路的故障诊断

同步时序逻辑电路故障诊断的关键在于故障检测序列的确定。

**1. 时序逻辑电路故障诊断的基本步骤**

**(1) 电路状态的描述**

时序逻辑电路通常包含组合逻辑电路和存储电路,电路的状态描述就是通过对待诊断电路的分析,确定时序电路的初始状态和正常工作状态,确定状态的转换条件。实践中构成各个逻辑门或存储器的电路元器件通常都在芯片内部,不可能直接测量到它的逻辑电平,诊断测试只能通过电路的外部连线进行。因此,通过对电路外部引线输入和输出的测试,制定出电路的状态转换表。

**(2) 时序逻辑电路状态后继树的决定**

后继树是描述时序电路输入和输出序列的一种树形结构图,它以电路上电后所有可能的状态为树根,然后根据输入信号为“0”和为“1”两种不同情况,结合电路状态转换表,将后继树逐步向下分支。最后由后继树确定电路的引导序列、同步序列、区分序列和转换序列。

**(3) 电路模拟验证**

电路模拟验证时通过对与待诊断的电路完全等效的无故障电路进行验证测试,验证待诊断电路是否能在给定的输入序列作用下产生正确的输出,是否有预定的各个状态,是否能从一个状态正确地转换到预定状态。主要包括引导序列、区分序列和转换序列的实际验证。

**(4) 电路故障检测**

电路故障检测时,将事先决定好的检测序列加到待测电路的输入端,同时分析待测电路的输入序列,看它是否实现了预定状态转换功能,从而判断电路是否发生故障。检测序列一般是引导序列、区分序列和转换序列的组合,如 $X=X_H-X_D-X_T$ 等。

**2. 同步时序逻辑电路故障诊断实例**

以参考文献 11 中的一个实例说明时序逻辑电路故障检测试验法的具体操作。

**(1) 电路状态的描述**

图 3-9 所示的时序逻辑电路,由组合逻辑电路和存储电路组成。可将此电路等效为图 3-10 所示的电路框图,其中,M 为简化后的时序电路,$X$ 为电路输入,$Z$ 为电路输出。状态转换表是描述时序逻辑电路功能的一种方式。设图 3-10 中电路 M 是一个有 A、B、C、D 的 4 个状态的时序电路,而且正常时具有已简化的完全确定的状态转换表,如表 3-9 所列。其中 PS 为电路的初态,NS 为电路的次态。

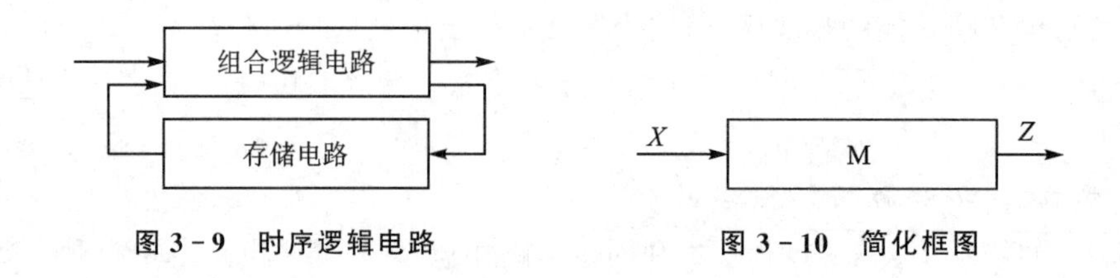


图 3-9　时序逻辑电路　　　　图 3-10　简化框图

表 3-9　状态转换表

| PS | X=0 | | X=1 | |
|---|---|---|---|---|
| | NS | Z | NS | Z |
| A | C | 0 | D | 1 |
| B | C | 0 | A | 1 |
| C | A | 1 | B | 0 |
| D | B | 0 | C | 1 |

**(2) 时序电路状态后继树**

在电路 M 上电后，它可能处于 A、B、C 和 D 的 4 个状态的任意一个，此处用 $N_{01}=$(ABCD)表示，称为后继树的树根。

① 输入第一个信号 $X=0$：电路输出 $Z$ 可能为"0"或"1"；由表 3-9 可见，若 $Z=0$，则次态可能为 B(上电后初态为 D)或 C(上电后初态为 A 或 B)；若 $Z=1$，则次态可能为 A(上电后初态为 C)，此处用 $N_{11}=(A)(BCC)$表示，它为后继树的一个节点。

② 输入第一个信号 $X=1$：电路输出 Z 可能为"0"或"1"；由表 3-9 可见，若 $Z=1$，则次态可能为 A(上电后初态为 B)或 C(上电后初态为 D)或 D(上电后初态为 A)；若 $Z=0$，则次态可能为 B(上电后初态为 C)，此处用 $N_{12}=(B)(ACD)$表示，它为后继树的另一个节点。

③ 当输入第二个信号 $X=1$(或 $X=0$)，可得到节点 $N_{21}$，$N_{22}$，$N_{23}$ 和 $N_{24}$，用相同的方法可以得到电路 M 的后继树的其他节点。本电路的后继树如图 3-11 所示。节点之间的连线为后继树的树枝，由根到某一节点 $N_i$ 所经历的各树枝组成一条通路，它代表一个输入序列 $X_i$。节点 $N_i$ 在逻辑上表示上电后，在输入序列 $X_i$ 作用下电路将达到的状态。

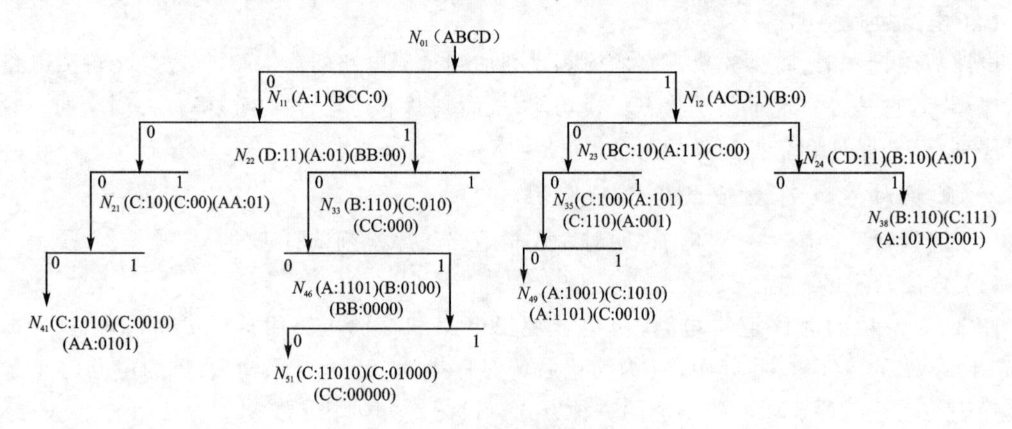


图 3-11　四状态时序电路后继树

**(3) 检测序列的产生**

① 引导序列 $X_H$:可以使系统从一个未知状态"引导"到某些已知的末态的输入序列。从图 3-11 可见,序列 $X=01$ 是电路 M 的一个引导序列。因为 M 在输入序列 01 作用下,电路状态由 $N_{01}$ 到达 $N_{22}$,若输出序列 $Z=00$,则电路末态必然为 B;$Z=01$ 时,末态必为 A;$Z=11$ 时,末态必为 D。

② 同步序列 $X_H$:能将系统从任意状态转移到同一个已知末态的序列;由图 3-11 可见,$X=01010$ 是电路 M 的一个同步序列。因为,电路 M 在输入序列 01010 作用下,其状态由 $N_{01}$ 到达 $N_{01}$,输出序列无论是 11010,还是 01000 和 00000,其电路末态都是 C。

③ 区分序列 $X_D$:能够根据不同的响应序列来区分系统的初态和末态的输入序列。从图 3-11 可见,序列 $X=111$ 是电路 M 的一个区分序列。因为 M 在输入序列 111 作用下,电路状态由 $N_{01}$ 到达 $N_{38}$,若输出序列 $Z=101$,则电路末态必为 A;$Z=110$,则电路末态必为 B;$Z=111$,则电路末态必为 C;$Z=011$,则电路末态必为 D。

④ 转换序列 $X_T$:可以使电路系统从已知的初态转换为预定的末态的输入序列。由图 3-11 可见,$X=01010$ 是电路 M 的一个转换序列。因为,电路 M 在输入序列 01010 作用下,如果电路 M 已进入状态 C,当输入 $X=0$,输出 $Z=1$,则状态由 C 转换为 A,可记为 $C^0\rightarrow_1 A$。由表 3-9 可见,$X_{T0}=0$,应是 $C^0\rightarrow_1 A$、$A^0\rightarrow_0 C$、$B^0\rightarrow_0 C$、$D^0\rightarrow_0 B$ 的应是转换序列;$X_{T1}=1$,应是 $A^1\rightarrow_1 D$、$B^1\rightarrow_1 A$、$C^1\rightarrow_0 B$、$D^1\rightarrow_1 C$ 的转换序列。

**(4) 电路的模拟验证**

验证操作大致按以下步骤进行:

① 引导阶段:即把电路从未知状态引导到预定状态。它可以通过输入引导序列或同步序列来完成。如对电路 M 采用同步序列 $X_S=01010$ 输入,电路 M 由上电后的随机状态引导到预定状态 C。

② 核实阶段:即核实电路是否具有状态表所规定的几个状态。它可以通过输入区分序列来完成。如对电路 M,在上一步操作后应处于预定状态 C,为了核实状态 C,可向电路 M 输入区分序列 $X_D=111$,并检测电路的输出序列,若 $Z=011$,说明电路 M 的确在引导序列 $X_S=01010$ 的作用下达到了状态 C,同时电路状态应在区分序列 $X_D=111$ 的作用下达到 D,记为 $C^{111}\rightarrow_{011} D$ 转换;接着逐次输入 $X_D=111$,分别测试输出序列 Z,若逐次实现:$D^{111}\rightarrow_{101} A$、$A^{111}\rightarrow_{110} B$、$B^{111}\rightarrow_{111} C$ 的转换,即证明了电路 M 的确具有 A、B、C 和 D 的 4 个状态。

③ 转换验证阶段:即核实电路是否能实现状态表所规定的状态转换。它可以通过输入区分序列与转换序列的适当组合来完成。如电路 M 在引导序列作用下已达到状态 C,则在输入序列 $X_{T0}=0$ 作用下,电路应发生 $C^0\rightarrow_1 A$ 的转换。

**(5) 电路故障检测**

对于待诊断电路 M 的故障检测序列可选为:$X=X_S$(引导到 C)$-2X_{T0}$($C^0\rightarrow_1 A$,$A^0\rightarrow_0 C$ 的转换)$-4X_{T1}$($C^1\rightarrow_0 B$,$B^1\rightarrow_1 A$,$A^1\rightarrow_1 D$,$D^1\rightarrow_1 C$ 的转换)$-X_D$(引导到 D)$-2X_{T0}$($D^0\rightarrow_0 B$,$B^0\rightarrow_0 C$ 的转换)$-X_D$(预定状态 D)的组合。即输入检测序列为 $X=0101000111111100111$。电路 M 在该检测序列的作用下,若无故障,则输出序列应为 $Z=*****10011101100011$,前 5 个 * 为随机状态,它是由于电路初始状态的不确定性造成的。也就是说,如果电路输出序列为上面的 $Z$,则电路 M 无故障;反之,则有故障。

# 本章小结

模拟电路和数字电路是电子设备的基础电路，因此，本章从模拟电路和数字电路两个方面介绍电子电路的故障诊断方法。首先介绍了模拟电路和数字电路电路的故障特点、故障诊断方法的发展和分类；然后重点从直流域、频域和时域分别介绍了模拟电路故障诊断的典型方法——故障字典法。由于数字电路可以分为组合逻辑电路和时序逻辑电路，因此，依次介绍了组合逻辑电路故障诊断常用的D算法和一般时序逻辑电路故障诊断的基本步骤。通过本章学习，学生可以掌握一些最基本的、用于板卡级的电子电路故障诊断方法。

# 思考题

① 简述模拟电路故障诊断的特点。
② 简述模拟电路故障诊断技术的分类。
③ 简述故障字典法的应用步骤。
④ 简述时序逻辑电路的功能核实序列。
⑤ 简述时序逻辑电路故障诊断的基本步骤。

# 课外阅读

## 武器装备的自修复技术

在经典科幻电影《终结者》系列中，T-1000型、T-X型等反派机械杀手，以其冷酷无情的刺杀技能、无与伦比的技术装备、令人惊叹的变形特技给影迷朋友们留下了极其深刻的印象，特别是前所未见的自我修复能力至今仍使广大军迷们击节叹赏。电影往往映射着现实，随着高新科技的发展，美国军方所希望研制的智能武器是一种能够模仿生命系统、感知环境变化来实时做出反应，从而可与变化后的战场环境高度适应的复杂武器系统，而在这些智能武器的实际试用中，军方要求它们必须具备的一项重要功能就是自我修复。虽然美军武器装备的自修复技术目前仍处于深度探索和初步应用阶段，与T-1000、T-X这些"终结者"相比仍然是"小巫见大巫"，但这并不影响其对该项技术的热衷于追求。

### 一、军用车辆防锈自修复

诸如车辆之类的武器装备大多是以金属制品为主，而金属锈蚀会给武器装备造成极大的危害。锈蚀会破坏武器装备的外表光泽与表面结构；若是机械配合件，锈蚀后会导致螺丝、螺母等配合件松动或者锈死；锈蚀中含有水、空气、电解质等，会加速武器氧化、进而造成损坏。如果能有一种外表防锈涂料具有类似于人体肌肤的自愈合能力，就可以有效防止装备锈蚀。据初步统计，美军每年因金属锈蚀而报废的军事设备与材料占总装备的5%以上，而且金属锈蚀还会造成武器装备维修与保护费用的巨额增加。据美国国防部透漏，美海军部门每年因锈蚀问题造成约70亿美元的巨大损失，其中有5亿美元用于修复锈蚀的海军陆战队地面车辆。为此，美国海军率先为军用车辆研发自修复防锈涂料添加剂。

2014年3月20日，美国海军技术网报道称：美国海军研究局和约翰·霍普金斯大学应用物理实验室联合开发了一种新的涂料添加剂，可以使海军陆战队"联合轻型战术车辆"等军用车辆的涂料具有类似于人体肌肤的自愈合能力，可以防止车辆锈蚀。这种粉末状添加剂称为"聚成纤维原细胞"，可以添加到现有的商用底漆中，它由填满油状液体的聚合物微球组成，一旦划伤，破损包膜处的树脂便会在外露的钢材外形成蜡状防水涂层，防止车辆表面锈蚀，这种技术特别适合在恶劣环境下使用的军用车辆。该项目开始于2008年，经过海军研究局三任项目经理的不懈努力，最终在该领域获得突破，通过了实验测试，并将技术转移至海军陆战队地面系统项目。此项目的研发是基于美国海军陆战队在《海军陆战队2025年远景与战略》中的承诺，即实现"装备后勤现代化，从而扩大远程作战能力，维持海上作战能力"。

军用车辆腐蚀的主要原因是在舰艇上运输或储存过程中，受到了海洋盐雾环境的影响。因此，美军技术人员在实验室测试中将表面涂有涂层的钢材置于充满盐雾的房间内，结果表明：涂有集聚成纤维原细胞涂层的钢材能够保持6周时间内不生锈。与其他的自我修复涂料相比，聚成纤维原细胞底漆能够防止军用车辆在各种环境下被腐蚀。该项目的首席科学家本克斯科介绍说："我们不关心它对车辆是否美观，我们只关心如何防止腐蚀。"美国海军研究局远征机动作战与反恐作战部后勤研究项目负责人弗兰克·弗曼也表示："军用车辆防锈自修复技术能够降低维修费用，而更重要的是它能够延长海军陆战队车辆在战场上的运用时间。"

## 二、军用电子线路自修复

物竞天择，自修复属于生物界在长期进化过程中所获取的一种自我防御能力。与此类似，在一定人为干预的条件下，以金属芯为主的电子线路也会出现一种自我修复的能力，具有"生命"特征与"再生"机能。美军试图揭开电子线路自我修复的神秘面纱，因为这种能力一旦被军方所掌握，便可能派生出许多崭新功能，从而应用在军用电子线路的研制、生产、维修等诸多方面。

对于武器装备中电子线路的自我修复能力，美军尝试通过人工干预来寻找最有效的金属材料。2013年初，美科研人员就发现了一种使用液态金属和特殊聚合物来制造野战被覆线的方法，他们将铟和镓的液态合金以微型胶囊的形式放置于同样具有可延展功能的聚合物之中，当金属铟因外界压力破损时，该力同样会碾破若干个载有修复材料的微型胶囊，释放出的液态金属能及时填充在破损导致的间隙中，从而使得电流或电信号重新恢复联通。实验结果表明，这种盛装液态金属的微型胶囊能"治愈"大部分测试电子线路，用时只需要1 μs，几乎是瞬时即可让电压恢复到正常值。该自修复技术的重要意义在于：

**(1) 研制出寿命更长的可充电电池**

目前的可充电电池在多次重复使用后会因设备内部的损害中断电流而引发故障，一旦这个问题被解决，军用充电电池的寿命将大幅度延长，维护成本也将明显减少。

**(2) 将装甲目标受损部位迅速修复**

美国五角大楼曾试验一项可自我修复的新材料，这种材料由镁、铝等金属与其他特殊元素混合构制，其内部呈泡沫结构，熔点相对较低。若用在坦克、步兵战车的外层表面，一旦遭到火箭弹等重型武器的攻击，这种材料中的泡沫便会破裂，裂缝会被气流携带的金属液体迅速填补愈合，凝固后就能使"创口"愈合，恢复如初，仿佛《终结者》中的T-1000再现。

**(3) 液态金属电线可以供便携式无线设备使用**

因为包裹在特殊材料中的液态电线，不仅可以自我修复，还具备可根据其接收的电波来进行自我调整的能力。如果将这样的液态电线与小型录音设备相连，嵌置于重要战术工事之内，电线会随着压力变化而伸缩，这样工事结构的安全性便可以被实时监测。

## 三、飞行控制自修复

飞行控制系统是航空器在飞行过程中，利用自动控制系统，能够对飞行器的构形、飞行姿态和运动参数实施控制的系统。现代航空技术发展异常迅速，航空器的设计变得既精密又复杂，直接关乎操作可靠性、运行安全性的飞行控制系统，并成为航空器当仁不让的核心技术。甚至可以说，操作面损伤、卡死或浮动等硬故障可能成为航空器飞行控制系统的致命问题。为此，飞行控制自修复作为发展智能飞行控制技术的重要组成部分，成为能够进行自主维修诊断、故障重构和主动实时告警的自动控制系统。

20世纪80年代，美国空军对在越南战争中的战斗机进行了统计分析后得出结论：若当时具有自修复技术，则会对提高战斗机的安全性、可靠性和生存能力具有重要意义。随后飞行控制自修复技术引起了世界范围内的广泛关注，美国空军遂将“自修复飞行控制系统设计”作为研究重点之一，而后美国国家航空航天局首次提出自修复控制概念。1984年之后，美国空军飞行动力学实验室开始实施自修复飞行控制系统(RESTORE)计划，洛克希德·马丁公司将“自设计飞行控制器”用于RESTORE计划，并在F-16飞机上试飞成功。目前，以美国为代表的航空技术先进国家已经对飞行自修复关键技术开展了大量研究和试飞验证，特别是基于在线神经网络和动态逆的自修复控制系统也由波音公司在RESTORE项目中进行研制，并以X-36飞机为载机成功试飞。2002年，美军又明确提出研制具有故障自愈调控功能的无故障、少故障或免维修、少维修的新一代军用航空器自修复飞行控制系统，标志着飞行控制自修复技术已发展到更高的水平。由此可见，飞行控制自修复技术必将成为信息化时代战斗机与无人机系统的核心技术之一，并将备受美国、俄罗斯、英国等军事强国的高度重视。

## 四、防御工事的自修复

防御作战中，为减少伤亡、阻敌进攻而在有利地形上构筑的筑城工事，被称为防御工事，包括射击工事、交通工事和掩蔽工事。其中，射击工事有掩体、堑壕、火器座等；交通工事有暗壕、堑壕、交通壕等；掩体工事有掩壕、掩蔽部、猫耳洞等。这些工事以钢筋混凝土材料建造最为坚固。然而，战斗中，即使最坚固的防御工事也会遭到进攻方的猛烈轰炸，出现破损、裂纹等现象在所难免。为此，以美军为代表的西方军队开始研制自修复混凝土技术，相继出现了水泥基导电复合材料、水泥基磁性复合材料、损伤自诊断水泥基复合材料、自动调节环境温湿度的水泥基复合材料等。

自修复混凝土是一种具有感应与修复性能的混凝土，是智能混凝土的初级阶段，但却是混凝土材料发展的高级阶段。由这种材料构建的混凝土结构出现裂纹或损伤后，可以进行及时而有效的修复与愈合。研究混凝土裂纹的自修复最早可以追溯到1925年，科技人员发现混凝土上试件在抗拉强度测试开裂后，将其放在户外8年，裂纹竟然愈合了，而且强度比先前提高了2倍。后来一名挪威学者的研究表明，混凝土在冻融循环损伤后，将其放置在水中203个月，混凝土的抗压强度有了5%的恢复。美国科研人员受生物界的启示，模仿动物的骨组织结构和受创伤后的再生、恢复机理，采用粘接材料和基材相复合的方法，使材料损伤破坏后具有自行修复和再生功能。

目前，美国军方对钢筋混凝土裂缝实施修复进行了深入研究，并取得了一定的实验性成果：他们在100 mm×100 mm×200 mm混凝土试件上预制裂纹，可以是表面裂纹也可以是穿透裂纹，然后将带预制裂纹的试件浸泡在氯化镁溶液中，施加直流电源；在通电的前两个星期内，裂纹闭合速度最快，4～8个星期后，裂缝几乎完全闭合。早在20世纪末，美军科研人员将缩醛高分子溶液作为胶黏剂注入玻璃空心纤维或空心玻璃短管中并埋入到混凝土中，当混凝土结构在使用过程中出现裂纹时，段管内的修复剂流出渗入裂缝，通过化学作用而使修复胶黏剂固结，从而抑制开裂，修复裂缝。

## 五、生化防护服的自修复

顾名思义，自修复即物体在受损时能够进行自我修理、恢复原有属性，从而保持自身功能完整的一项新型技术。2015年11月19日，美国陆军网站透露，美陆军纳蒂克士兵研究开发与工程中心、马萨诸塞大学洛厄尔分校与粹通系统公司三家机构正在合作研发用于生化防护服的自修复技术。

众所周知，穿上一套生化防护服的士兵能够与外界及神经毒气、病毒、细菌等诸多有害物质隔离；当士兵执行任务时，其生化防护服若被灌木、荆棘、树丛、石头或针状金属物刺透，则会产生针孔大小的破损，虽然肉眼不易察觉，但如果真是在污染地区活动，遭到像VX等杀伤力极高的毒气，士兵很可能还没反应过来就会丧命。对于人体而言，划伤能使皮肤表面出现裂口、出血，但人类身体有能力使其止血、结痂并愈合；为此，美国陆军引入同样的理念用于自修复面料或涂层，这种面料或涂层因外力出现切口或破损时，就可以进行自我修复。根据防护服类型、自修复涂层可以是喷覆涂层或连续涂层。防护服自修复技术采用自修复微型胶囊被撕破时，它将被激活来修复切口、刺孔或破损处；当切口、刺孔或破损处修复如初时，自修复涂层中含有的反应剂会解除因破损所带来的潜在危险或威胁。这种自修复技术有助于对致命的化学品、细菌和病毒建立物理屏障，从而为参战士兵提供及时、不间断的生化防护。

自修复技术将使军服面料上的切口、裂口、破洞、刺孔能够快速自修复。这意味着军服的防护质量不再受破洞、刺孔等情况的影响。该技术将被应用到三军轻便一体化服装技术项目和三军飞行员防护套装项目中。其中，前者是基于一种携带活性炭球的无纺布料，特点是穿着舒适、透气干爽，但是不易于内嵌微型胶囊，为此必须在其表面喷涂微型胶囊和发泡剂。后者的防护机理是基于一种选择性渗透膜，当微型胶囊被嵌入到选择性渗透膜将充当自我修复的辅助性阻隔材料。战斗中，当薄膜破裂时，这些微型胶囊将自动打开，在大约60 s的时间内修复破裂口，并借助于间隙填补技术进行裂口修补，从而有能力阻止化学制剂等有害物质。选择性渗透膜结构表现得像一种制剂屏障，但是允许汗液等温/热性水、气体排出，即湿气能够从人体被输送到防护服之外。

# 第4章　智能故障诊断技术

**导语:**人类进化的过程就是发展更高效的工具来扩展自身能力的过程。将神经网络、专家系统等人工智能技术应用于设备的故障诊断,就催生了新型的智能故障诊断技术。智能故障诊断技术模拟人类思维、充分利用人类维修经验和知识,极大促进了故障设备诊断的快速性和准确性。

## 4.1　概　述

不论故障诊断的对象是模拟电子电路、数字电子电路还是复杂的电子设备,故障诊断技术都包含3方面的基本内容:故障的检测、故障的隔离和故障的辨识。

故障的检测是判断系统中是否发生了故障及检测出故障发生的时刻。

故障的隔离是在检测出故障后确定故障的位置和类型。

故障的辨识是指在分离出故障后确定故障的大小和时变特性。

因此,本质上故障诊断技术仍是一个模式分类与识别问题。即把系统的运行状态分为正常和异常两类,判别异常的信号样本究竟属于哪种故障,这又属于一个模式识别问题。

近几十年来,故障诊断技术得到了深入广泛的研究,提出了许多新型的故障诊断技术。从1991年起,IFA每3年召开一次世界性的控制系统故障诊断专题学术会议,一些著名的自动控制学术会议如ACC,CDC等也设有故障诊断专题,有关研究论文越来越多。从Isermann和Balle统计的1991年到1995年发表的有关研究论文情况看,基于解析模型的故障诊断方法得到了较深入的研究,神经网络与其他故障检测相结合的方法也逐步增多。

特别是近些年来,人工智能故诊断方法得到了广泛关注,发表了大量的研究论文,推动了故障诊断这门学科的快速发展。因此,所谓的新型的故障诊断可概括为采用了新理论、新方法、新知识对设备进行故障诊断。目前来看,新型的故障诊断技术可以分为以下三大类。

### 4.1.1　基于信号处理的故障诊断技术

所谓基于信号处理的方法,通常是利用信号模型,如相关函数、频谱、自回归滑动平均、小波变换等,直接分析可测信号,提取诸如方差、幅值、频率等特征值,从而检测出故障。如旋转机械中的滚动轴承在出现疲劳脱落、压痕或局部腐蚀等故障时,其振动信号的功率谱就会出现相应的反应,利用这种反应就可诊断系统故障。近年来出现的基于信号处理的方法主要有以下几种。

**1. 小波变换方法**

小波变换是一种时—频分析方法,具有多分辨分析的特性,非常适合非平稳信号的奇异性分析。故障诊断时,对采集的信号进行小波变换,在变换后的信号中除去由于输入变化引起的奇异点,剩下的奇异点即为系统发生的故障点。基于小波变换的方法可以区分信号的突变和噪声,故障检测灵敏准确,克服噪声能力强,但在大尺度下会产生时间延迟,且不同小波基的选取对诊断结果有影响。该方法随着小波理论研究的深入而发展较快。近年来，将小波变换与模糊集合论、神经网络理论相结合，提出了模糊小波和小波网络的故障诊断方法。

**2. 主元分析方法**

主元分析(PCA)是一种有效的数据压缩和信息提取方法，该方法可以实现在线实时诊断，一般应用于大型的、缓变的稳态工业过程的监控。主元分析用于故障诊断的基本思想是：对过程的历史数据采用主元分析方法建立正常情况下的主元模型，一旦实测信号与主元模型发生冲突，就可判断故障发生，通过数据分析可以分离出故障。主元分析对数据中含有大量相关冗余信息时故障的检测与分离非常有效，而且还可以作为信号的预处理方法用于故障的特征量提取。

算子构造 Hilbert 空间的最小二乘投影向量集，推导出完整的格形滤波器作为故障检测滤波器，用 $\delta$ 算子描述的后向预测误差向量的首位元素作为残差，并采用自适应噪声抵消技术使残差对故障敏感。该方法可以在线实时检测，具有灵敏度高、计算量小、抗噪声能力强的优点。但有时其无限宽数据窗使故障信息难以消除；基于 Kullback 信息准则的故障检测，是利用 Kullback 信息准则的故障检测和利用 kullback 信息准则度量系统的变化，在不存在未建模动态时将其与阈值比较可以有效检测故障。

### 4.1.2　基于解析模型的故障诊断技术

基于解析模型的方法是在明了诊断对象数学模型的基础上，按一定的数学方法对被测信息进行诊断处理，可分为状态估计法和参数估计法。1971 年，Beard 首先提出故障诊断的检测诊断滤波器的概念，标志着基于状态估计的故障诊断方法的诞生。这种诊断方法发展至今已形成三种基本方法：

① Beard 提出的故障检测滤波器的方法。

② Menra 和 Peshon 提出的基于 Kalman 滤波器的方法、Dlark 提出的构造 Kalman 滤波器阵列的方法。

③ Deckert 提出一致性空间的方法。这类方法实现故障诊断一般都分为两步：一是形成残差，即真实系统的输出与状态观测器或卡尔曼滤波器输出的差值；二是从残差中提取故障特征进而实现故障诊断。

1984 年，Iserman 对于参数估计的故障诊断的方法作了完整的描述。这种故障诊断方法的思路是，由机理分析确定系统的模型参数和物理元器件参数之间的关系方程 $\theta=f(p)$，由实时辨识求得系统的实际模型参数 $\theta'$，由 $\theta=f(p)$ 和 $\theta'$ 求解实际的物理元器件参数 $p'$，将 $p$ 和 $p'$ 的标称值比较而得知系统是否故障及故障的程度。

目前基于解析模型的方法得到比较深入的研究，但在实际情况中，常常难以获得对象的精确数学模型，这就大大限制了基于解析模型诊断方法的使用范围和效果。

### 4.1.3　基于知识的故障诊断技术

近年来，人工智能及计算机技术的飞速发展为故障诊断技术提供了新的理论基础，产生了基于知识的诊断方法，此方法由于不需要对象的精确数学模型，而且具有“智能”特性，因此是一种很有生命力的方法。基于知识的故障诊断方法可以分为：专家系统故障诊断方法、模糊故障诊断方法、故障树故障诊断方法、神经网络故障诊断方法、信息融合故障诊断方法及基于

Agent 故障诊断方法等。

# 4.2 基于故障树的故障诊断技术

故障树分析(Fault Tree Analysis,FTA)是用于大型复杂系统可靠性、安全性分析和故障诊断的一种重要方法,在工程上有着广泛的应用。基于故障树分析,可以将造成装备故障的硬件、软件、环境、人为因素等相关要素进行有机的组织,建立起故障树模型,进而确定故障原因的各种可能组合方式与(或)其发生概率。利用故障树模型和相关分析检测手段可以对装备状态进行定性和定量分析,实现故障的快速排查、高效隔离、准确诊断和快速排除。故障树分析是可靠性设计的一种有效方法,已成为故障诊断技术中的一种有效方法。

## 4.2.1 故障树的基本概念

### 1. 故障树

故障树是表示装备部件或系统的故障与故障原因及其相互关系的一种逻辑因果关系图,其形态呈倒立的树状结构,因而得名。在故障树中,一般用一系列特定的逻辑门符号和转移符号来描述各种事件之间的因果关系。

### 2. 故障树分析

故障树分析是指利用故障树的逻辑关系图,分析确定装备故障原因的各种可能组合及其发生概率,计算故障概率,并采取相应纠正措施。故障树分析是一种图形演绎方法,它针对某个特定的不希望事件进行演绎推理分析,找出导致故障的全部原因。通过故障树分析,既可以反映出导致故障发生的硬件、软件、环境和人为等各个因素的影响;也可以反映出单元故障或单元故障组合的影响;同时,还能将这些影响的中间过程用故障树清楚地表达出来。

### 3. 事 件

在故障树分析中,所研究系统的各种故障状态或不正常情况皆称为故障事件;各种完好或正常状态称为成功事件,两者简称事件。其中,最不希望发生的系统故障事件称为顶事件。故障的各种原因和条件因其位置不同而称为中间事件和底事件。此外,事件还按其各自不同的特征被分为基本事件、未探明事件、开关事件和条件事件等,具体分类如表 4-1 所列。

表 4-1 事件符号

| 序 号 | 名 称 | | 符 号 | 含 义 |
|---|---|---|---|---|
| 1 | 底事件 | 基本事件 | (圆形符号) | Basic Event(Terminal Event, End Event)<br>在特定的故障树分析中不能再分解或勿须再探究的底事件,是某个逻辑门的输入事件而不是输出事件 |
| 2 | 底事件 | 未探明事件 | (菱形符号) | Undeveloped Event(Incomplete Event)<br>原则上应进一步探明其原因,但暂不必或暂不能探明其原因的底事件,又称省略事件或不完整事件 |

续表 4-1

| 序　号 | 名　称 | | 符　号 | 含　义 |
|---|---|---|---|---|
| 3 | 结果事件 | 顶事件 | 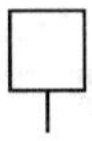 | Top Event(Head Event,Undesired Event)<br>由其他事件或事件组合所导致的事件,称结果事件。顶事件位于树顶端,它总是故障树中逻辑门的输出事件而不是输入事件 |
| 4 | | 中间事件 | 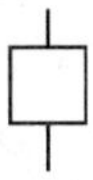 | Intermediate Event<br>位于底事件与顶事件之间的结果事件,称中间事件。它既是某个逻辑门的输出事件,同时又是别的逻辑门的输入事件 |
| 5 | 特殊事件 | 开关事件 | 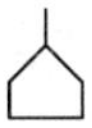 | Switch Event(Trigger Event,Normal Event)<br>在正常工作条件下必然发生或者必然不发生的特殊事件。当开关事件中所给定的条件满足时,房形门的其他输入保留,否则除去。根据故障要求,可以是正常事件,也可以是故障事件 |
| 6 | | 条件事件 | 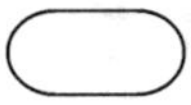 | Conditional Event<br>描述逻辑门起作用时具体限制的特殊事件 |

## 4. 逻辑门

用于描述事件间与、或、非等逻辑关系的单元称为逻辑门。除了这三种基本逻辑门之外,还有顺序与门、表决门、异或门以及禁门等不同分类,具体如表 4-2 所列。

表 4-2　逻辑门符号

| 序　号 | 名　称 | | 符　号 | 含　义 |
|---|---|---|---|---|
| 1 | 基本门 | 与门 |  | AND-Gate<br>仅当所有输入事件都发生时,输出事件才发生。与门表示了输入与输出之间的一种因果关系 |
| 2 | | 或门 |  | OR-Gate<br>至少一个输入事件发生时,输出事件才发生。或门并不传递输入与输出的因果关系,输入故障不是输出故障的确切原因,只表示输入故障来源的信息 |
| 3 | 修正门 | 顺序与门 | 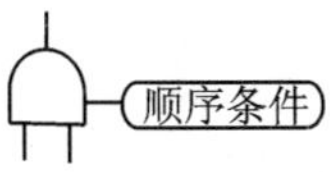 顺序条件 | Priority AND-Gate<br>又称逻辑优先与门,表示输入事件既要都发生,又要按一定的顺序发生,输出事件才会发生的逻辑关系 |
| 4 | | 持续事件与门 | 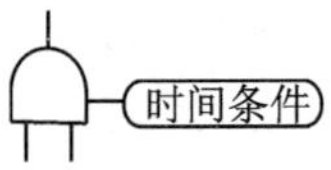 时间条件 | Persisted AND-Gate<br>仅当输入事件发生且持续一定时间时,才导致输出事件发生 |

续表 4-2

| 序号 | 名称 | | 符号 | 含义 |
|---|---|---|---|---|
| 5 | 修正门 | 表决门 | | Vote-Gate<br>仅当 $n$ 个输入事件中有 $m$ 个或 $m$ 以上个的事件发生时，输出事件才发生 |
| 6 | 修正门 | 异或门 | | Exclusive OR-Gate<br>当输入事件中任何一个发生而其余不发生时输出事件才发生。它是一种特殊或门，在定性分析和定量分析中它可以等价交换为与门和或门的组合 |
| 7 | 特殊门 | 禁门 | 打开条件 | Inhibit-Gate<br>仅当条件事件发生时，单个输入事件的发生才导致输出事件的发生。禁门需要和条件事件一块使用，当所关联的条件满足时，才能由输入得到输出 |

表 4-3　转移符号

| 序号 | 名称 | | 符号 | 含义 |
|---|---|---|---|---|
| 1 | 相同转移符号 | 转向符号 | | 表示“下面转到以字母数字为代号所指的子树去” |
| 2 | 相同转移符号 | 转此符号 | | 表示“由具有相同字母数字的转向符号处转到这里 |
| 3 | 相似转移符号 | 相似转向 | | 表示“下面转到以字母数字为代号所指结构相似而事件标号不同的子树去”，不同的事件标号在三角形旁注明 |
| 4 | 相似转移符号 | 相似转此 | | 表示“相似转向符号所指子树与此处子树相似，但事件标号不同” |

## 4.2.2　故障树分析的方法

故障树分析方法经过 40 多年的发展，无论从定性分析、定量分析，还是图形化、计算机化方面都取得了很大的发展，从技巧化走向了科学化，建树分析的手段也从人工演绎建树发展到了计算机辅助建树。下面将分别介绍故障树分析的一般步骤与建树规则。

### 1. 故障树分析的一般步骤

故障树分析的一般步骤如下：

① 确定所要分析的系统：分析系统可能发生的危险，选择合理的顶事件和系统的分析边

界和定义范围，并且确定成功与失败的准则。

② 熟悉系统：掌握系统的结构和功能，逐步分解，将系统划分为若干个分系统、子系统，直至划分到不能或不必再分解的基本元素，并确定基本事件。

③ 建立故障树：通过对已收集资料的分析，按照顶事件与引起顶事件的各个事件之间的逻辑关系，用适当的逻辑门连接这些中间事件，从而建立一个以顶事件为根、中间事件为节、底事件为叶的倒置的故障树。

④ 故障树的规范与简化：在实际建树过程中，往往需要未探明事件、开关事件、条件事件等特殊事件，以及顺序与门、表决门、异或门等特殊逻辑门。为分析方便，可以将这些特殊事件和特殊门通过特定方法与规则转换成由底事件、结果事件以及与、或、非门等逻辑门构成的规范化组合，从而可以用相关化简原则去除逻辑多余事件。

⑤ 定性分析：确定系统中导致故障发生的各基本事件的组合及其重要程度，利用布尔代数对故障树进行化简，求取故障树的全部最小割集。

⑥ 定量分析：根据信息确定各基本事件发生的概率，求解顶事件发生的概率，各基本事件的概率重要度或关键重要度。

⑦ 安全性分析：经过定性和定量分析后得到的顶事件发生概率如果超过预定的目标，则要研究降低事故发生概率的各种可能。由定性分析的结论得到多种降低事故发生频率的方案，根据人力、财力条件，选取最佳方案，确定改进方法。

**2. 故障树的建树规则**

故障树的建立是一个需要多次反复、逐步深入和逐步完善的过程，必须能够清楚、直观地反映出系统故障的内在联系，同时能使人一目了然，形象地掌握这种联系并按此进行正确的分析。建树时应当遵循以下规则：

① 建树者必须对系统有深刻的了解，故障的定义要正确且明确。

② 选好顶事件：若顶事件选择不当则可能无法分析和计算。在确定顶事件时，一般是在初步故障分析基础上找出系统可能发生的所有故障状态，将系统中主要和重点的故障作为顶事件。

③ 合理确定系统的边界以建立逻辑关系等效的简化故障树。

④ 建树应从上而下逐级进行：在同一逻辑门的全部必要而又充分的直接输入未列出之前，不得进一步发展其中的任一个输入。

⑤ 建树时不允许门—门直接相连：不允许不经过结果事件将门—门直接相连，每一个门的输出事件都应清楚定义。

⑥ 用直接事件逐步取代间接事件：为了使故障树向下发展，必须用等价的比较具体的直接事件逐步取代比较抽象的间接事件。

⑦ 正确处理共因事件：共同的故障原因会引起不同的部件甚至不同的系统故障。共同原因的若干故障事件称为共因事件。由于共因事件对系统故障发生概率影响很大，建树时必须妥善处理共因事件。若某个故障事件是共因事件，则对故障树不同分支中出现的该事件必须使用同一事件符号；若该共因事件不是底事件，必须使用相同的转移符号简化表示。

⑧ 对系统中各事件的逻辑关系及条件必须分析清楚，不能有逻辑上的紊乱及条件矛盾。

**3. 故障树分析法的特点**

故障树分析法具有以下特点：

① 灵活性强:故障树的分析不是局限于对系统可靠性进行的一般分析,而是分析系统的各种故障状态;不仅可以分析某些元部件对系统的影响,还可以对导致这些元部件故障的特殊原因(如环境、人为因素等)进行分析,将导致故障的各种原因统一考虑在内。

② 直观形象:故障树分析法是一种图形演绎法,它可以围绕某些特定的故障状态进行层层深入的分析,因而在清晰的故障树图形下,以直观的形象表述了系统的内在联系,并指出元部件故障与系统故障之间的逻辑关系,找出系统的薄弱环节。

③ 通用可靠:故障树分析不仅可以解决工程技术中的可靠性问题,而且可用于经济管理领域的系统工程问题。既可以定性分析,又可进行定量分析,并可应用计算机进行辅助建树。目前研究人员已经开发了大量相关的计算机程序,有效地提高了复杂系统故障树分析的效率。

### 4.2.3 故障树的定性分析

故障树建立和规范化之后,就要对故障树进行分析。定性分析和定量分析是故障树分析的主要方法。其中,定性分析是找出可以导致故障事件发生的所有事件的组合;定量分析是得到这些组合对于故障发生所起的作用。

故障树的定性分析就是从故障树的结构出发,分析各基本事件的发生对顶事件所产生的影响程度,通过求出故障树的全部最小割集,得到顶事件的全部最小故障模式,以发现系统结构上的薄弱环节或关键部位。通过定性分析,可以判明潜在的故障,以便改进设计,还可以用于指导故障诊断,改进使用和维修方案。

**1. 故障树的数学表示**

故障树的数学模型可由故障树的结构函数来描述。

假设所研究的系统及其组成部件、元件等只取正常和故障两种状态,并假设部件、元件的故障是相互独立的。研究一个由 $n$ 个独立的底事件构成的故障树。设 $x_i(i=1,2,\cdots,n)$为底事件 $i$ 的状态变量,$x_i$ 只取 0 或 1 两种状态。$\Phi$ 表示顶事件的状态变量,也只取 0 或 1 两种状态,则有如下的定义:

$$x_i=\begin{cases}1\\0\end{cases} \tag{4-1}$$

$$\Phi=\begin{cases}1\\0\end{cases} \tag{4-2}$$

顶事件是系统所不希望发生的故障状态,相当于 $\Phi=1$。与此相应的底事件状态为元件故障状态,相当于 $x_i=1$。这就是说,顶事件状态 $\Phi$ 完全由底事件状态 $X$ 所决定,即

$$\Phi=\Phi(X) \tag{4-3}$$

式中,$X=\{x_1,x_2,\cdots,x_n\}$;$\Phi(X)$为故障树的结构函数。

结构函数表示系统状态的一种布尔函数,其自变量为该系统组成单元的状态。

与门的结构函数为

$$\Phi(X)=\prod_{i=1}^{n}x_i=\min(x_1,x_2,\cdots,x_n) \tag{4-4}$$

式(4-4)的意义在于:当全部的底事件都发生,即全部 $x_i(i=1,2,\cdots,n)$都取值为 1 时,则顶事件才发生。

或门的结构函数为

$$\Phi(X)=1-\prod_{i=1}^{n}x_i=\max(x_1,x_2,\cdots,x_n) \tag{4-5}$$

式(4－5)的意义在于：当系统的任一个底事件发生时，则顶事件就发生。

任意复杂系统的故障树结构函数为

$$\Phi(X)=\sum_{i=1}^{k}(\prod_{j=1}^{m}x_{ij}) \tag{4-6}$$

式中：$k$，$m$ 均为自然数。

设故障树的 $n$ 个底事件组成集合 $T=\{x_1,x_2,\cdots,x_n\}$，设集合 $C\subseteq T$。当集合 $C$ 中的全部基本事件都已发生时，顶事件必定发生，则集合 $C$ 是故障树的一个割集。若已知 $C$ 是一个故障树的割集，如果集合中任意去掉一个事件后，余下的集合就不再是故障树的割集时，则称集合 $C$ 是一个最小割集。

**2. 最小割集算法**

故障树的定性分析包括割集、最小割集的确定等工作。求故障树最小割集的方法有很多，例如对于简单的故障树，只需将故障树的结构函数展开，使之成为具有最小项数的积项之和表达式，每一项乘积就是一个最小割集。对于复杂系统的故障树，与顶事件发生有关的底事件数可能有几十个，甚至更多，求取最小割集的工作量很大。求最小割集的算法主要有蒙特卡洛模拟法和分析法，而对于高可靠性要求的系统，模拟法存在无法找到最小割集的缺点，因此工程上多采用分析法中的上行法和下行法。下面将对这两种方法进行介绍。

**(1) 下行法(Top－down algorithm)**

下行法又称为 Fussel－Vesely 算法。该算法的基本原理是，对每一个输出事件而言，如果是或门输出，则将该或门的输入事件各排成一行；如果它是与门的输出，则将该与门的所有输入事件排在同一行。基本步骤是从顶事件开始，应用集合逻辑运算规则，由顶向下顺次把逻辑门的输出事件用输入事件置换，经过与门输入事件横向写出(增加割集的容量)，经过或门输入事件竖向写出(增加割集的数量)，每一步按上述原则由上而下排列，直到全部的逻辑门都置换为基本事件为止。最后得到每一行的底事件集合都是故障树的一个割集，将这些割集进行比较，再吸收、化简掉互相包含的冗余的割集，就得到最小割集。

**(2) 上行法(Bottom－up algorithm)**

上行法又称 Semanderes 算法。与下行法计算顺序相反，是由下向上进行布尔代数展开的算法。该算法的基本原理是，对每一个输出事件而言，如果它是或门的输出，则用该或门的诸输入事件的布尔和表示此输出事件；如果它是与门的输出，则用该与门的诸输入事件的布尔积表示此输出事件。其基本步骤是，从底事件开始，若底事件用与门同中间事件相连，则用与门结构故障树的结构函数式(4－4)计算；若底事件用或门同中间事件相连，则用或门结构故障树的结构函数式(4－5)计算。顺次向上，直至到达顶事件为止。对得出的故障树结构函数按布尔代数吸收律和等幂律来化简，将顶事件表示为底事件若干积项之和的最简式，此最简式的每一项所包括的底事件集即一个最小割集，全部积项即是故障树的全部最小割集。

当求出全部最小割集后，可根据最小割集包含底事件数目(阶数)排序，以底事件阶数的大小判断其底事件影响的重要程度。在各个底事件发生的概率非常小，其差别相对不大的情况下，按以下原则进行定性判断：

① 阶数越小的最小割集越重要，因此该最小割集应为首先重视的故障模式。

② 在低阶最小割集中出现的底事件比高阶最小割集中的底事件重要。

③ 在考虑最小割集阶数的条件下，在不同最小割集中重复出现次数越多的底事件越重要。

### 4.2.4 故障树的定量分析

故障树定量分析的任务就是计算系统顶事件发生的概率以及系统的一些可靠性指标。主要包括确定底事件的故障概率，即利用底事件的故障发生概率计算出底事件故障发生概率，确定每个最小割集的发生概率，确定每个最小割集的发生对于顶事件发生的重要程度，即重要程度分析。计算的途径有两种，一种是直接计算，另一种是借助最小割集求解。其中，利用最小割集求解可以充分利用定性分析的结果进行定量分析，计算简便，应用广泛。下面就来介绍这种分析方法。

**1. 顶事件概率分析**

故障树底事件的故障概率大多数情况是由经验给出的。在确定了底事件的故障概率后，由于最小割集中各个底事件是逻辑与的关系，因此最小割集的故障概率等于它所包含的底事件概率的乘积。故障树顶事件故障概率可以依据逻辑关系式推算出来。

在顶事件发生的最小割集表示式中，由于同一个底事件可以在几个最小割集中重复出现，这就意味着最小割集之间是相容的。可以采用相容事件的概率公式计算顶事件发生的概率，即容斥定理。

顶事件：
$$T=C_1+C_2+\cdots+C_n$$
式中，$C_1,C_2,\cdots,C_n$ 为最小割集。

顶事件发生的概率为

$$P_r=\sum_{i=1}^{n}p(c_i)-\sum_{i=1}^{n-2}\sum_{j=i+1}^{n}p(c_ic_j)+\sum_{i=1}^{n-2}\sum_{j=i+1}^{n-1}\sum_{k=j+1}^{n}[p(c_ic_jc_k)+\cdots(-1)^{n-1}p(c_1c_2\cdots c_n)] \tag{4-7}$$

式中，$c_i,c_j,c_k$ 分别为第 $i,j,k$ 个最小割集。

可以看出，当最小割集数 $N$ 足够大时，顶事件概率计算会出现组合爆炸问题。在实际计算中可以采取近似的方法计算顶事件的概率。在式(4-7)中，有

$$p_1=\sum_{i=1}^{n}p(c_i),\quad p_2=\sum_{i=1}^{n-2}\sum_{j=i+1}^{n}p(c_ic_j),\quad p_3=\sum_{i=1}^{n-2}\sum_{j=i+1}^{n-1}\sum_{k=j+1}^{n}p(c_ic_jc_k)$$
$$p_r=p_1-p_2+p_3\cdots(-1)^np_n$$

作为一级近似，可计算为

$$p_r\approx\sum_{i=1}^{n}p(c_i) \tag{4-8}$$

**2. 底事件重要度分析**

故障树的各个底事件(或各最小割集)对顶事件发生的影响称为底事件的重要度。故障树重要度主要有结构重要度、关键重要度和概率重要度3种。进行故障树重要度分析对改善系统设计，提高系统的可靠度，或者确定故障监测的部位，制定系统故障诊断方案，减少排除故障的时间，有效地提高整个系统的可用度等都有重要的作用。

**(1) 结构重要度**

某个底事件的结构重要度，是在不考虑其发生概率值的情况下，考察故障树的结构，以决定该事件的位置重要程度。

由于底事件 $x_i(i=1,2,\cdots,n)$ 的状态取值为0或1，故当 $x_i$ 处于某一状态后，其余 $(n-1)$ 个底事件组合的系统状态数应为 $2^{n-1}$。因此，可定义底事件 $x_i$ 的结构重要度 $I_{\phi(x_i)}$ 为

$$I_{\phi(x_i)}=\frac{1}{2^{n-1}}\sum_{x/x_i=1}[\phi(1_i,X)-\phi(0_i,X)] \tag{4-9}$$

式中

$$(0_i,X)=(x_1,x_2,\cdots,x_{i-1},0,x_{i+1},\cdots,x_n)$$
$$(1_i,X)=(x_1,x_2,\cdots,x_{i-1},1,x_{i+1},\cdots,x_n)$$

**(2) 概率重要度**

当底事件 $x_i(i=1,2,\cdots,n)$ 发生的概率值 $p_i$ 变化时，引起顶事件发生概率值 $P_r$ 变化的程度，称为概率重要度 $I_{q(x_i)}$，其数学定义为

$$I_{q(x_i)}=\frac{\partial p_r}{\partial p_i} \tag{4-10}$$

在故障树为与门、或门结合的一般情况下，设 $q(1_i,p)$ 和 $q(0_i,p)$ 分别表示底事件 $x_i$ 发生 $(x_i=1)$ 和不发生 $(x_i=0)$ 时，顶事件发生的概率则为

$$p_r=p_iq(1_i,p)+(1-p_i)q(0_i,p) \tag{4-11}$$

将式(4-11)代入(4-10)，可得概率重要度

$$I_{q(x_i)}=q(1_i,p)-q(0_i,p) \tag{4-12}$$

即底事件 $x_i$ 的概率重要度等于该底事件发生时顶事件发生的概率与它不发生时而顶事件依然发生的概率之差，所以 $0<I_{q(x_i)}<1$。顶事件发生的概率是底事件发生概率的非减函数。

**(3) 关键重要度**

底事件 $x_i$ 的关键重要度定义为

$$I_{c(x_i)}=\frac{\partial \ln p_r}{\partial \ln p_i}=\frac{\partial q/q}{\partial p_i/p_i} \tag{4-13}$$

它与概率重要度 $I_{q(x_i)}$ 的关系为

$$I_{c(x_i)}=\frac{p_i}{q}I_{q(x_i)}$$

由此可见，底事件 $x_i$ 的关键重要度是底事件失效概率变化率所引起的顶事件失效概率的变化率。

关键重要度分析反映了元部件触发系统故障可能性的大小，因此一旦系统发生故障，理应首先怀疑那些关键重要度大的元部件。据此安排系统故障监测和诊断的最佳顺序，指导系统的维修。特别当要求迅速排除系统故障时，按关键重要度寻找故障，往往会收到快速而又有效的效果。

上述三种重要度从不同角度反映了元部件对系统的影响程度，因而，它们使用的场合各不相同。在进行系统可靠度分配时，通常使用结构重要度。当进行系统可靠性参数设计以及排列诊断检查顺序时，通常使用关键重要度，而在计算元部件结构重要度和关键重要度时，往往又少不了概率重要度这么一个有效的工具。

# 4.3 基于专家系统的故障诊断技术

## 4.3.1 专家系统概述

### 1. 专家系统定义

一般认为,专家系统 ES(Expert System)是一个具有大量专门知识与经验的计算机程序系统,它是应用知识和人工智能技术,通过推理和判断来解决那些需要大量人类专家才能解决的复杂问题。ES 具有以下特性:

① ES 具有启发性、透明性和灵活性:ES 能够运用许多专家知识与经验进行推理和判断,因此具有启发性;ES 能够解释本身的推理过程和回答用户提出的问题,因此具有透明性;ES 通过学习能够不断获取新知识和修改原有知识,因此具有灵活性。

② ES 工作不受时间、空间和环境的影响:因为 ES 是一个计算机程序系统,它可以长时间在各种空间和环境下运行,因此 ES 的工作可以不受时间、空间和环境的影响。

③ ES 能够长期、高效地工作:人类专家工作难免产生失误,而 ES 可长期、准确无误、高效率的工作。

④ ES 能够解决单个人类专家无法解决的复杂问题:因为 ES 是将众多专家知识和经验汇集在一起的智能程序,在解决复杂问题时这些知识和经验还可互相启发和不断更新,因此在某种意义上说,ES 水平可以超过人类专家的水平。

### 2. 专家系统分类

根据专家系统所完成任务类型的不同,可将专家系统分为 10 类:解释型专家系统、预测型专家系统、诊断型专家系统、调试型专家系统、维修型专家系统、规划型专家系统、设计型专家系统、监测型专家系统、控制型专家系统和教育型专家系统。

专家系统还可以从其他角度分,如根据使用知识表示方法的不同,可分为基于逻辑的专家系统、基于规则的专家系统、基于语义网络的专家系统、基于框架的专家系统等。

### 3. 专家系统结构

#### (1) 一般结构

一般专家系统由知识库、数据库、推理机、知识获取机制、解释模块和人机交互界面 6 部分组成,如图 4-1 所示。

① 知识库:知识库 KB(Knowledge Base)用来存放专家知识,其中包括领域专家知识、书本知识和经验等。KB 中的专家知识有两类:一类为确定性知识,即被专业人员掌握了的广泛共享的知识;另一类为非确定性知识,即凭经验、直觉和启发而得到的知识。知识库中的知识应具有可用性、确实性和完善性。知识的表示和组织是建造知识库的关键。常用的知识表示方法有以下几种。

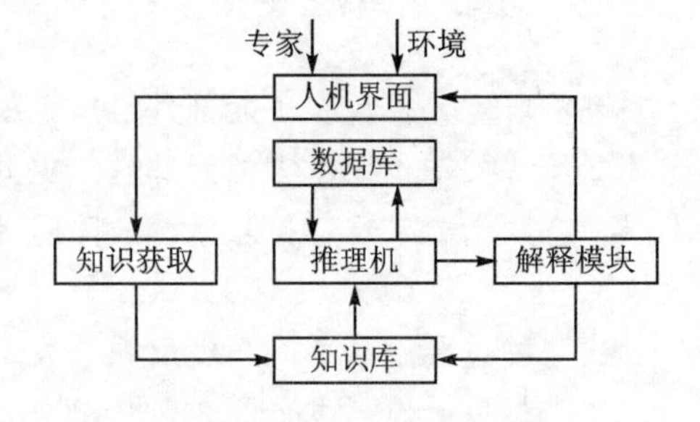


图 4-1 专家系统组成框图

(a) 用产生式规则表示专家的启发经验。形式为

IF 条件 1 AND 条件 2 AND …　　THEN 结论

(b) 用语义网络表示故障树：用节点表示概念、属性及知识实体等；用弧表示各种语义联系，指明其所连接节点之间的某种关系。

(c) 用框架表示诊断对象的物理模型：框架是对知识的一种结构化表示，主要以槽和槽值来表示事物各方面的属性，以及事物之间的关系等。

(d) 模糊知识可用两种方法表示：一种是将产生式表示加入规则可信度值，对条件、结论加入真值；另一种是利用故障与症状之间的隶属关系，建立模糊关系矩阵。

② 数据库：数据库 DB(Data Base)用来存放专家系统求解问题所需的各种数据或证据，以及求解期间由专家系统产生的各种中间信息。它既是推理机选用知识的依据，也是解释模块获得推理路径的来源。

③ 推理机：推理机是专家系统的组织控制机构，是关于问题求解的一般性控制知识。其主要作用是利用数据库的知识，以一定的推理策略进行推理，以求达到要求的目标。

推理机的核心是推理机制：推理机制的确定需要考虑推理控制策略和推理搜索策略两个问题。

推理控制策略指推理方向的控制和推理规则的搜索策略。推理方向可分为以下 3 种：

(a) 正向推理：即从已知数据出发推出结论的推理方法，正向推理又称数据驱动型推理。

(b) 反向推理：即由目标出发，为验证目标的成立而寻找有用证据的推理方法，反向推理又称目标驱动型推理。

(c) 混合推理：即正向和反向的混合推理。

推理搜索策略用来选择匹配对象，也就是说，推理过程实质上是一个匹配过程。搜索可分为有知识搜索和无知识搜索两种。有知识搜索就是根据某种原则来选择最有希望的路径进行搜索；无知识搜索由于它不利用任何特定领域的知识，因而有较大的通用性。

④ 知识获取机制：知识获取机制是指通过人工或机器自动方式，将专家头脑中或书本上的专业领域知识转换为专家系统知识库中的知识过程。由于专业领域知识的启发性难以捕捉和描述，加之领域专家通常善于提供实例而不善于提供知识，所有知识获取被认为是专家系统研究开发中的“瓶颈”问题。知识的获取机制通常有以下几种：

(a) 机械式知识获取机制：这种方法不需要作任何推理，只是简单地将人类专家提供的知识按知识库要求的格式输入到知识库中。

(b) 传授式知识获取机制：这种方法的基本思想是知识工程师从书本上或通过与领域专家面对面的交流来学习有关领域知识，并将这些领域知识编辑成计算机易于理解的表达形式，知识编译器再将这些编辑好的知识编译成计算机内部的结构，存储到知识库中。

(c) 反馈修正式知识获取机制：这种方法在传授式知识获取机制的基础上加入反馈环节，根据现场的实际情况来验证执行结果是否正确。当发现执行结果不正确时，就通过人工或机器自动方式对知识库中的知识进行修正。

(d) 机器学习自动获取机制：这种机制是知识获取的高级方式，是人工智能领域的一个研究热点，也是解决知识获取“瓶颈”问题的根本出路所在。机器学习模型可用图 4-2 所示的简化模型来进行说明。

图 4-2 中，环境表示客观世界中获得的信息集合；学习系统负责对所获取的信息进行去

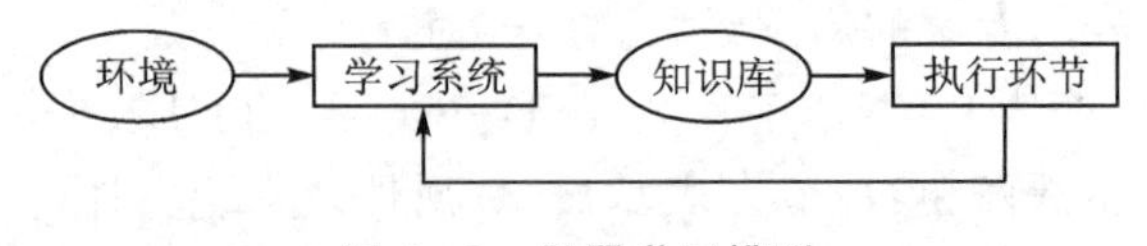


图 4-2 机器学习模型

粗取精，归纳总结等加工；知识库是知识存储的仓库；执行环节利用知识库中的知识去完成指定的任务，同时把情况反馈到学习系统环节中。

(e) 解释模块：解释模块是专家系统中用来回答用户询问和对问题求解过程及对当前求解状态提供说明的一个重要机构。

解释模块涉及程序的透明性，它能让用户理解程序正在做什么和为什么这样做，它向用户提供了一个关于系统的认识窗口。为了实现各种询问的回答，解释模块一般都使用几个比较通用的问题规划；为了回答"为什么"得到某个结论的询问，系统通常需要反向跟踪数据库中保存的解链或推理路径，并把它翻译成用户能接受的自然语言表达方式。为了回答"为什么不"之类的询问，系统一般要使用有关解释技术的启发式方法。

(f) 人机界面和用户接口：人机界面是专家系统与用户进行通信和信息交换的媒介，用来回答用户提出的"为什么""怎么样"以及"什么"等问题。

用户与专家系统之间一般用面向问题的自然语言进行交互作用。用户接口主要由语言处理程序组成，它一方面接收用户输入的询问、命令和其他各种信息，并将其翻译成系统可接受的形式；同时，它还接收系统输出的回答、求解结果、行为解释等信息，并将其翻译成用户容易理解的形式。用户接口设计的好坏对系统的可用性有很大的影响。用户接口一般利用窗口、图形、菜单等手段，使用户能够形象、直观地利用系统进行推理诊断。

**(2) 分布式结构**

分布式结构就是将专家系统的知识库和推理机分布在一个计算机网络上，或者是对两者同时再进行分布的一种形式。这种结构形式可以是客户机/服务器(Client/Server，C/S)结构或浏览器/服务器(Browser/Server，B/S)结构。这类专家系统称为分布式专家系统，它除了要用到集中式专家系统(知识和推理采用集中管理)的各种技术外，还需要运用一些重要的特殊技术。例如，需要把待求解的问题分解为若干个子问题，然后把它们分别交给不同的系统进行处理，当各系统分别求出子问题的解时，还需要把它们综合为整体解；如果各子系统求出的解有矛盾，还需要根据某种原则进行选择或折中。

**(3) 黑板结构**

首例黑板结构 HEARSAY-Ⅱ是由美国 Carnegie-Mellon 大学于 1971—1976 年开发的，它是一种口语理解系统。这种黑板结构已经得到了广泛的应用，已成为一种十分流行的知识系统结构模式。

① 黑板结构的组成：黑板结构主要由黑板 BB(Black Board)、知识源 KS(Knowledge Sources)和控制机构(Control Mechanism，CM)三部分组成，其结构如图 4-3 所示。

BB 是用来保持求解状态的数据(原始数据、中间结果和最终结果)，并为知识源求解提供信息，它是系统中的全局工作区；KS 是描述某领域问题的知识及其处理方法的知识库，各知识源相对独立，互不干扰，各自能完成某些特定问题的求解；CM 是求解问题的推理机构，在调用知识源进行求解的每个阶段，它用来决定推理方法(正向推理、反向推理及混合推理)。

黑板结构可以看成是产生式系统的特殊形式。黑板结构适于求解那些大型、复杂且可分解为一系列层次化子问题的问题。

② 黑板结构的工作原理:黑板结构是模拟一组围坐在桌子边讨论一个问题的人类专家。对于同一个问题或者一个问题的各个方面,每一位专家都能根据自己的专业经验提出自己的看法,并写在黑板上,其他专家都能看到,可以随意使用,共同解决这个问题。当然,这需要一个协调者,使两个或多个专家不同时发言,或不在黑板的同一地方书写。

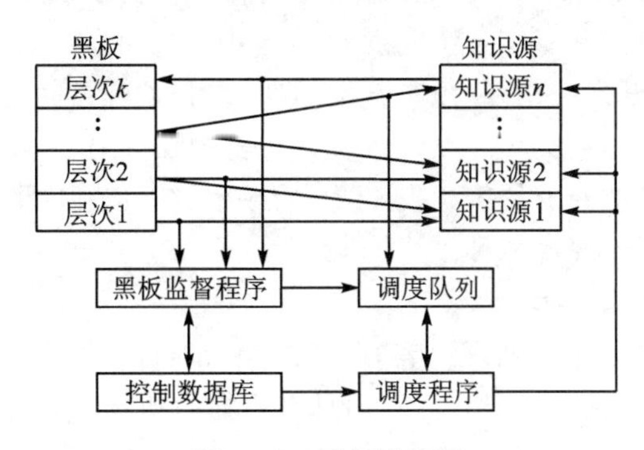


图 4-3　黑板结构图

根据上述思想,可以把需要求解的问题分解成一个任务树,即一个问题由多个任务组成,每个任务又可分成子任务,对每一个具体任务分别用不同的知识源求解。每个知识源用到的推理机可以相同,也可以不同。每个知识源解决的具体问题可以看成是一个小型专家系统。由此可见,黑板结构是使各种专家系统实现联合操作,共同解决复杂问题的一种结构形式。问题分解任务树如图 4-4 所示。

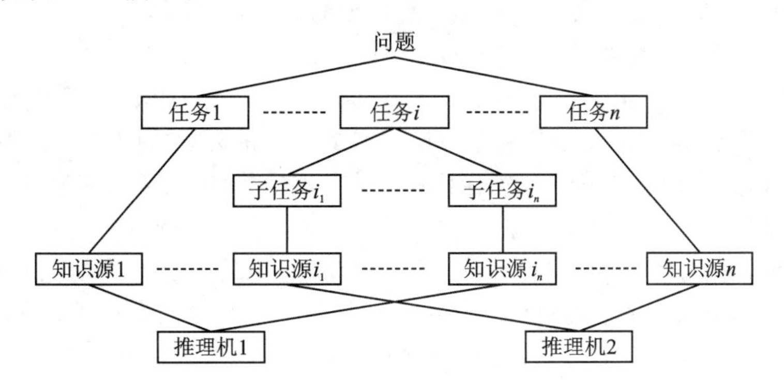


图 4-4　问题分解任务树

问题任务树需要所有任务共同协作求解,问题才能得以解决。在任务树中,每一个具体的系统项(任务、知识源、推理机)要用一个说明框架相联系。框架的槽值指示任务调用的知识源、推理机和该任务执行的前提条件以及任务之间的相互联系。

控制各个任务的执行是由一个调度程序完成的。调度程序根据各任务前提条件满足的情况以及任务之间的相互关系来控制任务的执行和悬挂。

黑板是存放问题求解中各种状态数据的全局数据库工作区,它被分成不同的层次,各知识源利用和修改的数据分别放在黑板的不同层次上。黑板下层的信息经过相应的知识源处理后,将其结果放入黑板的上一层中,再由调度程序激发上一层知识源进行处理。依次逐级上升,直到在黑板的最顶层得到问题的最后解答。

#### 4. 专家系统开发工具

专家系统是一类复杂的智能化程序系统，要独立开发一个实用专家系统，需要花费大量的人力、物力和时间。要建造一个专家系统，首先需要构建它的框架(Shell)，然后才能填写知识。专家系统框架一般包括知识库、推理机、黑板、接口等部分。开发这类框架，常常需要花费相当多的时间和精力，功能却不尽齐全，可靠性也难保证。为了加快专家系统的开发，针对不同领域，人们开发了各种框架(专家系统开发工具)，并形成商品出售，加快了专家系统的开发和应用，并极大地降低了开发费用，缩短了开发周期，提高了可靠性。

专家系统的开发工具是一类程序设计系统，它是在20世纪70年代中期发展起来的，迄今已有数以百计的各式各样的专家系统开发工具。专家系统开发工具主要有人工智能语言、专家系统外壳和专家系统开发环境3种。

**(1) 人工智能语言**

人工智能语言主要是指符号处理语言，如Lisp和Prolog等。它们是专家系统开发的最初工具。与一般的计算机高级语言相比，它们具有更强的功能。

**(2) 专家系统外壳**

专家系统外壳又称为骨架系统，它是由已成熟的专家系统演化而来的。它抽出了原系统中具体的领域知识，保留了原系统的基本骨架(知识库及推理机结构)，所以称为外壳。

利用专家系统外壳作为开发工具，只要将新的领域知识填充到专家系统中去，就可以生成新的专家系统。专家系统外壳的知识库结构及管理机制、推理机结构及控制机制、人机接口及辅助工具都可以为新系统提供服务和支持。因此，使用这种工具可以大大提高专家系统的开发效率，但限制条件多，灵活性差。下面是几种典型的专家系统外壳。

① EMYCIN专家系统外壳：EMYCIN是由Stanford大学的Van Melle于1980年开发的，它抽出了MYCIN中原有的医学领域知识，只保留外壳。它采用产生式规则表示知识和目标驱动的反向推理控制策略，特别适用于诊断型专家系统的开发。EMYCIN可提供MYCIN所有的辅助工具，如推理解释程序及可信度估算，知识编辑程序及类似英语的简化会话语言，知识库管理和维护手段(如一致性检查、跟踪、查错)，系统测试实例等。

② KAS专家系统外壳：KAS是由PROSPECTOR系统抽去原有的地质勘探知识而形成。它采用语义网络和产生式规则相结合的知识表达方式，以及启发式双向推理控制策略，适用于开发解释型专家咨询系统。KAS可提供的辅助工具有：知识编辑系统、推理解释系统、用户问答系统、语义分析器。

③ EXPERT专家系统外壳：EXPERT是由CASNET系统抽去原有领域知识而形成。它采用产生式规则表示知识和启发式近似推理机制，简化了控制策略。EXPERT适用于诊断、分类的专家咨询系统的开发。

**(3) 专家系统开发环境**

随着专家系统技术的发展和人们对专家系统需求的增加，对专家系统开发工具的要求也越来越高。专家系统开发环境就是在这种背景下产生的。

专家系统开发环境是一种程序模块组合下的系统开发工具。它能为专家系统的开发提供多种支持。这种开发工具的基本思想是：兼顾有效性(针对性)和通用性(普适性)，为用户提供各种用于知识表达、推理、知识库管理、推理控制和有关辅助工具的模块，以及用于组装所需模块的一套组合规则。这样，如果用户掌握了组合规则，适当选择模块，就可以方便地组装成所需的专家系统。专家系统开发环境有设计工具和知识获取工具两类。设计工具可帮助设计者开发系统的结构，知识获取工具可帮助获得和表达领域专家的知识。

① AGE：AGE是由美国Stanford大学用INTERLISP语言实现的专家系统工具，它能帮助知识工程师设计和构造专家系统。AGE给用户提供了一整套像积木块那样的组件，利用它能够方便地将这些组件组装成专家系统。AGE包括以下4个子系统：

(a) 设计子系统：在系统设计方面指导用户使用组合规则。

(b) 编辑子系统：帮助用户选用构件模块，装入领域知识和控制信息，建造知识库。

(c) 解释子系统：执行用户的程序，进行知识推理以求解问题，并提供查错手段，建造推理机。

(d) 跟踪子系统：为用户开发的专家系统的运行进行全面跟踪和测试。

② TEIRESIAS：知识获取是专家系统设计和开发中的难题。研制和采用自动化或半自动化的知识获取工具，以提高建造知识库的速度，对于专家系统的开发具有重要意义。TEIRESIAS是一个典型的知识获取工具，它能帮助知识工程师把一个领域专家的知识非常容易地植入知识库。TEIRESIAS系统具有以下功能：

(a) 知识获取：TEIRESIAS能理解专家以特定非口语化自然语言表达的领域知识。

(b) 知识库调试：它能帮助用户发现知识库的缺陷，提出修改意见，用户不必了解知识库的细节就可方便地调试知识库。

(c) 推理指导：它能利用源知识对系统的推理进行指导。

(d) 系统维护：可帮助专家查找系统诊断错误的原因，并在专家指导下进行修正或学习。

(e) 运行监控：能对系统的运行状态和诊断推理过程进行监控。

③ 天马：天马专家系统开发环境由中国科学院数学所牵头，于1990年研制完成。它包括4部推理机(常规推理机、规划推理机、演绎推理机和近似推理机)、3个知识获取工具(知识库管理系统、机器学习和知识求精)、4套人机接口生成工具(窗口、图形、菜单和自然语言)等3大部分共11个子系统。天马可以管理6大类知识库，包括规则库、框架库、数据库、过程库、实例库和接口库，并有和DOS、dBase、AutoCAD的接口。

**(4) 其他开发工具**

① Exsys：Exsys是一个工业用专家系统开发工具。它具有以下特点：

(a) 工作可靠：Exsys已在诊断发动机质量中被选用，它能与在线数据采集装置相连，输出后能汉化显示处理，已成功使用了多年，工作可靠。

(b) 规模适中：Exsys是一个中型规模的专家系统开发工具，可建造5 000条规则。如果规则超过5 000条，可以采用黑板技术，解决问题时，再将多个知识库连接在一起。它采用产生式规则，1条规则的IF，Then或Else部分可分别含有126个条款。如果条款超过此数，可将其分为两条规则。这样的规模已能满足绝大多数工业所用专家系统的开发。

(c) 面向用户：Exsys将建立专家系统的复杂过程简化成人机对话，特别适用于没有时间学习人工智能语言的工程技术人员，只要不断回答Exsys的提问，Exsys便可将人们的宝贵知识和经验组织起来，形成专家系统程序。

(d) 以文件形式作为输入/输出：只需形成输入文件，Exsys便可按知识库的规则进行推理并输出结果；它具有多种推理方式(正向推理、反向推理和混合推理)；具有合理安排规则、压缩编辑文件、合并知识库的应用程序以及编辑程序等能力；使用者可集中解决主要矛盾(例如设计用户界面、专门功能、领域知识等)，而大量的知识库、推理机等工作则由 Exsys 承担，这样使用者就能在极短的时间内构建并投入运行自己的专家系统。

(e) 组合功能：Exsys 可方便地将 Basic，C 等语言编写的各种程序结合进知识库，还具有调用外部程序的功能，并可与已有或新建的数据库(D BaseⅢ，FoxPro，Access 等)相连。

(f) 可信度选择：Exsys 使用概率值的可信度有 3 种方法可供选择：0 或 1 系统，只有"Yes"或"No"的结论；0～10 系统，最终可信度由各可信度的平均值决定；－100～＋100 系统，最终可信度可由以下方法确定：

相依(Dependent)可信度的计算方法：

$$\text{可信度}1\times\text{可信度}2=\text{最终可信度} \tag{4-14}$$

独立(Independent)可信度的计算方法：

$$1-[(1-\text{可信度}1)\times(1-\text{可信度}2)]=\text{最终可信度} \tag{4-15}$$

平均可信度计算方法

$$\frac{\text{可信度}1+\text{可信度}2}{2}=\text{最终可信度} \tag{4-16}$$

(g) 菜单丰富：Exsys 具有丰富的菜单，菜单上有多个命令热键，能方便地构成、删改、增添知识库及其规则。

(h) 功能强大：Exsys 具有丰富的命令，功能很强大。

② Insight：Insight 是美国 Level & Research 公司用 Pascal 语言开发的基于规则的通用型专家系统开发工具。它的主要特点是领域知识用事实、规则和目标轮廓来描述。事实用"属性—值 2 元组"或"对象—属性—值 3 元组"表示；规则由"目的－If－Then－Else"几部分组成，其中目的部分是一段用以说明本规则的英文文本，If 部分可有多个由 And 连起来的条件，Then 和 Else 部分可有多个由 And 连起来的结论且可带确定性因子；目标轮廓用来告诉推理机做宽度优选正向链接。

Insight 简单易学，速度较快，适用于开发规则数在 200 条左右的小型专家系统。

③ Stim：Stim(Shell with Thinking in Images)是在已研制成功的"飞机故障诊断专家系统"基础上抽象出来的通用专家系统开发工具，特别适合于解决诊断与识别这类问题。Stim 有以下特点：

(a) 用因素空间理论表示知识和经验，适合处理模糊性知识；

(b) 知识获取子系统，使用户不需编写程序，就可以快速生成知识库；

(c) 有很强的自学习功能，可积累和删改知识；

(d) 能模拟人脑形象思维的识别推理机，可对知识进行并行变结构处理，推理速度快；

(e) 具有启发式和人机交互式搜索策略，使用灵活方便。

④ Raragon：Raragon 是由福特航天与通信公司研制的基于模型的通用专家系统开发工具，它可给领域专家提供结构化窗口和菜单驱动界面，并可自动地将用于推理的信息转化为机器识别的 LISP 代码。

⑤ Gensaa：Gensaa 是由哥达尼航天飞行中心研制的专家系统开发工具，专门用于开发空间飞行器实时故障诊断系统。它是一个基于规则、易于使用、具有丰富图像的开发工具。

**(5) 开发工具的选择原则**

① 开发工具要可靠，实际应用过，并行之有效。

② 具有输入/输出接口。有些专家系统开发工具仅能键盘输入,难以实现在线诊断。

③ 规模合适,价格可以承受。

④ 功能符合所设计专家系统的需要,便于增添、删改和使用。

### 5. 几种典型的专家系统

#### (1) 模糊专家系统

专家系统中由模糊性引起的不确定性问题(还有由随机性引起的不确定性及由于证据不全或不知道而引起的不确定性),可采用模糊技术来处理,这种不确定性的专家系统称为模糊专家系统。

模糊专家系统能在初始信息不完全或并不十分准确的情况下,较好地模拟人类专家解决问题的思路和方法,运用不太完善的知识体系,给出尽可能准确的解答或提示。

模糊专家系统适用于处理模糊性不确定性问题,做适当改进后也可处理随机性不确定性问题。另外,也可以把精确数据模糊化来处理确定性问题。这种系统不仅能较好地表达和处理人类知识中固有的不确定性,进行自然语言处理,而且通过采用模糊规则和模糊推理方法来表示和处理领域知识,能有效地减少知识库中规则的数量,增加知识运用的灵活性和适应性。

模糊专家系统在知识获取、表示和运用(推理)过程中全部或部分采用了模糊技术。体系结构与通常的专家系统类似。一般也是由输入/输出、知识库、数据库、推理机、知识获取模块和解释模块 6 部分组成,只是数据库、知识库和推理机采用模糊技术来表示和处理。基于规则的模糊专家系统的一般结构如图 4－5 所示。

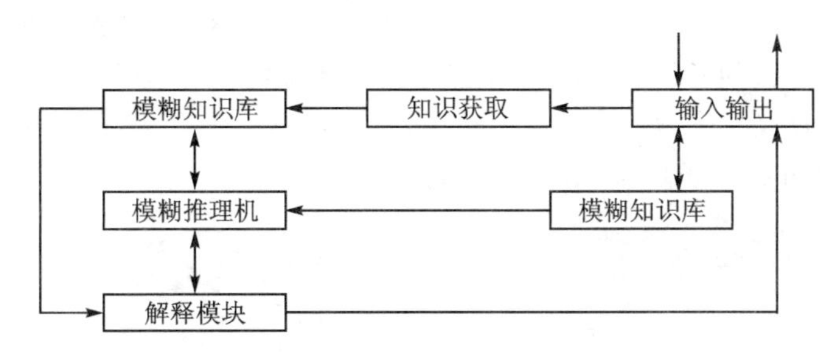


图 4－5　模糊专家系统的一般结构

① 输入/输出:分别表示输入系统的初始信息(允许模糊的、随机的或不完备)和输出系统的最终结论(允许不确定性)。

② 模糊数据库:与一般专家系统中的综合数据库相类似,库中主要存放系统的初始输入信息、系统推理过程中产生的中间信息和系统最终结论信息等,这些信息都可能是不确定的。

③ 模糊知识库:存放由领域专家总结出来的与特定问题求解相关的事实与规则,与一般知识库有所不同的是这些事实与规则可以是模糊的或不完全可靠的。

④ 模糊推理机:可根据系统输入的初始不确定性信息,利用模糊知识库中的不确定性知识,按一定的模糊推理策略,较理想地处理待解决的问题并给出恰当的结论。

⑤ 解释模块:与非模糊专家系统中的解释模块相类似,但规则和结论中均附带有不确定性。

⑥ 知识获取模块:它的功能主要是接受领域专家以自然语言形式描述的领域知识,并将其转换成标准规则或事实的表达形式,再存入模糊知识库,它是一个具有模糊学习功能的模块。

**(2) 神经网络专家系统**

神经网络专家系统是一类新的知识表达体系。神经网络与以逻辑推理为基础的在宏观功能上模拟人类知识推理能力的专家系统不同。神经网络是以连接节点为基础,在微观结构上模拟人类大脑的形象思维。专家系统广泛应用的知识表示方法有产生式、谓词逻辑、框架等,虽然各自采用不同结构和组织形式描述知识,但都须将知识转换成计算机可以存储的形式存入知识库,以便推理需要时,再依照推理算法到知识库去搜索。这种知识表示方式,当知识规则很多时会产生以下问题:

① 以何种策略组织和管理知识库。

② 在知识搜索的串行计算过程中会发生冲突,进而产生推理复杂、组合爆炸(无穷递归)等问题。

③ 传统专家系统的知识采集要求“显式”知识表示,而工程中往往很难实现。

神经网络专家系统不存在上述问题。它采用与传统人工智能不同的知识表示思想;知识不是一种显式表示,而是隐式表示;也不像产生式系统那样独立地表示每一条规则,而是将某一问题的若干知识在同一网络中表示。知识表示表现为内部和外部两种形式,面向专家、知识工程师和用户的外部形式是一些学习实例(也可看成 If - Then 规则),而由外部形式转换为面向知识库的内部编码是其关键。它不是根据一般代码转换成编译程序,而是通过机器学习来完成。机器学习程序可以从实例中提取有关知识,将其以网络或动力学系统形式表示。神经网络专家系统的知识表示有以下优点:

(a) 具有统一的内部知识表示形式,通过学习程序,就可获得网络相关参数,任何知识规则都可变换成数字形式,便于知识库组织和管理,通用性强;

(b) 便于实现知识的自动获取;

(c) 有利于实行并行联想推理和自适应推理;

(d) 能表示事物的复杂关系,如模糊因果关系。

**(3) 网上专家系统**

利用计算机网络建造的专家系统称为网上专家系统。

① 网上专家系统的特点:网上专家系统具有分布式处理的特点,其主要目的在于把一个专家系统的功能经分解以后分布到多个处理器上去并行工作。这种系统具有快速响应能力、良好的资源共享性、高可靠性、可扩展性、经济性和适用面广、易处理不确定知识、便于知识获取、符合大型复杂智能系统的模式等特点,从而在总体上提高了专家系统的处理效率和能力。

另外,网上专家系统还适于处理协同式专家系统(由若干相近领域专家组成以完成一个更广领域问题的专家系统)的任务。

② 网上专家系统的处理方式:网上专家系统是以分布式处理为基础的,它能把知识库或推理机分布在一个计算机网络上,或者两者同时分布在一个计算机网络上。这种分布主要包括以下几个方面:

(a) 资源分布:系统的软、硬件资源及知识分布于各网络节点中,通过计算机网络实现共享。

(b) 任务分布:在分布式系统中,问题(任务)的分解是个重要工作,不同的系统可以有不同的分解。在问题求解中,一般由问题分解、子问题分解和解答综合 3 部分组成。问题分解是将整个问题分成若干个子问题,并分布到相应的网络节点上;子问题分解是将各网络节点通过相互作用,以完成子问题的求解;解答综合就是将各子问题的解综合为整个问题的解。

(c) 功能分布:把分解得到的系统各部分功能和任务合理均衡地分配到各处理网络节点上去。每个网络节点上实现一个或两个功能,各网络节点合在一起作为一个整体完成一个完整的任务。功能分解"粒度"的粗细要视具体情况而定。网络专家系统中网络节点的多寡以及各网络节点上处理与存储能力的大小是确定分解粒度的两个重要因素。

(d) 控制分布:对于不同的网络环境,要根据网络节点间协作方式的不同采用不同的控制方法。若网络系统为网状结构,系统各模块之间可以采用消息传递方法互相通信和合作。

③ 网上专家系统的结构形式:分布式专家系统可以工作在紧耦合下的多处理器系统环境中,也可以工作在松耦合的计算机网络环境里。网上专家系统主要是指建立在某种局部网络环境下或 Internet 环境下的系统。根据具体环境和要求的不同,网上专家系统可以采用不同的结构形式。

C/S(Client/Server)模式:客户机/服务器模式。在这种模型中,客户机和服务器通过网络相连。这种模式有 3 个主体:客户机、服务器和网络。客户机负责与用户的交互以及收集知识、数据等信息,并通过网络向服务器发出信息。就客户机本身而言,其处理功能通常都比较强,在它上面可以安排推理机及知识库等一类模块。也就是说,在这种情况下,客户机的任务是比较重的,即客户机比较肥,称为肥客户机。服务器负责对数据库的访问,对数据库进行检索、排序等操作,并负责数据库的安全机制。相对来讲服务器的任务不是太重,称为瘦服务器。网络是客户机和服务器之间的桥梁。这种 C/S 模式与数据库的连接紧密而快捷,能够实现分布式数据处理,减轻服务器的工作,提高数据处理的速度,并能合理地利用网络资源,系统的安全性好。

B/S(Browser/Server)模式:浏览器/服务器模式。B/S 模式是一种基于 Internet 或 Intranet 网络下的模型。其中,Intranet 是以 Internet 技术为基础的网络体系,称为企业内部网。它的基本思想是,在内部网络中采用 TCP/IP 作为通信协议,利用 Internet 的 Web 模型作为标准平台,同时用防火墙将内部网络与 Internet 隔开,但又能与 Internet 连在一起。因此,Intranet 模型是基于 Internet 的 Web 模型。在 B/S 模式中,客户机很瘦,客户端只需装上操作系统、网络协议软件、浏览器,就可通过浏览器访问诊断中心服务器,或将客户机用做专家系统的人机接口,而将推理机制、知识库、数据库和维护等复杂工作都安排在服务器上,这样服务器就被分成推理型服务器、知识库服务器和数据库服务器等。在 B/S 模式中,软件的开发、维护与升级只需在服务器端进行,减少了系统开发和维护周期与费用。B/S 模式为系统提供了更大的灵活性和开放性。

由于 Internet 具有标准化、开放性、分布式等众多优点,因此网上专家系统的应用和开发有着广泛的应用前景。目前,对它的研究在全世界范围内正引起研究人员的高度重视,是一个极具生命力的研究方向。

### 4.3.2　专家系统故障诊断原理

利用专家系统进行故障诊断就是根据专家对症状的观察和分析,推断故障所在,并给出排除故障的方法。故障诊断专家系统 FDES(Fault Diagnosis Expert System)在 ES 中占有很大比例,它已广泛地应用于航空、航天、石油、化工、核发电站、医疗卫生等领域。

### 1. 专家知识的获取与表示

专家知识获取过程就是专业知识从知识源到知识库的转移过程。知识获取可以采用外部获取和内部获取两种方式。对于外部知识，可通过向专家提问来接受专家知识，然后把它转换成编码形式存入知识库；内部知识获取指系统在运行过程中，从错误和失败中进行归纳、总结，根据实际情况对知识库不断进行修改和扩充。

知识表示就是把获取到的专家领域知识用人工智能语言表示出来，并以适当的形式存储到计算机中。知识表示方法有过程性表示方法和说明性表示方法两种。过程性表示方法是根据要解决的特定问题，指出其具体的操作过程，它的特点是执行效率高，但适应性较差；说明性表示方法是将事实与判断规则逐条加以说明，由于它具有足够的知识量，所以适应性好，但处理效率较低。

#### (1) 说明性知识表示方法

说明性知识表示方法(或谓词逻辑表示法)可以用 Prolog 谓词组合表示规则，用谓词演算表示知识，通过匹配就能得到诊断结果。下面以空压机故障诊断专家系统为例，对其知识表示法做简要说明：

Rule(1,“yali”,“排气压力升高”,“p0”,[10,11])

Rule(2,“yali”,“排气压力升高”,“p0”,[10,12])

Cond(10,“排气压力”,“超过 0.8 MPa”)

Cond(11,“压力调节阀”,“有故障”)

Cond(12,“安全阀”,“有故障”)

其中，Rule 为逻辑谓词，圆括号内的各项分别表示规则序号、故障类别、故障类型、故障代号、故障原因表；Cond 为条件谓词，圆括号内的各项分别表示原因代号、故障部位、故障原因。注意，Cond 中的原因代号应与 Rule 中故障原因表的各项相对应。

这五条语句说明，如果空压机的排气压力超过 0.8 MPa，则故障为排气压力升高，故障原因是压力调节阀或安全阀出了故障。

从上述知识表示可以看出，谓词逻辑能够清晰地表示出故障类型与故障原因之间的关系，而且便于利用合一匹配的方法推出结论。

#### (2) 过程性知识表示方法

对于过程性知识，可以用规则或框架等方式进行表示。用产生式规则(Production Rule)表示专家知识，其一般形式为

IF Condition THEN Result

下面以设备运行过程中的振动信号为例，具体说明其表示方法。

假设设备运行过程中振幅的允许值为 $X_{max}$，实测值为 $X$，并假定

$X_S < 0.8X_{max}$ 为正常工作区

$0.8X_{max} \leqslant X_S < 1.0X_{max}$ 为预测报警区

$1.0X_{max} \leqslant X_S < 1.3X_{max}$ 为一般故障区

$X_S \geqslant 1.3X_{max}$ 为严重故障区

上述知识用产生式规则可表示为

def$(R, R_S)$:IF$\{(X_S \in R)\hat{}(X_S < 0.8X_{max})\}$

THEN “运行正常”

def$(R, R_S)$:IF{ $(X_S \in R)$^$(0.8X_{max} \leqslant X_S < 1.0X_{max})$ }

Beep

THEN “转子将发生故障”

def$(R, R_S)$:IF{ $(X_S \in R)$^$(1.0X_{max} \leqslant X_S < 1.3X_{max})$ }

Beep, Beep

THEN “转子不平衡故障”

def$(R, R_S)$:IF{ $(X_S \in R)$^$(X_S \geqslant 1.3X_{max})$}

Beep, Beep, Beep

THEN “转子严重不平衡”

式中,def 为故障代号;$R$ 为实测基频幅值;$R_S$ 为标准基频幅值;Beep 为声音报警信号。

从上述知识表达方式可以看出,每条产生式规则都是由前项和后项两部分组成的,前项表示条件,后项表示结论。在进行故障检测和诊断时,首先从初始事实出发,用模式匹配技术寻找合适的产生式,如果匹配成功,则这条产生式被激活,并导出新的事实。以此类推,直到得出故障结果。

在故障诊断过程中采用产生式规则表示知识,便于对知识库进行修改、删除和扩充,从而提高了知识库维护和自学习能力。

### 2. 专家推理

专家推理就是根据一定的推理策略从知识库中选择有关知识,对用户提供的症状进行推理,直到找出故障。专家推理包括推理方法和控制策略两部分。

#### (1) 推理方法

推理可分精确推理和不精确推理。故障诊断专家系统主要使用不精确推理。不精确推理根据的事实可能不充分,经验可能不完整,推理过程也比精确推理复杂,具体有以下几种方法:

① 基于规则表示知识的推理:该推理方法通常以专家经验为基础。其优点是推理速度快,但从专家那里获得经验较难,规则集不完备,对没有考虑到的问题系统容易陷入困境。

② 基于语义网络的推理:故障树分析是故障诊断中常用的一种方法,为进行故障树分析可以建立相应的语义网络。该方法的优点是诊断速度较快,便于修改和扩展,对现象与原因关系单一的系统较为适宜;缺点是建树工作量大。

③ 基于模糊集的推理:当对系统各现象的因果关系有较深的了解时,可利用模糊关系矩阵建立诊断 ES。其优点是反映了故障症状与成因的模糊关系,可通过修正诊断矩阵提高诊断精度;关系表示清晰,诊断方便。但若矩阵较大,则不易建立,且运行速度慢。

④ 基于深层知识的推理:深层知识是 ES 的一个重要特征。该方法的优点是从原理上对故障症状与成因进行分析,知识集完备,摆脱了对经验专家的依赖性;但系统结构不可过于复杂,否则效率会大大降低。

#### (2) 控制策略

控制策略主要指推理方向的控制及推理规则的选择,它直接影响 ES 的推理效率。目前常用的控制策略有数据驱动控制、目标驱动控制和混合控制 3 种:

① 数据驱动控制:其基本思想是从已知证据信息出发,让规则的前提与证据不断匹配,直至求出问题的解或没有可匹配的规则为止。数据驱动控制的优点是允许用户主动提供有用的

事实信息,适合“解空间大”的一类问题。不足之处在于规则的激活与执行没有目的,这样会求解出许多无用的目标,增加了费用,且效率较低。

② 目标驱动控制:其基本思想是,先选定一个目标,如果该目标在数据库中为真,则推理成功并结束;若为假,则推理失败。当该目标未知时,则会在知识库中查找能导出该目标的规则集。若这些规则中的某条规则前提与数据匹配,则执行该规则的结论部分;否则,将该规则的前提作为子目标,递归执行刚才的过程,直到目标已被求解或没有能导出目标的规则。目标驱动控制的优点是只考虑能导出某个特定目标的规则,因而效率比较高;不足之处在于选择特征目标时比较盲目。

③ 混合控制:数据驱动控制的主要缺点是盲目推理,目标驱动控制的主要缺点是盲目选择目标。一个有效的办法是综合两者的优点,通过数据驱动选择目标,通过目标驱动求解该目标,这就形成了双向混合控制的基本思想。以下是 3 种典型的双向混合控制模式:

(a) 双向交替控制策略:首先由用户提供尽可能多的事实,调用数据驱动策略,从已知事实演绎出部分结果;然后根据顶层目标,调用目标驱动控制策略,试图证实该目标;为此,再收集事实。重复上述过程,直到某个顶层目标的权超过阈值(已被证实)或收集不到新的事实(失败)为止。

(b) 双向同时控制策略:根据原始数据进行正向演绎推理,但不希望推理一直到达目标为止;同时从目标出发进行反向推理,也不希望该推理一直到达原始证据;而是希望两种推理在原始证据和目标之间的某处“结合”起来。

(c) 生成与测试混合控制策略:其基本思想是,首先根据部分约束条件生成一批目标,然后再利用全部约束条件逐个“测试”目标。

近来出现了一种新的双向控制策略,其基本思想是:正向推理选择目标,并由反向推理证实目标。选择目标的依据是只要支持该目标的任一子目标被证实为真,该目标就选为待证实目标;反向推理只选择与目标相关的知识,必要时才收集新的证据。在推理效率方面,该控制策略比较理想。

**(3) 推理过程**

以 4.3.2 节产生式规则表示的振动信号为例,用正向推理方式具体说明专家推理过程。

正向推理的基本思想:首先对动态数据库 DDB(Dynamic Data Base)中的数据与静态数据库 SDB(Static Data Base)中的数据进行比较,然后运用知识库中的知识推出故障结果。

系统中的 DDB 用来存放设备运行过程中的故障特征数据,SDB 用来存放原始数据和诊断标准。为了完成动态数据与静态数据的比较,DDB 中的数据与 SDB 中的数据必须有一一对应关系。例如,在振动诊断中,要求每对数据都必须对应相同频率,但实际检测的数据,其个数和频率均无法与 SDB 中的数据达成对应。为此,在诊断软件中增加了中间数据处理子块,其程序流程如图 4-6 所示。

在图 4-6 所示的读入数据方框中,$N$ 为顺序号,$f_R$ 为工频,$A$ 为振幅,$f$ 为频率,$S$ 为实测信号振幅,$K$ 为分(倍)频系数。

该子块的主要功能是以工频为基础,对数据文件 DT2. DBA 中的数据进行比较、归类。比较时,先将 DDB 中的数据按其频率归入某一频率范围,然后比较相同频率范围内的幅值,并取其最大者作为该频率对应的幅值。例如,设工频 $f_R=50$ Hz,则 $0.5f_R=25$ Hz,可将 $0.5f_R$ 的范围定为 22~28 Hz,DT2. DBA 中凡是落入这一频率范围内的数据都算做 $0.5f_R$ 对应的幅值，然后选其最大者，再赋给 $f_R$ 作为其幅值。这种将某频率邻近范围内的值定为该频率点幅值的方法成功地解决了动态数据不确定性与静态数据确定性之间不易比较的矛盾，为利用振动信息对设备的运行状态进行在线监测和故障诊断提供了方便。

在推理过程中，先将监测对象的工频幅值 $D$ 与 SDB 中各条标准的第一项 $B$ 进行匹配，成功后，再将处理后的实测数据 $D_i$ 逐个与工频两侧各分(倍)频的幅值 $B_i$ 进行比较，根据其接近或超出程度，对故障进行监视、诊断、预测和报警，数据匹配过程如图 4－7 所示。

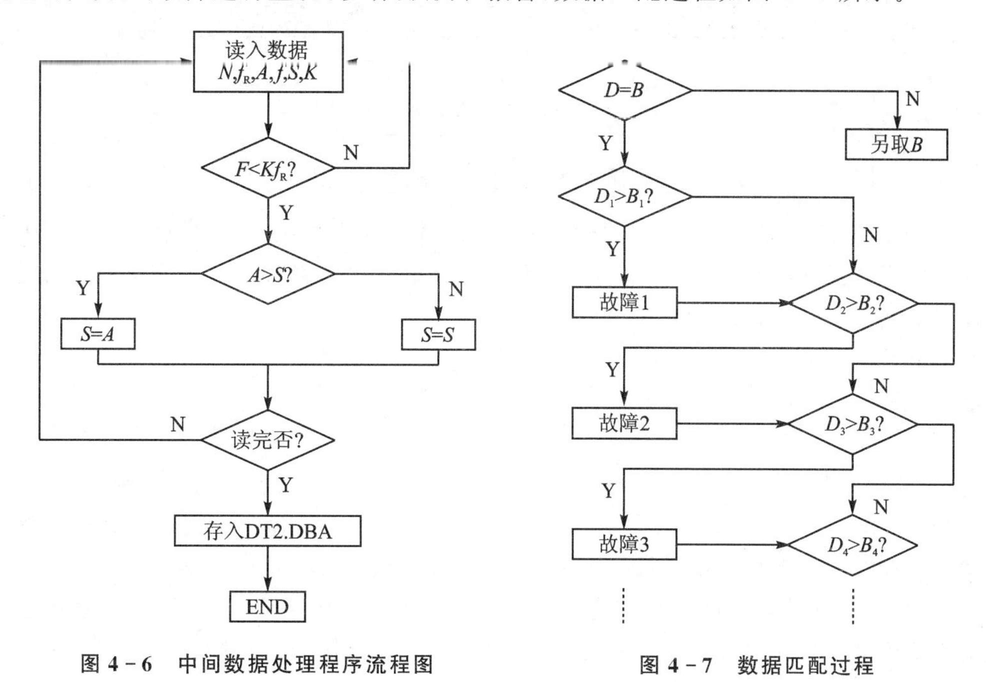


图 4－6 中间数据处理程序流程图

图 4－7 数据匹配过程

由于采用了中间数据处理子块，在监测诊断过程中只须运用 Turbo Prolog 语言中的合一匹配功能就能得出诊断结果，从而简化了动态监测诊断过程。

### 3. 知识库维护

知识库是用来存放专家提供的专门知识。在用产生式规则表示知识时，知识库中包含了许多“事实”和“规则”。“事实”在系统运行中可以不断改变，而“规则”可用来生成新的事实和如何根据已有事实得出假设。知识库维护就是根据实际需要对知识库进行查询、增加、删除和修改，以完成对知识库的管理。一个专家系统性能的优劣主要体现在知识库的规模及其质量的好坏。为了使知识不断得以完善，必须对知识库进行维护。FDES(Fault Diagnosis Expert System)的知识库维护模块主要由查询、增加、删除等子块组成。

① 查询：查询知识子块可以帮助用户了解知识库的具体内容。FDES 知识库维护查询子块可以设 3 种显示方式：显示全部知识库内容、显示部分知识库内容、显示知识库单条知识。使用时可根据需要进行选择。

② 增加：增加知识子块在系统运行过程中可向知识库中增加新的知识。为了避免对知识库文件的特殊处理，FDES 可以利用知识库本身的可完善性，在系统运行过程中主动要求用户添入新知识，并将其加到知识库文件中，这样就能方便地进行人与计算机之间的信息交换。

③ 删除：删除知识子块是用来删除知识库中错误的和无用的知识，以节约计算机内存和

提高其运行速度。删除时，只要键入要删除的规则号即可。

FDES 知识库维护模块的结构如图 4－8 所示。

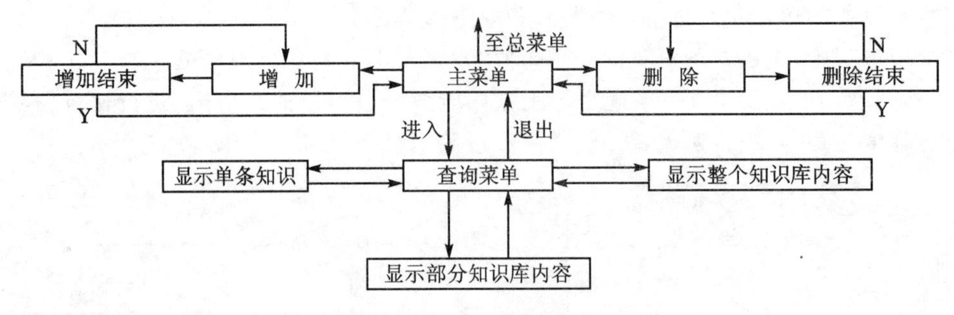


图 4－8 知识库维护模块

FDES 的知识库维护模块可以采用菜单选择和填表两种方式。对知识库进行维护时，首先用菜单进行方式选择，在进入子块后再综合运用菜单和填表两种方式实现进一步操作。例如在运行查询子块时，CRT 询问：

全部显示　　1

部分显示　　2

单条显示　　3

这时，若键入代号 2，CRT 上的子菜单就显示出部分代号，回答后就能得到预期目标；若键入代号 3，CRT 要求用填表形式输入规则号，键入规则号后，就显示出这条知识的内容。

菜单选择式的特点是直观、明确，不用对操作人员事先培训，只要根据中文提示就能进行操作；填表式的特点是可以避免菜单式冗长的显示，如对于增加子块，若增加内容暂不能确定，就无法用菜单进行对话，只能采用填表式。在知识库维护模块中，合理选择两种维护方式，可方便用户，避免出错，又使人机交互避免烦琐。

### 4. 机器学习

随着专家系统的发展，知识获取已成为建造专家系统的“瓶颈”。知识获取的实质就是机器学习。机器学习从内在行为看，是一个从不知到知的过程，是知识增加的过程；从外在表现看，是系统的某些适应性改变，使得系统能完成原来不能完成的任务，或把原来的任务做得更好。

FDES 在获取知识的过程中，最初是将专家提供的知识存入知识库中，这是一种机械记忆学习过程。当解题中遇到无法解决的问题时，可通过提问，由外界提供信息，以形成新知识并存入知识库中继续推理。还可通过示例学习，要求系统能够从特定的示例中归纳出一般性的规则。

机器学习的最高层次为归纳总结学习，它要求系统能在实际工作中不断地总结，归纳成功的经验和失败的教训，并对知识库中的知识自动进行调整和修改，以丰富和完善系统知识，机器学习过程如图 4－9 所示。

学习环节是通过对监测对象信息、外部环境信息和执行反馈信息的处理，来改善知识库中的原有知识；执行环节是利用知识库中的信息对所求问题做出解答，并将新获得的信息反馈给学习环节。机器通过不断学习，能使知识库中的知识自动适应条件的变化而不断得到丰富和完善。

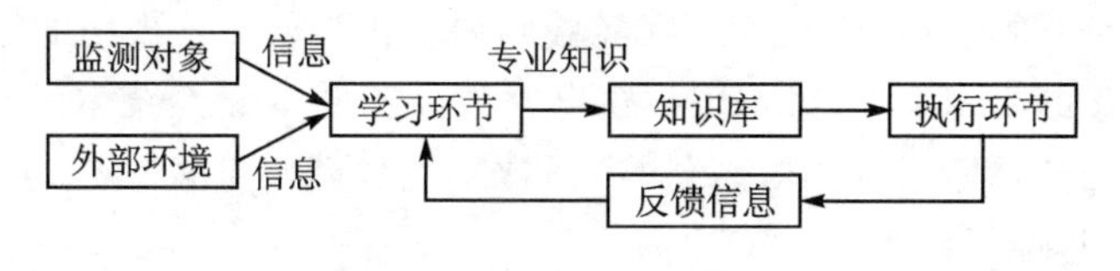


图 4－9　机器学习过程

**5. 专家系统故障诊断的特点**

① 专家系统能综合利用各种信息与各种诊断方法，以灵活的诊断策略来解决诊断问题。

② 它能实现从数据到干预控制的全套自动化诊断，能通过使用专家经验而相对地避开信号处理方面复杂的计算，为设备的实时监控提供时间上的有利条件。

③ 它能处理带有错误的信息和不完全的信息，因而可以相对地降低对测试仪器和工作环境的要求。

④ 由于专家系统采用模块结构，可以很方便地增加它的功能，也可以很方便地调用其他程序。如对其诊断系统，可以通过加入维修咨询子任务模块的方式，使其能在诊断后提供维修咨询；还可以加入信号处理程序包，使其具有信号处理功能。

⑤ 知识库便于修改与增删，使之适用于不同系统。

⑥ 具有解释功能，能通过人机对话进行快速培训维修人员。

⑦ 专家系统解决实际问题时不受周围环境的影响，也不可能遗漏忘记。

⑧ 专家系统能汇集众多领域专家的知识和经验以及他们间的协作解决重大问题的能力，它拥有更渊博的知识、更丰富的经验和更强的工作能力。

⑨ 知识获取存在“瓶颈”问题，缺乏联想能力，自学习、自适应能力和实时性差。

## 4.3.3　专家系统故障诊断方法

工业过程中故障诊断的含义是根据特定传感器的测量值，确定引起系统异常或失效的原因、部位及严重程度。故障诊断专家系统的功能是根据测量信息和计算机的诊断知识，自动完成系统异常或失效的诊断。由此，一个诊断问题可以描述为以下四元式的形式，即

$$P=(M,F,K,OBS) \tag{4-17}$$

式中，M 为系统可观测到的症状集合，F 为系统的故障集合，$K\subset M\times F$ 为系统症状集与故障之间的映射关系（诊断知识），OBS 为当前观察到的症状。对于不同的系统，系统的诊断知识 K 取决于目标系统的结构和行为。根据对系统的认识，可以将诊断问题分为黑箱系统诊断和白箱系统诊断两类：对一些大型机械设备，鉴于其内部子系统间的作用比较复杂，又缺乏准确的因果逻辑关系，而且无法完成子系统症状的测量，这时一般将系统作为黑箱进行处理，诊断策略一般采用模式匹配的方法；对工业处理过程，由于子系统之间作用相对简单，且包含一定的因果和逻辑关系，同时还可以对子系统行为进行测量，因此诊断知识可以利用系统的结构与功能知识进行描述，较为常见的方法是基于因果网络模型和基于系统结构与功能模型的诊断方法。

**1. 模式匹配诊断法**

如果目标系统的每一个故障都对应着特定的系统表现（症状），则称其为故障特征模式，这时的故障诊断问题就转化为模式匹配问题。这些故障的特征模式通常是经过该领域专家从多

年的实践经验中获得，通常可以将这些专家经验知识转化为启发式规则的形式进行推理诊断。如早期出现的医学诊断专家系统 MYCIN、核电站故障诊断专家系统 REACTOR。常见的还有一类基于振动监测的诊断系统，其诊断知识通常采用故障特征模式进行描述。这种方法的特点是易于实现，而且推理效率较高。

这类专家系统开发时最重要的环节是知识的搜集整理。在多数情况下这类经验知识往往无法准确进行形式化的描述，因此知识的搜集整理往往决定了一个系统的诊断能力。另外这类系统往往采用完全匹配原则，这样对于存在干扰和噪声的信号以及不完整的信号，就无法提供合理的解释。

**2. 因果网络诊断法**

对于可分解的监测系统，一般在被监测参量间也存在一定的因果关系，这时诊断知识可以由故障传播模型 $K \cup M \times F$(FUM)来表示。故障传播模型是一个表示因果关系的网络图，因果网络图有时也称为符号化的有向图(Signed Diagram，SD)，它由节点和有向连线构成，节点表示系统的参量，连线表示参量之间相互影响的因果关系，连线上的符号表示变化方向。

对于完整的故障传播模型，故障诊断通过故障传播路径的搜寻完成。因果网络还有一些其他的描述方法，如贝叶斯信念网络等。对于复杂系统，因果网络图的构造和维护难度大为增加，这时一般通过系统分解将其表示为多个分离的子图。

还有一类用树状结构表示因果知识的方法，可以将这些树看做退化的因果网络。如美国电力研究所(EPRl)开发的干扰分析系统(DAS)，使用因果树 CCT(Cause-consequence Tree)来描述故障原因和系统观测量之间的因果时序关系。这些系统的知识一般都来源于系统分析的结果，具有成本低、快速原型化的特点，但不足之处在于知识库的维护较为复杂。

**3. 结构与功能模型诊断法**

系统的故障传播模型是从系统行为模型抽象而来的，而系统的行为显然取决于系统的结构和部件特性，因此系统结构与功能模型为系统故障传播提供了更为一般性的描述。由于数字电路中元器件行为比较简单，通过系统结构可以很容易地得到系统行为完整的描述。最早 Reiter 在数字电路的诊断中提出了基于系统结构与行为模型的诊断方法。该诊断问题可以描述为

$$P=(SD,\ COMPONENTS,\ ORS) \tag{4-18}$$

式中，SD 表示系统结构，COMPONENTS 表示系统的部件集合，ORS 为系统行为的表现值。基于系统结构与行为模型的诊断过程如图 4-10 所示。

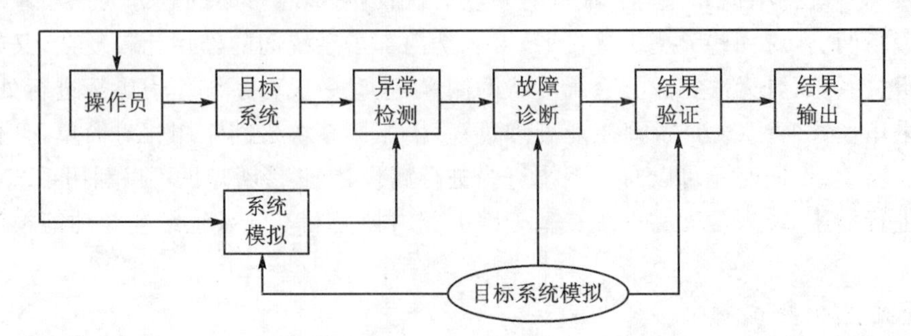


图 4-10 结构与行为模型的诊断过程

系统的异常特性可以通过模型的正向计算获得，诊断的关键是如何逆向计算出引起异常的故障原因。在 Reiter 提出的方法中，故障诊断过程由冲突集合的生成和候选验证两步构成。一个冲突集合对应于一次测量或一种症状，它的含义是集合中至少一个元素异常与该次测量或症状一致。一个候选集合含义是，所有集合中元素的异常可以解释当前的系统表现。

无论是基于因果网络或是基于结构与功能的诊断方法，模型中的知识都可以表示为下面产生式规则的形式，即

IF 发生故障 A THEN 出现症状 B

对于上述规则，演绎推理是通过已知故障 A 推出症状 B，在故障诊断中则是利用已知症状 B 而得到故障 A 的结论，这种推理方式称为诱导式推理(Abductive Reasoning，AR)。Bylander 给出了诱导式推理的一般性描述，并证明诱导式的诊断推理问题是随着问题规模的增加，致使推理所需的时间以指数形式增加。对于特定问题，可以通过层次化分解或单故障假设来减少计算的复杂度。

对大型复杂工业设备，人们往往采用层次化方法分解系统结构。多层流模型 MLFM (Multi-level Flow Model)就是利用层次化功能模型来描述系统。它的基本设计思想是利用基本物质流(如质量流、能量流和信息流)来描述物理系统。基本物质流的目标是完成某种物质的转移，它由流中不同的功能单元来完成，每个功能单元的功能实现需要一些低层流的目标作为支持，通过这种关联形成层次化的系统模型。图 4-11 所示为一个简化的热交换系统的多层流模型。图中，圆形表示功能单元，方框表示目标。故障诊断的目的是解释未实现目标的原因。诊断策略采用由顶向下的判断方式，依次搜索诊断目标的功能单元和功能单元的实现，以完成故障诊断。该系统的特点是从流的传送和处理的角度出发，将部件或系统功能抽象成一般性的功能单元，对于各类系统的描述有较强的通用性。

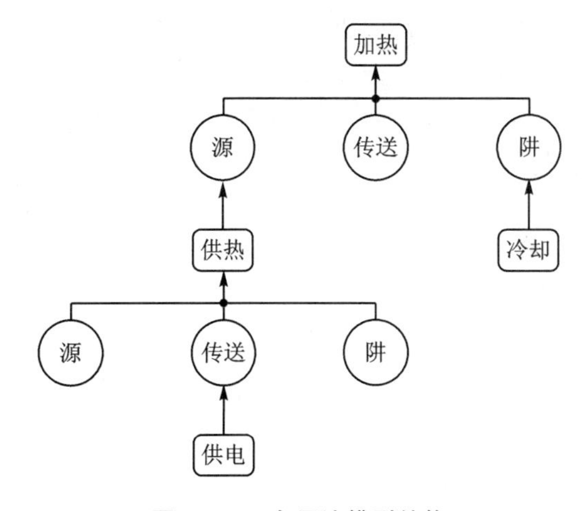


**图 4-11　多层流模型结构**

## 4.4　基于神经网络的故障诊断技术

神经网络在故障诊断中的应用始于 20 世纪 80 年代。由于神经网络具有容错、联想、推测、记忆、自学习、自适应和并行运算处理等的独特优势，因此在故障诊断中得到人们的广泛

关注。

### 4.4.1 神经网络

人工神经网络(Artificial Neural Network,ANN)简称为神经网络(Neural Network,NN),它是10多年来人们十分关注的热门交叉学科,涉及生物、电子、数学、物理、计算机、人工智能等多种学科和技术,有着十分广阔的应用前景。

简单地说,神经网络就是用物理上可实现的器件、系统和计算机来模拟人脑结构和功能的人工系统。它由大量简单的神经元经广泛互联,构成一个计算结构来模拟人脑的信息处理方式,并应用这种模拟来解决工程实际问题。

神经网络的研究已有近80年的历史。早在20世纪40年代,心理学家Mcculloch和Pitts就提出了神经元的形式模型,Hebb提出了改变神经元连接强度的规则,它们至今仍在各种神经网络模型中起着重要作用。随后,Rosenblatt,Widrow等人对它们进行了改进并提出了感知器(Perceptron)和自适应线性元件(Adaptive Linear Element)。后来,Hopfield,Rumelhart,Mcclelland,Anderson,Feldman,Grossberg和Kohonen等人所做的工作又掀起了神经网络研究的热潮。这一热潮的出现,除了神经生物学本身的突破和进展以外,更主要的是由于计算机科学与人工智能发展的需要,以及VLSI技术、生物技术、光电技术等的迅速发展为其提供了技术上的可能性。同时,由于人们认识到类似于人脑特性行为的语音和图像等复杂模式的识别,使现有的数字计算机难以实现大量的运算处理,而神经网络应用大量的并行简单运算处理单元为此提供了新的技术手段,特别是在故障诊断领域,更显示出其独特的优势。

**1. 网络故障诊断的优越性及其存在的问题**

一般来说,专家系统是在宏观功能上模拟人的知识推理能力,它是以逻辑推理为基础,通过知识获取、知识表示、推理机设计等来解决实际问题,其知识处理所模拟的是人的逻辑思维机制。神经网络是在微观上模拟人的认识能力,它是以连接结构为基础,通过模拟人类大脑结构的形象思维来解决实际问题,其知识处理所模拟的是人的经验思维机制,决策时它依据的是经验,而不是一组规划,特别是在缺乏清楚表达规则或精确数据时,神经网络可产生合理的输出结果。

**(1) 神经网络故障诊断的优点**

① 并行结构与并行处理方式:神经网络具有类似人脑的功能,它不仅在结构上是并行的,而且其处理问题方式也是并行的,诊断信息输入之后可以很快地传递到神经元进行同时处理,克服了传统智能诊断系统出现的无穷递归、组合爆炸及匹配冲突等问题,使计算速度大大提高,特别适合用于处理大量的并行信息。

② 具有高度的自适应性:系统在知识表示和组织、诊断求解策略与实施等方面可根据生存环境自适应、自组织地达到自我完善。

③ 具有很强的自学习能力:神经网络是一种变结构系统,神经元连接形式的多样性和连接强度的可塑性,使其对环境的适应能力和对外界事物的学习能力非常强。系统可根据环境提供的大量信息自动进行联想、记忆及聚类等方面的自组织学习,也可在导师指导下学习特定的任务。

④ 具有很强的容错性:神经网络的诊断信息分布式存储在整个网络中相互连接的权值上,且每个神经元存储多种信息的部分内容,因此即使部分神经元丢失或外界输入到神经网络

中的信息存在某些局部错误，也不会影响整个系统的输出性能。

⑤ 实现了知识表示、存储、推理三者融为一体。它们都由一个神经网络来实现。

**(2) 神经网络故障诊断存在的问题**

神经网络故障诊断也有许多局限性。如训练样本获取困难，网络学习没有一个确定的模式，学习算法收敛速度慢，不能解释推理过程和推理结果，在脱机训练过程中训练时间长，为了得到理想的效果，要经过多次实验，才能确定一个理想的网络拓扑结构。

**2. 神经网络故障诊断研究现状及其发展**

神经网络用于设备故障诊断是近十几年来迅速发展起来的一个新的研究领域。由于神经网络具有并行分布式处理、联想记忆、自组织及自学习能力和极强的非线性映射特性，能对复杂的信息进行识别处理并给予准确的分类，因此可以用来对系统设备由于故障而引起的状态变化进行识别和判断，从而为故障诊断与状态监控提供了新的技术手段。人工神经网络作为一种新的模式识别技术或新的知识处理方法，在设备故障诊断领域显示出了极大的应用潜力。目前，神经网络在设备故障诊断领域的应用研究主要集中在三个方面：

① 从模式识别的角度，应用神经网络作为分类器进行故障诊断；

② 从预测的角度，应用神经网络作为动态预测模型进行故障预测；

③ 从知识处理的角度，建立基于神经网络的故障诊断专家系统。

在众多的神经网络中，基于BP算法的多层感知器MLP(Multi-level Perceptron)神经网络应用最广泛且最成功。

人工智能和计算机技术的迅速发展，特别是知识工程、专家系统的进一步应用，为神经网络故障诊断技术的研究提供了新的理论和方法。为了提高神经网络故障诊断的实用性能，目前主要应从神经网络模型本身的改进和模块化神经网络诊断策略两个方面开展研究。神经网络故障诊断技术具有广阔的发展前景。

## 4.4.2　神经网络故障诊断原理

### 1. 神经网络模型

**(1) 神经元模型**

作为NN基本单元的神经元模型如图4-12所示。

从图中可以看出，神经元模型有三个基本要素：

① 一组连接权：连接强度由各连接权值表示，权值为正表示激励，为负表示抑制。

② 一个求和单元：用于求取各个输入信息的加权和(线性组合)。

③ 一个非线性激励函数：非线性激励函数起非线性映射作用，并将神经元输出幅度抑制在一定的范围之内。

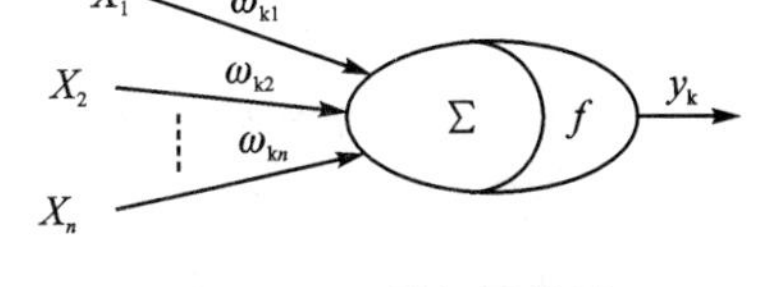


图4-12　神经元模型

神经元的输入与输出关系可以表示为

$$y_k = f\left(\sum_{j=1}^{n} \omega_{kj} x_j - \theta_k\right) \tag{4-19}$$

式中，$x_j$ 为神经元的输入信号；$\omega_{kj}$ 为从神经元 $k$ 到神经元 $j$ 的连接权值；$\theta_k$ 为神经元的阈值；$f$ 为激励函数(或传递函数)；$y_k$ 为神经元 $k$ 的输出。如果采取不同形式的激励函数 $f$，可以导致不同的模型。激励函数 $f$ 主要有以下几种形式：

(a) 阈值型函数(见图 4-13)：

$$f(x)=\begin{cases}1 & x \geqslant 0 \\ 0 & x<0\end{cases} \tag{4-20}$$

(b) 分段线性函数(见图 4-14)：

$$f(x)=\begin{cases}1 & x \geqslant 1 \\ \dfrac{1}{2}(1+x) & -1<x<1 \\ 0 & x \leqslant 1\end{cases} \tag{4-21}$$

它类似于一个带限幅的线性放大器，当工作于线性区时，它的放大倍数为 1/2。

(c) Sigmoid 型函数(见图 4-15)：

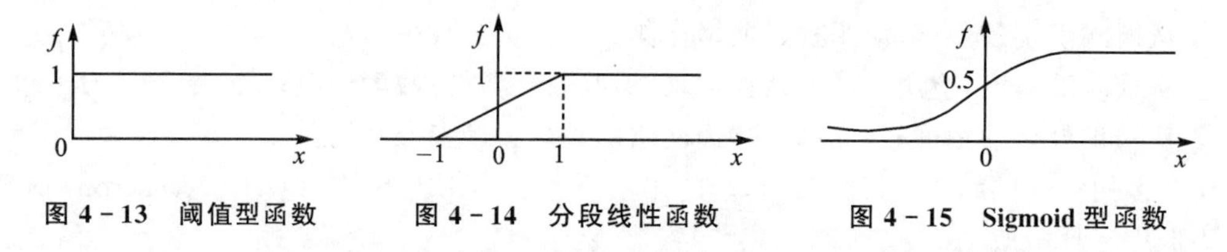


图 4-13　阈值型函数　　图 4-14　分段线性函数　　图 4-15　Sigmoid 型函数

此函数具有平滑和渐进性，并保持单调性。最常用的函数形式为

$$f(x)=\frac{1}{1+\exp(-\alpha x)} \tag{4-22}$$

参数 $\alpha$ 可控制其斜率。另一种常用的是双曲正切函数

$$f(x)=\tanh\left(\frac{x}{2}\right)=\frac{1-\exp(-x)}{1+\exp(-x)} \tag{4-23}$$

Sigmoid 函数是当前应用最广泛的函数，体现了神经元的饱和特性。

除了以上三种神经元激励函数之外，还有一些其他种类的激励函数，如符号函数、斜坡函数等。

**(2) 网络拓扑结构**

NN 是由大量神经元相互连接而构成的网络。根据连接方式的不同，NN 的拓扑结构可分成层状结构和网状结构两大类。

① 层状结构：层状结构的 NN 由若干层构成。其中一层为输入层，另一层为输出层，介于输入层与输出层之间的为隐层。每一层都包含一定数量的神经元。在相邻层中，神经元单向连接，而同层内的神经元相互之间无连接关系。根据层与层之间有无反馈连接，又进一步将其分为前馈网络和反馈网络。

前馈网络：前馈网络 FN(Feedforward Network)也称前向网络。其特点是各神经元接受前一层的输入，并输出给下一层，没有反馈(即信息的传递是单方向)。BP(Back Propagation)网络是一种最为常用的前馈网络。具有两个隐层的前馈网络如图 4-16 所示。

反馈网络：反馈网络(Recurrent Network，RN)在输出层与隐层、或隐层与隐层之间有反馈连接。其特点是 RN 的所有节点都是计算单元，同时也可以接收输入，并向外界输出。

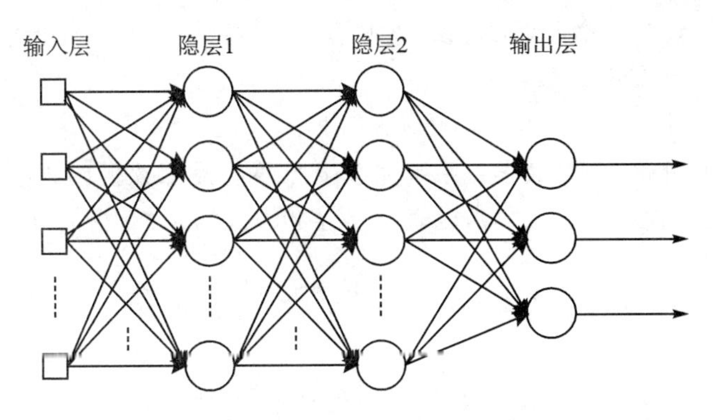


图4-16　多层前馈神经网络结构

Hopfield网络和递归神经网络RNN(Recurrent Neural Network)是两种最典型的反馈网络。

② 网状结构:网状结构是一种互联网络。其特点是任何两个神经元之间都可能存在双向连接关系;所有的神经元既可作为输入节点,同时也可作为输出节点。这样,输入信号要在所有神经元之间往返传递,直到收敛为止,其结构如图4-17所示。

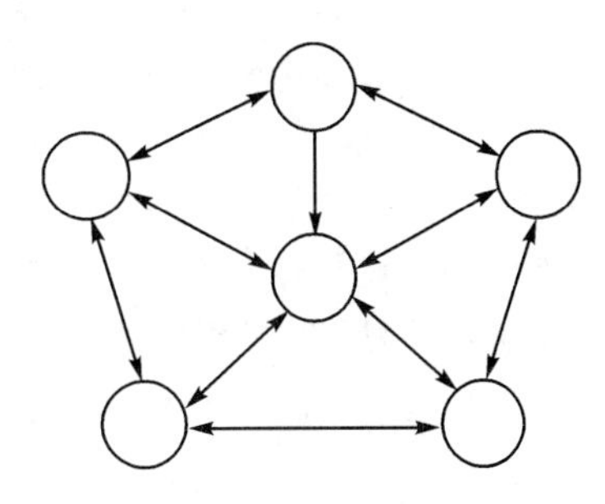

图4-17　网络结构神经网络

③ NN的工作过程:NN的工作过程可分为两个阶段:第一阶段是学习期,此时各计算单元状态不变,各连线上的权值通过学习来修改;第二阶段是工作期,此时连接权值固定,计算单元状态变化,以达到某种稳定状态。

从作用效果看,前馈网络主要是函数映射,可用于模式识别和函数逼近。RN可用做各种联想储存器和用于求解优化问题。

**(3) 神经网络学习方法**

神经网络学习方法是体现NN智能特性的主要标志,离开了学习方法,NN就失去了诱人的自适应、自组织和自学习能力。

① 学习方式:通过向环境学习获取知识并改进自身性能是NN的一个重要特点。在一般情况下,性能的改善是按某种预定的度量通过调节自身参数(如权值)随时间逐步达到的。按环境提供信息量的多少,NN学习方式可分为3种。

(a) 监督学习,即有导师学习,如图4-18所示。

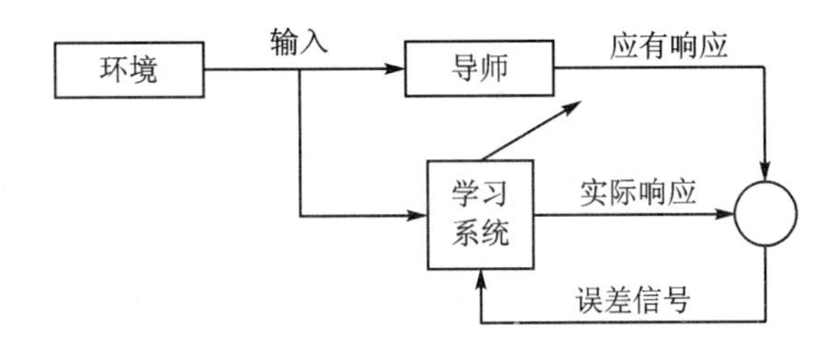


图4-18　监督学习框图

这种学习方式需要外界有一个“教师”,它可对给定一组输入提供应有的输出结果(正确答案)。这组已知的输入/输出数据称为训练样本集,学习系统可根据已知输出与实际输出之间的差值(误差信号)来调节系统参数。

(b) 非监督学习,即无导师学习,如图 4-19 所示。

非监督学习没有外部教师,其学习系统完全按照环境提供数据的某些统计规律来调节自身参数或结构(这是一种自组织过程),以表示出外部输入的某种固有特性(如聚类或某种统计上的分布特性)。

(c) 再励学习,即强化学习,如图 4-20 所示。

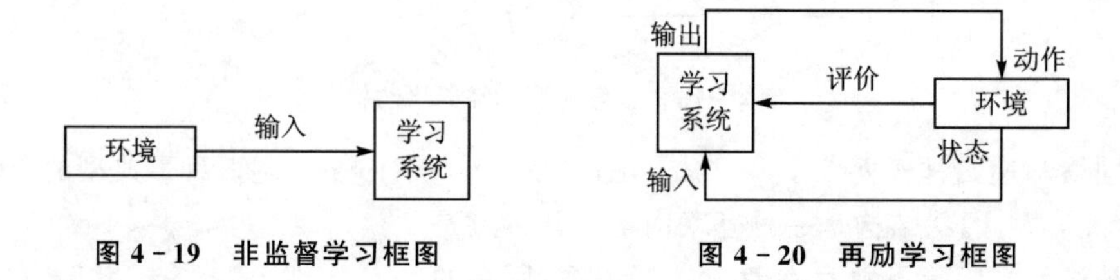


图 4-19　非监督学习框图　　　　图 4-20　再励学习框图

这种学习介于上述两种情况之间。外部环境对系统的输出结果只给出评价信息(奖或惩),而不是给出正确答案。学习系统通过强化那些受奖的动作来改善自身的性能。

② 学习算法(学习规则):

(a) 误差纠正学习算法:令 $y_k(n)$ 为输入 $x_k(n)$ 时神经元是在 $n$ 时刻的实际输出,$d_k(n)$ 表示期望输出(可由训练样本给出),则误差信号可写为

$$e_k(n) = d_k(n) - y_k(n) \tag{4-24}$$

误差纠正学习的最终目的是使 $e_k(n)$ 达到最小,以使网络中每一个输出单元的实际输出逼近应有的输出。其学习规则为

$$\Delta\omega_{kj} = \eta\, e_k(n) x_j(n) \tag{4-25}$$

式中,$\eta$ 为学习步长。

(b) Hebb 学习算法:由神经心理学家 Hebb 提出的学习规则可归纳为:当某一突触(连接)两端的神经元同步激活(同为激活或同为抑制)时,该连接的强度应增强,反之应减弱。用数学方式可描述为

$$\Delta\omega_{kj} = \eta y_k(n) x_j(n) \tag{4-26}$$

式中,$y_k(n)$ 和 $x_j(n)$ 分别为 $\omega_{kj}$ 两端神经元的状态。由于 $\omega_{kj}$ 与 $y_k(n)$,$x_j(n)$ 的相关成比例,有时称其为相关学习规则。

(c) 竞争(Competitive)学习算法:顾名思义,在竞争学习时,网络各输出单元互相竞争,最后达到只有一个最强者被激活。最常见的一种情况是输出神经元之间有侧向抑制性连接,如图 4-21 所示。

这样原来输出单元中如有某一单元较强,则它将获胜并抑制其他单元,最后只有此强者处于激活状态。常用的竞争学习规则可写为

$$\Delta\omega_{ji} = \begin{cases} \eta(x_i - \omega_{ji}) & \text{若神经元 } j \text{ 竞争优胜} \\ 0 & \text{若神经元 } j \text{ 竞争失败} \end{cases} \tag{4-27}$$

### 2. 神经网络故障诊断原理

神经网络是由多个神经元按一定的拓扑结构相互连接而成的。神经元之间的连接强度体

现了信息的存储和相互关联程度，且连接强度可通过学习而加以调节。三层前向神经网络如图 4-22 所示。

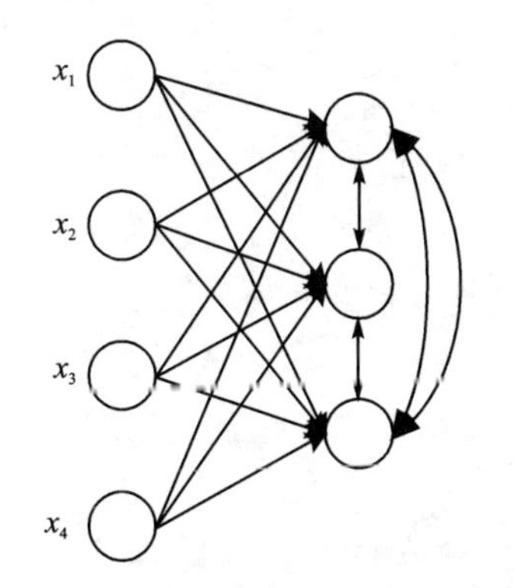


图 4-21　具有侧向连接的竞争学习网络

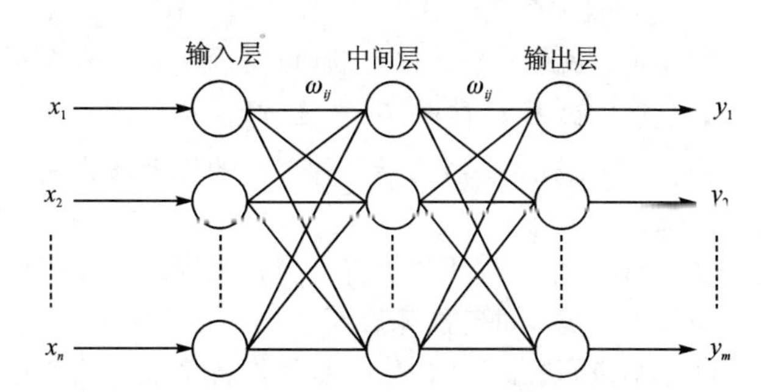


图 4-22　三层前向神经网络

输入层：从监控对象接收各种故障信息及现象，并经归一化处理，计算出故障特征值为

$$X=(x_1,x_2,\cdots,x_n) \tag{4-28}$$

中间层：从输入得到的信息经内部学习和处理，转化为有针对性的解决办法。中间层可以是一层，也可以根据不同情况采用多层。中间层含有隐节点，它通过数值 $\omega_{ij}$、连接输入层和通过阈值 $\theta_{ij}$ 连接输出层。选用 S 型函数——Sigmoid 函数，可以完成输入模式到输出模式的非线性映射。

输出层：通过神经元输出与阈值的比较，得到诊断结果。输出层节点数 $m$ 为故障模式的总数。若第 $j$ 个模式的输出为

$$Y_j=(0\quad 0\quad \cdots\quad 0\quad 1\quad 0\quad \cdots\quad 0\quad 0) \tag{4-29}$$

即第 $j$ 个节点输出为 1，其余输出均为 0，它表示第 $j$ 个故障存在（输出 0 表示无故障模式）。

利用 NN 进行故障诊断的基本思想是：以故障特征作为 NN 输入，诊断结果作为 NN 输出。首先利用已有的故障征兆和诊断结果对 NN 进行离线训练，使 NN 通过权值记忆故障征兆与诊断结果之间存在的对应关系；然后将得到的故障征兆加到 NN 的输入端，就可以利用训练后的 NN 进行故障诊断，并得到相应的诊断结果。

可以看出，神经网络进行故障诊断是利用它的相似性、联想能力和通过学习不断调整权值来实现的。给神经网络存入大量样本，NN 就对这些样本进行学习，当 $n$ 个类似的样本被学习后，根据样本的相似性，把它们归为同一类的权值分布。当第 $n+1$ 个相似的样本输入时，NN 会通过学习来识别它的相似性，并经权值调整把这 $n+1$ 个样本归入一类。NN 的归类标准表现在权值的分布上。当部分信息丢失时，如 $n$ 个样本中丢失了 $n_1$ 个（$n_1<n$），那么 NN 还可通过另外 $n-n_1$ 个样本去学习，并不影响全局。

设对 NN 输入具有对应关系的两组样本为

$$X^{(p)}\rightarrow Y^{(p)}\qquad (p=1,2,\cdots,m)$$

式中，$X^{(p)}$ 代表输入的故障信息，$Y^{(p)}$ 代表输出的解决策略。在这里，输入的样本越多，它的功能就越强。当有另一故障输入时，如

$$X=X^{(r)}+V \tag{4-30}$$

式中，$X^{(r)}$ 是样本之一，$V$ 为偏差项。NN 经过自学习不断调整权值，就可以输出

$$Y = Y^{(r)} \tag{4-31}$$

这样，当输入一个新的故障现象，NN 经过学习总可以找到一个解决策略。

### 4.4.3 神经网络故障诊断方法

利用神经网络进行故障诊断，可将诊断方法分为模式识别和知识处理两大类。

**1. 模式识别故障诊断神经网络**

模式(Pattern)一般是指某种事物的标准形式或使人可以照着做的标准样式。模式识别PR(Pattern Recognition)是研究模式的自动处理和判读的数学技术问题，它既包含简单模式的分类，也包含复杂模式的分析。模式识别故障诊断神经网络就是从模式识别的角度，应用神经网络作为分类器进行故障诊断。

我们知道，状态监测的任务是使设备系统不偏离正常功能，并预防功能失败，而当系统一旦偏离正常功能，则必须进一步分析故障产生的原因，这时的工作就是故障诊断。如果事先已对设备可能发生的故障模式进行了分类，那么诊断问题就转换为把设备的现行工作状态归入哪一类的问题。从这个意义上讲，故障诊断就是模式的分类和识别。

在传统的模式识别技术中，模式分类的基本方法是利用判别函数来划分每一个类别。如果模式样本特征空间为 N 维欧氏空间，模式分类属于 M 类，则在数学上模式分类问题就归结为如何定义诸超平面方程把 N 维欧氏空间最佳分割为 M 个决策区域的问题。对线性不可分的复杂决策区域，则要求较为复杂的判别函数，并且在许多情况下，由于不容易得到全面的典型参考模式样本，因此常采用概率模型，在具有输入模式先验概率知识的前提下，先选取适合的判别函数形式，以提高识别分类的性能。如何选择判别函数形式以及在识别过程中如何对判别函数的有关参数进行修正，对于传统的模式识别技术来说，并不是一件容易的事。

人工神经网络作为一种自适应模式识别技术，不需要预先给出关于模式的先验知识和判别函数，它可以通过自身的学习机制自动形成所要求的决策区域。网络的特性由其拓扑结构、节点特性、学习和训练规则所决定，NN 能充分利用状态信息，并对来自不同状态的信息逐一训练以获得某种映射关系，同时网络还可连续学习。当环境改变时，这种映射关系还可以自动适应环境变化，以求对对象的进一步逼近。

例如，使用来自设备不同状态的振动信号，通过特征选择，找出对于故障反应最敏感的特征信号作为神经网络的输入向量，建立故障模式训练样本集，对网络进行训练。当网络训练完毕时，对于每一个新输入的状态信息，网络将迅速给出分类结果。

**2. 知识处理故障诊断神经网络**

知识处理故障诊断神经网络就是从知识处理的角度，建立基于神经网络的故障诊断系统。知识处理通常包括知识获取、知识存储及推理三个步骤。

在 NN 的知识处理系统中，知识是通过系统的权系矩阵加以存储，即知识是表示在系统的权系矩阵之中。知识获取的过程就是按一定的学习规则，通过学习逐步改变其权系矩阵的过程。由于神经网络能进行联想和记忆推理，因而具有很强的容错性。对于不精确、矛盾和错误的数据，它都能进行推理，并能得出很好的结果。

在神经网络知识处理系统中，知识获取、知识存储及推理之间的联系非常密切，即具有很强的交融性。同时，神经网络知识处理系统不存在知识获取的“瓶颈”和推理的“组合爆炸”等问题，因而使其应用范围更加宽广。

可应用于故障诊断知识处理的神经网络有 Anderson 提出的知识处理网络、Kosko 提出的模糊认知映射系统及 Carpenter Grossberg 提出的自适应共振网络。知识处理网络、模糊认知映射系统及自适应共振网络分别与传统人工智能中的确定性理论、Bayes 方法及逻辑推理运算相类似。

**(1) 知识处理网络**

知识处理网络是通过把知识编码为属性向量来处理的一种网络,它可以有效地处理矛盾与丢失的信息。在矛盾的情况下,可基于"证据权"做出决策;对丢失信息的情况,可在现有属性之间已知联系的基础上进行猜测。因而,知识处理网络可以很好地对设备或工程系统中的突发性故障或其他意想不到的异常现象进行检测和诊断。知识处理网络的缺点是要求有一个"硬"的知识库,换句话说,就是用来构造系统的数据必须是精确的。

**(2) 模糊认知映射系统**

模糊认知映射系统是以神经网络形式实现的结构,它能够存储作为变元概念客体之间的因果关系。模糊认知映射可以处理不精确和矛盾错误数据,非常适合于涉及个体交互知识基础上的复杂系统,特别是对突发性故障及其他意想不到的异常现象进行检测和诊断。它与知识处理网络相比有其独特的优越性,即不需要"硬"的知识库。

**(3) 自适应共振网络**

自适应共振网络(Adaptive Resonance Network,ARN)是一类无监督学习网络。它可以对二维模式进行自组织和大规模并行处理,也可以进行假说检验和逻辑推理运算,还可以用现有的知识来判断给定假设的合理性。因此,它可应用于对某些难以判断的故障进行进一步的推理运算,以真正达到故障检测与诊断的目的。

神经网络故障诊断专家系统是一种典型的基于知识处理的故障诊断神经网络。建立开发神经网络故障诊断专家系统,就是要求将神经网络与专家系统相结合,用神经网络的学习训练过程代替建立传统专家系统的知识库。

由于神经网络具有很强的并行性、容错性和自学习能力,因此可建立一个神经网络推理机系统,通过对典型样本(实际生产过程中采集的数据)的学习,完成知识的获取,并将知识分布存储在神经网络的拓扑结构和连接权值中,进而避免了传统专家系统知识获取过程中的概念化、形式化和知识库求精三个阶段的不断反复。

神经网络训练完成后,输入数学模式,进行网络向前计算(非线性映射),就可得到输出模式;再对输出模式进行解释,将输出模式的数学表示转换为认识逻辑概念,即完成了传统专家系统的推理过程,就可得到诊断结果。

在这里,专家系统主要用来存储神经网络的连接权矩阵元素值、训练样本、诊断结果和解释神经网络输出,并做出诊断报告。

总之,基于神经网络的故障诊断专家系统是一类新的知识表达体系,与传统的专家系统的高层逻辑模型不同,它是一种低层数值模型,信息处理是通过大量称之为节点的简单处理单元之间的相互作用而进行的。它的分布式信息保持方式,为专家知识的获取和表达以及推理提供了全新的方式。通过对经验样本的学习,将专家知识以权值和阈值的形式存储在网络中,并且利用网络的信息保持性来完成不精确的诊断推理,较好地模拟了专家凭经验、直觉而不是复杂计算的推理过程。

# 4.5　基于信息融合的故障诊断技术

信息融合(Information Fusion,IF)是20世纪80年代形成和发展起来的一种智能信息综合处理技术。它充分利用了多源信息在空间和时间上的冗余性与互补性以及计算机对信息的高速运算处理能力,获得了对监控对象更准确、更合理的解释或描述。信息融合涉及系统论、信息论、人工智能和计算机技术等众多领域和学科。本章首先介绍了信息融合的相关概念,然后重点介绍了信息融合故障诊断的原理和方法。

## 4.5.1　信息融合的概念

本节主要介绍了信息融合的定义、分类、方法和关键技术。

**1. 信息融合的定义**

根据国内外的研究成果,信息融合的定义可概括为:将来自不同用途、不同时间、不同空间的信息,通过计算机技术在一定准则下加以自动分析和综合,形成统一的特征表达信息,以使系统获得比单一信息源更准确、更完整的估计和判决。

从上述定义可以看出,信息融合是一个多级别、多层次的智能化信息处理过程。多传感器系统是信息融合的硬件基础,多源信息是信息融合的加工对象,协调优化和综合处理是信息融合的核心。信息融合的主要优点是:

① 生存能力强:当某个(或某些)传感器不能被利用或受到干扰,或某个目标/事件不在覆盖范围内时,总会有一种传感器可以提供信息。

② 扩展了空间覆盖范围:多个交叠覆盖的传感器共同作用于监控区域,扩展了空间覆盖范围,同时一种传感器还可以探测其他传感器探测不到的区域。

③ 扩展了时间覆盖范围:用多个传感器的协同作用提高检测概率,某个传感器可以探测其他传感器不能顾及的目标/事件。

④ 提高了可信度:用一种或多种传感器对同一目标/事件加以确认,提高了可信度。

⑤ 降低了信息的模糊度:多传感器的联合信息降低了目标/事件的不确定性。

⑥ 改进了探测性能:对目标/事件的多种测量的有效融合,提高了探测的有效性。

⑦ 提高了空间分辨率:多传感器孔径可以获得比任何单一传感器更高的分辨率。

⑧ 增加了测量空间的维数。

**2. 信息融合的分类**

**(1) 按结构形式分**

信息融合按其结构形式可分为集中式、分布式和混合式三类。

① 集中式:集中式是将各传感器的原始数据和经过预处理的数据全部送至融合中心进行融合处理,然后再得到融合结果,如图4-23所示。集中式结构的优点是信息损失小,处理精度高;缺点是数据关联比较困难,计算量大,系统的实时性比较差。

② 分布式:分布式结构的特点是每个传感器的数据在进入融合中心之前,先由自己的数据处理器产生局部结果,然后把它们送到融合中心合成,以形成全局估计,融合过程如图4-24所示。分布式结构的优点是计算量小,实时性好,便于工程实现;缺点是处理精度较集中式低。

③ 混合式:混合式是集中式结构和分布式结构两种形式的组合,如图4-25所示。

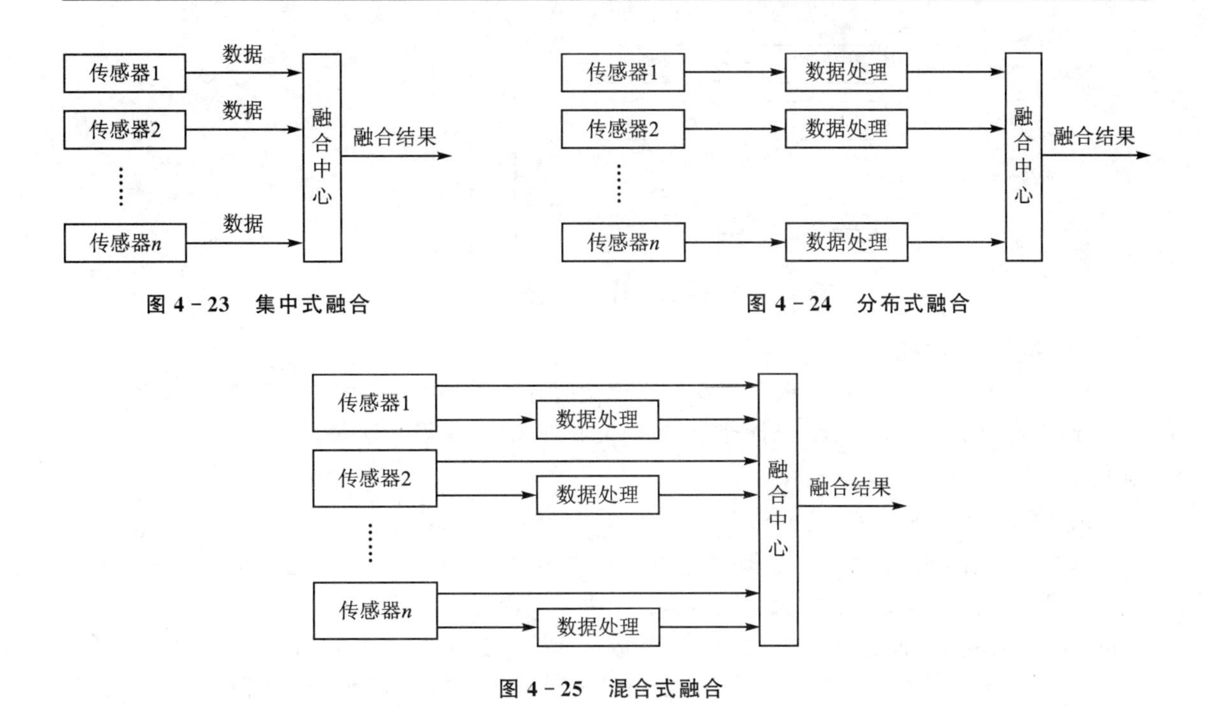


图4-23　集中式融合

图4-24　分布式融合

图4-25　混合式融合

混合式的特点是传感器一方面将各自的数据送至融合中心进行融合，另一方面又各自单独进行数据处理，再将结果送至融合中心进行融合。

以上3种融合形式各有优缺点。通常，集中式多用于同类传感器的数据融合，分布式和混合式则适用于不同类型传感器的数据融合。在实际应用中，应视具体情况决定采用哪一种结构，或混合使用这些结构。

**(2) 按信息的抽象程度分**

按信息的抽象程度，信息融合可分为3个层次：决策层融合、特征层融合和数据层融合。

① 决策层融合：决策层融合结构如图4-26所示。决策层融合是由各个传感器单独进行特征提取和属性判断，然后将各自的判断结果送入融合中心进行融合判断的过程。采用这种结构的优点是计算量小，相容性好，实现起来方便灵活。

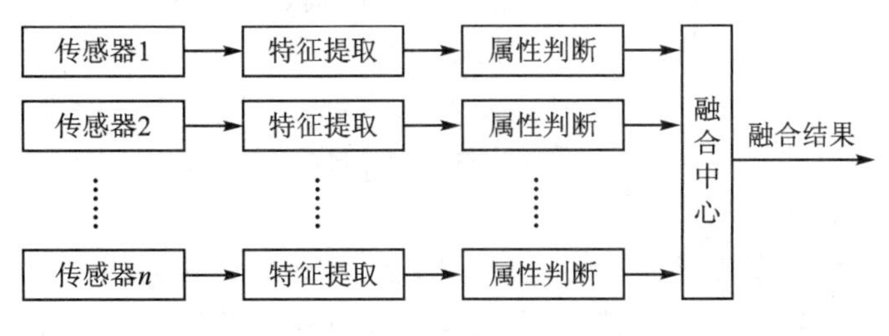


图4-26　决策层融合结构

② 特征层融合：特征层融合是指各传感器独立地进行特征提取，融合中心则联合所有的特征矢量做出判决。特征层融合结构如图4-27所示。这种结构的关键是抽取一致的有用特征矢量，排除无用甚至矛盾的信息，其数据量和计算量属于中等。

③ 数据层融合：数据层融合是指直接融合各传感器的原始数据，然后进行特征提取和故障判断。这种结构的信息损失最小，但计算量大，冗余度高。

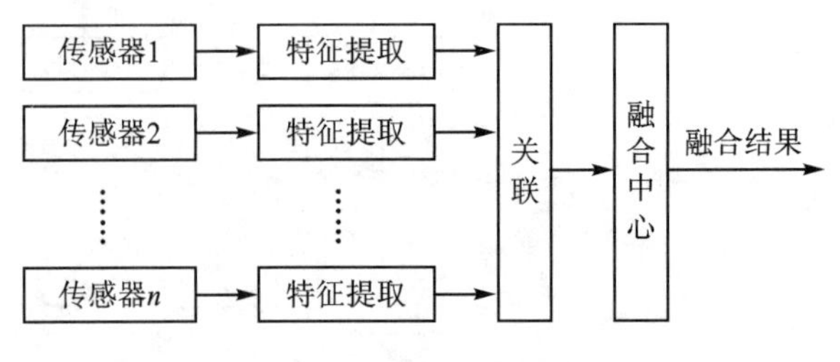


图 4-27 特征层融合结构

**(3) 按信息融合的方法分**

按信息融合的方法可分为基于系统数学模型的方法和基于知识的方法两大类。基于系统数学模型的方法主要有 Bayes 统计理论、数据关联理论、多假设方法等；基于知识的方法有模糊推理、神经网络等。

### 3. 信息融合的方法

作为一种信息综合和处理技术，信息融合是许多相关学科技术和方法的集成与应用。它涉及信号检测、数据处理、数据通信、模式识别、决策理论、估计理论、最优理论、人工智能、计算机技术等诸多领域。信息融合方法有基于参数估计的融合方法、基于自适应加权的融合方法、基于 D-S 证据推理的融合方法、基于递推估计的融合方法等。下面介绍几种常见的信息融合方法。

**(1) 基于参数估计的融合方法**

如果检测信号是符合正态分布的随机信号，则通常采用参数估计的方法进行信息融合。目前基于参数估计的信息融合方法很多，如 Bayes 公式、最小二乘法、极大似然估计法等。基于参数估计的信息融合方法的一般步骤是先在理论上建立基于参数估计的多传感器信息融合算法，一般参数估计的方法是先把连续时间域的微分方程转换成离散时间域的差分方程，然后再利用参数估计的算法，如最小二乘法来估计离散时间系统的参数，最后把离散时间系统的参数反变换到连续时间系统的参数。得出信息融合公式后，剔除疏失误差的一致性观测信息进行融合计算。

**(2) 基于 D-S 证据推理的融合方法**

在设备诊断问题中，若干可能的故障会产生一些症状，每个症状下各故障都可能有一定的发生概率。融合各症状信息以求得各故障发生的概率，发生概率最大者即为主故障。

Dempster 和 Shafer 在 20 世纪 70 年代提出的证据理论是对概率论的扩展。他们建立了命题和集合之间的一一对应关系，把命题的不确定性问题转化为集合的不确定性问题，而证据理论处理的正是集合的不确定性。D-S 方法的融合模型如图 4-28 所示。

使用 D-S 方法融合多传感器数据或信息的基本思想时，首先对来自多个传感器和信息源的数据和信息（即证据）进行预处理，然后计算各个证据的基本概率分配函数、可信度和似然度，再根据 D-S 合成规则计算所有证据联合作用下的基本概率分配函数、可信度和似然度，最后按照一定的判决规则选择可信度和似然度最大的假设作为融合结果。D-S 方法作为一种不确定性推理算法具有其独特的优势。

该方法主要用于具有主管不确定性判断的多属性诊断问题。

**(3) 基于信息论的融合方法**

信息融合有时并不需要用统计方法直接模拟观测数据的随机形式，而是依赖于观测参数

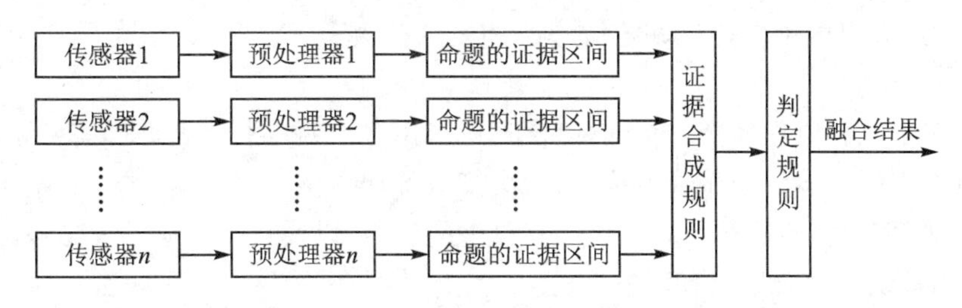


**图 4-28　基于 D-S 方法的多传感器数据融合模型**

与目标身份之间的映射关系来对目标进行标识，这就是基于信息论的融合方法。基于信息论的融合方法有参数模板法、聚类分析法、自适应神经网络法、表决法、熵法等。

聚类分析法是一组启发式算法，经常用于在模式数目不能精确知道的目标识别系统中。聚类分析法的基本思想是先按某种聚类准则将数据分组（聚类），再由分析人员把每个数据组解释为相应的目标类。聚类分析法的步骤如下：

① 从观测数据中选择一些样本数据；

② 定义特征变量集合，以表征样本中的实体；

③ 计算数据的相似性，并按照相似性准则划分数据集；

④ 检验划分的数据类对于实际应用是否有意义；

⑤ 反复将产生的子集加以划分，并对划分结果使用第④步进行检验，直到再没有进一步的细分结果，或者直到满足某种规则为止。

**(4) 基于认识模型的融合方法**

基于认识模型的融合方法是模仿人类的认识思维来辨别实体的识别过程模型。模糊集合法是一种比较有效的方法。模糊集合法的核心是隶属函数，类似于对 1 和 0 之间的值进行概率分布。隶属函数主观上由知识启发、经验或推测过程确定，对它的评定没有形式化过程，精确的隶属函数分布形状对根据模糊演算得出的推论结论影响不大，因此它可以用来解决证据不确定性或决策中的不确定性问题。

模糊集合理论对于信息融合的实际价值在于它外延到模糊逻辑。对于实际问题通过模糊命题的表示，用综合规则先建立起演绎推理；再在推理中使用模糊概率，就可以方便地建立起模糊逻辑；然后通过模糊运算，就能从不精确的输入中找出输出或结果。

模糊逻辑是一种多值逻辑。隶属程度可视为一个数据真值的不精确表示。因此，信息融合过程中存在的不确定性可以直接用模糊逻辑表示，然后使用多值逻辑推理，再根据各种模糊演算对各种命题（即各传感器提供的数据）进行合并，从而实现信息融合。当然，要得到一致的结果，必须系统地建立命题以及算子到[0,1]区间的映射，并适当地选择合并运算所使用的算子。

**(5) 基于人工智能的融合方法**

信息融合一般分为数据层融合、特征层融合和决策层融合 3 个层次。决策级融合通常需要处理大量反应数值数据间关系和含义的抽象数据（如符号），因此要使用推断或推理技术，而人工智能（Artificial Intelligence，AI）的符号处理功能正好有助于信息融合系统获得这种推断或推理能力。

AI 主要是研究怎样让计算机模仿人脑从事推理、规划、设计、思考、学习、记忆等活动，让计算机来解决迄今只能由人类专家才能解决的复杂问题。AI技术在信息融合中的应用表现如下：

① 使用多个互相协作的专家系统，以便真正利用多个领域的知识进行信息综合；

② 使用先进的立体数据库管理技术，为决策级推理提供支撑；

③ 使用学习系统，使信息融合系统具有自适应能力，以便自动适应各种态势的变化。

信息融合系统中的数据源有两类：一类是多传感器的观测结果，另一类是源数据（消息）。对于经过人工预处理过的非格式信息的融合，推理比数值运算更重要，因此应该采用基于知识的专家系统技术进行融合。

专家系统是人工智能的一个实用性分支。专家系统的出现标志着人工智能向工程技术应用方面迈出了一大步，揭开了人工智能发展历史的序幕。然而，大量专家系统的开发研究也暴露了它的一些局限性，例如不易获取知识、知识存储量受到容量限制、推理速度缓慢等。

神经网络系统采用特定的计算机组织结构，以分布式存储和并行、协同处理为特色，具有联想、学习、记忆能力和自适应学习更新能力，正好可以有效地克服现行专家系统的局限性。因此，将专家系统与人工神经网络相结合并用于信息融合，将会产生良好效果。

神经网络专家系统既可以克服计算机信息处理技术的缺点，又可以克服专家系统技术的缺点，因此专家系统与人工神经网络相结合而形成的神经网络专家系统，使人工智能技术有了更进一步的发展。具体表现在：知识表示和存储是分布式；能实现自动知识获取；具有高度冗余性和容错能力；具有很强的不确定性信息处理能力和自适应学习能力等。

**4. 信息融合的关键技术**

① 数据转换技术：数据转换不仅要转换不同层次之间的信息，而且要转换对环境或目标描述和说明的不同之处与相似之处。即使是同一层次的信息，也存在不同的描述和说明。

② 数据相关技术：数据相关技术的核心问题是如何克服传感器测量的不精确性和干扰等引起的相关二义性，即保持数据的一致性。因此，控制和降低相关计算的复杂性，开发相关处理、融合处理和系统模拟算法与模型是其关键。

③ 态势数据库技术：态势数据库分实时数据库和非实时数据库。实时数据库的作用是把当前各传感器的观测结果和融合计算所需要的其他数据及时地提供给融合中心，同时也用来存储融合处理的中间结果和最终结果；非实时数据库用于存储各传感器的历史数据、相关目标、环境辅助信息和融合计算的历史信息等。态势数据库所要解决的难题是容量要大、搜索要快、开放互联性要好，并具有良好的用户接口。

④ 融合推理技术：融合推理是信息融合系统的核心。融合推理的关键是要针对复杂的环境和目标时变动态特性，在难以获得先验知识的前提下，建立具有良好稳健性和自适应能力的目标机动与环境模型，以及如何有效地控制和降低递推估计的计算复杂性。

⑤ 融合损失技术：融合损失技术就是解决如何减少、克服和弥补融合过程中的信息损失问题。

### 4.5.2 基于信息融合的故障诊断原理

**1. 信息融合与故障诊断的关系**

将多传感器信息融合技术应用于故障诊断的原因主要有以下两点：

**(1) 信息融合能够为故障诊断提供更多的信息**

从对信息融合的定义中可以看出，多传感器信息融合技术能够提供比任何单个输入数据单元更多的信息。而对于一个故障诊断系统来说，当然希望在不增加传感器个数的情况下获得尽可能多的信息，因此信息融合技术的这一优点正好满足了故障诊断系统的需求。

**(2) 故障诊断系统具有信息融合系统相类似的特征**

信息融合技术首先应用的典型系统就是多目标跟踪系统。信息融合作为一门独立学科，它的应用当然也可以扩展到有类似特征的其他系统中去。将它扩展到故障诊断系统，也是因为它们有着类似的特征。把诊断对象看做是一个通过传感器系统(雷达系统)观测的特定状态空间(三维空间)，其故障就是在这个空间中出现的特定目标信号航迹，故障诊断的目的就是根据信号和已有的知识确定其故障源及危害(机动性能、身份、攻击性能、杀伤力等)。图 4-29 和图 4-30 简单表示了这两个系统的基本组成。从两图可以看出，它们的基本结构和工作过程类似，因此可以将信息融合用于故障诊断。

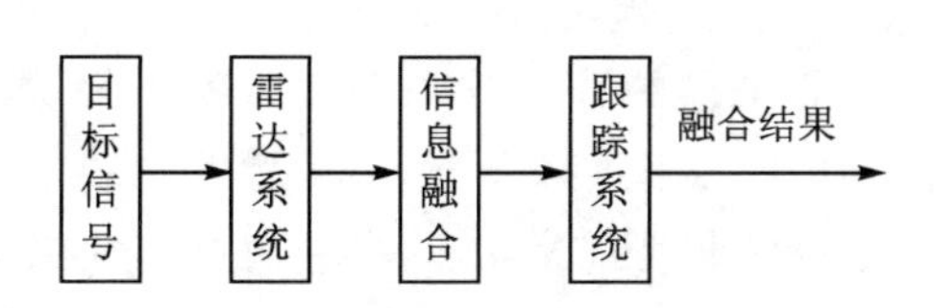


图 4-29 多目标跟踪系统

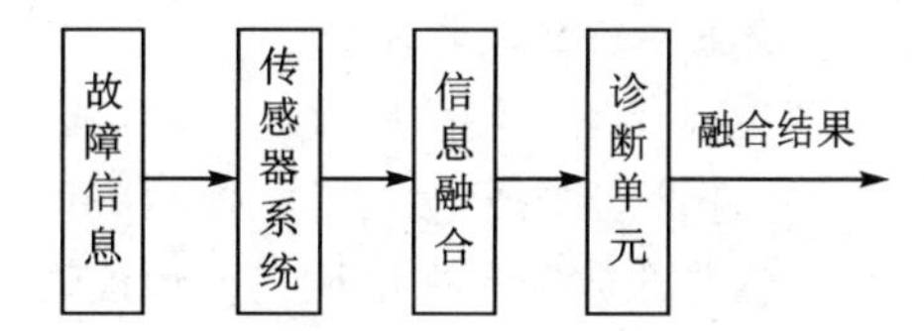


图 4-30 信息融合故障诊断系统

## 2. 信息融合故障诊断模型

众所周知，设备或系统是一个有机的整体，设备或系统某一部位的故障将通过传播表现为其整体的某一症状。因此通过对不同部位信号的融合，或同一部位多传感器信号的融合，可以更合理地利用设备或系统的信息，使故障诊断更准确、更可靠。

信息融合故障诊断就是根据系统的某些检测量得到故障表征(故障模式)，经过融合分析处理，判断是否存在故障，并对故障进行识别和定位。基于层次结构的信息融合故障诊断模型如图 4-31 所示。

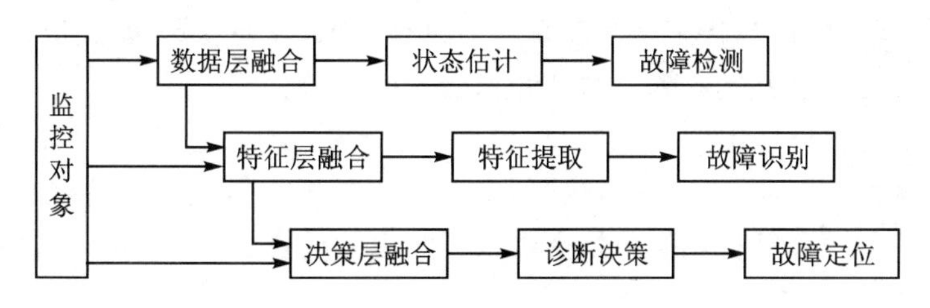


图 4-31 信息融合故障诊断模型

**(1) 数据层融合故障检测**

从传感器网络得到的信息一方面要存入数据库，另一方面要首先进行数据层的信息融合，以实现故障的监测、报警等初级诊断功能。检测层融合也称像素层融合，它是直接在采集到的原始数据层上进行融合，即在各种传感器的原始数据未进行预处理之前进行数据的分析与综合。数据层融合保持了尽可能多的现场数据，提供了很多细微信息，主要用来进行故障检测和为特征层提供故障信息。

**(2) 特征层融合故障识别**

特征层融合是利用从各个传感器原始信息中提取的特征信息进行综合分析和处理的中间层次融合。它既需要数据层的融合结果,同时也需要有关诊断对象描述的诊断知识的融合结果。诊断知识既包括先验的各种知识,如基于规则的知识、基于动态模型的知识、基于故障树的知识、基于神经网络的知识等,也包括数据采集系统得到的有关对象运行的新知识,如规则、分类、序列匹配等,根据已建立的假设(已知的故障模式),对观测量进行检验,以确定哪一个假设与观测量相匹配来进行故障识别。

由于实际的传感器系统总是不可避免地存在测量误差,诊断系统也不同程度地缺乏有关诊断对象的先验知识,这样当故障发生时,有时往往不能确定故障发生的个数,也无法判定观测数据是由真实故障引起,还是由噪声、干扰等引起的。这些不确定因素破坏了观测数据与故障之间的关系,因此需要特征层信息融合进行故障识别。特征层信息融合将诊断知识的融合结果和检测量数据层的融合结果结合起来,实现了故障诊断系统中的诊断功能。

**(3) 决策层融合故障定位**

决策层融合是一种高层次的融合,其信息既有来自特征层的融合结果,又有对决策知识融合的结果。决策层融合为系统的控制决策提供依据。决策层信息融合前,多传感器系统中的每一个传感器的数据先在本地完成预处理、特征提取、识别或判断等处理,再针对具体决策问题的需求,采用适当的融合技术,充分利用特征层融合所得出的各种特征信息,对目标给出简明而直观的结果。决策层融合是三级融合的最终结果,是直接针对具体的决策目标,融合结果的质量将直接影响决策水平。系统根据决策层信息融合的结果,针对不同故障源和故障特征,采取相应的容错控制策略,对故障进行隔离、补偿或消除。

### 3. 信息融合故障诊断内容

关于信息融合的内容,覃祖旭和张洪钺根据融合对象的不同,将其划分为数据融合和规则融合两个方面。数据融合就是将所获得的数据系列按一定的要求进行处理,并得出所需要的新数据;规则融合就是将所获得的信息系列按一定的规则进行判断、推理,并得出所需要的结论。然而,在故障诊断中还存在一个问题,就是如何利用大量数据,从中发现潜在而未知的新知识,并根据系统现有的运行状态来修改系统的原有知识,以便更迅速、更准确、更全面地进行故障监测、报警和诊断,这就是数据采掘和知识融合的问题。

数据采掘也就是数据库中的知识发现,它是一个从数据库中抽取隐含的、从前未知的、潜在的有用信息的过程。因此,对于故障诊断系统而言,既要包括数据融合,也要包括知识融合(包括规则融合、模型融合等),还要包括由数据到知识的融合(数据采掘)。信息融合故障诊断内容如图 4-32 所示。

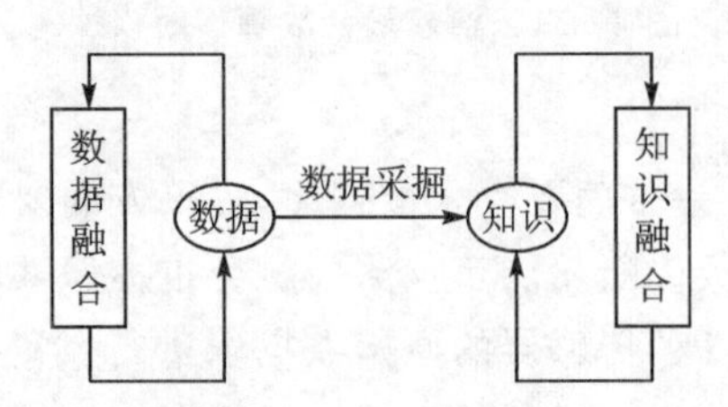


图 4-32 信息融合故障诊断内容示意图

在信息融合故障诊断系统中,通常要先对来自传感器的数据进行融合处理,然后将融合后的信息及其他方面的信息(规则知识、模型知识等)按照一定的规则进行推理(进行知识融合),同时还要将有关信息存入数据库系统,为利用数据采掘技术进行知识发现做必要的数据储备。

通过对信息融合与故障诊断内容及其关系的研究,并将它们有机地结合在一起,就能建立起基于信息融合的智能故障诊断系统。

### 4. 信息融合故障诊断过程

#### (1) 故障源与故障表征

对设备或系统进行故障诊断的过程,也是一个多源信息的融合识别过程。故障诊断的信息不但有来自传感器的测量信息,还包括某些知识和中间结果等。这些信息可能相同、相近或不同,分别称它们为冗余信息、交叉信息和互补信息。另一方面,故障诊断中来自传感器的信息是最原始信息,利用它们可以从中提取一些有关设备或系统故障的特征信息(故障表征),然后由故障表征及系统的知识进行更详细的诊断,判断系统是否有故障及故障源的性质。

另外,系统的某一故障源可能有多个故障表征,故障诊断不一定也不大可能获得系统故障的所有表征。为了正确地诊断故障,必须要有足够的最典型的故障表征来反映故障源。如果代表故障表征的检测量数目受到限制,就需要很详细的系统模型、故障源及故障表征的知识,才能利用较少的检测量甚至单个检测量来完成对众多故障的检测及诊断。

#### (2) 故障源与故障表征的映射关系

为了通过故障表征找到故障源,必须清楚故障表征与故障源之间的映射关系。

设故障源集为

$$F=\{f_i\} \qquad i=1,2,\cdots \tag{4-32}$$

故障表征集为

$$S=\{s_i\} \qquad i=1,2,\cdots \tag{4-33}$$

故障表征纯集(某一故障源特有的故障表征)为

$$SP_i=\{s_i\} \qquad i=1,2,\cdots \tag{4-34}$$

并将系统无故障的表征记为 $S$。故障源与故障表征之间的映射关系如图 4-33 所示。图中的 $s_1$,$s_2$ 是故障源 $f_1$ 的故障表征纯集。

从上述分析可以看出,故障诊断实际上就是根据检测所得的某些故障表征 $s_i$,以及故障源与故障表征之间的映射关系 $M_{FS}$(知识库已有的信息进行信息融合),找出系统故障源的过程。为此,可将故障表征与故障源之间的映射关系存入知识库,由传感器获得的数据经过预处理和提取故障表征信息后,再根据知识库中的知识进行信息融合,就可以找到故障源。

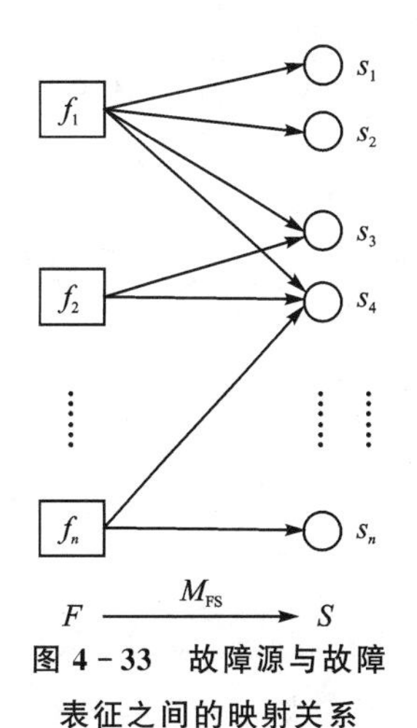

图 4-33　故障源与故障表征之间的映射关系

#### (3) 局部融合与全局融合

为充分利用检测量所提供的信息,在可能的情况下,可以对每个检测量采用多种诊断方法进行诊断,并将各诊断结果进行融合,得出局部诊断结果,这个过程称为局部融合;再将各局部诊断结果进一步融合,得出系统故障诊断的最后结果,这个过程称为全局融合。信息融合故障诊断过程如图 4-34 所示。

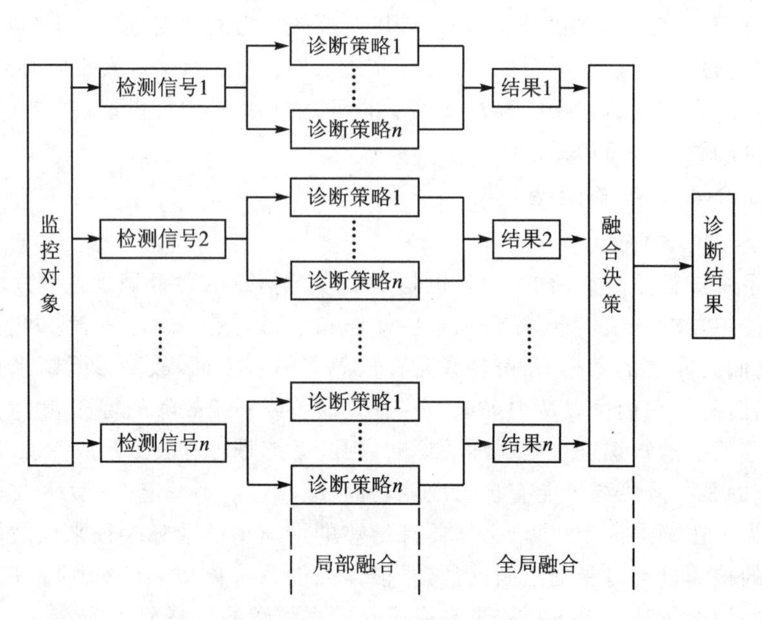


图 4-34 信息融合故障诊断过程框图

### 4.5.3 信息融合故障诊断方法

建造一个信息融合故障诊断系统,首先必须考虑以下几个问题:

① 如何组合传感器,保证信息融合故障诊断系统在有限资源的情况下能够获得更多的有效信息,并使系统的输入/输出能满足用户使用要求。

② 如何合理地选择信息处理结构,以保证信息融合的有效性和更有利于得到表征故障特征的特征信息。

③ 大量的输入数据,一方面有助于提高信息融合故障诊断的精度,另一方面也会使融合计算量成倍增加,因此,如何控制计算量和提高处理速度,也是信息融合故障诊断必须考虑的一个重要问题。

**1. 层次结构信息融合故障诊断**

层次结构信息融合故障诊断如图 4-35 所示。

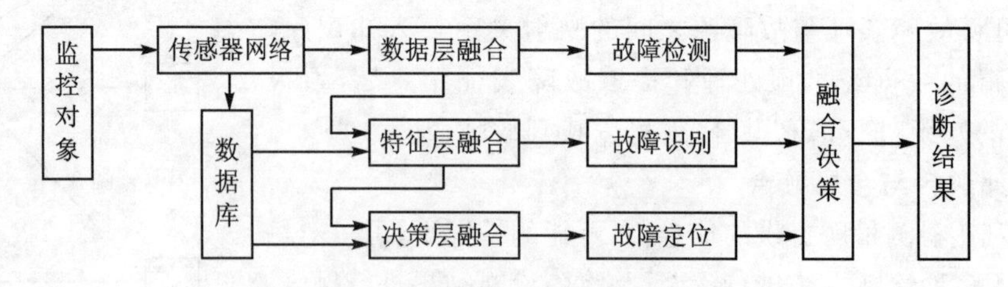


图 4-35 层次结构信息融合故障诊断框图

**(1) 数据层融合**

在数据层融合中,匹配的传感器数据先直接融合,然后对融合的数据进行特征提取和状态(属性)说明。实现数据层融合的传感器必须相同或匹配,并在原始数据上实现关联,且保证同一目标或状态的数据进行融合;传感器网络的原始数据融合后,识别的处理等价于对单传感器信息的处理。数据层融合的结果一方面用于诊断新系统的故障检测和报警，另一方面为特征层融合提供信息。数据层融合达到的精度依赖于物理模型的精度。最简单、最直观的数据层融合方法是算术平均法和加权平均法。

**(2) 特征层融合**

特征层融合实质是一个模式识别问题。多传感器系统为故障识别提供了比单传感器更多的有关目标(状态)的同特征信息，增大了特征空间维数。特征层融合前，首先应对传感器数据进行预处理以完成特征提取及数据配准，即通过传感器信息变换，把各传感器输入数据变换成统一的数据表达形式(即具有相同的数据结构)；在数据配准后，还必须对特征进行关联处理和对目标(状态)进行融合识别。具体实现技术包括参量模板法、特征压缩和聚类分析、人工神经网络及基于知识的技术等。特征层融合包括对数据层融合结果进行有效地决策，同时要对故障进行识别，还要为决策层融合提供信息。

**(3) 决策层融合**

决策层融合首先用不同类型的传感器监测同一个目标或状态，每个传感器各自完成变换和处理，其中包括预处理、特征提取、识别或判决，以建立对所监测目标或状态的初步结论；然后通过关联处理和决策层融合判决，最终获得联合推断结果。因此，决策层融合输出是一个联合决策结果。决策层融合要对故障进行隔离，还要对诊断结果进行评价。决策层融合常用的方法有 Bayes 推断、Dempster－Shafer 证据理论、模糊集理论、专家系统等。

基于层次结构信息融合故障诊断方法的特点是三个层次融合诊断信息的表征水平从低到高，分别满足了智能诊断系统的监测、报警、故障诊断和隔离等需要，再通过融合决策，得出最终诊断结果。

### 2. 多级信息融合故障诊断

**(1) 多级信息融合故障诊断系统结构**

基于多级信息融合的故障诊断就是先利用系统故障症状的分散性，采用多传感器同源数据融合来保证检测信号准确可靠；再利用同一故障在系统中的不同表现症状，采用神经网络分类器进行局部决策和模糊积分融合进行全局决策，来提高故障诊断的有效性。多级信息融合故障诊断系统结构如图 4－36 所示。

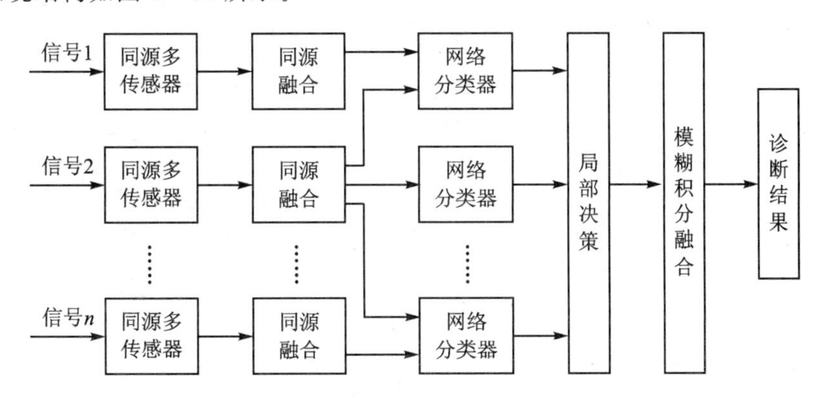


**图 4－36　多级信息融合故障诊断系统结构**

该系统分同源融合、网络分类局部融合和模糊积分全局融合三个融合级别，最后输出诊断结果。同源融合的目的是为了消除不正确的传感器输出数据，以便向各神经网络分类器提供较为准确的输入信息;神经网络分类器输入变量为经过同源信息融合后的设备各部位的检测信号,输出为该信号所代表的某种故障,通过对各网络分类器的输出进行局部融合,就可以确定系统是否出现故障及故障的表征是什么,并对相同表征或相同故障源出现的可能性进行取大运算和排序;模糊积分由于具有考虑多源信息重要程度进行融合的能力,所以可以将各个神经网络信息的重要程度作为模糊积分中的各个模糊密度值,通过对各网络分类器的局部融合进行综合决策,就可以得到全局融合诊断结果。

在诊断过程中,由于多级信息融合充分利用了系统故障症状的分散性以及各神经网络分类器局部决策信息的重要程度,通过采用多传感器信息的同源融合、NN 分类器的局部融合和模糊积分决策全局融合,就能得到较为理想的诊断效果。

**(2) 神经网络分类器**

多输出四层前馈神经网络故障分类器如图 4-37 所示。

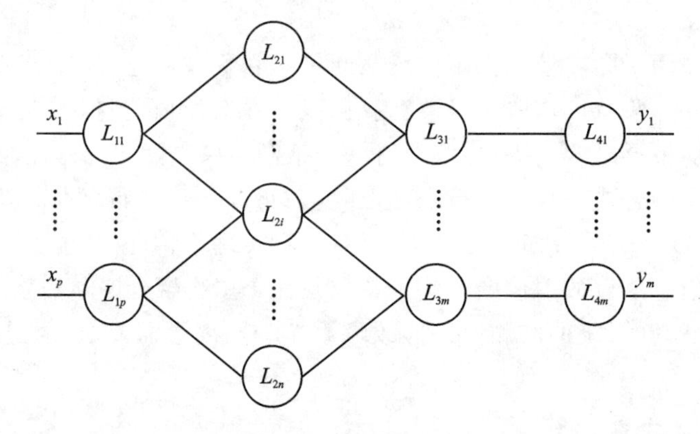


**图 4-37 神经网络分类器**

前三层网络的各节点函数为 Sigmoid 函数。为同一度量,引入归一化层,其节点函数为

$$O_i = \frac{x_i}{\sum_{i=1}^{m} x_i} \tag{4-35}$$

它保证了神经网络分类的输出满足 $0 \leqslant O_i \leqslant 1$,且 $\sum_{i=1}^{m} O_i = 1$。

网络的输入变量为经过同源信息融合后的系统各部位量测信号,每一个输出节点代表着系统的某种故障。其输出为在该神经网络分类器作用下当前系统属于各个故障状态的可能性,即

$$O_i = \frac{f\left\{\sum_{k=1}^{q} W_F^{ik} \times f\left(\sum_{j=1}^{m} W_C^{kj} \times x_j\right)\right\}}{\sum_{i=1}^{m} f\left\{\sum_{k=1}^{q} W_F^{ik} \times f\left(\sum_{j=1}^{m} W_C^{kj} \times x_j\right)\right\}} \tag{4-36}$$

式中:$f$——Sigmoid 函数;

$p$——网络输入节点个数;

$q$——隐层节点个数;

$W_C^{ki}$——第 $k$ 个隐层节点与第 $i$ 个输入节点之间的连接权值,$k=1,2,\cdots,q$,$i=1,2,\cdots,p$;

$W_F^{jk}$——第 $j$ 个隐层节点与第 $k$ 个输入节点之间的连接权值，$j=1,2,\cdots,m$；

$m$——输出节点个数。

每个神经网络输入的划分可依据使每个分类器识别正确率最高的原则进行，然后根据具体系统量测信号的情况或经验加以确定。例如，为了提高对某些后果严重故障的检测敏感性，需要提高融合的精度，可将该故障的主要症状信号作为每个神经网络分类器的输入。同时为了提高训练速度和改进网络权值的分布，应使输入信号对网络的影响作用均衡。

**（3）模糊积分信息融合**

① 模糊积分的概念：设

$$X=\{x_1,x_2,\cdots,x_n\}$$

是一个有限集合，$h$ 为 $X$ 上的模糊子集，它完成映射

$$h:X\rightarrow[0,1]$$

又设 $g$ 为 $X$ 上的模糊测度，$A$ 为 $X$ 中的子集合，则称

$$\mu(A)=\int_A h(x)\cdot g=\max_{X\subset A}\{\min[\min_{X\subset E}h(x),g(E)]\} \tag{4-37}$$

为 $h$ 在 $A$ 上关于 $g$ 的模糊积分。

如果

$$h(x_1)\geqslant h(x_2)\geqslant\cdots\geqslant h(x_m)$$

则 $X$ 上关于模糊测度 $g$ 的模糊积分 $e$ 的计算公式为

$$e=\max_{i=1}^{n}\{\min[h(x_i),g(A_i)]\} \tag{4-38}$$

式中

$$A_i=\{x_1,x_2,\cdots,x_n\}$$

当 $g$ 为模糊测度 $g_\lambda$ 时，求解 $g(A_i)$ 的递推公式为

$$g(A_1)=g(\{x_1\})=g^1 \tag{4-39}$$

$$g(A_i)=g^i+g(A_{i-1})+\lambda g^i g(A_{i-1})\quad 1<i\leqslant n \tag{4-40}$$

因此，当使用 $g_\lambda$ 模糊测度计算模糊积分时，仅需要模糊密度的知识。第 $i$ 个密度值 $g_i$ 可以解释为信息 $x_i$ 的重要程度。

② 模糊积分融合：假定系统有 $m$ 种故障状态，则

$$F=\{FS_1,FS_2,\cdots,FS_{\mathrm{m}}\} \tag{4-41}$$

共有 $r$ 个神经网络分类器

$$N=\{NN_1,NN_2,\cdots,NN_{\mathrm{r}}\} \tag{4-42}$$

则令

$$h_k:N\rightarrow[0,1]$$

为各个神经网络故障分类器关于当前系统状态与故障类型 $FS_k$ 之间关系的局部决策：它实际为各个子神经网络第 $k$ 个节点的输出值，是当前系统隶属于系统第 $k$ 种故障的可能性。然而，由于各个神经网络样本训练、网络输入的不同，以及不同故障在系统不同部位症状的体现程度强弱也有差异，因而每一个神经网络故障分类器对不同故障识别的正确程度也有较大波动。也就是说，不同神经网络信息的重要程度是不同的，并且随着不同的故障而变化。为了提高融合效率，可将各个神经网络信息的重要程度作为模糊积分中的模糊密度值，通过对各个

训练好的神经网络分类器分别独立进行在不同故障下的样本识别检验，并记录每个神经网络对各个故障的正确识别率，以此作为该网络对各个故障分类的信息重要程度。在检验中可采用 max 算子作为评判依据，即在某样本下对网络的多个输出取最大值作为识别输出。

### 3. 组合神经网络信息融合故障诊断

组合神经网络信息融合故障诊断的基本思想是通过信息的有效组合，用各种子网络从不同的角度诊断故障，充分利用各类信息，最大限度地提高故障确诊率。在组合神经网络中，信息融合有两种实现方式。

**(1) 单子网络直接实现**

这种神经网络的输入为不同类型的信号，或同一信号形成的不同特征因子，通过神经网络的学习、训练、融合、决策，最终给出诊断结果。

这种融合方式是单个子神经网络基于特征信号而形成的诊断输出，从这个意义上讲，单个子神经网络融合是一种基于特征的局部性融合。

**(2) 不同子网络综合决策实现**

这种融合方式是对各不同子网络的输出通过综合决策，然后得到诊断结果。每个子网络由于输入信息特征不同，其输出就从不同方面反映了设备或系统的状态，对它们重新进行融合，有利于减少决策时的不确定性，提高故障确诊率。

这种融合方式，其子网络本身为局部融合网络，各不同子网络间的融合起到了会诊作用，因此它是一种基于决策的全局性融合。

## 本章小结

将人工智能、神经网络、信息融合等新技术应用于电子设备的故障诊断，催生了一些新型故障诊断技术。本章首先简单介绍了新型故障诊断技术的分类，然后重点从基本概念、诊断原理和诊断方法三个方面介绍了目前应用比较成熟的基于故障树、基于专家系统、基于神经网络和基于信息融合的故障诊断技术。

## 思考题

① 简述基于故障树分析的故障诊断技术的基本步骤。

② 简述下行法和上行法的基本原理。

③ 简述专家系统的基本特点。

④ 画出专家系统的一般结构组成图。

⑤ 简述知识获取机制的种类。

⑥ 简述神经网络的优缺点。

⑦ 画出并说明三层前向神经网络。

⑧ 简述信息融合有哪些种类？

⑨ 画出并说明信息融合故障诊断模型。

⑩ 简述信息融合故障诊断的流程。

# 课外阅读

## 人工智能编年史

1308年，加泰罗尼亚诗人兼神学家雷蒙·卢尔(Ramon Llull)出版了 *The Ultimate General Art*，详细描述了其"逻辑机"的概念，声称能够将基本的、无可否认的真理通过机械手段用简单的逻辑操作进行组合，进而获取新的知识。他的工作对莱布尼兹产生了很大影响，后者进一步发展了他的思想。

1666年，数学家和哲学家莱布尼兹(Gottfried Leibniz)出版了 *On the Combinatorial Art*，继承并发展了雷蒙·卢尔的思想，认为通过将人类思想编码，然后通过推演组合获取新知，莱布尼兹认为所谓思想本质上是小概念的组合。

1726年，英国小说家乔纳森·斯威夫特(Jonathan Swift)出版了《格列佛游记》。小说中描述了飞岛国里一台类似卢尔逻辑机的神奇机器："运用实际而机械的操作方法来改善人的思辨知识""最无知的人，只要适当付点学费，再出一点点体力，就可以不借助于任何天才或学历，写出关于哲学、诗歌、政治、法律、数学和神学的书来。"

1763年，托马斯·贝叶斯(Thomas Bayes)创造了一个推理事件概率的框架，贝叶斯推断是机器学习的理论先导。

1854年，乔治·布尔(George Boole)认为逻辑推理过程可以像解方程式一样的进行。

1898年，在麦迪逊广场花园举行的电气展览会上，尼古拉·特斯拉(Nikola Tesla)展示了世界上第一台无线电波遥控船只，特斯拉声称他的船配备了"借来的大脑"。

1914年，西班牙工程师莱昂纳多·托里斯·克维多(Leonardo Torres Quevedo)示范了全球第一台自动象棋机，能够在无人干预的情况下自动下棋。

1921年，捷克作家卡雷尔·恰佩克(Karel Qapek)在其戏剧《Rossum's Universal Robots》中首次使用"机器人(robot)"一词，该词是从波兰语"robota(工作)"变化而来。

1925年，无线电设备公司 Houdina Radio Control 造出了第一台无线电控制的无人驾驶汽车，并开上了纽约的街道。

1927年，科幻电影《大都会》(Metropolis)上映，片中一个女性机器人在2026年的柏林引起混乱。这是机器人形象首次登上大荧幕，本片还启发了后世《星球大战》中"C－3PO"的角色。

1929年，西村真琴(Makoto Nishimura)设计了"Gakutensoku"，标志着日本的第一个机器人诞生。Gakutensoku 可以改变面部表情，并通过气压机来移动头部和手臂。

1943年，沃伦·麦卡洛克(Warren S. McCulloch)和沃尔特·皮茨(Walter Pitts)在《数学生物物理学公告》上发表了《神经活动中内在思想的逻辑演算》(A Logical Calculus of the Ideas Immanent in Nervous Activity)。这篇论文影响甚广，讨论了理想化和简化的人工神经网络以及如何执行简单的逻辑功能，这启发了后来神经网络和深度学习的产生。

1949年，埃德蒙·伯克利(Edmund Berkeley)出版了 *Giant Brains: Or Machines That Think*。书中写道："最近有许多关于巨型机器的新奇传闻，称这种机器能极快速和熟练地处理信息。这些机器就像是用硬件和电线组成的大脑，一台可以处理信息的机器，可以计算、总结和选择。还可以给予信息做出合理操作，称这样一台机器能思考并不为过。”同年，唐纳德·赫布(Donald Hebb)发表了*Organization of Behavior: A Neuropsychological Theory*，赫布理论描述了学习过程中人脑神经元突触之间发生的变化。

1950年，克劳德·香农(Claude Shannon)发表《编程实现计算机下棋》*Programming a Computer for Playing Chess*，这是人类第一篇研究计算机象棋程序的文章。同年，阿兰·图灵(Alan Turing)发表了*Computing Machinery and Intelligence*，文中提出的“模仿游戏”后来被称为“图灵测试”。

1951年，马文·明斯基(Marvin Minsky)和迪恩·埃德蒙(Dean Edmunds)建立了“随机神经网络模拟加固计算机”，这是人类打造的第一个人工神经网络，用了近3 000个真空管来模拟40个神经元规模的网络，马文·明斯基也被称为“人工智能之父”。

1952年，阿瑟·萨缪尔(Arthur Samuel)开发第一个计算机跳棋程序和第一个具有学习能力的计算机程序。

1955年8月31日，“人工智能”(Artificial Intelligence)一词在一份关于召开国际人工智能会议的提案中被提出。该提案由约翰·麦卡锡(达特茅斯学院)、马文·明斯基(哈佛大学)、纳撒尼尔·罗彻斯特(IBM)和克劳德·香农(贝尔电话实验室)联合提交。一年后，达特茅斯会议召开，该次会议被认为是开辟了人工智能这个研究领域的历史性事件。

1955年12月，赫伯特·西蒙(Herbert Simon)和艾伦·纽厄尔(Allen Newell)开发出“逻辑理论家”，这是世界上第一个人工智能程序，有力证明了罗素和怀特海《数学原理》第二章52个定理中的38个定理。

1957年，弗兰克·罗森布拉特(Frank Rosenblatt)打造出“Perceptron”，能够基于两层计算机网络进行模式识别，纽约客称赞它是“了不起的机器”。

1958年，约翰·麦卡锡(John McCarhthy)开发编程语言Lisp，之后该语言成为人工智能研究中最流行的编程语言。

1959年，阿瑟·萨缪尔(Arthur Samuel)创造了“机器学习”一词。他在文章中说：“给电脑编程，让它能通过学习比编程者更好地下跳棋”。同年，奥利佛·塞弗里奇(Oliver Selfridges)发表了*Pandemonium: A Paradigm for Learing*，描述了一种计算机模型，计算机可以通过这种模型获得识别新模式的能力。同年，约翰·麦卡锡(John McCarthy)发表了*Programs with Common Sense*，提出“Advice Taker”概念，这个假想程序可以被看成第一个完整的人工智能系统。

1961年，第一台工业机器人Unimate开始在新泽西州通用汽车工厂的生产线上工作。同年，詹姆斯·斯拉格(James Slagle)开发了一个符号积分程序SAINT，这个启发式程序可以解决计算中符号整合的问题。

1964年，丹尼尔·鲍勃罗(Daniel Bobrow)完成了他的麻省理工博士论文*Natural Language Input for a Computer Problem Solving System*，同时开发了一个名叫“STUDENT”的自然语言理解程序。

1965年，赫伯特·西蒙(Herbert Simon)预测20年内计算机将能够取代人工。同年，赫伯特·德雷福斯(Herbert Dreyfus)出版了*Alchemy and AI*，对人工智能研究提出了重大理论质疑；约瑟夫·维森班(Joseph Weizenbaum)开发了互动程序ELIZA，能够就任何话题开展对话；费根·鲍姆(Edward Feigenbaum)、布鲁斯·布坎南(Bruce G. Buchanan)、莱德·伯格

(Joshua Lederberg)和卡尔·杰拉西(Carl Djerassi)开始在斯坦福大学研究 DENDRAL 系统，这是历史上第一个专家系统，能够使有机化学的决策过程和问题解决自动化。

1966 年，机器人 Shakey 是第一个通用型移动机器人，能够按逻辑推理自己的动作。生活周刊在一篇评论文章中引用明斯基的语言："3～8 年内，机器就将达到普通人的智能水平。"

1968 年，电影《2001 太空漫游》上映，片中突出刻画了"哈尔"，一个有感情的电脑。同年，特里·维诺格拉德(Terry Winograd)开发了 SHRDLU，一种早期自然语言的理解程序。

1969 年，阿瑟·布莱森(Arthur Bryson)和何毓琦描述了反向传播作为一种多阶段动态系统优化方法，可用于多层人工神经网络，后来当计算机的运算能力已经足够到现在可以进行大型的网络训练时，它对 2000 年至今深度学习的发展做出了突出贡献。同年，马文·明斯基和西摩尔·帕普特(Seymour Papert)发表了 *Perceptrons：An Introduction to Computational Geometry*，描述了简单神经网络的局限性。在 1988 年的扩充版中，两位作者认为他们 1969 年的结论大大减少了投资神经网络的资金。"我们认为研究已经停滞，因为基本理论缺乏，20 世纪 60 年代对感知器进行了大量实验，但没人能弄清它的工作原理。"

1970 年，日本早稻田大学造出第一个人性机器人 WABOT－1，它由肢体控制系统、视觉系统和对话系统组成。

1972 年，斯坦福大学开发出名为"MYCIN"的专家系统，能够利用人工智能识别感染细菌，并推荐抗生素。

1973 年，詹姆斯·莱特希尔(James Lighthill)在给英国科学研究委员会所做的报告中称："迄今为止，人工智能的研究没有带来任何重要影响。"结果政府大幅度削减了对 AI 研究的资金支持。

1976 年，计算机科学家拉吉·瑞迪(Raj Reddy)发表的 *Speech Recognition by Machine：A Review* 对自然语言处理的早期工作进行了总结。

1978 年，卡内基梅隆大学开发了 XCON 程序，这是一个基于规则的专家系统，能够按照用户的需求，帮助 DEC 为 VAX 型计算机系统自动选择组件。

1979 年，斯坦福大学的自动驾驶汽车 Stanford Cart 在无人干预的情况下，成功驶过一个充满障碍的房间，这是自动驾驶汽车最早的研究范例之一。

1980 年，日本早稻田大学研制出 Wabot－2 机器人，这 Wabot－2 机器人能够与人沟通、阅读乐谱并演奏电子琴。

1981 年，日本国际贸易和工业部提出 8.5 亿美元用于第五代计算机项目研究，该项目旨在开发能像人类一样进行对话、翻译、识别图片和具有理性的计算机。

1984 年，电脑梦幻曲(Electric Dreams)上映，讲述了一个发生在男人、女人和一台电脑之间的三角恋故事。同年，在年度 AAAI 会议上，罗杰·单克(Roger Schank)和马文·明斯基警告"AI 之冬"即将到来，预测 AI 泡沫的破灭(三年后确实发生了)，投资资金也将如 20 世纪 70 年代中期那样减少。

1986 年，第一辆无人驾驶汽车在恩斯特·迪克曼斯(Ernst Dickmanns)的指导下建造，这辆车配备照相机和传感器，时速达到每小时 55 英里。同年 10 月，大卫·鲁梅尔哈特(David Rumelhart)、杰弗里·辛顿(Geoffrey Hinton)和罗纳德·威廉姆斯(Ronald Williams)发表了 *Learning Representations by Back-Propagating Erros*，描述了一种新的学习程序，该程序可用于神经元样网络单位的反向传播。

1987年，随着时任首席执行官约翰·斯卡利（John Sculley）在Educom大会上的演讲，苹果未来电脑“Knowledge Navigator”的设想深入人心，其中语音助手、个人助理等语言都在今天成为现实。

1988年，朱迪亚·珀尔（Judea Pearl）发表了*Probabilistic Reasoning in Intelligent Systems*，珀尔因其人工智能概率方法的杰出成绩和贝氏网络的研发而获得2011年图灵奖。同年，罗洛·卡彭特（Rollo Carpenter）开发了聊天机器人Jabberwacky，它能够模仿人进行幽默的聊天，这是人工智能与人类交互的最早尝试。同年，IBM沃森研究中心发表了*A Statistical Approach to Language Translation*，预示着从基于规则的翻译向机器翻译的方法转变，机器学习无须人工提取特征编程，只需大量的示范材料，就能像人脑一样习得技能。同年，马文·明斯基和西摩尔·帕普特出版了两人1969年作品*Perceptrons*的扩充版，在序言中指出，许多AI新人在犯和老一辈同样的错误，导致领域进展缓慢。

1989年，燕乐存和贝尔实验室的其他研究人员成功将反向传播算法应用在多层神经网络，实现手写邮编的识别，考虑到当时的硬件限制，他们花了三天来训练网络。

1990年，罗德尼·布鲁克斯（Rondney Brooks）发表了*Iephants Don't Play Chess*，提出用环境交互打造AI机器人的设想。

1993年，弗农·温格（Vernor Vinger）发表了*The Coming Technological Singularity*，认为30年之内人类就会拥有打造超人类智能的技术，不久之后人类时代将迎来终结。

1995年，理查德·华莱士（Richard Wallace）开发了聊天机器人“A. L. I. C. E”，灵感来自威森鲍姆ELIZA，不过互联网的出现给华莱士带来了更多的自然语言样本数据。

1997年，赛普·霍克莱特（Sepp Hochreiter）和于尔根·施密特胡伯（Jürgen Schmidhuber）提出长短期记忆人工神经网络（LSTM）概念，这一概念指导下的递归神经网络在今日手写识别和语音识别中得到应用。同年，IBM研发的“深蓝”（Deep Blue）成为第一个击败人类象棋冠军的电脑程序。

1998年，戴夫·汉普顿（Dave Hampton）和钟少男创造了宠物机器人Fury。同年，燕乐存和约书亚·本吉奥（Yoshua Bengio）发表了关于神经网络应用于手写识别和优化反向传播的论文。

2000年，MIT的西蒂亚·布雷泽尔（Cynthia Breazeal）打造了Kismet，一款可以识别和模拟人类情绪的机器人。同年，日本本田推出具有人工智能的人性机器人ASIMO，ASIMO能像人一样快速行走，在餐厅中为顾客上菜。

2001年，斯皮尔伯格的电影《人工智能》上映，讲述了一个儿童机器人企图融入人类世界的故事。

2004年，第一届DARPA自动驾驶汽车挑战赛在莫哈韦沙漠举行。不幸的是参赛的自动驾驶汽车中没有一辆能够完成150英里的全程。

2006年，奥伦·艾奇奥尼（Oren Etzioni）和米歇尔·班科（Michele Banko）在*Machine Reading*一书中将“机器阅读”一词定义为“一种无监督的对文本的自动理解”。

2006年，杰弗里·辛顿发表了*Learning Multiple Layers of Representation*，不同于以往学习一个分类器的目标，书中提出了希望学习生成模型（generative model）的观点。

2007年，李飞飞和普林斯顿大学的同事开始建立ImageNet，这是一个大型注释图像数据库，旨在帮助视觉对象识别软件进行研究。

2009年，谷歌开始秘密研发无人驾驶汽车。2014年，谷歌汽车在内华达州通过自动驾驶汽车测试。

2009年，西北大学智能信息实验室的计算机科学家开发了 Stats Monkey，一个无须人工干预能够自动撰写体育新闻的程序。

2010年，ImageNet 大规模视觉识别挑战赛(ILSVCR)正式举办，这项比赛是为了比较哪家在影像辨识和分类方面的运算科技较好。

2011年，一个卷积神经网络赢得了德国交通标志检测竞赛，机器正确率为99.46%，人类最高的正确率为99.22%。同年，IBM 超级电脑沃森在美国老牌益智节目“危险边缘”(Jeopardy)中击败人类；同年，瑞士 Dalle Molle 人工智能研究所报告称，使用卷积神经网络的手写识别误差率可以达到0.27%，比几年前的0.35%～0.40%有所改善。

2012年6月，吴恩达和杰夫·迪恩(Jeff Dean)做了一份实验报告，他们给一个大型神经网络展示1 000万张未标记的网络图像，然后发现神经网络能够识别出一只猫的形象。同年10月，多伦多大学设计的卷积神经网络在 ImageNet 大规模视觉挑战识别赛(ILSVCR)中实现了16%的错误率，比前一年的最佳水平(25%)有了明显提高。

2016年3月，谷歌 DeepMind 研发的 AlphaGo 在围棋人机大战中击败韩国职业九段棋手李世万。

# 第5章　电子设备维修技术

**导语：**古语“兵马未动，粮草先行”讲的是后勤保障在战争中起着决定胜负的作用，而作为后勤保障的维修同样在现代战争或工业生产中起着极其重要的作用。它是装备或设备完好率的保证，也是任务完成或生产顺利进行的顺利保证。了解电子设备维修技术的发展及常用维修方法对开展电子设备维修具有重要的指导作用。

## 5.1　概　述

### 5.1.1　维修技术的发展

维修是伴随着劳动工具的出现而出现的，随着技术进步与社会发展，维修工艺、维修思想及维修理论等研究也越来越受到重视。从历史发展的角度来看，维修技术大致可分为四个阶段。

#### 1. 随坏随修阶段

这个阶段主要是指第二次世界大战以前的时期，在这个阶段基本上采用的是随坏随修、事后维修的策略。当时人们对故障机理认识不深，只能在设备故障发生后再进行修理。这种维修方式缺点很多，主要是停机时间长，停机造成的损失大，尤其是在设备可靠性对生产的影响较大时，负面影响更为显著。但这种维修方式修理费用较低，对维修管理的要求也不高。这是因为它不需要为各种预防性措施付出代价，只是修复设备损坏的部分。这种维修方式比较落后，尤其是对流程工业或制造业的流水线上的设备，故障后造成损失较大，因而不宜采用。但这种维修方式在一些利用率不高或者非主要生产设备的维修上仍在使用。

#### 2. 预防维修阶段

随着研究的进一步深入，维修技术进入新的阶段，即预防性维修，其修理间隔主要依据经验和统计资料来确定，以保证设备的完好率处于一定水平。这个阶段主要是指第二次世界大战后到20世纪60年代这一时期。随着生产技术和规模的大幅度提高，设备停产所产生的损失加大。在这一时期由于可靠性理论的产生和应用，通常能够通过事先对材料寿命的分析、估计以及对设备材料性能的部分检测来完成诊断任务。可靠性理论的发展使得维修策略迅速转变为预防性维修，形成了直至现在仍被广泛应用的预防性维修。

目前，国际上有两种预防性维修体系，一是以苏联（俄罗斯）为首的定期（或计划）维修，另一个是以美国为首的预防维修。这两大体系本质上相同的，都是以摩擦学理论和可靠性理论为基础，但在做法和形式上有所不同，因此，最终效果也有差异。定期（或计划）维修是预防性维修的一种，旨在通过计划对设备进行周期性的维修。其中包括按照不同设备和不同使用周期安排的大修、中修和小修。一般情况下，设备出厂后，其维修周期基本上就确定下来，这种模式的优点是可以减少非计划故障停机，将潜在故障消灭在萌芽状态，缺点是对维修的经济性和设备基础保养考虑不周。由于计划固定，较少考虑设备使用实际、负荷情况，容易产生维修过剩或维修不足。预防维修是一种通过周期性的检查、分析来制定维修计划的管理方法，属于预防性维修体系，多被西方国家采用。其优点是可以减少非计划的故障停机，检查后的计划维修可以部分减少维修的盲目性；其缺点是由于当时检查手段、仪器尚比较落后，受检查手段和检查人员经验的制约，可能使检查失误，造成维修计划不准确，维修冗余或不足。

预防性维修较随坏随修（或事后维修）具有明显的优越性：

① 因采取预防为主的维修措施可以大大减少计划外停工损失。

② 由于预先制定了检修计划，对生产计划的冲击较小，减少了临时突击维修任务，使无效工时减少，维修费用降低。

③ 防患于未然，减少了恶性事故的发生，延长了设备的使用寿命。

④ 设备完好率高，提高了设备使用效率，有利于保证产品的产量和质量。

### 3. 生产维修阶段

随着科学技术的发展以及系统理论的普遍应用，1954年，美国通用电器公司提出了生产维修的概念，强调以生产为中心，为生产服务，提高企业的综合经济效益。生产维修由四种具体的维修方式构成：事后维修、预防性维修、检测维修和维修预防。针对不同设备以及使用情况，分别采取不同的维修方式。如对重点设备进行预防性维修，对一般设备进行事后维修，其目的是提高设备维修的经济性。

生产维修体制是以预防性维修为中心，兼顾生产和设备设计制造而采取的多样、综合的设备管理方法，以美国为代表的西方国家多采用此维修管理体制。这一维修体制突出了维修策略的灵活性，吸收了后勤工程学的内容，提出了维修预防、提高设备可靠性设计水平及无维修设计思想。

### 4. 以可靠性为中心的维修阶段

以可靠性为中心的维修阶段始于20世纪60年代末，它强调以设备的可靠性、设备故障后果来作为确定维修策略的主要依据。1968年，美国空运协会经过近10年的探索，在认识复杂产品故障规律的基础上，形成了以可靠性为中心的维修理论以及预防性维修工作的逻辑决断方法。美国民用航空界运用这一理论进行维修改革之后，20世纪70年代中期，美国国防部正式决定，把以可靠性为中心的维修理论加以应用推广。20世纪70年代以后，随着设备监测手段的进步和计算机技术的迅猛发展，一些发达国家开始采用预测维修模式。预测维修模式是一种旨在通过主动检测设备的状态，识别即将出现的问题，预计故障修理时机，以减少设备损坏的维修模式。但随着设备的技术进步，维修费用逐渐增加，在某些企业，甚至从占生产成本的4%上升到14%，可见维修与企业的成败有着密切的关系。激烈的市场竞争使得一些有远见的、有创新意识的企业开始采用一种以主动维修为导向的可靠性维修，其基本思想是通过系统地消灭故障根源，尽最大努力消减维修工作总量，使设备获得最高的可靠性，从而最大限度地延长机械设备的使用寿命。

随着以可靠性为中心的维修理论在大量实践中得到了不断的充实，科学技术的迅猛发展使得机器设备的现代化程度不断提高，世界各国对先进维修技术的研究和应用达到了一个新的水平。这一时期的重要成果是形成了现代的综合维修策略，该策略强调以可靠性为中心的维修思想。它是以设备本身具有的可靠性为突破口，根据不同零部件的故障规律和性质，通过特定的逻辑决策分析方法，最后确定出复杂设备预定的维修项目、维修方式和最佳维修计划，同时还要达到维修费用最省的目的。

### 5.1.2 设备维修的意义

**1. 维修是设备使用的前提和安全的保障**

随着设备高技术含量的增加，新技术、新工艺、新材料的出现，设备维修由硬件扩展到软件，不仅硬件系统变得更为复杂，而且软硬件结合的“软件密集系统”使维修难度增大，对维修要求更高，导致设备越是先进、越是现代化，对维修的依赖程度越高。离开了正确的维修，设备就不能正常使用并发挥其效能；反之，错误的维修或维修不当，就会成为使用的障碍，影响任务的完成，甚至造成更严重的后果，所以维修是设备使用的前提和安全的保障。

**2. 维修是生产力的重要组成部分**

投资购买新设备的目的是维持或扩大既定的生产力，完成规定的生产任务。虽然注重投资购买新设备形成生产力，可是新设备是否就能形成生产力，实践证明并不一定。就设备的新旧而言，新的并不意味着一定具有所要求的生产力能达到要求，往往需要经过一段时间的试运行，经过适当维修才能达到。退一步讲，即使新设备从一开始或短期内就能够投产，也需要马上维修。因为设备中总会有一些短寿命的零部件发生故障，或者使用操作中人为差错引起损坏。所以，新设备形成的生产力离不开维修。一台使用多年的旧设备的生产力，并不一定比新设备的生产力差。通过恰当地维修或翻修，它会一如既往地或者更好地运转，甚至其生产性能超过新设备。这里起关键作用的还是维修，所以，维修是生产力的重要组成部分。

**3. 维修是企业竞争的有力手段**

激烈的市场竞争迫使企业必须改进产品质量，降低生产成本，提高企业荣誉，以增强竞争力。维修是企业竞争的有力手段，具体体现在以下方面：

① 维修保证设备正常运转，维持稳定生产，从根本上保证了所投入的设备资金能够在生产中体现出效益。

② 许多情况下，维修提高了设备的使用强度，从而增强了单位时间的生产能力。

③ 有时维修能够延长设备的寿命，使其运转时间超出原先购买时预计的期限，并能提高精度、扩大功能，从而增加产品数量，提高产品质量。

④ 维修售后服务不仅可以保证产品使用质量，维护用户利益，还可以提高企业信誉，扩大销售市场，并能反馈信息来进一步改进产品质量，增强企业竞争力。

随着生产自动化程度的不断提高，维修在现代企业中的地位也日益明显。据统计，现代企业中，故障维修及其停产损失已占其生产成本的30%～40%。有些行业，维修费用已经跃居生产总成本的第二位，甚至更高。所以，维修是企业竞争的有力手段。

**4. 维修是投资的一种选择方式**

1990年在欧洲国家维修团体联盟第10次学术会议提出维修是投资的一种选择方式，认为维修可以替代投资。投资是指固定资产的购买与投产，投资目的是形成一定的生产力。投资条件是所投入的资本能够在一定的周期内收回并增值。

维修投资时使固定资产的生产力得以维持下去的那一部分投资。与投资购买固定资产能够形成生产力相似，维修投资则能维持其生产力。在一定周期内，不仅可以收回维修投资成本，而且还能增值。如果将固定资产投资称为一次性投资的话，那么，维修投资则是一种重复性的投资。例如，一台具有某种功能的设备，会因为使用操作或维修不当而迅速报废，使得人们不得不重新购买；反之，认真地使用和恰当地维修，能够使设备具有相当长的使用寿命。显而易见，维修可以延长设备的更新周期，通过维修替代料设备的投资。

**5. 维修是实施全系统、全寿命管理的有机环节**

设备的管理，既要重视设计、制造阶段的“优生”，又要重视使用、维修阶段的“优育”，需要实行全系统、全寿命的管理。使用、维修是设计、制造的出发点和落脚点。任何产品都是依据用户使用、维修的需求而设计、制造的，产品只要投入使用、维修后才能衡量其优劣，评价其好坏，体现其价值；只有通过使用维修实践的检验，才能发现问题，提供信息，不断地改进，实现设计和制造的“优生”。所以，维修是实行全系统、全寿命管理的有机环节。

**6. 维修是实施绿色再制造工程的重要技术措施**

工业的发展和人类的增长，使自然资源的消耗急剧加快，工业废品堆积如山，人类赖以生存的有限资源浪费严重，为了缓解资源短缺与资源浪费的矛盾，保护环境，适应可持续发展，当今，通过修复和改造废旧产品，使其起死回生的绿色再制造工程的新兴产业正在迅速发展壮大。

针对许多废旧设备的磨损、腐蚀、疲劳、变形，采用一些新技术、新工艺、新材料等技术措施进行维修，例如采用表面工程技术进行维修，不仅可以有效地修复表面磨损状况，恢复性能、修旧如新，而且可以改进技术性能，提高其耐高温、耐磨损、耐腐蚀、抗疲劳、防辐射以及导电等性能，延长使用寿命，节省材料、能源和费用。也就是说，通过维修的技术措施，可以使磨损设备重新修复如新，老旧设备得到升级改造，报废设备得以起死回生，实施绿色再制造工程，使资源得以再生、再利用，缓解对环境的污染。所以，维修是实施绿色再制造工程的重要技术措施。

**7. 维修已经从一门技艺变成一门科学**

传统观念认为维修是一种修理行业，是一门操作技艺，缺乏系统的理论。早先的机器大多数采用传送带、齿轮传动，由于设备简单，可以凭眼睛看、耳朵听、手摸等直观判断，或者通过师傅向徒弟传授经验的办法来排除故障，因此认为维修是一门技艺，这是符合当时客观实际的。随着生产日益机械化、电气化、自动化和智能化，设备故障的查找、定位和排除也复杂化，有时故障可能是多种因素（如机械的、液压的、气动的、电子的，计算机硬件或软件的）综合引起的，这样的故障仅凭直观判断或经验是难以发现问题的。而且现代维修，不能只是出现故障后才排除，应更加重视出现故障前的预防。故障前的预防，往往存在“维修过度”和“维修不足”两种常见情况，如何避免维修实践中的盲目性，做到“维修适度”，提高预防性维修的针对性和适应性，这对科学维修产生了客观的需要。而20世纪60年代以来，现代科学技术的新发展，特别是可靠性、维修性、测试性、保障性、安全性等新兴学科的相继出现，概率统计、故障物理、断裂力学和诊断技术的不断发展，以及多年维修实践数据资料的积累，为研究维修理论提供了实际的可能。这种客观需要与实际可能的结合，使维修这一事物不再是一些操作技艺的简单组合，而是建立在现代科学技术基础上的一门新兴学科，是使维修从分散的、定性的、经验的阶段，进入系统的、定量的科学的阶段，现代维修理论因此应运而生，维修已从一门技艺发展为一门科学。

随着生产力的提高和市场经济的发展，维修观念有了更多的含义。维修已从单纯为了排除设备故障，发展到了通过维修提高设备可用率，进而成为企业生存和发展的重要手段。维修好比一座“水中的冰山”，在“水面”上可以直接看到的那一小部分代表设备维修，而与设备维修有关的各个方面，大部分是隐藏在“水面”下的，如投资、可用率、安全，以及提高产品质量，延长设备寿命，提供改进产品设计信息，节约材料和能源，售后服务和环境保护等。维修无时无刻不在提示人们，不能只看到外露的一小部分，而要考虑“水下”关系到企业生产效益的各个方面，否则企业在前进的航行中就可能会触礁，只有对“水上”和“水下”的部分都给予重视，才能提高企业的竞争力。

# 5.2 常用电子设备维修技术

目前，我国电子设备尤其是武器装备的电子设备维修，按照基层、基地两级维修进行小修、中修或大修时，以时效、费用比为目的，综合运用事后维修、随坏随修、定期维修、预防性维修和应急抢修等方式开展电子设备的维修。

## 5.2.1 基层级维修常用维修技术

基层级维修的主体是基层人员，通常完成设备的小修或部分中修任务。电子设备的小修是指对电子设备使用中的一般故障和轻度损坏进行的调整、修复或者更换简单零部件元器件等修理活动；电子设备的中修是指对设备主要系统、总成进行的局部恢复性能的修理。在基层级维修中常用的维修技术有定期维修和应急抢修。

### 1. 定期维修

定期维修是指电子设备使用到预先规定的间隔期，按事先安排的内容进行维修。规定的间隔期一般是以设备或模块使用时间为基准的，可以是累计工作时间、日历时间或循环次数等。维修工作的范围从设备简单的清洗、维护等小修内容到设备的分解、检查等大修内容。定期维修方式以时间为标准，维修时机的掌握比较明确，便于安排计划，但针对性、经济性差，工作量大。

### 2. 应急抢修

应急抢修是指在使用中电子设备遭受损伤或发生可修理的事故后，在损伤评估的基础上，采用快速诊断与应急修复技术使之全部或部分恢复必要功能或自救能力而进行的电子设备修理活动。应急抢修虽然属于修复性范畴，但由于维修环境、条件、时机、要求和所采用的技术措施等与一般修复性维修不同，因而可把它视为一种独立的维修类型。应急抢修的首要因素是时间，战场抢修并不需要恢复装备(产品)的规定状态或全部功能，有些情况下只要求能自救或实现部分功能，也不限定人员、工具和器材等。对电子设备而言，基层开展应急抢修通常采用原价修理、换件修理及拆拼修理三种方式。

## 5.2.2 基地级维修常用维修技术

基地级维修的主体通常是专业维修厂、设备生产厂，通常完成设备的中修或大修任务。电子设备的大修是指对设备进行全面恢复的修理，即全面解体电子设备，更换或者修复所有不符合技术标准和要求的零件、部件，消除缺陷，使电子设备达到或者接近新品标准或者规定的技术性能指标。在基地级维修中常用的维修技术有定期维修、事后维修、改进性维修、视情维修和预防性维修。

### 1. 事后维修

在电子设备发生故障或出现功能失常现象后进行的维修，称为事后维修方式。对不影响安全或完成任务的故障，不一定必须做拆卸、分解等预防性维修工作，可以使用到发生故障之后予以修复或更换。事后维修方式不规定电子设备的使用时间，因而能最大限度地利用其使用寿命，使维修工作量达到最低，这是一种比较经济的维修方式。

事后维修有时也在基层级维修时使用，通常是设备发生故障，基层通过简单的换件完成修复。

### 2. 改进性维修

改进性维修是指为改进已定型和部署中使用的电子设备的固有性能、用途或消除设计、工艺、材料等方面的缺陷，而在维修过程中，对电子设备实施经过批准的改进或改装。改进性维修也称改善性维修，是维修工作的扩展，其实质是修改电子设备的设计。

这种维修方式通常有设备生产厂商在设备不能满足使用要求时，结合设备返厂进行中修或大修时进行。

### 3. 视情维修

视情维修方式是对电子设备进行定期或连续监测，在发现其功能参数变化，有可能出现故障征兆时进行的维修。视情维修是基于大量故障不是瞬时发生的，故障从开始到发生，出现故障的时间总会有一个演变过程而且会出现征兆。因此，采取监控一项或几项参数跟踪故障现象的办法，则可采取措施预防故障的发生，所以这种维修方式又称预知维修或预兆维修方式。视情维修方式的针对性和有效性强，能够较充分地发电子设备的使用潜力，减少维修工作量，提高使用效益。

视情维修通常由设备生产厂商或维修厂结合设备进行中修或大修时完成。在视情维修中通常要采用大量传感器、运用状态监控技术完成电子设备的状态监控。状态监控技术是指对电子设备进行连续或周期性的定性或定量测试的技术。状态监控技术以电子设备的测试为基础，其目的是随时跟踪和掌握电子设备的技术状态，检测和预知电子设备技术状态的变化情况，为制定电子设备的预防性维修、修理决策和方案提供可靠性方面的一句。对电子设备尤其是军用电子设备进行状态监控，需要采集各种信息，采用不同的原理和技术，如环境状态参数的监控、电气参数的监控等。

### 4. 预防性维修

预防性维修是指为预防故障或提前发现并消除故障征兆所进行的全部活动。在基层级维修中主要包括清洁、润滑、调整、定期检查等；而在基地级维修中通常运用状态监控、可靠性分析等技术结合设备进行中修、大修的时机开展预防性维修。这些活动均在故障发生前实施的，目的是消除故障隐患，防患于未然。由于预防性维修的内容和时机是事先加以规定并按照预定的计划进行的，因而也称为预定性维修或计划维修。

目前常用的预防性维修技术有以可靠性为中心的预防性维修、基于状态的预防性维修等技术。以可靠性为中心的维修是按照以最少的维修资源消耗保持设备固有可靠性和安全性的原则，应用逻辑决断的方法确定设备预防性维修要求的过程。基于状态的维修是试图代替固定检修的时间周期而根据设备状态确定的一种维修方式，也是一种根据状态监测技术所指示的设备状态的需要而执行的维修活动；本质上，基于状态的预防性维修可认为是一种视情维修，是相对事后维修和以时间为基础的预防维修而提出的，是指从设备内部植入的传感器或外部检测设备中获得系统运行时的相关状态信息，利用信号分析、故障诊断、可靠性评估、寿命预测等技术对这些状态信息进行实时或周期性的评价，识别故障状态的早期特征，对故障情况以及故障状态的发展趋势做出分析和预测，得出装备的维修需求，并对其可能发生功能性故障的项目，进行必要的预防性维修。

# 5.3 常用电子设备维修方法

## 5.3.1 设备维修的基本步骤

电子设备故障查找与维修是电子与信息工作中经常会碰到的问题，是一项理论与实践紧密结合的技术工作。通过实践可提高分析问题和解决问题的能力。

电子电路的维修过程是从接收故障电路开始，到排除故障交付用户的经过。遵循正确的故障查找程序，有利于准确判断故障的原因和部位，可提高故障查找速度和维修质量。故障查找的基本步骤一般可分为以下几个方面。

### 1. 询问用户

询问用户可以帮助了解故障产生的来龙去脉，询问用户的主要内容有：故障产生的现象、使用的时间、基本操作的情况、设备使用的环境、设备管理与维护等情况，以便对该电路的故障有一个初步的了解，从而掌握第一手资料。

### 2. 熟悉电路的基本工作原理

熟悉电路的基本工作原理是故障查找和维修的前提。对于要维修的电子电路或设备，尤其是新接触的电路和设备应仔细查找该电路或设备的技术资料及档案资料。技术和档案资料主要有：产品使用说明书、电路工作原理图、框图、印刷电路图、结构图、技术参数，以及与本电路和设备相关的维修手册等。目前有的产品没有技术资料，给电子电路故障查找与维修带来困难，所以维修人员要养成收集专业文献资料的习惯。

### 3. 熟悉电路及设备的基本操作规程

电子电路及设备产生故障的原因往往是由于使用不当，有的是违章操作所造成的。对于维修人员来说也要认真按照使用说明，熟悉操作规程，才能尽快了解情况，及时修复。反之则会使故障进一步扩大，造成更大的损失。

### 4. 先检查设备的外围接口部分，再检查设备的内部电路

电子电路及设备在故障检修时，应先检查设备的外围部分，如电源插座插头、输入插孔、面板上的开关、接线柱等，发现问题应及时排除。检查设备内部电路可先用感观法，看电路板上的电子元器件有无霉变、烧焦、生锈、断路、短路、松动、虚焊、导线脱落、熔断器烧毁等现象，一经发现，应立即修复。

### 5. 试机观察

有些电子设备通过试机观察，能很快确认故障的大致部位，如电视机可通过观察图像、光栅、彩色、伴音等来确认故障的部位。必须指出：当机内出现熔断器烧毁、冒烟、异味时，应立即关机。

#### 6. 故障分析、判断

根据故障的基本现象、工作原理来分析故障产生的部位和有可能损坏的元器件。这是非常关键的一步，如果故障部位判断不准确就盲目检修，甚至"野蛮"拆装，会导致故障进一步扩大，造成不必要的损失。

#### 7. 制订检测方案

一般故障产生的部位确认后，要制订检测方案，检测方案主要有：静态电压、电流测试，动态测试，选用合适仪器仪表，这是故障检修工作中一个重要的程序。

#### 8. 故障排除

通过检查检测找出损坏的元器件，并更换，使电路及设备恢复正常功能。

#### 9. 老　化

电路及设备恢复正常功能后，需要进行老化（老练）处理，老化的时间视具体情况而定，一般需要 12 h 左右，如果再出现故障应作进一步检修。

### 5.3.2　常用维修方法

根据我国电子设备维修体制及军用电子设备维修级别划分，下面从系统（分机）级和模块（板卡）级两个方面介绍电子设备常用的维修方法

#### 1. 系统（分机）级常用维修方法

**(1) 原件修理**

原件修理是指对故障或者损坏的零部件进行调整、加工或者其他技术处理，使其恢复到所要求的功能后继续使用的修理方法。这种修理方法在修理耗费比较经济或者没有备件的情况下比较适用。采用新型修理技术对某些零部件进行原件修理还可以改善其部分技术性能。原件修理通常需要一定的设施、设备和一定等级的专业技术人员等保障资源的支持。大多数情况下原件修理都不能在零部件的原位进行，而是需要将零部件拆下后修理，所以耗时也比较多。原件修理的这些特点，决定其不便于靠前、及时和快速抢修的要求。

**(2) 换件修理**

换件修理是指对故障、损坏或者报废的相应零部件、元器件或者模块、总成进行更换的修理方法。换件修理能满足靠前、及时和快速抢修的要求，对修理级别和专业技术人员的技能要求也不高。但是实施换件修理，要求电子设备的标准化程度要高，备件要具有互换性，同时还必须科学地确定备件的品种和数量。换件修理并不适用于所有电子设备和所有条件，有的情况下换件修理并不经济，反而会增加电子设备维修保障负担。平时对换下的零部件是废弃还是修复或者降级使用，要进行权衡分析。在战时或应急条件下，换件修理可以缩短修理时间，加快修理速度，保证修理质量，节省人力，较快地将故障或损坏的设备修复重新投入使用，因而是战时或应急，特别是在野外条件下修复电子设备的主要方法。

**(3) 拆拼修理**

拆拼修理是指经过批准，将暂时无法修复或者报废设备上的可疑使用或者有修复价值的部分总成或者零部件拆卸下来，更换到其他电子设备上去，从而利用故障、损坏或者报废设备重新组配完好设备的修理方法。这种方法可以缓解维修器材的供需矛盾，保证部队故障和损坏设备尽快得到恢复并投入使用，是适用于战时或某些紧急情况下修复设备的修理方法。拆

拼修理的不足是只能修理设备具有通用性和互换性的部分。同时有可能减少可以修复的设备数量。因此，拆拼修理只有情况紧急时并经批准后才能进行。

上述三种方法在电子装备尤其是军用电子装备基层级维修时是最常用的也是最有效的恢复设备功能的修理方法。

**2. 模块(板卡)级维修方法**

**(1) 感观法**

感官法可总结为“一看、二听、三闻、四摸”四种常用方法；通常这也是开展电子电路故障查找必用的方法之一。

“看”即观察，就是在不通电的情况下，观察整机电路或仪器设备的外部、内部有无异常。

① 看电子仪器设备外围、接口是否正常：先看电子电路或仪器设备外壳有无变形、摔破、残缺，开关、键盘、插孔、显示器、指示电表的表头是否完好，接地线、接线柱、电源线和电源插头等有无脱落，是否松动。一旦发现问题应立即排除。外部故障排除后，再检查内部。

② 看电路内部的元器件及构件是否正常：打开电子设备的外壳，观察熔丝、电源变压器、印刷电路板和排风扇等有无异常现象。如元器件烧焦，有发黑现象、有的元器件击穿有漏液现象，脱焊、引线脱落、接插件不良有松动、熔丝断开、焊点老化虚焊。如果电子电路、仪器设备被他人维修过，则应当仔细查看电路元器件的极性、电极等是否装错，连接线是否正确，如有错误的地方要及时更正，然后再排除电路故障。

“听”电子设备工作时是否有异常的声音(如音调音质失真、声音是否轻、是否有交流声、噪声、咯啦咯啦声、干扰声、打火声等)。听设备中有无啸叫声，听机械传动机构有无异常的摩擦声或其他杂声。如有上述现象则说明电路或机械传动机构有故障。

“闻”电子设备工作时，是否有异味，以此来判断电子电路是否有故障。如闻到机内有烧焦的气味、臭氧味，则说明电路中的元器件有过电流现象，应及时查明元器件是否已损坏或有故障。

“摸”是用手触摸电子元器件是否有发烫、松动等现象。小信号处理电路中的电子元器件摸上去应该是室温的、无明显的升温感觉，说明电路无过电流现象，工作正常；大信号处理电路(末级功率放大管)用手摸上去应有一定的温度，但不发烫，说明电路无过电流现象。用手摸变压器外壳或电动机外壳是否有过热现象，如变压器外壳发烫，则说明变压器绕组有局部短路或过载；如果电动机外壳发烫，则说明电动机的定子绕组与转子可能存在严重的摩擦，应检查定子绕组、转子和含油轴承是否损坏。

用手去触摸电子元器件时应注意以下几点：

(a) 用手触摸电子元器件前，先对整机电路进行漏电检查。检测整机外壳是否带电的方法：用试电笔或万用表检测。

(b) 用手触摸电子元器件时要注意安全。在电路结构、工作原理不明的情况下，不要乱摸乱碰，以防触电。

(c) 悬浮接地端是带电的，手不要触摸“热地”，以防触电。

(d) 电源变压器的一次侧直接与220 V/50 Hz交流电连接，是带电的，故用手不要触摸电源变压器一次侧，以防触电。

**(2) 直流电阻测量方法**

直流电阻测量法是检测故障的一种基本方法，是用万用表的欧姆挡测量电子电路中某个部件或某个点对地的正反向阻值。一般有两种直流电阻测量法，即在线测量法和离线测量法；离线测量比较简单，不再介绍。

在线直流电阻测量是指被测元器件已焊在印刷电路板上，万用表测出的阻值是被测元器件阻值、万用表的内阻和电路中其他元件阻值的并联值。所以，选用万用表的技巧是选内阻大的万用表，测量时，选用 R×1 Ω 挡，可测量电路中是否有短路现象，或是元器件击穿引起的短路现象；选用 R×10 kΩ 挡，可测量电路中是否有开路现象，或是元器件击穿引起的开路现象。

印制电路板在制作时(尤其是人工制作时)，三氯化铁腐蚀不当，会造成印制电路板某处断裂，断裂地方的阻值很大，用万用表电阻挡测量断裂处时表头的指针不动。

**(3) 直流电流测量方法**

直流电流测量法是用万用表的电流挡来检测放大电路、集成电路、局部电路、负载电路和整机电路的工作电流。直流电流检测可分为直接测量和间接测量两种。

① 直流电流直接测量的方法：采用直流电流直接测量时要注意以下三个问题：

(a) 要选择合适的电流表量程。如果电流表量程选得不合理，则会损坏万用表。

(b) 断开要测量的地方，人造一个测试口，将电流表串接在测试口中，可测量电路中的电流，如图 5-1 所示。

(c) 有的电路中有专门的电流测试口，只要用电烙铁断开测试口，将电流表串接在测试口中，可直接测量电路中的电流。

② 直流电流间接测量的方法：电流间接测量是先测直流电压，然后用欧姆定律进行换算，估算出电流的大小。采用这种方法是为了方便，不需在印制电路板上人造一个测试口，也不要用电烙铁断开测试口。

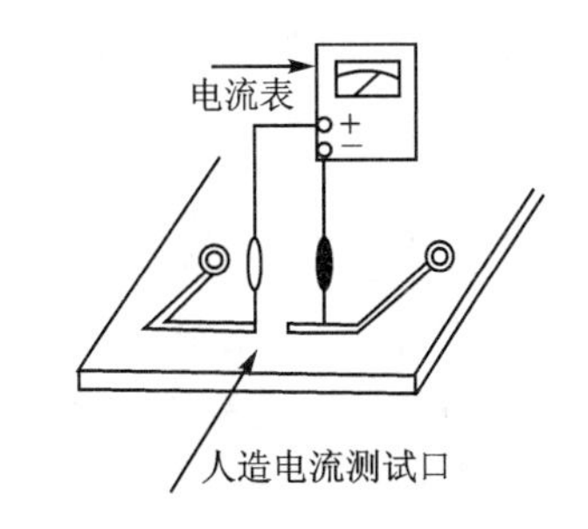

**图 5-1　直流电流直接测量图**

**(4) 电压测量方法**

电路有了故障以后，它最明显的特征是相关的电压会发生变化，因此测量电压是排除故障时最基本、最常用的一种方法。电压测量主要用于检测各个电路的电源电压、晶体管的各电极电压、集成电路各引脚电压及显示器件各电极电压等。测得的电压结果是反映电子电路实际工作状态的重要数据。在应用电压测量法时要注意以下几点：

① 万用表内阻越大，则测量的精度越准确。若被测电路的内阻大于万用表的内阻时，测得的电压就小于实际电压值。

② 测量时要弄清所测的电压是静态电压，还是动态电压，因为有信号和无信时的电压是不一样的。

③ 万用表在选择挡位时要比实际电压值高一个挡位，这样可提高测量的精度。

④ 电压测量是并联式测量，所以，为了测量方便可在万用表的一支表笔上装上一只夹子，用此夹子夹住接地点，用万用表的另一支表笔来测量，这样可变双手测量为单手操作，既准确、又安全。

⑤ 电压测量除直流电压测量外，还有交流电压的测量。在交流电压测量时要先换挡，将万用表的直流电压挡拨到交流电压挡，并选定合适的量程，尤其是测量高压时，应注意设备的安全，更要注意人身安全。

**(5) 干扰法**

干扰法常用于模拟电路的故障诊断，尤其对检验放大电路工作是否正常非常有效，在没有信号发生器的情况下，可采用此方法。一般用于高频信号放大电路、视频放大电路、音频放大电路、功率放大等电路的检测。具体操作有两种：

第一种方法是，用万用表 R×1 kΩ 挡，红表笔接地，用黑表笔点击(触击)放大电路的输入端。黑表笔在快速点击过程中会产生一系列干扰脉冲信号，这些干扰信号的频率成分较丰富，有基波和谐波分量。如果干扰信号的频率成分中有一小部分的频率被放大器放大，那么，经放大后的干扰信号同样会传输到电路的输出端，如输出端负载接的是扬声器，就会发出杂声；如输出端负载接的是显示器件，那么显示屏上会出现噪波点。杂声越大或噪波点越明显，说明被测放大器的放大倍数越大。

第二种方法是，用手拿着小螺钉旋具或镊子的金属部分，去点击放大电路的输入端。它是由人体感应所产生的瞬间干扰信号送到放大器的输入端。这种方法简便，容易操作。

但要注意，用干扰信号法检查电路时：一要快速点击；二要从末级向前级逐级点击。从末级向前级逐级点击时声音若逐级增大，则正常。当点到某一级的输入端时，若输出端没有声响，则这一级可能存在故障。干扰信号法可快速寻找到故障的大致部位，这种方法简便，被广泛使用。

用干扰信号法判断高、低频电路的技巧：干扰信号到高频电路输入时，其输出端接扬声器时，发出的是“喀啦、喀啦”的声响；而干扰信号到低频电路输入时，发出的是“嘟嘟嘟、嘟嘟嘟”的声响。注意交流声是“嗡嗡”的声响。

**(6) 短接法**

短接法是用导线或镊子等导体，将电路中的某个元器件、某两点或几点暂时连接起来。一能检查信号通路中某个元器件是否损坏；二能检查信号通路中由于接插件损坏引起的故障。用导体短路某个支路或某个元器件后，该电路能工作恢复正常了，则说明故障就在被短接的支路或元器件中。

使用短接法进行故障诊断时要注意：在电路中要短接某个元器件，首先要弄清这个元器件在电路中的作用，从而找出信号通路中的关键元器件。所谓关键元器件是：这个元器件损坏会造成整个电路信号中断，如放大电路工作电压正常，就是无信号输出，此时应考虑是否是耦合电容失效引起的，可用一只好的电容将电路中的电容短路，短路后放大电路若有信号输出，那么说明是电容器损坏造成的，具体做法如图 5-2 所示。

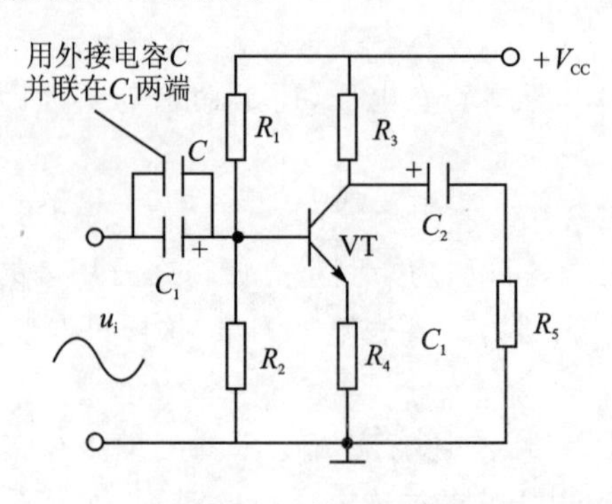


图 5-2 短接法示意图

数字电路中关键元器件损坏会造成电路的逻辑功能失常或控制失灵等现象。

**(7) 比较法**

比较法在电子模块或板卡维修中常用的方法之一，指用两台同一型号的设备或同一种电路进行比较。比较的内容有：电路的静态工作电压、工作电流、输入电阻、输出电阻、输出信号波形、元器件参数及电路的参数等。通过测量分析、判断，找出电路故障的部位和原因。

在维修一个较复杂的电路或设备时，手中缺少完整的维修资料，此时，可用比较法。比较法的测量技巧是：先比较在线电阻、电压、电流值的测量数据，当两者基本相同时，再测量信号波形是否一致，最后测量电路元器件的参数。

运用比较法时应注意以下两点：

① 要防止测量时引起的新的故障，如接地点接错，没有接在公共的接地（含“热地”）点，造成新的故障。

② 要防止连接错误，检测人员应先熟悉原理图、印制电路和工作原理，以免造成新的故障。

**(8) 电路分割法**

电路分割法是：怀疑哪个电路有故障，就把它从整机电路中分割出来，看故障现象是否还存在，如故障现象消失，则一般来说故障就在被分割出来的电路中。然后再单独测量被分割出来电路的各项参数、电压、电流和元器件的好坏，便能找到故障的原因。如整机电源电压低的故障现象，一是由于负载过重引起输出电压下降；二是稳压电源本身有故障。一般做法是把负载断开，接上假负载，然后再检测稳压电源的输出电压是否恢复正常。如恢复正常，则说明故障在负载；若断开后稳压电源输出电压还是低，那么故障在稳压电源本身。这种方法在多接插件、多模块的组合电路中得到广泛应用。

**(9) 替代法**

替代法有两种：一种是元器件替代；另一种是单元电路或部件替代。

① 元器件替代：有些元器件没有专用仪器是很难鉴别它的好坏的，如内部开路的声表面波滤波器，用万用表只能是估量，不能测试它的性能。这时可选用一只新的质量好的、型号、参数、规格一样的声表面波滤波器替代有疑问的声表面波滤波器。如果故障排除，则说明原来的元器体已损坏。

原则上讲任何元器件都可替代，但这样会给维修带来麻烦，一般是在没有带专用仪器情况下，无法测那些需专用仪器测试的元器件时用替代法。元器件替代的基本技巧是：对开路的元器件，不必焊下，替代的元器件也不要焊接，用手拿住元器件直接并联在印制电路板相应的焊接盘上，看故障是否消除，如果故障消除则说明替代正确。如怀疑电容量变小就可以直接并联上一只电容。

② 单元电路或部件替换法：用已调整好的单元电路替代有问题电路。这种方法可以快速排除故障。一般用于上门服务、急用、现场维修、快修等场合。运用这种方法时应注意接线或接插件不要装错。

随着电子技术的不断发展，集成电路的集成度越来越高，功能越来越多，体积也越来越小，在元器件和单元电路替代也越来越困难的情况下，普遍采用部件替换法。

**(10) 假负载法**

所谓假负载法，就是在不通电的情况下，断开主电源与主要负载电路的连接，用相同阻值、相等功率的线绕电阻器作为假负载，接在主电源输出端与地之间。假负载也可以用作电源调试、电路测试等。该方法通常用于电子设备电源电路的诊断与维修，尤其是电源模块输出不正常时。

使用时应注意：由于假负载上的功率损耗很大，温度也较高，每次试验的时间不要太长，以防损坏假负载。

**(11) 波形判断法**

波形判断法是用信号发生器注入信号、用示波器检测电子电路工作时各关键点波形、幅度、周期等来判断电路故障的一种方法。

如果用电压、电流、电阻等方法后，还不能确定故障的具体部位，此时可用波形法判断故障的具体部位。因为，用波形法测量出来的是电路实际的工作情况（属动态测试），所以测量结果更准确有效。

将信号发生器的信号输出端接入到被测电路的输入端，示波器接到被测电路的输出端，先看输出端有无信号波形输出，若无输出，那么故障就在电路的输入端到输出这个环节中；若有信号输出，再看输出端信号波形是否正常，如信号波形的幅度、周期不正常，则说明电路的参数发生了变化，需进一步检查这部分的元器件，一般电路参数发生变化的原因主要是元器件变值、损坏、调节器件失调等。用波形法检测时，要由前级逐级往后级检测，也可以分单元电路或部分电路检测。要测量电路的关键点波形。关键点一般指电路的输出端、控制端。

**(12) 逻辑仪器分析法**

逻辑仪器分析法用专门的逻辑分析仪或逻辑分析器对故障电路进行检测，然后，确定故障的部位和元器件损坏的原因。这种方法检修数字电路和带有 CPU 的电路特别有效。

常用的逻辑分析仪器的种类及测试的内容有：

① 逻辑时间分析仪，用来测量 $I^2C$ 总线控制的时序关系是否正常。

② 逻辑状态分析仪，用来检测程序运行是否正常，可检查出各种代码是否出错或漏码现象。

③ 特征分析仪，用来检测特征码是否正常。

④ 逻辑笔（逻辑探头），用来测量输入输出信号电平是否正常。

⑤ 逻辑脉冲信号源，它可产生各种数据域信号。

⑥ 电流跟踪器，可检测电路中的短路现象。

**(13) 频率测量法**

时间和频率是电子技术中两个重要的基本参量，电子电路故障查找和电路调试，经常要用频率测量。信号频率是否准确，决定电子电路的性能，它是一项重要的技术指标。了解和掌握频率的测量方法是非常重要的。频率的测量方法可分为直接测量法和对比测量法。

① 直接测量法：是指直接利用电路的某种频率响应来测量频率的方法。电桥法和谐振法是这种测量方法的典型代表。

② 对比法：是利用标准频率与被测频率进行比较来测量频率的，其测量的准确度主要决定于标准信号发生器输出信号频率的准确度。拍频法、外差法及电子计数器测频法是这类测量方法的典型代表，尤其是利用电子计数器测量频率和时间，具有测量精度高、速度快、操作简单，可以直接显示数字，便于与计算机结合实现测量过程的自动化等优点，是目前最好的测频方法。

# 本章小结

了解维修技术的发展和设备维修的意义，才能充分认识维修在保障任务完成中所起的重要作用。本章首先介绍了维修技术的发展及设备开展维修的重要意义，然后分别介绍了开展基层级维修和基地级维修常用的维修技术，最后介绍了开展电子设备维修的基本步骤及常用的维修方法。

# 思考题

① 简述维修技术的发展历程。
② 简述设备开展维修的重要意义。
③ 什么是定期维修和应急维修？
④ 什么是事后维修和视情维修？
⑤ 预防性维修有什么优点？
⑥ 开展设备维修一般遵循什么步骤？
⑦ 什么是换件修理和拆拼修理？
⑧ 列举电子设备常用的维修方法。

# 课外阅读

## 战场抢修技术简介

战场抢修与平时维修相比，有着显著差别。平时维修的目标是使装备处于完好状态，将装备修复到具有完成全部任务的能力，必须采取标准的维修方法，由有资格的维修人员利用规定的工具、器材及替换件进行维修，修复时间是相对次要的因素。而战场上的修复，时间是首要因素，它并不要求恢复装备的规定状态或全部功能，有的情况下只要求能自救，也不必限定人员、工具和器材等。

### 一、抢修方法

对损伤装备可采用不同的具体修复方法、工艺。这些方法、工艺可归并为若干种修复措施或抢修工作类型。对需要修复的损伤，可按其危害程度和战场环境条件，选择适合而有效的修复措施。一般说修理时间应在 2～6 h 以内，最多不超过 24 h。常用的战场损伤修复技术或抢修工作类型包括切换、剪除、拆拼、替代、原件修复、制配和重构。

切换是指通过电路转换脱开损伤部分，接通备用部分，或者将原来担负非基本功能的完好部分改换到基本功能电路中。例如电气设备的线路被毁，可接通冗余电路；若无冗余设计，可将担负非基本功能的线路移植到基本功能电路中，从而实现装备的基本功能。剪除是指甩掉损伤部分，以使其不影响基本功能项目的运行，就好像对伤病员做切除手术一样。在电气设备上，对完成次要功能支路的损坏可进行拆除。拆拼是指将本装备、同型装备或异型装备上的相同单元来替换损伤的单元，也称拆拼修理。替代是指使用性能相似或相近的单元或原材料、油液、仪表等暂时替换损伤或缺少的资源，以恢复装备的基本功能或自救功能。原件修复是指利用现场有效的措施恢复损伤单元的功能或部分功能，以保证装备完成当前作战任务或自救。除传统的清洗、清理、调校、冷热矫正、焊补焊接、加垫等技术之外，要着重探讨与应用各种新材料、新技术、新工艺，如刷镀、喷涂、粘接、涂敷、等离子焊接等。根据我国情况及装备发展，应当更多地研究电子电气设备、气液压系统、非金属件中应用原件修复的可能性与方便修复手段。制配不但适合于机械零部件损伤后的修复，也适合于某些电子元器件损伤后的修复。若情况紧急，次要部位或不受力部位的形状和尺寸可以不予保证。无样(品)制配，在零件丢失且无样品、图样时，可根据损伤零件所在机构的工作原理，自行设计、制作零件，以保证机构恢复工作。重构是指系统损伤后，重新构成完成其基本功能的系统。

## 二、无电焊接技术

无电焊接又称为自蔓延焊接，是一种新型焊接技术，它将先进焊接材料制成专用手持式焊笔，焊笔一经点燃，仅依靠焊接材料燃烧放出的热量就能进行焊接。无电焊接以化学反应放出的热为高温热源，以反应产物为焊料，在焊接件间形成牢固连接，简称无电焊接，反映了该技术区别于电焊的最大特点。

无电焊接技术的主要特点：

① 焊接简单方便，工作效率高：无电焊接技术焊接时不需要任何电源和其他设备，只要用明火点燃焊笔，仅仅依靠混合粉末燃烧反应放出的热量就能进行焊接，效率高，小巧轻便，操作简单，单人即可完成。在紧急条件下，可快速简便地对装备零部件损伤进行焊接。

② 焊接效果好，焊缝性能优良：无电焊接是一种熔焊焊接，焊缝抗拉伸强度介于200～300 MPa，抗弯强度介于300～700 MPa，硬度介于120～190 HRB，抗腐蚀性要优于45钢，能有效满足装备应急维修需要。

③ 适用范围广：无电焊接技术可对装备上的多种零部件进行焊接修理，已经在多个装备零部件上进行应用，能够满足使用要求。

④ 有一定的局限性：俄罗斯研制的焊笔只能焊接8 mm以下的结构件，而国产的焊接技术目前已可焊接10 mm之内的结构件。目前主要焊接钢、铜等结构件。

## 三、复合贴片技术

### 1. 概　述

装备使用的铝合金、镁合金和钛合金及非金属复合材料，这些轻质材料结构件在撞击、弹伤以及维护或操作不当等情况下，非常容易发生以冲击损伤为主的结构破坏，如裂纹、缺口、破孔、分层和断裂等。这些损伤会显著降低轻质材料的静、动态承载性能，严重时会直接威胁装备的使用安全。在战场条件下，快速修复损伤对于保持装备完好率意义重大。传统的维修方法不能满足快速抢修的需要，采用复合贴片快速修复技术具有明显的优点：结构增重小；修补时间短、成本低；修补效率高；所需设备简单。用于装备应急维修的复合贴片主要由高强度、高模量、低脆性的增强材料(纤维增强、薄片增强以及颗粒增强等)，各种功能添加材料与高性能胶粘剂基体材料复合组成。

应急维修过程中，采用适当的工艺快速制备出贴片(或预先制备)，将其粘贴到装备零部件的损伤部位，贴片中的胶粘剂在室温或适当的外界能源作用下快速固化，使复合贴片具有优异的综合性能。复合贴片快速修复技术能有效延缓装备零部件损伤的加剧，甚至大幅度恢复受损件的使用功能，有效地延长其使用寿命。复合贴片的成分、结构以及各组成部分的相互作用等因素决定了其修复的效果，其修复装备零部件损伤部位的示意图如图5－3所示。

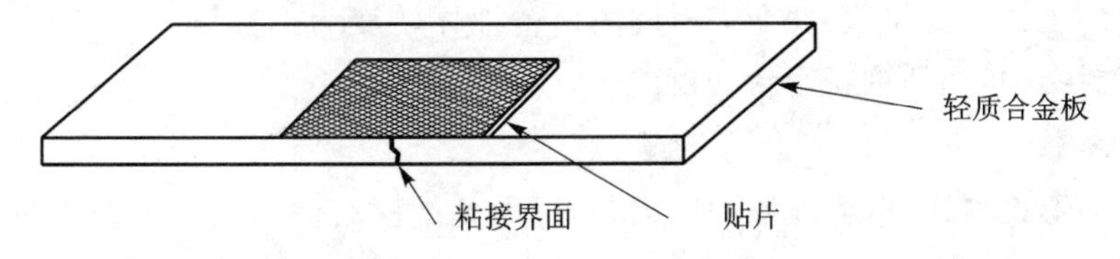


图5－3　损伤部位复合贴片修复示意图

**2. 复合贴片快速修复技术的分类及特点**

复合贴片快速修复技术按其基体材料的固化方式分类，有高温固化、室温快速固化、辐射固化（光固化、微波固化）等，每种固化方式都有其自身的优缺点。

高温高压管路快速修复采用纤维增强材料浸渍耐高温树脂，在缠绕机上制成树脂覆盖均匀的预浸料。经适当热处理，制成缠绕性好、树脂覆盖均匀的预浸带。然后将预浸带叠加铺层，复合贴片在高温高压下成型，以修复高温高压环境下管道的损伤。

室温快速修复采用纤维增强材料浸渍树脂，配以与之适应的快速固化剂，在室温、低于1 MPa压力作用下成型，修复装备中各类薄壁结构件或铝合金等材料的损伤。

光固化贴片快速修复采用纤维增强材料浸渍光敏树脂，制成柔性预浸料贴片，用粘接的方法贴补到装备结构损伤部位，在紫外线的照射下迅速固化，从而使贴片在短时间内成型，以修复装备蒙皮等多种损伤。

微波快速修复采用纤维增强材料浸渍含有微波吸收剂的树脂，制成柔性预浸料贴片，在微波的辐射下迅速固化，从而使贴片在短时间内成型以修复装备蒙皮及薄型结构件。

## 四、快速堵漏粘接技术

**1. 基本原理**

采用某种特制的机构，以彻底切断泄漏介质通道、堵塞或隔离泄漏介质通道、增加泄漏介质通道中流体流动阻力等方式，达到阻止介质外泄，实现密封的目的。然而静态密封与带压密封又存在本质的区别：静态密封的建立是在无任何被密封介质影响的条件下，靠合理的密封结构来实现的，整个密封结构建立之后，才承受被密封介质的影响；而带压密封在所完成的密封结构的全部过程中，都是在流体泄漏介质压力、温度、腐蚀、振动、冲刷同时存在的条件下进行的。因此，要实现带压密封，必须解决以下几个问题：

① 在泄漏发生处，必然存在着较大的压力差，因此要有效止住泄漏，必须要有能产生外力的装置，且产生的外力能平衡掉该压力差。

② 外加的平衡力应能长期存在，至少不得小于一个检修周期。

③ 由于泄漏部位情况复杂，泄漏的孔洞、缝隙凸凹不平。因此，施加外力的必须是能够填塞住这些缺陷的具有良好塑性的物体。

④ 所选用的塑性体在填塞好泄漏缺陷后，最好能在短时间内转变为弹性体，以防止被泄漏介质侵害，并能保持住足够的阻止流体介质泄漏的工作密封比压。

⑤ 新密封结构的强度、刚度、使用寿命必须得到保证。

基于以上几个问题的解决方案，得出了带压密封技术的基本原理：密封注剂在人为外力的作用下，被强行注射到夹具与泄漏部位部分外表面所形成的密封空腔内，迅速地弥补各种复杂的泄漏缺陷，在注剂压力远远大于泄漏介质压力的条件下，泄漏被强行止住，密封注剂自身能够维持住一定的工作密封比压，并在短时间内由塑性体转变为弹性体，形成一个坚硬的、富有弹性的新的密封结构，达到重新密封的目的。

## 2. 常用方法

由于泄漏的形式多样，造成泄漏的原因各异，因此带压堵漏方法根据技术特点不同，可分为填塞粘堵法、顶压粘堵法、T型螺栓粘堵法、引流粘堵法和磁力压固粘堵法等，下面对常用的快速堵漏方法进行简要介绍。

### (1) 填塞粘堵法

填塞粘堵法的基本工艺过程：依靠人手产生的外力，将事先调配好的胶粘剂压在泄漏缺陷部位，形成填塞效应，将泄漏强行止住，待胶粘剂完全固化后，达到动态密封堵漏的目的。

填塞粘堵法的主要特点包括：施工简单，堵漏时不需专用工器具及复杂的工艺过程，借助专用的胶粘剂的特性，就可达到堵漏的目的；应用范围广，只要有适用于各种泄漏介质的专用胶粘剂，就可进行堵漏；安全有效，可拆性好，借助注射工具可处理较高压力的介质泄漏。根据泄漏介质压力、温度及物化参数的不同，可以选择不同的填塞粘堵法。

### (2) 顶压粘堵法

基本工艺过程：顶压块在外力作用下发生形变，并与泄漏缺陷的表面形成初始比压，强行将泄漏初步堵漏，然后利用粘接技术进行粘接补强，从而达到粘接堵漏的目的。

该方法的主要特点：应用领域广泛，施工比较简单迅速，安全可靠，机动灵活，经济实用。主要实施步骤包括：在泄漏部位固定好顶压工具，在顶压螺杆前端装上铆钉，旋进顶压螺杆，迫使泄漏停止。用事先配制好的堵漏胶粘剂将铆钉粘接在泄漏部位，待胶粘剂固化后，撤除顶压工具，修平铆钉。

### (3) T形螺栓粘堵法

在黏合剂的作用下，利用T形螺栓的独特作用，使其自身固定在泄漏孔的内外壁上，并通过螺栓的禁锢力实现动态密封的目的。

特点是：T形螺栓结构简单，制作容易，作业费用低廉；实现动态密封的过程比较简单；采用T形螺栓进行动态密封作业，除T形螺栓、黏合剂、清理表面工具外，无须任何专用工具，施工方便；密封结构具有足够的强度和刚度，并具有好的可靠性与使用寿命。

### (4) 引流粘堵法

利用黏合剂的特性，将具有极好降压、排放泄漏介质作用的引流器站在泄漏点上，待黏合剂充分固化后，封堵引流，实现堵漏的目的。特点是：实现动态密封的过程比较容易，经济适用以及作业简单。

### (5) 磁力压固粘堵法

磁力压固粘堵法是借磁铁产生的吸力，使涂有黏合剂或封闭剂的非磁性材料与泄露部位黏合，达到止漏密封的目的。工艺是按照粘接技术要求处理泄露缺陷周围的表面，根据泄漏缺陷形状的大小准备好非磁性材料，参照泄露介质的物化参数选择好黏合剂或封闭剂，并按照比例调配，分别在泄漏处及磁性材料上涂抹调配好的黏合剂，迅速黏合，同时将磁铁放在非磁性材料上，构成封闭回路，待黏合剂或封闭剂充分固化后，撤出磁铁，并在非磁性材料上覆盖浸过黏合剂或封闭剂的玻璃布，以增强粘接和封闭效果。

## 五、高分子合金划伤填补技术

装备上的零部件不仅存在摩擦磨损，而且往往产生各种各样的划伤。例如，工程装备液压缸与柱塞表面的划伤，装备传动机构轴承对轴瓦、轴承座的划伤，各类往复运动机构滑动表面的划伤，风沙灰尘进入装备配合表面造成的磨粒划伤，齿轮表面在啮合过程中引起的划伤，各类修复加工机床导轨表面的划伤。这些划伤的存在，有的会造成泄漏，有的会造成运动卡死，有的会引起损伤进一步加剧，有的则成为高速运动部件的疲劳裂纹源，造成突然断裂。划伤虽小，危害甚大。尤其这些划伤引起的装备损伤，往往都是随机发生的，很难进行预测，如果这种随机损伤发生在战场环境下，不仅给装备维修带来很大困难，严重时，可能使装备丧失战斗力而影响战局。因此，避免或减少划伤的产生，以及对产生划伤快速修补技术有重要意义。

高分子合金划伤填补技术是以高分子聚合物与一些特殊功能填料（如石墨、二硫化钼、金属粉末、陶瓷粉末和纤维）组成的复合材料涂敷于零件表面，以填补表面划伤、凹坑等损伤，或改善零件表面性能，实现特定用途（如耐磨、抗蚀、绝缘、导电、保温、防辐射等）的一种表面技术。

高分子合金材料一般由成膜物、固化剂、功能填料和辅助材料四部分组成。

① 成膜物：成膜物是划伤快速填补材料的重要组成部分，其作用是使填补材料与被修补基体表面间产生牢固的结合力。成膜物可分为有机成膜物和无机成膜物。有机成膜物又可分为热固性树脂、热塑性树脂和橡胶等三类。成膜物的性能是决定填补材料性能的主要因素。因此，应根据填补材料性能要求的不同，选择不同类型的成膜物。

② 固化剂：固化剂的作用是与成膜物中的活性基团发生化学反应，形成网状立体聚合物，把填料包络在网状体之中，形成三向交联结构。

③ 功能填料：功能填料在填补材料中起着重要作用。根据填补材料的作用不同，可选用不同类型的功能填料。如抗磨填补材料可选用抗磨填料，如石墨粉、二硫化钼粉等；耐腐蚀填补材料可选用耐化学性能好的陶瓷和塑料，如 SiC，$Al_2O_3$ 等。

④ 辅助材料：辅助材料的作用是改善填补材料修复层的性能，如韧性、抗老化性能等。常用的辅助材料如增塑剂、增韧剂、偶联剂、固化促进剂等。

常用的划伤修补方法有填补法和加强法：填补法适用于直径 0.5～10 mm 以内的表面划伤，操作时，直接把配制好的填补材料填入表面划伤内，固化后打磨平整即可；加强法适用于表面划伤较深的部位，可沿划伤较深处开 V 形坡口，然后用填补材料填平，若划伤长且受力大的部位，则需机械加强。

采用高分子合金划伤填补技术处理时常见的修复缺陷及处理方法如表 5-1 所列。

表5-1 常见高分子对合金划伤修复缺陷及处理方法

| 修复层缺陷 | 原 因 | 解决方法 |
| --- | --- | --- |
| 发 黏 | 1.温度太低,未完全固化或不固化<br>2.填补材料 A、B组分配比不当,B组分太少<br>3.配制填补材料时混合不均匀<br>4.固化时间不够 | 1.提高固化温度,升温25 ℃以上,或至规定固化温度<br>2.严格按说明书指定配比称取<br>3.搅拌混合均匀<br>4.延长固化时间或提高固化温度 |
| 太 脆 | 1.B组分用量过多<br>2.固化速度太快<br>3.固化温度过高,过固化<br>4.未完全固化 | 1.严格按比例配制<br>2.降低升温速度,阶梯升温<br>3.严格控制固化温度,延长固化时间<br>4.适当提高固化温度 |
| 气 孔 | 1.搅拌速度太快,过量空气混入<br>2.黏度太大,包裹空气<br>3.施工时未用力按压 | 1.放慢搅拌速度,朝一个方向搅拌<br>2.提高施工环境温度,降低温度梯度<br>3.反复按压修复层,使空气逸出 |
| 脱 落 | 1.表面处理不干净<br>2.表面处理后停放时间太长<br>3.表面太光滑<br>4.修复层未彻底固化<br>5.修复层过薄<br>6.填补材料过期 | 1.表面彻底除锈除油除湿<br>2.表面处理后立即施工<br>3.表面打磨粗化加工成螺纹状<br>4.提高固化温度,延长固化时间<br>5.把划伤处打磨到深2 mm以上<br>6.不用过期填补材料 |
| 粗 糙 | 1.配制时混合不均匀<br>2.填补材料失效或变质<br>3.涂敷时超过了适用期<br>4.施工温度太低,填补材料黏度太大 | 1.混合均匀<br>2.严格注意储存期<br>3.按说明书,在适用期内施工完毕<br>4.被粘表面预热或提高施工环境温度 |

# 第 6 章　电子元器件检测

**导语**：千里之堤，溃于蚁穴。电子元器件是构成电子设备的最底层、最基础的要素，电子设备的故障绝大部分也是由电子元器件的故障引起。因此，熟知常用电子元器件的特性，并熟练识别和检测常见电子元器件是开展电子设备维修必备的、基本的能力。

## 6.1　线性元器件的识别与检测

### 6.1.1　电阻器的识别与检测

#### 1. 电阻器的种类与特点

电阻器(简称电阻)是电子设备中应用最多的元件，了解电阻的种类，有利于对电子电路工作原理的分析与故障诊断。通常，电阻器可分为通用电阻、可变电阻、电位器和敏感电阻四大类，每大类下面又有细分，如图 6-1 所示。

**(1) 普通电阻器分类**

普通电阻器为最常用的电阻器，又可分为：

① 薄膜电阻：主要有碳膜电阻器、合成膜电阻器、金属膜电阻器、金属氧化膜电阻器、化学沉积膜电阻器、玻璃釉膜电阻器、金属氮化膜电阻器。

② 线绕电阻器：主要有通用线绕电阻器、精密线绕电阻器、大功率线绕电阻器和高频线绕电阻器。

③ 实心电阻器：主要有无机合成实心碳质电阻器、有机合成实心碳质电阻器。

**(2) 普通电阻器的特点**

了解电阻器的特点、特性才能真正用好并可对故障进行精确定位。常用普通电阻器的特点如下：

① 碳膜电阻器：碳膜电阻器是目前电子电路中用量最大、价格最便宜、品质稳定性高、噪声小、应用最为广泛的电阻，其阻值范围一般为 1 Ω～10 MΩ。

② 合成膜电阻器：合成膜电阻器是将碳墨、石墨、填充料与有机黏合剂配成悬浮液，将其涂敷于绝缘骨架上，再经加热聚合后支撑。它可分为高阻合成碳膜电阻器、高压合成碳膜电阻器和真空兆欧合成碳膜电阻器等多种。这种电阻器的电阻阻值变化范围宽、价格低廉，但噪声大，频率特性差，电压稳定性低，抗湿性差，主要用来制造高压、高阻电阻器。

③ 金属膜电阻器：金属膜电阻器采用金属膜作为导电层，也属于膜式电阻器，是采用高真空加热蒸发(或高温分解、化学沉积、烧渗等方法)技术将合金材料蒸镀在骨架上制成。通过刻槽或改变金属膜的厚度，可以制成不同阻值的金属膜电阻。这种电阻与碳膜电阻器相比，体积小，噪声小，稳定性高，温度系数小，耐高温，精度高，但脉冲负载稳定性差，阻值范围通常为 0.1 Ω～620 MΩ。

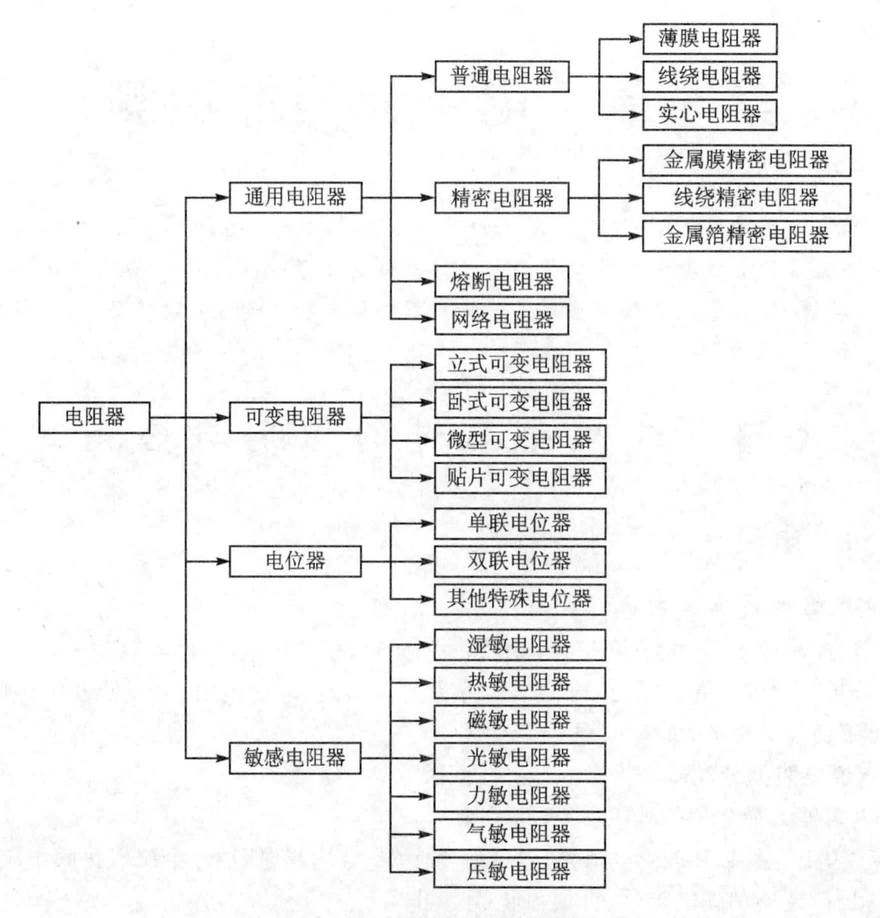


图 6-1 电阻器件种类示意图

④ 金属氧化膜电阻器:金属氧化膜电阻器具有金属膜电阻器的特点外,比金属膜电阻器的抗氧化性和热稳定性高,功率大(可达 50 kW),但阻值范围小,主要用来补充金属膜电阻器的低阻值部分,阻值范围通常为 1 Ω～200 kΩ。

⑤合成实心电阻器:合成实心电阻器具有机械强度高、过负载能力强、可靠性高、体积小等优点,但噪声大、分布参数大,对电压和温度的稳定性差,阻值范围通常为4.7 Ω～22 MΩ。

⑥ 功率耐冲击玻璃釉膜电阻器:它是用金属玻璃釉镀于磁棒上面,有着极佳的耐冲击特性及高温稳定性,广泛应用于高功率设备。

⑦ 线绕低感(无感)电阻器:线绕低感(无感)电阻器是将线绕在耐热瓷体上,表面涂以耐热、耐湿、无腐蚀的不燃性涂料加以保护而制成的,具有耐热性能优,温度系数小,质量轻,耐短时间过负载,噪声低,阻值变化小等优点,无感线绕电阻器有着线绕电阻器的基本特性及低电感量的优点。

⑧ 涂敷线绕电阻器:涂敷线绕电阻器具有阻值低、体积小、负荷大、性能稳定等特点,主要采用不燃漆包封,使用温度范围通常为－55～＋155 ℃。该类电阻器主要用于分压及功率负载。

⑨ 精密电阻器:精密电阻器指电阻的阻值误差、热稳定性(温度系数)、分布参数(分布电容和分布电感)等指标均达到一定标准的电阻器,按材料主要分为金属膜精密电阻、线绕精密电阻和金属箔精密电阻。金属膜精密电阻通常为圆柱形;线绕精密电阻则有圆柱形、扁柱形和

长方框架性几种;金属箔精密电阻则常呈方块形或片性。金属膜精密电阻的精度较高,但阻值温度系数和分布参数指标略低,精密测量仪器中常用这种电阻。线绕精密电阻的阻值精度和温度系数指标都很高,但分布参数指标偏低,线绕精密电阻匝数较多时,往往采用无感绕制法绕制,即正向绕制的匝数和反向绕制的匝数相同,以减少分布电感。金属箔精密电阻的精度、温度系数和分布参数各项指标都很高,精度可达 $10^{-6}$,温度系数可达 $\pm 0.3\times 10^{-6}$ ℃$^{-1}$,分布电容普遍低于 0.5 pF,分布电感普遍低于 0.1 μH,相应价格在这三种电阻中也最高。

⑩ 高阻电阻器:高阻电阻器是高阻值的碳合成膜电阻器,阻值一般在 $10^{7}\sim 10^{12}$ Ω 范围内,其结构与碳膜电阻器相同。电阻值高于 $10^{1?}$ Ω 以上的电阻器,对基体和电阻膜上涂敷层的绝缘性能有更高要求,可采用绝缘性能更好的超高频瓷或滑石瓷作为基体。

⑪ 高频负载电阻:高频负载电阻为终端负载电阻,主要用于具有高功耗的高频电路中,安装在适当的散热器上,在高频率下具有低的驻波比。

⑫ 贴片电阻:贴片电阻具有组装密度高、电子产品体积小、重量轻等优点,同时还具有可靠性高、抗震能力强、焊点缺陷率低,高频特性好,减少了电磁和射频干扰,易于实现自动化,提高生产效率,降低成本等优点。

在具体应用时,高频电路应选用分布电感和分布电容小的非线绕电阻器,例如可以选用碳膜电阻器、金属电阻器和金属氧化膜电阻器等。高增益的小信号放大器电路应选用低噪声电阻,例如金属膜电阻器、碳膜电阻器和线绕电阻器,而不能使用噪声较大的合成碳膜电阻器和有机实心电阻器。线绕电阻器的功率较大、电流噪声小,耐高温,但体积大,因此普通线绕电阻器常用于低频电路中作为限流电阻器、分压电阻器、泄放电阻器或大功率管的偏压电阻器。精度较高的线绕电阻器多用于固定衰减器、电阻箱、计算机及各种精密电子仪器;所选电阻器的电阻值应接近应用电路中计算值的一个标称值,应优先选用标准系列的电阻器;一般电路使用的电阻器允许误差为±5%～±10%,精密仪器及特殊电路中使用的电阻器应选用精密电阻器;所选电阻器的额定功率要符合应用电路中对电阻器功率容量的要求,一般不要随意加大或减少电阻器的功率。

### 2. 电阻器的主要参数

#### (1) 额定功率

额定功率是指电阻器在电路中长时间连续工作不损坏,或者不显著改变其性能所允许消耗的最大功率,单位用 W 表示,一般电子电路中使用 1/8 W 电阻器,通常功率越大,体积越大。

对于电阻器而言,它所能承受的功率负荷与环境温度有关,可用图 6-2 中曲线说明。图中,$P$ 为允许功率,$P_R$ 为额定功率,$t_R$ 为额定环境温度,$t_{min}$ 为最低环境温度,$t_{max}$ 为最高环境温度。从曲线可以看出,当温度低于额定环境温度时,允许功率等于额定功率;当温度大于额定环境温度后,允许功率直线下降,所以,电阻器在高温下很容易烧毁。

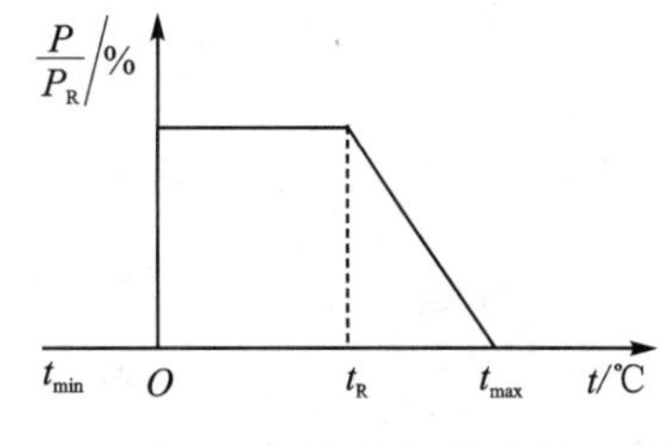


图 6-2　电阻负载曲线

#### (2) 阻值和偏差

电阻器的阻值和偏差都标注在电阻体上,通常有直标法、文字符号法和色标法。需要注意,为了生产和使用方便,国标规定了一系列阻值作为产品的标准,即标称阻值系列,我国主要有 E6、E12、E24 电阻标称阻值系列,如表 6-1 所列。电阻器在生产过程中,出于生产成本考虑和技术原因，无法制造与标称阻值完全一致的电阻器，不可避免存在一些偏差。所以规定了一个允许偏差。常用电阻器的允许偏差为±5%、±10%、±20%，精密电阻允许偏差要求更高，如2.5%、±0.001%等。

表 6-1 中国生产的E6、E12、E24电阻标称阻值系列

| 系列 | 标称值 | | | | | | | | | | | | | | | | | | | | | | | | 偏差 |
|---|---|---|---|---|---|---|---|---|---|---|---|---|---|---|---|---|---|---|---|---|---|---|---|---|---|
| E24 | 1.0 | 1.1 | 1.2 | 1.3 | 1.5 | 1.6 | 1.8 | 2.0 | 2.2 | 2.4 | 2.7 | 3.0 | 3.3 | 3.6 | 3.9 | 4.3 | 4.7 | 5.1 | 5.6 | 6.2 | 6.8 | 7.5 | 8.2 | 9.1 | ±5% |
| E12 | 1.0 | | 1.2 | | 1.5 | | 1.8 | | 2.2 | | 2.7 | | 3.3 | | 3.9 | | 4.7 | | 5.6 | | 6.8 | | 8.2 | | ±10% |
| E6 | 1.0 | | | | 1.5 | | | | | | | | 3.3 | | | | 4.7 | | | | 6.8 | | | | ±20% |

**(3) 温度系数**

温度系数是指温度每变化1 ℃所引起的电阻值的相对变化。阻值随温度升高而增大的为正温度系数，反之为负温度系数。温度系数越小，电阻的稳定性能越好。

**(4) 噪　声**

噪声是指产生于电阻器中的一种不规则的电压起伏，包括热噪声和电流噪声两部分，热噪声是由于导体内部不规则的电子自由运动，使导体任意两点的电压不规则变化，噪声越小越好。

**(5) 老化系数**

老化系数是指电阻在额定功率长期负荷下，阻值相对变化的百分数，表示电阻器寿命长短的参数。

### 3. 电阻器的标注

电阻器阻值的标注有直标法、文字符号法和色环标注法。

**(1) 直标法**

直标法是用阿拉伯数字和单位符号在电阻器表面直接标出电阻值，其允许偏差直接用百分数表示。如图6-3所示，图中电阻为100 Ω、允许偏差为±10%、额定功率为5W。

**(2) 文字符号标法**

文字符号标法是利用阿拉伯数字和文字符号两者有规律的组合来表示标称阻值和允许偏差，较大功率的电阻通常采用此法标注。如图6-4所示，图中电阻为大功率水泥电阻，额定功率为15 W、阻值为27 Ω(R表示$10^0$)、允许偏差为±5%(用J表示)。

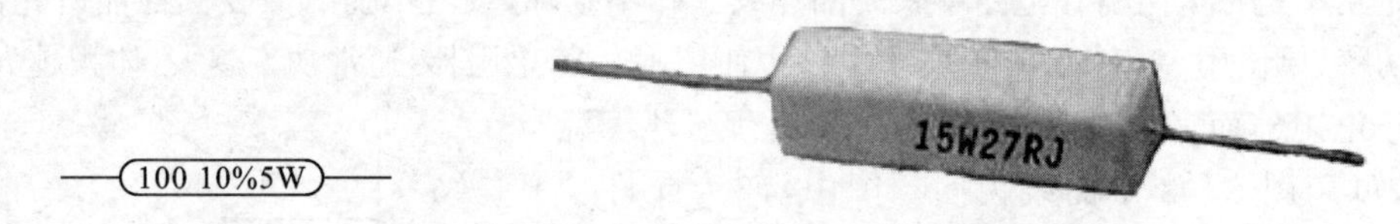


图6-3 电阻器直标法示意图　　图6-4 文字符号标法示意图

**(3) 色环标示法**

电阻功率较小时，其体积也较小，多用色环标注法标示其参数，特别是0.5 W以下电阻。电阻的色环有四条、五条和六条之分，常用的为四条和五条色环。色环标出了电阻的阻值及允许偏差，其中，电阻的阻值用有效数字和倍率(有效数字后面的0的个数)来表示阻值。对四环电阻，其第一环是十位数、第二环是个位数、第三环是倍率、第四环是误差率；对五环电阻，其第一环是百位数、第二环是十位数、第三环是个位数，第四环是倍率、第五环是误差率。阻值色环表与对照如表6-2所列和图6-5所示。

表6-2 阻值色环表

| 颜 色 | 代表数值 | 倍率(乘数) | 误差/% | 温度系数(PPM/℃) |
|---|---|---|---|---|
| 黑 | 0 | $10^0$ | | |
| 棕 | 1 | $10^1$ | ±1 | 100 |
| 红 | 2 | $10^2$ | ±2 | 50 |
| 橙 | 3 | $10^3$ | | 15 |
| 黄 | 4 | $10^4$ | | 25 |
| 绿 | 5 | $10^5$ | ±0.5 | |
| 兰 | 6 | $10^6$ | ±0.25 | 10 |
| 紫 | 7 | $10^7$ | ±0.1 | 5 |
| 灰 | 8 | $10^8$ | ±0.05 | |
| 白 | 9 | $10^9$ | | 1 |
| 金 | | $10^{-1}$ | ±5 | |
| 银 | | $10^{-2}$ | ±10 | |
| 本色 | | | ±20 | |

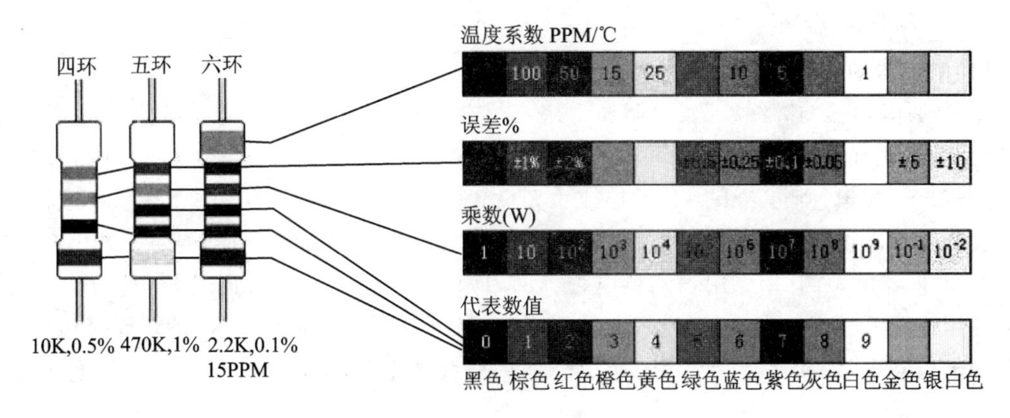


图6-5 电阻色环对照图

在实际运用中，有些色环电阻的排列顺序不甚分明，往往容易出错，在识别时，可运用如下技巧进行判断：

① 先找标志误差的色环，从而排定色环顺序：最常用的表示电阻误差的颜色有金、银、棕，尤其是金环和银环，一般绝少用作电阻色环的第一环，所以在电阻上只要有金环和银环，就可以基本认定这是色环电阻最末一环。

② 棕色环是否是误差标志的判别：棕色环既常用作误差环，又常用作有效数字环，且常常在第一环和最末一环中同时出现，使人很难识别谁是第一环。在实践中，可以按照色环之间的间隔加以判别：如对五环电阻而言，第五环和第四环之间的间隔比第一环和第二环之间的间隔要宽一些，据此可以判定色环的排列顺序。

③ 在仅靠色环间距还无法判定色环顺序的情况下，还可以利用电阻的生产序列值来加以判别。比如有一个电阻的色环读序是：棕、黑、黑、黄、棕，其值为：$100\times10^4\ \Omega=1\ \text{M}\Omega$，误差为1%，属于正常的电阻系列值；若反顺序读：棕、黄、黑、黑、棕，其值为 $140\times10^0\ \Omega=140\ \Omega$，误差为1%。显然按照后一种排序所读出的电阻值，在电阻的生产系列中是没有的，故后一种色环

顺序是不对的。

### 4. 允许偏差的标示法

允许偏差分为对称偏差和不对称偏差，大部分电阻器都采用对称偏差。规定如下：精密偏差为±0.5%、±1%和±2%；普通偏差为±5%、±10%和±20%。允许偏差有直标法、罗马法、符号法和色标法，如表6-3所列。

表6-3 常用允许偏差的标示方法

| 直标法/% | 罗马法 | 符号法 | 色标法 |
|---|---|---|---|
| ±0.5 | | D | 绿 |
| ±1 | | F | 棕 |
| ±2 | | G | 红 |
| ±5 | Ⅰ | J | 金 |
| ±10 | Ⅱ | K | 银 |
| ±20 | Ⅲ | M | 本色 |

### 5. 电阻器的检测

#### (1)电阻器的离线检测

① 普通电阻器的离线检测：电阻器常用万用电表的欧姆挡进行测量。如果采用模拟万用表进行测量，则在测量前要进行“调零”，每变换一次量程，都要进行“调零”过程。如果采用数字万用表进行测量，则可以采用自动挡或手动设置欧姆挡进行测量。要注意在测量过程中，手指不要同时触碰被测电阻器的两根引线，避免人体电阻对测量精度产生影响。

② 电位器的检测：用万用表测量电位器时，应注意电位器旋转方向与阻值大小变化的关系。如用模拟万用表测量，测量过程中如万用表指针平稳移动，而无跌落、跳跃或抖动等现象，则说明电位器正常；如用数字万用表测量，则平稳旋转电位器旋钮，观察测量阻值是否平稳变化。

③ 热敏电阻的检测：检测热敏电阻器时，在常温下根据热敏电阻器的标称阻值，选择万用表欧姆挡适当的量程，在正常情况下，其测量值应与其标称值相同或相近。当用电烙铁靠近热敏电阻器，并测量其阻值。负温度系数的热敏电阻器，其阻值应随温度的升高而降低(正温度系数的热敏电阻则正好相反)。

④ 压敏电阻的检测：检测压敏电阻时，一般用万用表R×10 kΩ挡来测量其两脚之间的电阻值。正常时为无穷大，反之则说明压敏电阻漏电电流大，不能使用。

⑤ 光敏电阻的检测：光敏电阻的阻值随光线强弱变化而变化。入射光线强，电阻减小；入射光线弱，电阻增大。在用万用表检测时，应注意上述特性。

⑥ 湿敏电阻的检测：湿敏电阻器根据感湿层使用的材料或配方不同可分为正电阻湿度特性(湿度增大时电阻值增大)和负电阻湿度特性(湿度增大时电阻值减小)两种。湿敏电阻器主要有氯化锂湿敏电阻器、碳湿敏电阻器和氧化物湿敏电阻器。氯化锂湿敏电阻器随湿度上升而阻值减小，缺点为测试范围小，特性重复性不好，受温度影响大。碳湿敏电阻器低温灵敏度低，阻值受温度影响大，易老化。氧化物湿敏电阻器由氧化锡、镍铁酸盐等材料制成，性能较优越，可长期使用，温度影响小，阻值与湿度变化呈线性。

在用万用表对湿敏电阻器进行检查时，要注意观察是否符合上述特点。

**(2) 电阻器的在路检测**

① 当电阻器焊接在电路板上进行测量时，通常称为在路检测。在路检测会受周围电路的影响，其测量结果会出现差错。具体方法如下：量值表笔搭在电阻器两引脚焊点上，测量一次阻值；互换表笔后再测量一次阻值，用阻值较大的一次作为参考阻值，设为 $R$。如果 $R$ 大于所测量的电阻器标称阻值，可以断定该电阻器存在开路或阻值增大的现象，说明电阻器已经损坏；如果 $R$ 十分接近所测电阻器的标称阻值，可以认为该电阻器正常；如果 $R$ 接近 0 Ω，则不能断定所测电阻短路，需要进一步检测；如果 $R$ 远小于所测电阻的标称值，但也远大于 0 Ω(几千欧姆)，这种情况下也不能准确判定电阻故障，应进一步检测。

② 电路板上的脱开检测：当怀疑在路测量结果有问题时，可以将电路板上元器件拆卸下来进行测量。一种方法是将电阻器的一根引脚脱开电路，然后进行测量；另一种方法是切断电阻器一根引脚的铜箔电路，使电路完全与其他电路脱开，测量将不受影响。

在对电阻进行在路检测时，一定要注意以下事项。

(a) 一定要切断设备电源，否则测量不准确，且容易损坏测量仪表。

(b) 在对电子设备进行故障检修时，先直观检查所怀疑的电阻器，看有无烧焦痕迹(外壳上可以看出)，有无引脚断、引脚铜箔电路断路(引脚焊点附近)，有无虚焊。用在路检测方法时可用脱开检测方法。因为直观检查最直接方便，在路检测其次，脱开检测最不方便，这是修理中必须遵循的先简单后复杂的检查原则。

(c) 要选择合适的量程，因为量程影响测量的精度。

(d) 电阻损坏主要是过流引起的，所以在有大电流通过的电阻器容易损坏，而小信号电路中的电阻器一般不易损坏。

### 6. 电阻器的修复与选配

**(1) 电阻器的修复**

电阻器如果被烧毁，则无法修复，可直接更换同型号电阻；电阻器如果发生引脚断裂，则可以修复。其方法是：将电阻器断掉引脚的一端用刀片刮干净，再用一根硬导线焊上，作为电阻的引脚；电阻器如果发生开路故障，则无法修复，可直接更换同型号电阻。

**(2) 电阻器的选配**

更换电阻器时，应尽量遵循如下选配原则：

① 标称阻值相同情况下，功率大的可以代替功率小的，但安装空间要足够装下新电阻。

② 在无法配到原标称阻值电阻器的情况下，可以采用并联或串联的方法获得所需电阻。

③ 有功率要求的情况下，不仅要考虑串联或并联后的阻值，还要考虑串联、并联后的功率是否达到要求。

④ 熔断电阻器外形与普通电阻器外形十分相似，尤其注意不能用普通电阻代替熔断电阻。

## 6.1.2 电容器的识别与检测

### 1. 电容的种类与特点

在电子设备中，电容用量排在第二位，很多故障也是由于电容故障引起。掌握电容的种类与特点对电子设备的故障定位与维修诊断具有重要意义。

电容最基本的特性是对直流信号和交流信号的自动识别能力，以及电容对交流信号的频率所具有的“敏感”性，它能对不同频率的交流信号做出容抗大小不等的反应。电容的种类有很多，大致可分为固定电容器、微调电容器、可变电容器和变容二极管，如图6-6所示。

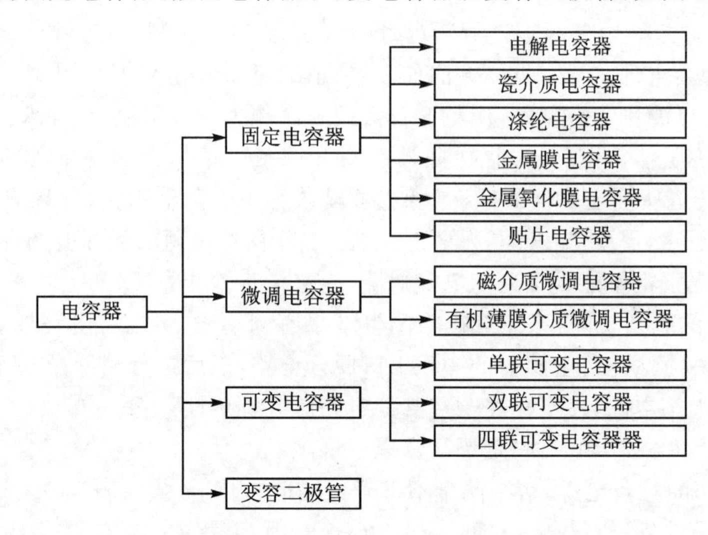


**图6-6 电容器种类示意图**

当然，也可以按电介质将电容划分为有机介质电容、无机介质电容、电解电容(常用)、液体介质电容和气体介质电容；也可以按工作频率划分为低频电容(用于工作频率较低的电路，如音频电路)和高频电容(用于工作频率较高的电路，对高频信号的损耗小，如收音电路)；或按电路功能划分为高频旁路电容(主要有陶瓷电容、云母电容、玻璃膜电容、涤纶电容、玻璃釉电容)、低频旁路电容(主要有纸介电容、陶瓷电容、铝电解电容、涤纶电容)、滤波电容(主要有铝电解电容、纸介电容、复合纸介电容、液体钽电容)、调谐电容(主要有陶瓷电容、云母电容、玻璃膜电容、聚苯乙烯电容)、低频耦合电容(主要有纸介电容、陶瓷电容、铝电解电容、涤纶电容、固体钽电容)、高频耦合电容(主要有陶瓷电容、云母电容、聚苯乙烯电容)、高频抗干扰电容(主要有高压瓷片电容)、分频电容(主要有铝电解电容、钽电容)。

掌握常用电容的个性和特点，对电子设备的故障排除和电子线路的理解很有帮助。常用电容的特点如下：

① 穿心式或柱式结构瓷介电容：这类电容的一个电极就是安装螺丝钉，具有引线电感小、频率特性好、介电损耗小、有温度补偿作用等优点，特别适用于高频旁路。但这类电容容量不能做大，且受震动时容量易于变化。

② 纸质电容：纸质电容一般是用两条铝箔作为电极，中间以厚度为0.008～0.012 mm的电容器纸隔开重叠卷绕而成。这类电容制造工艺简单、价格便宜、能得到较大电容容量，一般用于低频电路，通常不能在高于3 MHz的频率上运用。

③ 油浸电容：油浸电容的耐压比普通纸质电容高，稳定性也好，适用于高压电路。

④ 薄膜电容：薄膜电容结构与纸质电容相似，只是用聚酯、聚苯乙烯等低损耗材料作介质，所以频率特性好，介电损耗小，但是不能做成大容量的电容，且耐热能力差，这种电容适用于滤波器、积分、振荡和定时电路。在各种薄膜电容中，以聚苯乙烯电容的电性能最好，温度系数可以被精确地控制，由于有可以预测的温度特性，这种电容非常适合于LC谐振电路，其中电感有相应的正温度系数。

⑤ 陶瓷电容:陶瓷电容是用高介电常数的电容器陶瓷(钛酸钡一氧化钛)材料挤压成圆管、圆片或圆盘作为介质,并用烧渗法将银镀在陶瓷上作为电极制成。陶瓷电容分为高频瓷介和低频瓷介两种。陶瓷电容具有较小的正温度系数,用于高稳定振荡电路,作为谐振电路电容和垫整电容。高频瓷介电容适用于高频电路。低频瓷介电容限于在工作频率较低的回路中作旁路或隔直作用,或用于对稳定性和损耗要求不高的场合,这种电容不宜使用在脉冲电路中,因为易于被脉冲电压击穿。

⑥ 玻璃釉电容:玻璃釉电容是由一种浓度适于喷涂的特殊混合物喷涂而成薄膜介质,再以银层电极经烧结而成"独石"结构,性能可与云母电容媲美,能耐受各种气候环境,一般可在200 ℃或更高温度下工作,额定工作电压可达500 V。

⑦ 独石电容:独石电容又称多层陶瓷电容,是在若干陶瓷薄膜坯上敷以电极浆材料,叠合后一次烧结成一块不可分割的整体,外面再用树脂包封而成。具有体积小、容量大、高可靠和耐高温等优点。

⑧ 固态电容:固态电容是尖端先进电容的一种,与传统电解电容相比,新型固态电容采用高电导率、高稳定性的导电高分子材料作为固态电解质,代替了传统的铝电解电容内的电解液,大幅度改进传统液态铝电解电容的不足,展现出极其优异的电气特性。

⑨ 贴片薄膜电容:表面贴装的薄膜电容器主要使用两种结构类型,最常用的是包括堆叠一面金属化的电介质薄膜在内的堆叠结构,这类电容被称为堆叠薄膜片;另一种结构形式是绕制而不是堆叠,这类电容被称为MELF片。聚酯电容在薄膜电容中体积最小且最便宜,是构成一般用途滤波器的首选元件,工作频率低于几百千赫兹,工作温度可达125 ℃,电容量从1 000 pF~10 μF。聚碳酸脂电容的体积相对较大,具有优良的点性能,特别是工作于高温时更是如此,在很宽的温度范围内工作时,其损耗系数较低,返回性能比聚酯电容要好。

### 2. 电容器的主要参数

#### (1) 标称容量

电容的容量大小表征了电容存储电荷多少的能力,是电容的重要参数,不同功能的电路需选择不同容量大小的电容。电容与电阻类似,也有标称电容量参数,标称容量也分许多系列,常用的是E6、E12系列,这两个系列设置与电阻相同(见表6-1)。

#### (2) 允许偏差

电容器的允许偏差含义与电阻器相同,固定电容器允许偏差常用的是±5%、±10%和±20%,通常容量愈小,允许偏差愈大。

#### (3) 额定电压

额定电压是指在规定温度范围内,可以持续加在电容器上而不损坏电容器的最大直流电压或交流电压有效值。额定电压是一个非常重要的技术指标,在使用中如果工作电压大于电容的额定电压,电容就会被损坏。如果电路故障造成加在电容上的工作电压大于它的额定电压,电容就会被击穿。此外,电容的额定电压也是成系列。

#### (4) 绝缘电阻

绝缘电阻又称为漏电电阻,由于电容两极之间的介质不是绝对的绝缘体,所以它的电阻不是无穷大,一般在1 000 MΩ以上,电容两电极之间的电阻称为绝缘电阻。绝缘电阻大小等于额定工作电压下的直流电压与通过电容的漏电流的比值。漏电电阻越小,漏电越严重。电容漏电会引起能量损耗,这种损耗不仅影响电容的寿命,而且会影响电路的工作,因此,漏电电阻越大越好。

**(5) 温度系数**

一般情况下,电容的电容量是随温度变化而变化的,电容的这一特性用温度系数来表示。温度系数有正、负之分,正温度系数电容器表明电容量随温度升高而增大,负温度系数电容器则随温度升高而减小。使用中,希望电容器的温度系数越小越好。当电路工作对电容的温度有要求时,会采用温度补偿温度。

**(6) 介质损耗**

电容在电场作用下消耗的能量,通常用损耗功率和电容的无功功率之比,即损耗角的正切值表示。损耗角越大,电容器的损耗越大,损耗角大的电容不适用于高频电路。

### 3. 电容器的型号命名方法

国产电容的型号一般由四部分组成(不适用于压敏、可变、真空电容)。依次分别代表名称、材料、分类和序号。电容器型号命名如表 6-4 和 6-5 所列。

**表 6-4　电容器型号命名方法**

| 第一部分:名称 | | 第二部分:材料 | | 第三部分:分类 | | 第四部分:序号 |
|---|---|---|---|---|---|---|
| 字　母 | 含　义 | 字　母 | 含　义 | 字母或数字 | 含　义 | |
| C | 电容器 | A | 钽电容 | C | 穿心式 | 用数字表示品种、尺寸、代号、温度特性、直流工作电压、标称值、允许误差、标准代号 |
| | | B | 聚苯乙烯等非极性薄膜 | D | 低压 | |
| | | C | 高频陶瓷 | J | 金属化 | |
| | | D | 铝电解 | M | 密封 | |
| | | E | 其他材料电解 | S | 独石 | |
| | | F | 聚四氟乙烯 | T | 铁电 | |
| | | G | 合金电解 | W | 微调 | |
| | | H | 复合介质 | X | 小型 | |
| | | I | 玻璃釉 | Y | 高管 | |
| | | J | 金属化纸 | | | |
| | | L | 涤纶等极性有机薄膜 | | | |
| | | M | 压敏 | | | |
| | | N | 铌电解 | | | |
| | | O | 玻璃膜 | | | |
| | | Q | 漆膜 | | | |
| | | S | 聚碳酸酯 | | | |
| | | T | 低频陶瓷 | | | |
| | | V | 云母纸 | | | |
| | | Y | 云母 | | | |
| | | Z | 纸介 | | | |

表6-5　电容器型号中第三部分分类的数字含义说明

| 数字代号 | 分类意义 | | | |
|---|---|---|---|---|
| | 瓷介 | 云母 | 有机 | 电解 |
| 1 | 圆形 | 非密封 | 非密封 | 箔式 |
| 2 | 管形 | 非密封 | 非密封 | 箔式 |
| 3 | 叠片 | 密封 | 密封 | 烧结粉液体 |
| 4 | 独石 | 密封 | 密封 | 烧结粉固体 |
| 5 | 穿心 | | 穿心 | |
| 6 | 支柱等 | | | |
| 7 | | | | 无极性 |
| 8 | 高压 | 高压 | 高压 | |
| 9 | | | 特殊 | 特殊 |

### 4. 电容器的标注

电容器的标注参数主要有标称电容量、允许偏差和额定电压等，其标注方法主要有直标法、色标法、字母数字混标法、3位数表示法和4位数表示法。

**(1) 直标法**

直标法在电容器中应用最为广泛，是在电容器上用数字直接标出标称容量、额定电压等，如图6-7所示。要注意，有些电容用“R”表示小数点。

**(2) 3位数表示法**

电容器3位数表示法中，用3位整数来表示电容器的标称容量，再用一个字母来表示允许偏差，示意图如图6-8所示。在一些体积较小的电容器中普遍采用3位数表示法，因为电容器体积小，采用直标法标出的参数，字太小，容易看不清和被磨掉。

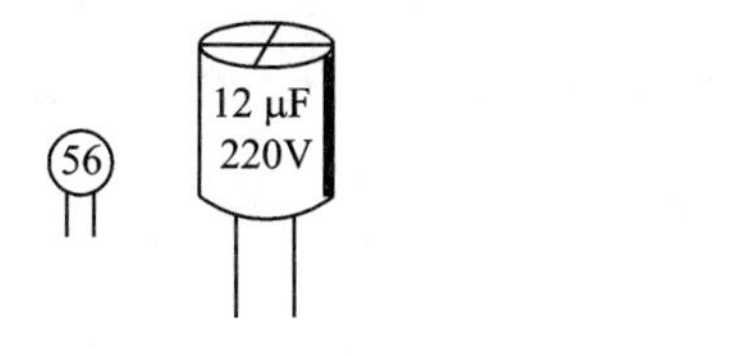


图6-7　电容器直标法示意图

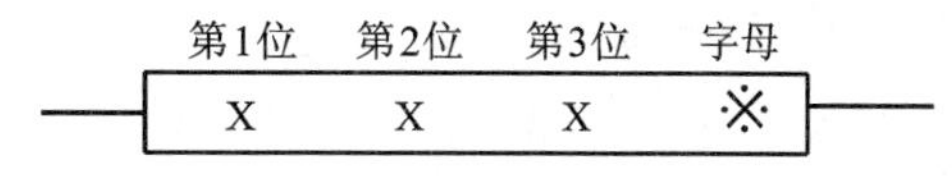


图6-8　电容容量3位数表示法示意图

3位数字中，前2位数表示有效数，第3位表示倍率(或有效数后有几个0)，最后的字母表示允许偏差。在3位数表示法中标称电容量单位是波法(pF)。

**(3) 4位数表示法**

电容器的4位数字表示法有以下两种情况：

① 用4位整数来表示标称容量，此时电容容量单位是皮法；

② 用小数(有时不足4位数字)来表示标称容量，此时电容器容量为微法。

**(4) 色标法**

采用色标法的电容器又称色码电容，色码表示的是电容器标称容量。色标法电容器的具体表示方法同3位数或是4位数表示法，只是用色码的不同颜色来表示各位数字。色码颜色与数字的对应关系与电阻色环标法是相同的。在这种标法中,电容器容量通常是皮法,但要注意,当色码要表示 2 个重复数字时,其色码宽度为正常宽度的 2 倍。

**(5) 字母数字混标法**

电容的字母数字混标法与电阻的表示方法相同,在这种方法中,n、m、p 等都是词头符号,其含义如表 6-6 所列,它们适用于各种电子元器件的标注。例如,某电容上标注“5p9”,则表示其容量为 5.9 pF。

**表 6-6 词头符号的含义**

| 词头符号 | 名称 | 表示数 |
| --- | --- | --- |
| E | 艾 | $10^{18}$ |
| P | 拍 | $10^{15}$ |
| T | 太 | $10^{12}$ |
| G | 吉 | $10^{9}$ |
| M | 兆 | $10^{6}$ |
| k | 千 | $10^{3}$ |
| h | 百 | $10^{2}$ |
| da | 十 | $10^{1}$ |
| d | 分 | $10^{-1}$ |
| c | 厘 | $10^{-2}$ |
| m | 毫 | $10^{-3}$ |
| μ | 微 | $10^{-6}$ |
| n | 纳 | $10^{-9}$ |
| p | 皮 | $10^{-12}$ |
| f | 飞 | $10^{-15}$ |
| a | 阿 | $10^{-18}$ |

## 5. 允许偏差的表示方法

电容器的允许偏差通常有以下 5 种表示方法:

① 等级表示方法:允许偏差等级的标志直接标注在电容器上,根据允许偏差字母,查表可以知道电容器的允许偏差,如表 6-7 所列。

② 百分比表示方法:在这种允许偏差表示方法中,将±5%、±10%和±20%等直接标注在电容器上,识别比较简单。

③ 数字表示百分比方法:在这种允许偏差的表示方法中,将±号和%号均省去,直接标出数字。

④ 直接表示绝对允许偏差方式:在这种表示方法中可将绝对允许偏差直接标注在电容器上;如:4.7 pF±0.5 pF。

⑤ 字母表示方法:在这种允许偏差方式中,用一些大写字母来表示允许偏差。通常有三种方式,用字母表示对称允许偏差(正、负允许偏差量相同),如表 6-8 所列;用字母表示不对称允许偏差(正偏差和负偏差不同),如表 6-9 所列;用字母表示绝对允许偏差,如表 6-10 所

列，但这种方式中，电容单位一般为 pF。

表 6-7 电容器误差等级说明

| 误差标记 | 02级 | Ⅰ级 | Ⅱ级 | Ⅲ级 | Ⅳ级 | Ⅴ级 | Ⅵ级 |
|---|---|---|---|---|---|---|---|
| 误差含义 | ±2% | ±5% | ±10% | ±10% | +20%<br>−30% | +50%<br>−20% | +100%<br>−10% |

表 6-8 用字母表示对称允许偏差

| 字 母 | X | X | E | L | D | F | G | J | R | T | Q |
|---|---|---|---|---|---|---|---|---|---|---|---|
| 偏 差 | ±0.001% | ±0.002% | ±0.005% | ±0.01% | ±0.5% | ±1% | ±2% | ±5% | −10%<br>～+100% | −10%<br>～+50% | −10%<br>～+30% |
| 字 母 | P | W | B | C | K | M | N | H | S | Z | 空 |
| 偏 差 | ±0.02% | ±0.05% | ±0.1% | ±0.25% | ±0.10% | ±0.20% | ±0.30% | 0<br>～+100% | −20%<br>～+50% | −20%<br>～+80% | −20%<br>～不定 |

表 6-9 用字母表示不对称允许偏差

| 字母 | H | R | T | Q | S | Z | 无标记 |
|---|---|---|---|---|---|---|---|
| 含义 | 0<br>+100% | −10%<br>+100% | −10%<br>+50% | −10%<br>+30% | −20%<br>+50% | −20%<br>+80% | −20%<br>不规定 |

表 6-10 用字母表示绝对允许偏差

| 字 母 | B | C | D | E |
|---|---|---|---|---|
| 含 义 | ±0.1 | ±0.25 | ±0.5 | ±5 |

### 6. 电容器的检测

通常可以用万用表的欧姆挡来判别电容的性能、容量、极性等。5 000 pF 以下的电容应选用电容表测量。

**(1) 固定电容性能和好坏的判别**

用万用表表笔接触电容的两极，如果采用模拟万用表，表头指针应先向正方向偏摆，然后逐渐向反方向复原，及退至电阻无穷大处；如果采用数字万用表，则电阻应该是无穷大或兆欧以上。如果电阻不是无穷大，那么稳定后的读数表示电容器漏电阻阻值，阻值越大，绝缘性越好。如果在测试过程中，指针无偏转，说明电容器内部已断路。如指针正偏后无返回现象，且电阻阻值很小或为零，说明内部已短路，同样不能使用；对容量较小的电容器，指针偏转不明显。

**(2) 电容器容量的判别**

用表笔接触电容器两端时，表头指针先正向偏转，然后逐渐复原。红、黑表笔对调后，表头指针又正向偏转，而且偏转的幅度较上次大，并又逐渐复原。电容器的容量越大，指针偏摆幅度越大，复原速度越慢，根据这点可以粗略判别其容量的大小，但具体容量必须用电容表或带有电容测量功能的数字万用表来判定。

**(3) 电解电容极性的判别**

根据电解电容正接时漏电小，反接时漏电大的特点来判别其极性。用万用表测量电解电容的正、反漏电电阻，两次测量中，测得阻值大的那次，黑表笔所接为正极（黑表笔与表内电池的正极相接，数字万用表正好相反）。

#### 7. 电容器的故障与修复

电容器在电路中的故障发生率远高于电阻器，而且故障种类多，检测难度大。

**(1) 小电容常见故障**

小电容是指容量小于 1 μF 的电容器，其故障现象和大电容故障现象有所不同。

① 开路故障或断续开路故障：电容器开路后，没有电容器的作用。不同电路中给电容器出现开路故障后，电路的具体故障现象不同。例如滤波电容开路后出现交流噪声，耦合电容开路后出现无声故障。

② 击穿故障：电容器击穿后，没有电容器的作用，电容器 2 根引脚之间为通路，电容的隔直作用消失，电路的直流电路工作出现故障，从而影响电路的交流工作状态。

③ 漏电故障：这是小电容中故障发生率比较高的故障，而且故障检测困难。电容器漏电时，两极板之间的绝缘性能下降，两极板之间存在漏电阻，有直流电流通过电容器，电容器的隔直性能变差，同时电容器的容量下降。当耦合电容器漏电，将造成电路噪声大的故障。

④ 加电后击穿故障：一些电容器的击穿故障表现为加上工作电压后击穿，断电后表现为不击穿，万用表检测时它又表现出不击穿的特征，通电情况下测量电容两端的直流电压为 0 V 或很低。

**(2) 电解电容的常见故障及特征**

电解电容是固定电容的一种，所以它的故障特征与固定电容器故障特征有一定的相似之处，但由于电解电容的特殊性，它的故障特征与固定电容还是有所区别。

① 击穿故障：电容器两引脚之间呈现通路状态，分为两种情况：一是常态下（未加压）已经击穿；二是常态下正常，加压后击穿。

② 漏电流大故障：电解电容的漏电比较大，但漏电太大就是故障。电解电容漏电后，电容器仍能起到一些作用，但电容量下降，会影响电路的正常工作，严重时会烧坏电路中的其他元器件。

③ 容量减小故障：不同电路中的电解电容容量减小后其故障表现有所不同，滤波电容容量减小后交流声增大，耦合电容容量减小后信号受到衰减。

④ 开路故障：电解电容器已不能起到一个电容作用。不同电路中的电解电容器开路后其故障现象有所不同，滤波电容开路后交流噪声很大，耦合电容开路后信号无法传输到下级，出现无声故障。

⑤ 爆炸故障：这种情况通常出现在有极性电解电容更换新电容之后，由于正负极接反而导致的。

**(3) 电容的修复与选配**

大部分电容损坏后是不能修复的，只有电容器引脚折断并可以通过重新焊接一根引脚来修复。

① 固定电容的选配方法：更换固定电容时，通常按以下原则进行：

(a) 标称电容量相差不大时考虑代用：许多情况下电容器的容量值相差一些无关紧要，但是有些场合下的电容器不仅对容量要求严格，而且对允许偏差等参数也有严格要求，此时就必须选用原型号、同规格的电容器。

(b) 在容量要求符合条件的情况下，额定电压参数等于或大于原电容器的参数即可以代用，有时略小也可以代用。

(c) 各种固定电容器都有它们各自的个性，在使用中一般情况下只要容量和耐压等要求符合条件，它们之间可以代替使用，但是有些场合下相互代替后效果不好，例如低频电容器代替高频电容器后高频信号损耗增大，严重时电容器不能起到相应作用。但是高频电容器一般可以代替低频电容器。

(d) 有些场合下，电容器的替代还要考虑电容器的工作温度范围、温度系数等参数。

(e) 标称电容量不能满足要求时，可以采用电容器串联或并联的方法来满足容量要求。

② 更换电容时需注意事项：

(a) 一般要先拆下已经坏的电容器，然后再焊上新的电容。

(b) 容量小于 1 μF 的固定电容器一般无极性，它的两根引脚可以不分正负极，但是对有极性电容器不行，必须注意极性。

(c) 需要更换的电容器在机壳附近时(拆下它相当不方便)，如果已经确定该电容器是开路故障或容量不足故障时，可以用一只新电容器直接焊在该电容器背面焊点上，不必拆下原电容器，但是对于击穿和漏电的电容器，这样进行更换操作是不可行的。

### 6.1.3　电感器的识别与检测

#### 1. 电感器的种类

电感类器件外形多变，特征也比较明显，相对于其他电子元器件比较容易识别，典型特征就是有很多绕线。

普通电感按有无磁芯可分为空心电感器和有芯电感器；按安装形式可分为立式电感器、卧式电感器、小型固定式电感器和贴片式电感器；按工作频率可分为高频电感器和低频电感器；按封装形式可分为普通电感器、色环电感器、环氧树脂电感器和贴片电感器；按电感量是否可调可分为固定电感器和可调电感器。此外，也有一些专用的电感器，如用于条幅收音机电路中的磁棒线圈、电视机中的行线性线圈、电磁继电器中的控制线圈等。

#### 2. 电感器的主要参数

**(1) 电感量**

电感量是衡量电感大小的一个重要参数，电感量的大小与线圈的结构有关，线圈绕的匝数越多，电感量越大；在同样匝数情况下，增加磁芯后，电感量也增大。标称电感量表示了电感器的电感大小，它是使用中人们最为关心的参数，也是电感器最重要的参数之一。

一般高频电感的电感量较小，为 0.1～100 μH，低频电感的电感量一般为 1～30 mH。

**(2) 允许偏差**

电感器的允许偏差表示制造过程中电感偏差量的大小，通常有Ⅰ、Ⅱ、Ⅲ三个等级，Ⅰ级允许偏差为±5%，Ⅱ级允许偏差为±10%，Ⅲ级允许偏差为±20%。但是在许多体积较小的电感上通常不标出允许偏差这一参数。

**(3) 品质因数**

品质因数又称为 $Q$ 值，是电感特有的参数。$Q$ 值表示了线圈的“品质”，$Q$ 值越高，说明电感线圈的功率损耗越小，效率越高。但这一参数一般不标在电感器外壳上，因为并不是对电路中所有的电感器都有品质因数的要求，主要是对 LC 谐振电路中的电感器有品质因数要求，因为在 LC 谐振电路中品质因数决定了谐振电路的有关特性。

(4) 额定电流

电感器的额定电流是指允许通过电感器的最大电流,这也是电感器的一个重要参数。当通过电感器的工作电流大于这一电流值时,电感器有被烧毁的危险。在电源电路中的滤波电感因为工作电流比较大,加上电源电路的故障发生率比较高,所以滤波电感器容易被烧坏。

(5) 固有电容

电感器的固有电容又称为分布电容或寄生电容,它是由多种因素造成的,相当于在电感线圈两端并联一个总的等效电容。电感线圈与等效电容构成一个 LC 并联谐振电路,这种情况对电感的有效电感量会产生影响。实际应用中要注意,当电感器工作在高频电路中时,由于频率高,容抗小,所以等效电容的影响大,为此要尽量减小电感线圈的固有电容;当电感器工作在低频电路中时,由于等效电容的容量很小,工作频率低时它的容抗很大,相当于开路,所以对电路工作影响不大。

### 3. 电感器型号的命名

电感器线圈型号一般由四部分组成。第一部分为主称,用字母 L 表示电感线圈,用 ZL 表示阻流圈;第二部分为特征,用字母表示,如用字母 G 表示高频;第三部分为结构形式,用字母表示;第四部分为区分代号,用数字表示。例如 LGX 表示为小型高频电感线圈,LG1 表示为卧式高频电感线圈。

### 4. 电感器的标注

(1) 直标法

直标法是将标称电感量用数字直接标注在电感器的外壳上,同时用字母表示额定工作电流,再用Ⅰ、Ⅱ、Ⅲ表示允许偏差。固定电感器除直接标出电感量外,还标出允许偏差和额定电路参数。

(2) 色标法

当采用色环标示电感器的标称容量和允许偏差时,这种电感被称为色码电感器。色码电感器的读码方式与色标电阻器一样,有效数字为两条,第三条为倍率,最后一条为允许偏差的色码。色码电感器的色码含义与色标电阻器的色码含义是一样的。

(3) 额定电流的等级标注

固定电感器中,额定电流共有五个等级,用大写字母表示,如表 6-11 所列。

表 6-11 固定电感器中字母表示额定电流的具体含义

| 字 母 | A | B | C | D | E |
|---|---|---|---|---|---|
| 额定值/mA | 50 | 150 | 300 | 700 | 1 600 |

电感器实际运用时要注意以下几点:

① 工作电流比较大的电路中,主要关心电感器的额定电流参数,因为选择的电感器额定电流小了会造成电感器的电流损坏。

② 振荡器电路中的电感器主要关心标称电感量的误差,因为电感量的偏差将影响振荡器的振荡频率。此外,还要关注 $Q$ 值。

③ 对于工作在高频电路中的电感器,还要关心电感器固有电容和 $Q$ 值,因为固有电容和 $Q$ 值将影响所在电路的频率特性等。

### 5. 电感器的检测

测量电感器的主要参数,即电感量需要专门的测量仪器,用万用表只能大致判断电感器的好坏。在用万用表的欧姆挡对电感器进行检测时，量程要选用低电阻挡，如R×1或R×10挡，因为电感器两端的直流电阻非常小，除低频电感器外，通常只有零点几个欧姆到几十欧姆。若测试电感器两端的直流电阻值为无穷大，则表明电感器内（如绕组）已经开路（断路）。

**6. 电感器的故障判别与修复**

**(1) 故障现象**

电感器的主要故障是线圈烧成开路或因导线太细导致在引脚处断线。不同电路中的电感器出现线圈开路故障后，会有不同的故障现象，主要有以下几种：

① 在电源电路中的线圈容易出现因电流太大烧断的故障，可能是滤波电感器先发热，严重时烧成开路，此时电源的电压输出电路将开路，故障表现为无直流电压输出。

② 其他小信号电路中线圈开路之后，一般表现为无信号输出。

③ 一些微调线圈还会出现磁芯松动引起的电感量改变，使线圈所在电路不能正常工作，表现为对信号的损耗增大或根本就无信号输出。

④ 线圈受潮后，$Q$值下降，对信号的损耗增加。

**(2) 修复方法**

电感器的修复方法主要说明以下几点：

① 如果测量线圈已经开路，此时直观检查电感器的外表有无烧焦的痕迹，当发现有烧焦或变形的迹象，不必对电感器进一步检查，直接更换即可。

② 外观检查电感器无异常现象时，查看线圈的引脚焊点处是否存在断线现象。对于能够拆下外壳的电感器，拆下外壳后进行检查。引线断时可以重新焊上。有时，这种引脚线较细且有绝缘漆，很难焊好，必须格外小心，不能再将引脚焊断。此时，先刮去引线上的绝缘漆，并在刮去漆的导线头上搪上焊锡，然后去焊接引线。焊点要小，不能有虚焊或假焊现象，并且不要去碰伤其他引线上的绝缘漆。

③ 对于磁芯碎了的电感器，可以从相同的旧电感器上拆下一个磁芯换上；对于磁芯松动的电感器，可以用一个新橡皮筋固定，或用合适的固定胶固定。

**(3) 电感器的选配方法**

电感器的选配有以下几个基本原则：

① 电感器损坏后，一般应尽力修复，因为电感器的配件并不多。

② 对于电源电路中的电感器，主要考虑新电感器的最大工作电流应不小于原电感器的工作电流，大一些是可以的。另外，电感量大一些可以，小了会影响滤波效果。

③ 对于其他电路中的电感器的电感量要求比较严格，应选用同型号、同规格的进行更换。

## 6.1.4 变压器的识别与检测

**1. 变压器的特征**

变压器外形特征主要有以下几点：

① 变压器通常有一个外壳，一般是金属外壳，但有些变压器没有外壳，形状也一定是长方体。

② 变压器引脚有许多，最少3根，多的有10根左右，各引脚之间一般不能互换使用。

③ 各种类型变压器都有它自己的外形特征，如有一个明显的方形金属外壳。

④ 变压器与其他元件在外形上有明显不同，所以在电路板上很容易识别。

## 2. 变压器的种类

下面介绍在电子设备中常用的几类变压器及其特点。

### (1) 电源变压器

电源变压器是常用的变压器,用于电源电路,将 220 V 交流市电降为所需要的低电压交流电。

① E 型电源变压器:E 型电源变压器也称为 EI 型电源变压器,它是最为常见的电源变压器,其铁芯有 E 型和 I 型两种,铁芯是用硅钢片交叠而成。这种变压器优点是成本低,缺点是磁路的气隙较大,效率较低,工作时电噪声较大。

② 环型电源变压器:环型变压器的铁芯是用优质冷轧硅钢片(片厚一般为0.35 mm 以下)无缝地卷制而成,它的铁芯性能优于传统的叠片式铁芯。环型变压器的绕组均匀地绕在铁芯上,绕组产生的磁力线方向与铁芯磁路几乎完全重合,具有电效率高、铁芯无气隙、外形尺寸小、磁干扰小、振动噪声小等优点。

③ R 型电源变压器:R 型电源变压器又称为 C 型电源变压器,它由两块形状相同的 C 字型铁芯(由冷轧硅钢带制成)构成。它与 E 型和环型变压器相比,漏磁最小,体积小,产生的热量最少,不会产生噪声,工作性能更强,可靠性更高,绝缘性能强,安装简单。

### (2) 脉冲变压器

脉冲变压器用于各种脉冲电路中,其工作电压、电流均为非正弦脉冲波。常用的脉冲变压器有电视机的开关变压器、行输出变压器、行推动变压器、电子点火器的脉冲变压器等。

① 开关电源变压器:开关电源变压器工作在脉冲状态下,它的工作频率高、效率高、体积小、功耗小;开关电源变压器的一次绕组是储能绕组,其二次绕组结构有多种情况,会有多组二次绕组。

② 行输出变压器:行输出变压器是电视机行扫描电路的专用一体化结构变压器,简称 FBT,也成为回扫变压器。其工作特点是工作在脉冲状态下,工作电压高、效率高。现在绝大多数采用一体化结构的行输出变压器,其高压绕组、低压绕组、高压整流二极管等均被灌封在一起。它的特点是体积小、重量轻、可靠性高、输出的直流高压稳定,广泛用于目前生产的各种电视机和显示器中。

③ 行推动变压器:行推动变压器也称为行激励变压器,用于电视机扫描通道中。它接在行推动电路与行输出电路之间,起信号耦合、阻抗变换、隔离及缓冲等作用,控制着行输出管的工作状态。

### (3) 音频变压器

① 线间变压器:在长距离传输音频功率信号(一种可以直接驱动扬声器的音频信号)时,为防止音频功率消耗在传输线路上,将音频信号电压升高,这样可以降低音频信号电流,这样在传输线路上的音频信号损失就降低,然后通过线间变压器与低阻抗的扬声器直接相连。线间变压器的一次阻抗是 1 000 Ω,二次阻抗 8 Ω,与 8 Ω 扬声器连接,这样扬声器能获得最大功率。

② 音频输入变压器:在变压器耦合的功率放大器电路中采用这种音频变压器。由于输入变压器在电路中起连接前置放大级与输出级的作用,而输出级一般是采用推挽电路,所以输入变压器的一次绕组无抽头,而二次绕组要么有一个中心抽头,要么有两组匝数相同的二次绕组,以便获得大小相等、方向相反的两个激励信号,分别激励两只推挽输出管。

③ 音频输出变压器:输出变压器在电路中起输出级与扬声器之间的耦合和阻抗匹配作用,由于采用推挽电路,故输出变压器一次绕组具有中心抽头,而二次绕组没有抽头。加上要

起阻抗匹配作用，所以输出变压器的二次绕组匝数远小于一次绕组匝数。

(4) 高频变压器

① 电视机中的阻抗变换器：该阻抗变换器的输入阻抗为 300 Ω，它的输出阻抗为 75 Ω，这样通过它将 300 Ω 转换成了 75 Ω。阻抗变换器有两个作用，即进行阻抗的变换和进行平衡和不平衡的交换。所谓平衡和不平衡是指输入端、输出端的电路结构，通俗地讲当输入端或输出端中的两个端点有一个接地时，称为不平衡式输入或不平衡式输出。

② 磁棒天线：磁棒天线由磁棒、一次绕组和二次绕组组成。磁棒天线如同一个高频变压器一样，一次和二次绕组之间具有耦合信号的作用。在磁棒天线中，磁棒采用导磁材料制成，具有导磁特性，它能将磁棒周围的大量电磁波聚集在磁棒内，使磁棒上的绕组感应出更大信号，所以具有提高收音机灵敏度的作用。

(5) 中频变压器

中频变压器的外形是长方体，为金属外壳。引脚在底部，分成两列分布，最多为 6 根引脚，一般少于 6 根，各引脚之间不能互换使用。顶部有一个可以调整的缺口，并有不同的颜色标记。中频变压器按照用途分为调幅收音电路用的中频变压器，其谐振频率为 465 kHz；还有调频收音机用的中频变压器，其谐振频率为 10.7 kHz。

(6) 电源隔离变压器

电源隔离变压器又称 1∶1电源变压器，一般作为彩色电视机的维修设备。这种变压器的特点是输出电压等于输入电压，即一次和二次绕组的匝数相等。

### 3. 变压器的主要参数

(1) 变压比 $n$

变压器的变压比表示了变压器一次绕组匝数与二次绕组匝数之间的关系，通常表示为一次绕组匝数与二次绕组匝数之比；变压比参数表征是降压变压器还是升压变压器，还是 1∶1变压器。变压比小于 1 的是升压变压器，一次绕组匝数小于二次绕组匝数，常用于点火器；变压比大于 1 的是降压变压器，一次绕组匝数大于二次绕组匝数，一般普通变压器都是如此；变压比等于 1 的是 1∶1变压器，一次绕组匝数与二次绕组匝数相等，常用于电气隔离。

(2) 频率响应

频率响应是衡量变压器传输不同频率信号的重要参数。

(3) 额定功率

额定功率是指在规定频率和电压下，变压器长时间工作而不超过规定温升的最大输出功率，单位为伏安（V・A），一般不用瓦特（W）表示，因为在额定功率中会有部分无功功率。

对某些变压器而言，额定功率是一个重要参数，如电源变压器，因为电源变压器有功率输出要求；而对另一些变压器而言（如中频变压器），这一参数则不重要。

(4) 绝缘电阻

绝缘电阻的大小不仅关系到变压器的性能和质量，在电源变压器中还与人身安全有关，所以这是一项安全性能参数。理想变压器在一次和二次绕组之间、各绕组与铁芯之间应完全绝缘，但实际上做不到这一点。绝缘电阻通常用实验方法获得，绝缘电阻为施加电压与漏电流的比值。绝缘电阻通常用 1 kV 的摇表（又称兆欧表、绝缘电阻表）测量时，应在 10 MΩ 以上。

(5) 效　率

变压器在工作时对电能的损耗，用效率来表示其损耗程度。变压器的效率定义为输出功率与输入功率的比值。显然,损耗越小,变压器效率越高,变压器质量也越好。

**(6) 温　升**

温升指变压器通电后,其温度上升到稳定值时,比环境温度高出的数值。此值越小变压器越安全。这一参数反映了变压器发烫的程度,一般针对有功率输出要求的变压器,如电源变压器。要求变压器的温升越小越好。有时这项指标不用温升来表示,而是用最高工作温度来表示,其意义一样。

**4. 变压器参数的标注方法**

变压器的参数表示方法通常用直标法,各种用途变压器标注的具体内容不相同,无统一的格式。例如,某电源变压器上标注出 DB-50-2,其中 DB 表示电源变压器,50 表示额定功率为 50 V·A,2 表示产品序号。

**5. 电源变压器的故障及检修方法**

在电子设备的变压器中,电源变压器出故障的几率相对较多,因此,详细介绍电源变压器的故障机理及检修方法。

**(1) 故障判断基本思路**

① 当测量电源变压器二次绕组和一次绕组两端都没有交流电压时,可以确定电源变压器没有故障,故障出在电源电路的其他单元电路中。

② 确定电源变压器故障的原则:当电源变压器一次绕组两端有正常的 220 V 交流电压,而二次绕组没有交流输出电压时,可以确定电源变压器出了故障。

③ 当电源变压器一次绕组两端的交流电压低于 220 V 时,二次绕组交流输出电压低是正常的;当电源变压器一次绕组两端的交流电压大小正常时(220 V),二次绕组输出交流电压低很可能是负载电路存在短路现象,此时断开负载电路,如果二次绕组交流输出电压仍然低,可以确定电源变压器二次绕组出现匝间短路故障。

**(2) 电源变压器故障机理**

电源变压器常见故障主要有一次绕组开路、发热、二次交流输出电压低和二次输出电压升高等。

① 一次开路的故障机理:这种故障是电源变压器的常见故障,一般表现为电源变压器在工作时严重发烫,最后烧成开路,一般是一次烧成开路。从电路上看,表现为电源电路没有直流电压输出,电源变压器本身也没有交流低电压输出。其主要原因有:

(a) 电源变压器的负载电路(整流之后的电路)存在严重短路故障,使流过一次绕组的电流太大。

(b) 电源变压器本身质量有问题。

(c) 由于交流市电电压意外异常升高所致。

(d) 人为原因折断了一次绕组引出线根部引脚(一次绕组线径比较细,容易发生开路故障;二次绕组的线径比较粗,一般不容易发生开路故障)。

② 发热的故障机理:电源变压器在工作时,它的温度明显升高。在电路上表现为整流电路直流电压输出低,电源变压器二次交流低电压输出低,流过变压器一次绕组的电流增大许多。

③ 二次交流输出电压低的故障机理:如果测量电源变压器一次绕组两端输入的交流市电电压正常,而二次输出的交流电压低,说明电源有输出电压故障。其根本性原因有两个:

(a) 二次绕组匝间短路,这种故障的可能性不太大。

(b) 电源变压器过载，即流过二次绕组的电流太大。

④ 二次输出电压升高的故障机理：电源变压器二次输出的交流低电压增高这一故障对整机电路的危害性最大，此时电源电路的直流输出电压将升高，其根本原因有三个：

(a) 一次绕组存在匝间短路，即一次绕组的一部分之间短路。

(b) 交流市电电压异常升高，这不是电源变压器本身的故障。

(c) 有交流输入电压转换开关的电路，其输入电压挡位的选择不正确，应选择在220 V挡位。

**(3) 电源变压器故障检修方法**

电源变压器故障检修方法如表6-12所列。

**表6-12　电源变压器故障检修方法**

| 故障现象 | 检修方法 | 说　明 |
|---|---|---|
| 降压电路故障 | 关键测试点 | 第一关键测试点是二次绕组两端，说明如下：当二次交流低电压输出正常时，说明电源变压器降压电路工作正常，而当一次绕组两端220 V交流电压正常时，降压电路可能正常，也可能不正常<br>第二关键测试点是一次绕组两端，说明如下：若二次绕组输出不正常而一次绕组两端220 V交流电压正常，则说明电源变压器降压电路工作不正常 |
| | 检测手段 | 常用方法：分别测量一次和二次绕组两端的交流电压，测量一次电压时用交流250 V挡位，测量二次交流电压时选择适当的交流电压挡位，切不可用欧姆挡测量。<br>进一步检查：测量绕组是否开路，用万用表R×1挡，如果其值为无穷大则表示绕组已经开路，正常情况下二次绕组电阻值应该远小于一次绕组电阻值 |
| | 检修综述 | 变压器二次侧能够输出正常交流电压时，说明变压器降压电路工作正常；若不能输出正常的交流电压时，则说明存在故障，与降压电路之后的整流电路无关<br>检测方法是：测量变压器各二次绕组输出的交流电压，若测量有一组二次绕组输出的交流电压正常，说明电源变压器一次回路工作正常；若每个二次绕组交流输出电压均不正常，说明故障出在电源变压器的一次回路，此时测量一次侧的交流输入电压是否正常<br>当一次侧开路时，各二次绕组均没有交流电压输出。当某一组二次绕组开路时，只是这一组二次绕组没有交流电压输出，其他二次绕组输出电压正常<br>当一次侧存在局部短路故障时，各二次绕组的交流输出电压全部升高，此时电源变压器会有发热现象；当某一组二次绕组存在局部短路故障时，该二次绕组的交流输出电压就会下降，且电源变压器会发热<br>电源变压器一次绕组故障发生率最高，主要表现为开路和烧坏(短路故障)。另外，电源变压器一次或二次回路中的保险丝也常出现熔断故障<br>当变压器的损耗很大时，变压器会发热；当变压器的铁芯松动时，变压器会发出“嗡嗡”的响声 |
| 二次绕组无交流电压输出 | 测量一次绕组两端电压 | 直流测量电源变压器一次绕组两端的220 V交流电压，没有电压说明电源变压器正常，故障出现在220 V交流市电电压输入回路中，检查交流电源开关是否开路、交流电源输入引线是否开路<br>测量电源变压器一次绕组两端的220 V交流电压正常，说明交流电压输入正常，故障出在电源变压器本身，用万用表的R×1挡测量一次绕组是否开路 |

续表 6-12

| 故障现象 | 检修方法 | 说　明 |
| --- | --- | --- |
| 二次绕组无交流电压输出 | 查保险丝 | 检查电源电路 220 V 市电输入回路中的保险丝是否熔断，用万用表 R×1 挡测量保险丝，阻值无穷大则保险丝熔断 |
| | 一次侧内部保险丝 | 电源变压器一次绕组开路后，通过直接观察如果发现引出线开路，可以设法修复，否则更换。但有一种特殊情况，少数的电源变压器一次绕组内部暗藏过流或过热，该保险丝的熔断概率比较高。修理这种电源变压器时可以打开变压器，找到这个保险丝，用普通保险丝更换，或直接短路后在外面电路中另行接入保险丝，这样处理后无过热保护功能 |
| | 查二次绕组 | 测量电源变压器一次绕组两端有 220 V 交流电压，且一次侧不开路，若二次绕组两端没有交流低电压，说明二次侧开路（发生概率较小），用万用表的 R×1 挡测量二次绕组电阻，阻值无穷大说明二次侧已开路 |
| 二次绕组交流输出电压低 | 主要检查方法 | 二次绕组换能输出交流电压，说明电路没有开路故障；这是主要采用测量交流电压的方法检查故障部位 |
| | 断开负载测量二次绕组输出 | 断开二次绕组的负载，即将二次绕组的一根引线与电路中的连接断开，再用万用表的适当的交流电压挡测量二次绕组两端电压，恢复正常说明电源变压器没有故障，问题出在负载电路中，即整流电路及之后的电路中<br>如果二次绕组两端的输出电压仍然不正常，而测量一次绕组两端 220 V 交流电压正常，说明电源变压器损坏，更换处理 |
| | 测量一次电压是否低 | 如果加到电源变压器一次绕组两端的 220 V 交流电压低，一般情况下可以说明变压器本身正常（电源变压器重载情况例外，此时电源变压器会发热），检查 220 V 交流电压输入回路中的电源开关和其他抗干扰电路中的元器件等 |
| | 伴有变压器发热现象 | 如果二次绕组交流输出电压低的同时变压器发热，说明变压器存在过流故障，很可能二次负载回路存在短路故障，可以按上述检查方法查找故障部位 |
| 二次绕组交流输出电压升高 | 一次匝间短路 | 对于二次交流输出电压高的故障，关键是要检查一次绕组是否存在匝间短路故障。由于通过测量一次绕组的直流电阻大小很难准确判断绕组是否存在匝间短路，可以采用更换一只新的变压器的方法来进行验证确定 |
| | 市电网电压升高 | 另一个很少出现的故障原因是市电网的 220 V 电压异常升高，造成二次交流输出电压升高，这不是电源变压器故障 |
| 工作时响声大 | 夹紧铁芯 | 电源变压器工作时响声大的原因主要是变压器铁芯没有夹紧，可以通过拧紧变压器的铁芯固定夹螺钉来解决 |
| | 自制变压器 | 对于自己绕制的电源变压器，要再插入几片铁芯，并将最外层铁芯固定好 |

### 6. 变压器检修注意事项及选配说明

#### (1) 检修注意事项

① 人身安全：电源变压器的一次输入回路加有 220 V 交流电压，这一电压对人身安全具有重大影响，人体直接接触将有生命危险，所以安全必须排在第一位。

② 保护绝缘层：电源变压器一次绕组回路中的所有部件、引线都是有绝缘外壳的，在检修过程中切不可随意解除这些绝缘套，测量电压后要及时将绝缘套套好。

③ 单手操作习惯：养成单手操作的习惯，即不要同时用两手接触电路，必须断电操作时一定要先断电再操作，这一习惯相当重要，测量时不要接触表针裸露部分。另外，最好穿上绝缘良好的鞋子，脚下放一块绝缘垫，在修理台上垫上绝缘垫。

④ 注意万用表使用安全：电源变压器的一次绕组两端交流电压很高，测量时一定要将万用表置于交流250 V挡位，切不可置于低于250 V挡位，否则会损坏万用表，更不能用欧姆挡测量交流电压。

**(2) 选配说明**

当需要更换变压器时，应注意以下选配原则：

① 主要参数相同或十分接近：例如，二次绕组的输出电压大小和二次绕组的结构应相同，额定功率参数可以相近，应等于或大于原变压器的额定功率参数。

② 装配尺寸相符或相近，必要时对变压器加以修整，可以安装。

# 6.2 分立半导体器件的识别与检测

## 6.2.1 二极管的识别与检测

### 1. 二极管的外形特征及种类

通常情况下，二极管非常容易识别。二极管共有两根引脚，通常两根引脚沿轴向伸出。常见的二极管体积不大，与一般电阻器相当。有的二极管外壳上会标出二极管的负极，有的还会标出二极管的图形符号。

二极管是电子设备中的常用器件，它的分类方法有很多种。

**(1) 一般分类方法**

① 按材料划分，可分为硅二极管和锗二极管。硅二极管由硅材料制成，是常用的二极管；锗二极管由锗材料制成，用量少于硅二极管。

② 按外壳封装材料划分，可分为塑料封装二极管、金属封装二极管和玻璃封装二极管。塑料封装二极管是最常见、也是用量最多的二极管；金属封装二极管多用于大功率整流二极管；玻璃封装二极管多用于检波二极管。

③ 按击穿类型划分，可分为齐纳击穿型二极管和雪崩击穿型二极管。齐纳击穿型二极管是可逆的击穿，典型如稳压二极管；雪崩击穿型二极管是不可逆的击穿，如普通二极管。

④ 按功能划分，可分为普通二极管；整流二极管，专用于整流；发光二极管，专用于指示信号的二极管，能发出可见光，也有如红外发光二极管能发出不可见光；稳压二极管，专用于直流稳压；光敏二极管，对可见光或特定波长的光比较敏感的二极管；变容二极管，该类二极管结电容比较大，并可在大范围内变化；瞬变电压抑制二极管，用于对电路进行快速过压保护，分双极型和单极型两种；恒流二极管，能在很宽的电压范围内输出恒定的电流，并具有很高的动态阻抗；以及其他具有特殊特性的二极管。

**(2) 按PN结构造分**

① 点接触型二极管：点接触型二极管是在锗或硅材料的单晶片上压一根金属触丝后，再

通过电流法而形成的，其结构如图 6－9 所示。这种二极管 PN 结的静电容量小，适用于高频电路。点接触型二极管与面结型相比较，正向特性和反向特性都很差，因此不能用于大电流和整流。因为点接触型二极管构造简单，所以价格便宜。对于小信号的检波、整流、调制、混频和限幅等一般用途而言，它是应用范围较广的二极管

② 台面型二极管：台面型二极管 PN 结的制作方法虽然与扩散型相同，但是，只保留 PN 结及其必要的部分，把不必要的部分腐蚀掉，剩余部分便呈现出台面型，因而得名。这种台面型称为扩散台面型，其结构如图 6－10 所示。这种类型的二极管常用作小电流型开关。

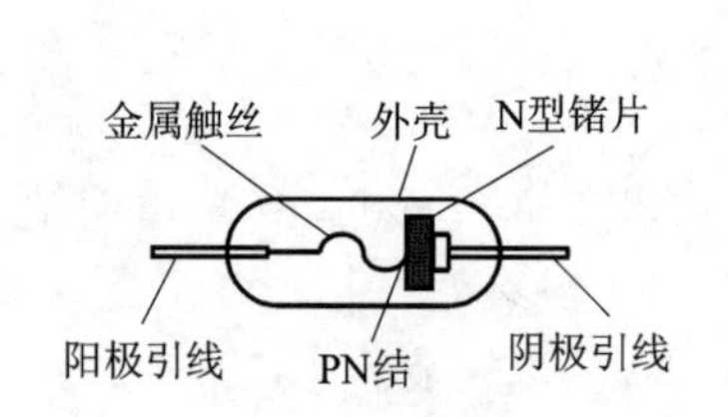


图 6－9　点接触型二极管结构示意图

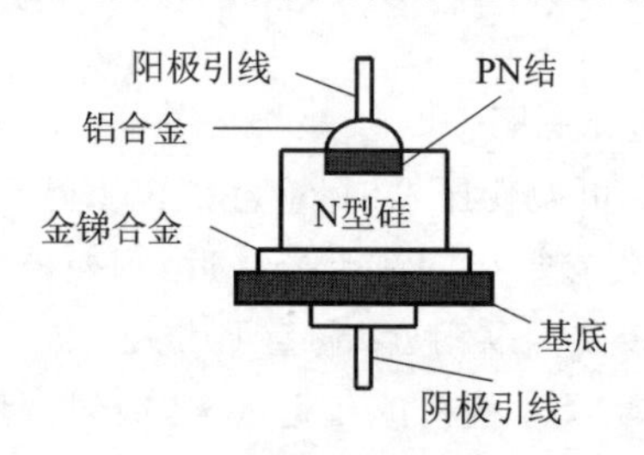


图 6－10　台面型二极管结构示意图

③ 平面型二极管：平面型二极管在半导体单晶片（主要是 N 型硅单晶片）上，扩散 P 型杂质，利用硅片表面氧化膜的屏蔽作用，在 N 型硅单晶片上仅选择性地扩散一部分而形成 PN 结。由于半导体表面被制作的平整，故而得名，其结构如图 6－11 所示。在 PN 结的表面，因为被氧化膜覆盖，所以平面型二极管被公认为是稳定性好和寿命长的类型。最初，对于被使用的半导体材料是采用外延法形成的，故又把平面型称为外延平面型，该类型二极管常用作小电流开关。

④ 合金型二极管：合金型二极管是在 N 型锗或硅的单晶片上，通过合金铟、铝等金属的方法制作 PN 结而形成的，其正向电压降低，适用于大电流整流；因其 PN 结反向时静电容量大，所以不适用于高频检波和高频整流。

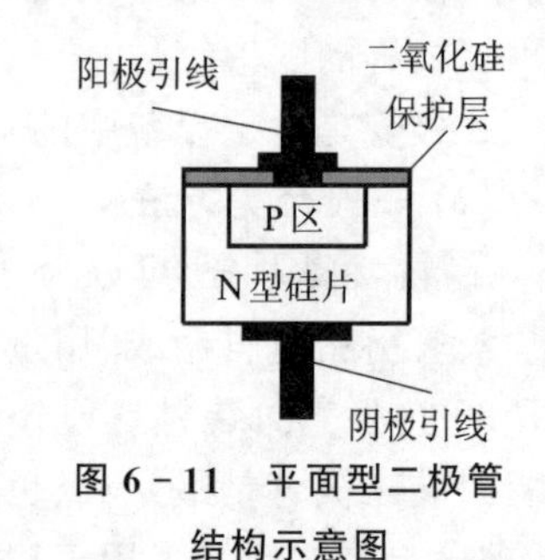


图 6－11　平面型二极管结构示意图

⑤ 键型二极管：键型二极管是在锗或硅的单晶片上熔接金或银的细丝而形成的，其特性介于点接触型二极管和合金型二极管之间。与点接触型二极管相比较，虽然键型二极管的 PN 结电容量稍有增加，但正向特性特别优良。这种二极管多作开关用，有时也被应用于检波和电源整流（不大于 50 mA），在键型二极管中，熔接金丝的二极管有时被称为金键型，熔接银丝的二极管有时被称为银键型。

⑥ 扩散型二极管：扩散型二极管在高温的 P 型杂质气体中，加热 N 型锗或硅的单晶片，使单晶片表面的一部分变成 P 型，以此法形成的 PN 结。因为 PN 结正向电压降低，适用于大电流整流。

⑦ 合金扩散型二极管：合金扩散型二极管是合金型的一种。合金材料是容易被扩散的材料，把难以制作的材料通过巧妙地掺配杂质，就能与合金一起扩散，以便在已形成的 PN 结中获得恰当浓度分布的杂质。该类型二极管常用于制造高灵敏度的变容二极管。

⑧ 外延型二极管：外延型二极管是用外延面长的过程制造 PN 结而形成的二极管，制造时需要非常高超的技术。因为能随意地控制杂质的不同浓度的分布，故适宜于制造高灵敏度

的变容二极管。

⑨ 肖特基二极管：在金属和半导体的接触面上，用已形成的肖特基来阻挡反向电压，就构成了肖特基二极管。肖特基与PN结的整流作用原理有根本性的差异，其耐压程度只有40 V左右，但具有开关速度非常快，反向恢复时间特别短的优点。因此，常用它制作开关二极管和低压大电流整流二极管。

**(3) 按用途来分**

① 检波二极管：以工作电流的大小作为界线，通常把输出电流小于100 mA的二极管称为检波二极管。锗材料点接触型检波二极管，工作频率可达400 MHz，正向压降小，结电容小，检波效率高，频率特性好；因此，这种二极管除用于检波外，还能够用于限幅、削波、调制、混频、开关等电路。

② 整流二极管：通常将工作电流大于100 mA的二极管称为整流二极管。面结型二极管，工作频率低，最高反向电压从25～3 000 V分为A～X挡。

③ 限幅二极管：大多数二极管都能用作限幅使用。也有保护仪表用和高频齐纳管那样的专用限幅二极管，为了使这些二极管具有特别强的限制尖锐振幅的作用，通常使用硅材料制造的二极管。还有组合型的限幅二极管，即根据限制电压需要，将多个整流二极管串联起来形成一个整体。

④ 调制二极管：通常指的是环形调制专用二极管，本质上是正向特性一致性好的4个二极管组合器件。变容二极管也有调制功能，但是变容二极管通常是作为调频用。

⑤ 混频二极管：使用二极管混频器时，频率范围为500～10 000 Hz，多采用肖特基型和点接触型二极管。

⑥ 放大二极管：用二极管方法有两种：依靠隧道二极管和体效应二极管那样的负阻性器件的放大以及用变容二极管的参量放大。因此，放大二极管通常是指隧道二极管、体效应二极管和变容二极管。

⑦ 开关二极管：开关二极管是指小电流下(10 mA)使用的逻辑运算和在数百毫安下使用的磁芯激励用开关二极管。小电流的开关二极管通常有点接触型和键型等二极管，也有在高温下还可能工作的硅扩散型、台面型和平面型二极管。开关二极管的特长是开关速度快，而肖特基二极管的开关时间特别短，因而是理想的开关二极管。

⑧ 变容二极管：用于自动频率控制(AFC)和调谐用的小功率二极管称为变容二极管。变容二极管是采用硅的扩散型制作的二极管，也有采用合金扩散型、外延结合型、双重扩散型等特殊制作的二极管，因为这些二极管对于电压而言，其静电容量的变化率特别大。

⑨ 频率倍增二极管：二极管的频率倍增有两种：一是依靠变容二极管的频率倍增和依靠阶跃二极管的频率倍增；二是频率倍增用的变容二极管，又称为可变电抗器。阶跃二极管又被称为阶跃恢复二极管，从导通切换到关闭时的反向恢复时间短，其特点是急速关断时间特别短。如果对阶跃二极管施加正弦波，那么，由于转移时间短，所以输出波形急剧地被关断，故能产生很多高频谐波，实现频率倍增功能。

⑩ 稳压二极管：它为硅扩散型或合金型二极管，是反向击穿特性曲线急剧变化的二极管，动态电阻很小。稳压二极管工作时的端电压为3～150 V，功率从200 mW～100 W。

⑪ PIN型二极管：PIN管由三层半导体材料构成，即在P区和N区之间夹一层本征半导体(或低浓度杂质的半导体，是很厚的本征半导体)构造的二极管。

当该类型二极管工作频率超过 100 MHz 时，由于少数载流子的存储效应和“本征”层中的渡越时间效应，其二极管失去整流作用而变成阻抗元件，并且其阻抗值随偏置电压而改变。在零偏置或直流反向偏置时，“本征”区的阻抗很高；在直流正向偏置时，由于载流子注入“本征”区，“本征”区呈现出低阻抗状态，因此，可以把 PIN 型二极管作为可变阻抗元件使用。PIN 型二极管通常应用于高频开关(微波开关)、移相、调制、限幅等电路中；主要应用于射频开关和射频可变电阻，工作频率可以高达 50 GHz。PIN 型二极管的射频电阻可以在直流偏置电压的控制下，从高阻抗的10 kΩ 变到低阻抗 1 Ω 以下，它在射频电路中通常用作电子开关。

⑫ 雪崩二极管：雪崩二极管是在外加电压作用下可以产生高频振荡的晶体管，其工作原理如下：利用雪崩击穿对晶体注入载流子，因为载流子渡越晶片需要一定的时间，所以其电流滞后于电压，出现延迟时间，若适当地控制渡越时间，那么，在电流和电压关系上就会出现负阻效应，从而产生高频振荡；通常被用于微波领域的振荡电路中。

⑬ 江崎二极管：江崎二极管以隧道效应电流为主要电流分量的二极管，为双端子有源器件。通常用于低噪声高频放大器及高频振荡器中，也用于高速开关电路中。

⑭ 快速关断二极管：快速关断二极管是一种具有 PN 结的二极管，该类型二极管存储时间短，反向电流截止快；通常用于脉冲和高次谐波电路中。

⑮ 肖特基二极管：肖特基二极管具有肖特基特性的“金属半导体结”，正向起始电压低，是高频和快速开关的理想器件，工作频率可达 100 GHz。

⑯ 阻尼二极管：阻尼二极管具有较高的反向工作电压和峰值电流，正向压降小，主要用于电视机行扫描中作阻尼和升压整流用，要求其承受较高的反向工作电压和峰值电流，且要求正向压降越小越好，因此它是一种特殊的高频高压整流二极管。

⑰ 双基极二极管：双基极二极管是具有两个基极、一个发射极的三端负阻器件，用于张弛振荡电路、定时电压读出电路中，具有频率易调、温度稳定性好等优点。

### 2. 晶体管型号命名方法

二极管不同于电阻器、电容器等，其参数不标注在外壳上，而是通过查阅有关晶体管手册后，才能了解二极管参数，二极管的型号命名方法与三极管型号命名方法相同。

我国对二极管和三极管型号命名中，将晶体管型号分成 5 部分，具体型号命名方法如表 6－13 所列。

### 3. 二极管主要参数

#### (1) 最大整流电流

最大整流电流是指二极管长时间正常工作下，允许通过二极管的最大正向电流值。各种用途的二极管对这一参数的要求不同，当二极管用来做检波二极管时，由于工作电流很小，所以对这一参数要求不高；当二极管被用来做整流二极管时，此时流过二极管的电流较大，有时甚至很大，该参数就变成一个非常重要的参数。

#### (2) 最大反向工作电压

最大反向工作电压是指二极管正常工作时所能承受的最大反向电压值，约等于反向击穿电压的一半。反向击穿电压是指给二极管加反向电压，使二极管击穿时的电压值。二极管在使用中，为了保证二极管的安全工作，实际的反向电压不能大于最大反向工作电压。

表6-13　晶体管型号命名方法

| 第1部分 | | 第2部分 | | 第3部分 | | | | 第4部分 | 第5部分 |
|---|---|---|---|---|---|---|---|---|---|
| 用数字表示器件的电极数目 | | 用汉语拼音字母表示器件的材料和极性 | | 用汉语拼音字母表示器件的类型 | | | | 用数字表示器件序号 | 用汉语拼音字母表示区别代号 |
| 符号 | 意义 | 符号 | 意义 | 符号 | 意义 | 符号 | 意义 | | |
| 2 | 二极管 | A | N型,锗材料 | P | 普通管 | D | 低频大功率管($f_a$<3 MHz, $P_c$≤1 W) | | |
| | | B | P型,锗材料 | V | 微波管 | | | | |
| | | C | N型,硅材料 | W | 稳压管 | A | 低频大功率管($f_a$≥3 MHz, $P_c$≥1 W) | | |
| | | D | N型,硅材料 | C | 参量管 | T | 半导体闸流管 | | |
| 3 | 三极管 | A | PNP型,锗材料 | Z | 整流管 | | | | |
| | | B | NPN型,锗材料 | L | 整流堆 | Y | 体效应器件 | | |
| | | C | PNP型,硅材料 | S | 隧道管 | B | 雪崩管 | | |
| | | D | NPN型,硅材料 | N | 阻尼管 | J | 阶跃恢复管 | | |
| | | E | 化合物材料 | U | 光电器件 | CS | 场效应器件 | | |
| | | | | K | 开关管 | BT | 半导体特殊器件 | | |
| | | | | X | 低频小功率管($f_a$<3 MHz, $P_c$<1 W) | FH | 复合管 | | |
| | | | | | | PIN | PIN型管 | | |
| | | | | G | 低频小功率管($f$≥3 MHz, $P_c$<1 W) | JG | 激光器件 | | |

**(3) 反向电流**

反向电流是指给二极管加上规定的反向偏置电压情况下,通过二极管的反向电流值,其大小反映了二极管的单向导电性能。

给二极管加上反向偏置电压后,没有电流流过二极管,这是二极管的理想情况,实际上二极管在加上反向电压后或多或少地会有一些反向电流,反向电流是从二极管负极流向正极的电流。

正常情况下,二极管的反向电流很小,而且是越小越好。这是二极管的一个重要参数,因为当二极管的反向电流太大时,二极管失去了单向导电特性,也就失去了它在电路中的功能。

**(4) 最高工作频率**

二极管可以用于直流电路中,也可以用于交流电路中。在交流电路中,交流信号的频率高低对二极管的正常工作有影响,信号频率高时要求二极管的工作频率也要高,否则二极管就不能很好地起作用,这就对二极管提出了工作频率要求。

由于二极管受材料、结构和制造工艺的影响,当工作频率超过一定值后,二极管将失去良好的工作特性。二极管保持良好工作特性的最高频率,称为二极管的最高工作频率。

#### 4. 二极管的检测

二极管具有单向导电性,二极管的检测也很简单。首先识别二极管的正极和负极,可以用数字万用表的欧姆挡进行测量,具体操作如下:红表笔接正极、黑表笔接负极,其电阻值应为几千欧姆的一个具体数值;调换表笔后测量,其阻值应为无穷大;此时二极管正常,否则二极管出现故障。也可用数字万用表二极管检测功能进行检测,具体说明如表 6-14 所列。

表 6-14 数字万用表检测二极管方法说明

| 指示数值 | 说 明 |
|---|---|
| 600 Ω 左右 | 指示 600 Ω 左右时,说明二极管处于正向偏置状态,所指示的值为二极管正向导通后的管压降,单位是毫伏;这是,红表笔所接引脚是正极,说明这是一只质量好的硅二极管 |
| 1 | 指示 1 时,说明二极管处于反向偏置状态,红表笔所接引脚是二极管的负极,说明二极管反向正常 |
| 200 Ω 左右 | 指示 200 Ω 左右时,说明二极管处于正向偏置状态,所指示的值为二极管正向导通后的管压降,单位是毫伏,说明是一只质量好的锗二极管。红表笔所接引脚是正极,并能说明二极管是质量好的锗管 |

#### 5. 二极管的选配和更换方法

**(1) 二极管的选配**

更换二极管时应尽可能选用同型号的二极管,但要注意以下几点:

① 对于进口二极管先查晶体管手册,选用国产二极管来代用,也可以根据二极管在电路中的具体作用以及主要参数要求,选用参数相近的二极管代用。

② 不同用途的二极管不宜代用,硅二极管和锗二极管也不能互相代用。

③ 对于整流二极管主要考虑最大整流电流和最高反向工作电压两个参数。

④ 当代用二极管接入电路再度损坏时,考虑是否代用的二极管型号不对,还要考虑二极管所在的电路是否还存在其他故障。

⑤ 当代用二极管接入电路后,工作性能不好,应考虑所用二极管是否能满足电路的使用要求,同时也应该考虑电路中是否还有其他元器件存在故障。

**(2) 二极管更换方法**

确定二极管损坏后,需要更换时,要注意以下几点:

① 拆下原二极管前认清二极管的极性,焊上新二极管时也要认清引脚极性,正、负引脚不能接反,否则电路不能正常工作,更严重的是错误地认为故障不在二极管,而去其他电路中找故障部位,造成修理走弯路。

② 原二极管为开路故障时,可以先不拆下原二极管而直接用一个新二极管并联上去(焊在原二极管引脚焊点上),其他引脚较少的元器件在发生开路故障时,都可以采用这种更换方法,操作简单。怀疑原二极管击穿或性能不良时,一定要将原二极管拆下再接上新的二极管。

### 6.2.2 三极管的识别与检测

#### 1. 三极管的基本特征与种类

三极管是电子电路、电子设备中应用较多的电子器件。电子电路中,三极管的主要功能是放大电信号,但也有很多是用来实现信号的控制与处理功能的,这种应用的三极管其分析起来较为困难。

**(1) 三极管的基本特征**

① 一般三接管只有3支引脚,且不能互相代替。3支引脚中,基极是控制引脚,基极电流大小控制着集电极和发射极电流的大小。基极电流最小,远小于另外2支引脚的电流,发射极电流最大,集电极电流略小于发射极电流。

② 三极管的体积有大有小,一般功率放大管的体积较大,且功率越大其体积越大。体积大的三极管约有手指般大小,体积小的三极管只有半个黄豆大小。

③ 一些金属封装的功率三极管只有2支引脚,其外壳是集电极,即第3支引脚。有的金属封装高频放大管有4支引脚,第4支引脚接外壳,这一引脚不参与三极管内部工作,接电路中的地线。如果是一对三极管,即外壳内有2只独立的三极管,则有6支引脚。

**(2) 三极管的种类**

三极管是一个种类繁多、品种齐全的电子器件,按极性划分有NPN型三极管(常用)和PNP型三极管,其种类说明如表6-15所列。

**表6-15　三极管种类说明**

| 划分方法及名称 | | 说　明 |
| --- | --- | --- |
| 按极性划分 | NPN型三极管 | 常用三极管,电流从集电极流向发射极 |
| | PNP型三极管 | 电流从发射极流向集电极,其图形符号与NPN型三极管不同,不同之处是发射极箭头的方向 |
| 按材料划分 | 硅三极管 | 简称硅管,是目前常用的三极管,工作稳定性好 |
| | 锗三极管 | 简称锗管,反向电流大,受温度影响较大 |
| 按极性和材料组合划分 | PNP型硅管 | 最常用的是NPN型锗管 |
| | NPN型硅管 | |
| | PNP型锗管 | |
| | NPN型锗管 | |
| 按工作频率划分 | 低频三极管 | 其特征频率小于3 MHz,常用于直流放大器、音频放大电路等 |
| | 高频三极管 | 其特征频率大于3 MHz,常用于高频放大电路 |
| 按功率划分 | 小功率三极管 | 输出功率很小,用于前级放大器电路 |
| | 中功率三极管 | 输出功率较大,用于功率放大器输出级或末级电路 |
| | 大功率三极管 | 输出功率很大,用于功率放大器输出级 |
| 按封装材料划分 | 塑料封装三极管 | 小功率三极管常用这种封装 |
| | 金属封装三极管 | 一部分大功率三极管和高频三极管采用这种封装 |
| 按安装形式划分 | 普通方式三极管 | 大量的三极管采用这种形式,3支引脚通过电路板上的引脚孔伸到背面铜箔电路上,用焊锡焊接 |
| | 贴片三极管 | 三极管引脚非常短,三极管直接装在电路板铜箔电路一面,用焊锡焊接 |
| 按用途划分 | 放大管、开关管、振荡管等 | 用来构成各种功能电路 |

### 2. 三极管的主要参数

三极管的具体参数很多,可以分为直流参数、交流参数和极限参数三大类。

**(1) 直流参数**

① 共发射极直流放大倍数:这是指在共发射极电路中,没有交流电流输入时,集电极电流与基极电流之比。

② 集电极－基极反向截止电流:这是指发射极开路时,集电结上加规定的反向偏置电压时,集电极上流过的电流。

③ 集电极－发射极反向截止电流:又称为穿透电流,指基极开路时,流过集电极与发射极之间的电流。

**(2) 交流参数**

① 共发射极电流放大倍数:这是指三极管接成共发射极放大器时的交流电流放大倍数。

② 共基极电流放大倍数:这是指三极管接成共基极放大器时的交流电流放大倍数。

③ 特征频率:三极管工作频率高到一定程度时,电流放大倍数要下降,当下降到 1 时的频率为特征频率。

**(3) 极限参数**

① 集电极最大允许电流:集电极电流增大时三极管电流放大倍数下降,当放大倍数下降到中频段电流放大倍数的 1/2 或 1/3 时所对应的集电极电流称为集电极最大允许电流。

② 集电极－发射极击穿电压:这是指三极管基极开路时,加在三极管集电极与发射极之间的允许电压。

③ 集电极最大允许耗散功率:这是指三极管因受热而引起的参数变化不超过规定允许值时,集电极所消耗的最大功率。大功率三极管中设置散热片,这样三极管的功率可以提高许多。

### 3. 三极管的检测

**(1) 三极管典型故障**

① 三极管开路故障:三极管开路故障可以是集电极与发射极之间、基极与集电极之间、基极与发射极之间开路,各种电路中三极管开路后的具体故障现象不同,但是有一点相同,即电路中有关点的直流电压大小发生了改变。

② 三极管击穿故障:三极管击穿故障主要是集电极与发射极之间的击穿。三极管发生击穿故障后,电路中有关点的直流电压发生改变。

③ 三极管噪声大故障:三极管在工作时要求它的噪声很小,一旦三极管本身噪声增大,放大器将出现噪声大故障。三极管发生这一故障时,一般不会对电路中直流电路的工作造成严重影响。

④ 三极管性能变劣故障:如穿透电流增大、电流放大倍数变小等。三极管发生这一故障时,直流电路一般受其影响不太严重。

**(2) 数字万用表检测三极管**

① 用数字万用表检测三极管质量:检测时用万用表二极管挡分别检测三极管发射结和集电结的正向、反向偏置是否正常,正常的三极管是好的,否则说明三极管已损坏。也可以将三极管在确定基极后,使用测量放大倍数的方法来检测三极管质量,如果能够得到正常的放大倍

数，说明三极管正常，否则说明三极管有问题。

② 硅管或锗管的判别：用数字万用表的PN结挡测量三极管的发射结，即NPN型三极管是黑表笔接发射极、红表笔接基极，PNP型三极管是红表笔接发射极、黑表笔接基极，如果测得为200 Ω时是锗管，如果测得为600 Ω时为硅管。因为，硅管的PN结正向导通电压大于锗管的PN结正向电压。

### 4. 三极管选配和更换方法

#### (1) 三极管的选配

选配新的三极管进行电路维修时，应注意以下选配原则和注意事项。选配原则：

① 高频电路选用高频管：要求特征频率一般应是工作频率的3倍，放大倍数应适中，不应过大。

② 脉冲电路应选用开关三极管，且具有电流容量大、大电流特性好、饱和压降低的特点。

③ 直流放大电路应选用对管：要求三极管饱和压降、直流放大倍数、反向截止电流等直流参数基本一致。

④ 功率驱动电路应按电路功率、频率选用功率管。

⑤ 根据三极管主要性能优势进行选用：一只三极管一般有10多项参数，有的特点是频率特性好、开关速度快，有的是具有自动增益控制、高频低噪声特点，有的是特性频率高、功率增益高、噪声系数小。

注意事项：

① 对于进口三极管，可以查阅相关手册，用国产三极管代替。

② NPN型和PNP型三极管之间不能互换，硅管和锗管之间不能互换。

③ 有些情况下对三极管的性能参数要求不严格，可以根据三极管在电路中的作用和工作情况进行选配，主要考虑极限参数不能低于原三极管。

④ 对于功率放大管，尤其是推挽电路中的三极管有配对要求，最好是一对(两只)一起更换。

⑤ 其他条件符合时，高频三极管可以代替低频三极管，但这是一种性能浪费。

⑥ 换上新的三极管后，如果再度损坏，要考虑电路中是否还存在其他故障，也要怀疑新装上的三极管是否合适。

#### (2) 三极管的更换

三极管更换一般按下述步骤进行。

① 从电路板上拆下三极管时要一根一根引脚地拆下，尤其要注意电路板上的铜箔线路，不能损坏它。

② 三极管的3根引脚不要搞错，拆下坏的三极管时要记清楚电路板上各引脚孔的位置，装上新三极管时，分辨好各引脚，核对无误后焊接。

③ 有些三极管的引脚材料不好，不容易搪上锡，要刮干净引脚，先给引脚搪好锡后再安装在电路板上。

④ 装好三极管后将伸出的引脚过长部分剪掉。

# 6.3 集成电路的识别与检测

## 6.3.1 集成电路的识别

### 1. 集成电路的封装形式和引脚顺序

集成电路的封装及外形有多种，最常用的封装有塑料、陶瓷及金属 3 种。封装外形可分为圆形金属外壳封装（晶体管式封装）、陶瓷扁平或塑料外壳封装、双列直插式陶瓷或塑料封装、单列直插式封装等，如图 6－12 所示。

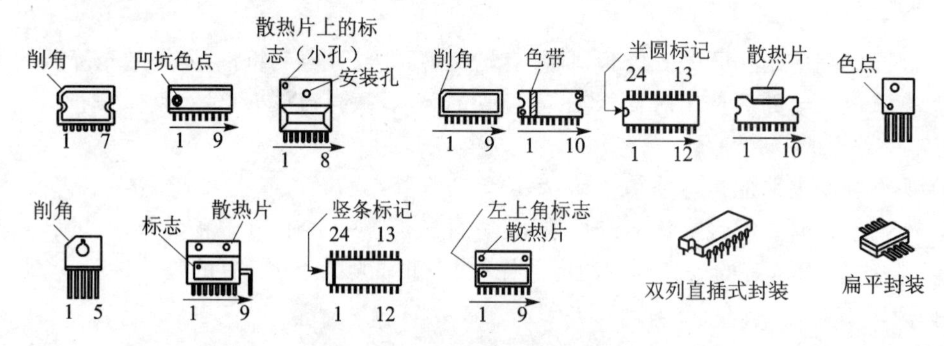


图 6－12　常见集成电路封装

集成电路的引脚一般有 3 根、5 根、7 根、8 根、10 根、12 根、14 根、16 根等多种，正确识别引脚排列顺序是很重要的，否则集成电路无法正确安装、调试与维修，以至于不能正常工作，甚至造成损坏。通常，集成电路的封装形式不同，其引脚排列顺序也不一样。

### 2. 圆筒形和菱形金属壳封装 IC 芯片的引脚识别

面向引脚（正视），由定位标记所对应的引脚开始，按顺时针方向依次数到底即可。常见的定位标记有凸耳、圆孔及引脚的不均匀排列等，如图 6－13 所示。

图 6－13　圆筒形、菱形封装集成电路的引脚识别

### 3. 单列直插式 IC 芯片的引脚识别

使其引脚向下面对型号或定位标记，自定位标记一侧的第一根引脚数起，依次为 1 脚、2 脚、3 脚……此类集成电路上常用的定位标记为色点、凹坑、细条、色带、缺角等，如图 6－12 所示。

有些厂家生产的集成电路，本是同一种芯片，为便于在印刷电路板上灵活安装，其封装外形有多种。一种按常规排列，即自左向右；另一种则自右向左，如少数这种器件上没有引脚识别标记，这时应从它的型号上加以区别。若其型号后缀有一个字母 R，通常表明其引脚排列顺序自右向左反向排列。

### 4. 双列直插式或扁平式IC芯片的引脚识别

将其水平放置，引脚向下，即其型号、商标向上，定位标记在左边，从左下角第一根引脚数起，按逆时针方向，依次为1脚、2脚、3脚……如图6-14所示。

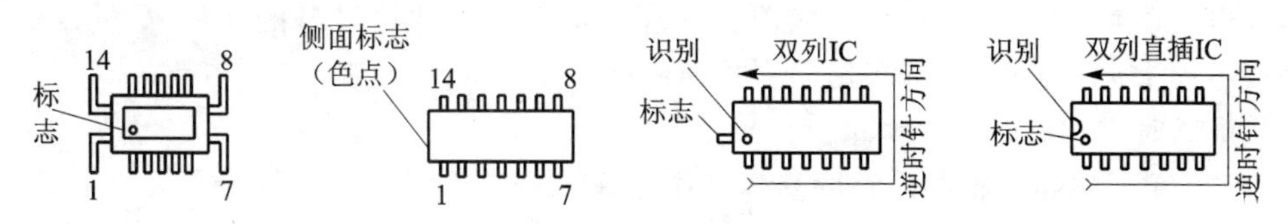


图6-14　双列直插式IC集成电路的引脚识别

扁平式集成电路的引脚识别方向和双列直插式IC相同，例如四列扁平封装的微处理器集成电路的引脚排列顺序如图6-15所示。

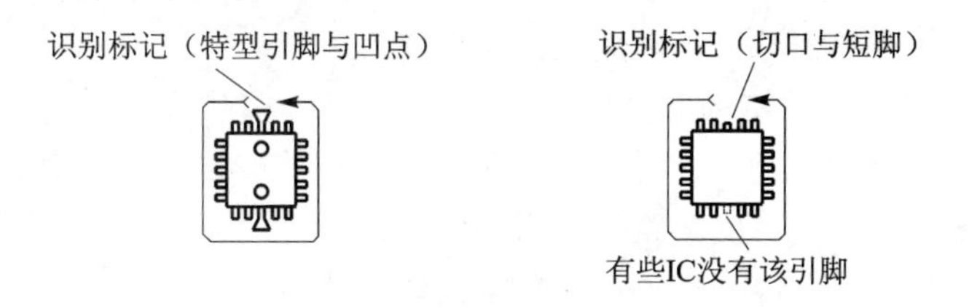


图6-15　扁平式集成电路的引脚识别

## 6.3.2　集成电路的典型故障

### 1. 内部电路故障

① 芯片击穿：指芯片的某一对或某一组输入/输出引脚之间短路，也指个别引脚或多个引脚与电源引脚或地线引脚短路。这种故障现象多出现在具有三态输入/输出的处理器芯片或总线驱动芯片上。

② 芯片热稳定性不好：指设备在开始时运行完全正常，工作一段时间后，随着内部温度升高或者是环境温度升高，芯片出现故障。将设备断电，冷却一段时间后再开机，设备运行正常，之后故障再出现。

③ 抗干扰能力差：指设备在接近干扰源时，会出现意外故障。这大多是在设计系统时，板体的布线和芯片的安排不合理造成的。如：电源线和地线在板体上的布线宽度过小，线与线之间的距离过近等。

④ 芯片引线开路：指集成电路内部连线开路。如果输出引线断开，输出脚被悬浮，逻辑探头将指示出一个恒定的悬浮电平；如果输入引线断开，则表现为功能不正常；如果这些输出进入到三态总线，将引起逻辑混乱。

### 2. 外部电路故障

外部电路故障主要表现为：

① 节点对 $V_{cc}$ 或对地短路；

② 两个节点之间短路；

③ 信号线开路；

④ 外部元器件故障影响集成电路功能。

### 6.3.3 集成电路的典型检测方法

#### 1. 集成电路检测的基本知识

集成电路以其独特的优点，广泛应用于各电子装备中，使电子装备的体积、重量、耗电以及可靠性等各项指标有了很大的改进，但在诊断修理工作中准确地判断集成电路故障比较困难。检测集成电路时应掌握以下基本知识：

**(1) 了解集成电路及相关电路的基本工作原理**

检测集成电路前要熟悉该集成电路的功能、主要参数、各引脚的作用以及各引脚的正常电压、波形、外围电路工作原理等。

**(2) 测试时不要造成引脚短路**

测量电压或用示波器测试时，表笔或探头不要由于滑动或连接不当，而造成集成电路引脚间短路，任何瞬时的短路都容易损坏集成电路。

**(3) 不要轻易判定集成电路损坏**

由于集成电路内部绝大多数为直接耦合，所以当某一外电路不正常时，可能会导致多出电压变化，而这些变化不一定是集成电路损坏引起的。

另外，在有些情况下测得各引脚电压与正常值相符或接近时，也不一定都能说明集成电路是好的，因为有些软故障不会引起引脚直流电压的变化。

**(4) 不要带电插拔集成电路**

有些集成电路采用插座形式安装，对这类集成电路应尽量避免插拔，必须插拔时，一定要切断电源，并在电源滤波电容放电后才能进行。

**(5) 要注意功率集成电路的散热**

功率集成电路应散热良好，检测时不应破坏其散热条件。

**(6) 要注意供电电源的稳定性**

要确认供电电源和集成电路测量仪器在电源通断切换时，是否会产生异常的脉冲波，必要时应增设浪涌吸收电路。

**(7) 分析供电引脚的电压**

当集成电路的电源引脚上直流电压为 0 V 时，集成电路内部没有工作电压，集成电路不能工作；当电源引脚上直流电压比正常值稍低时，集成电路可以工作，但有些性能参数将变差；当电源引脚上的电源电压低很多时，集成电路将不能工作；当集成电路的接地引脚开路时，没有电流流过集成电路，集成电路也不能工作。

**(8) 注意集成电路的运用状态**

不同运用状态、不同功能的集成电路，引起故障的发生率、故障特征是不同的。工作在小信号状态下的集成电路，一般不易损坏；工作在高电压和大电流状态下的集成电路，如功率放大集成电路，比较容易损坏；带有散热片的集成电路比较容易损坏（这类集成电路一般有功率输出要求，易发热），当其表面出现开裂、小孔等现象时，说明此集成电路已经损坏。

#### 2. 集成电路的典型检测方法

准确判断集成电路的好坏，是电子设备故障诊断中的一个难点。判断不准，往往花费很大力气换上新的集成电路后故障依然存在。要判断集成电路的好坏，除掌握集成电路的用途、内部结构原理、主要特性等，必要时还要分析内部原理图。此外，还应备有各引脚对地的直流电压、波形、正反向直流电阻值等资料，有时需要多种方法进行检测以判断芯片是否损坏。

对集成电路的检测方法通常有离线检测和在线检测两种。

离线检测就是集成电路未焊入印刷电路板时，对其进行检测。这种检测最好用集成电路测试仪进行，这样可以对其主要参数进行定量检查。例如，可以用TTL集成电路测试仪对74系列、75系列和CMOS4000系列芯片的主要参数进行定量检查。但是，集成电路信号很多，在诊断工作中往往又没有相应的专用仪器，在这种条件下，要确定集成电路质量好坏是比较困难的，一般情况下可用直流电阻法测量各引脚对应于接地引脚之间的正反向电阻值，并与同型号一直良好的集成电路进行比较。

在线检测时，应当注意电子设备中电路板上的元器件引脚上往往涂有一层绝缘材料，检测前需要对其进行处理，否则会造成检测错误，下面介绍几种典型的检测方法。

**(1) 电压测量法**

电压测量法是测量集成电路各引脚对地的直流工作电压值，然后与标称值相比较，依次来判断集成电路的好坏。用电压测量法来检测判断集成电路的好坏是维修工作中最常用的方法之一，但要区别非故障性的电压误差。由于电路中相互连接元器件参数的相互影响，测量集成电路各引脚的直流工作电压时，如遇到个别引脚的电压与原理图或维修技术资料中的标称电压值不符，不要急于断定集成电路已损坏，应在排除以下几个因素后再确定。

① 资料所提供的标称电压值是否可靠：从实践经验看，常有一些说明书、原理图等资料上所标的数值与实际电压值有较大差别，个别甚至是错误的。此时应多找一些相关资料或用同型号正常工作装备中的相同电路测试结果进行对照，必要时分析集成电路内部原理图与外围电路，对所标称电压进行计算或估算，以验证所标电压是否有误。

② 要区别资料中所提供标称电压的性质，弄清其电压是静态工作电压还是动态工作电压。

③ 要注意由于外围电路中可调元器件引起的集成电路引脚电压的变化。当测量电压与标称电压不符时，可能因为个别引脚或与该引脚相关的外围电路连接的是一个阻值可变的电位器。当电位器活动抽头所处的位置不同时，引脚电压会有明显不同，所以当出现某一引脚电压不符时，应考虑该引脚或与该引脚相关联的电位器的影响。

④ 要防止因测量仪器造成的差异，由于万用表内阻不同或不同直流电压挡会得到不同测量结果，一般原理图上所标的直流电压都是以内阻大于20 kΩ/V的测试仪表进行测试的。当用内阻小于20 kΩ/V的万用表进行测试时，将会使被测结果低于原来所标的电压，另外，还应注意各电压挡上读数误差的不同影响。当然，如果采用全自动数字万用表，则不存在读数误差的问题。

**(2) 在线直流电阻检测法**

在线直流电阻检测时在发现集成电路引脚电压异常后，通过测试集成电路及其外围元器件的阻值来判定集成电路是否损坏。由于这种方法是在断电情况下测定阻值，所以比较安全。它可以在没有集成电路有关数据而且不必了解其工作原理只要有电路图的情况下，对集成电路的外围电路进行在线检查，以快速对外围元器件进行测量，确定是否存在较为明显的故障。

**(3) 电流流向跟踪电压测量法**

此方法是根据集成电路内部和外围元器件所构成的电路，并参考供电电压进行各点电位的计算或估算，然后对照所测得电压是否符合正常值来判断集成电路的好坏。采用这种方法时必须具备完整的集成电路内部结构图和外围电路原理图。

**(4) 直流电阻测量对比法**

此方法是利用万用表测量被检测集成电路各引脚对地的正反向电阻值并与正常数据进行对照来判断其好坏。这种方法需要积累相同装备同型号集成电路的正常可靠数据,或者对相同的完好装备进行测试,以便和被测集成电路的测试数据对比。积累这些正常数据,尤其在自己测试、整理资料时必须注意以下几点:

① 要规定好测试条件:测试时要记录被测装备型号、集成电路型号等,测试后的数据要注明万用表的挡位,一般将万用表设在 R×1 kΩ 或 R×10 kΩ 挡,分别用红表笔和黑表笔接地测量正反两个数据。

② 防止因测量仪器造成的误差:确认测量用的万用表误差值在规定范围内,而且尽可能用一个万用表测试。

③ 获取原始数据时所用的电路应和被测电路相同,因为同一集成电路在不同接法时,所测直流电阻值会有差异。

**(5) 非在线数据与在线数据对比法**

这里所说的非在线数据是指集成电路未与外围电路连接时所测得的各引脚对应于接地脚的正反向值。非在线数据通用性强,可以作为参考去对在线数据进行对比、分析。

**(6) 替换法**

在检测集成电路时常用替换法判断其好坏,可以减少许多检查、分析的麻烦,但是这种方法不可在初步怀疑集成电路故障时采用,而应在检测的最后阶段,较有把握认为集成电路故障时才能采用,因为集成电路的拆卸和装配很不方便,在拆装过程中,容易损坏集成电路和电路板,况且在未判明是否是外围电路故障引起集成电路损坏时,可能会导致新换上的集成电路再次损坏。采用替换法时应注意以下几点:

① 尽量选用同型号的集成电路或可以直接替换的其他型号,这样可以不改变原电路,简便易行。

② 拆焊原机上的集成电路时,应选择适当的方法,不能乱拔、乱撬引脚。在拆装过程中应特别注意:

(a) 烙铁一般用 20~40 W 比较合适,烙铁头通常应为尖头,以减少接触面积;烙铁功率过大,加热时间过长,容易损伤集成电路和印刷电路板。

(b) 烙铁必须用带地线的三芯插头接到电源插座(电源插座的地线应接好大地)。

(c) 拆装 CMOS 集成电路,必要时操作人员应穿戴防静电工作服,手腕戴防静电接地环;焊接顺序应是先焊电源正端,后焊电源负端,再焊输入/输出端。

(d) 安装新的集成电路时,要注意引脚顺序,不要装错;焊锡不宜过多,防止相邻引脚之间短路,功率集成电路要注意保证散热条件。

(e) 不论拆卸或是安装集成电路,均需在装备断电后进行。

③ 进行试探性替换时,最好先装一专用集成电路插座,或用细导线临时连接,以使拆卸方便。另外,通电前最好在集成电路的电源回路里串联一直流电流表和降压电阻,观察降压电阻由大到小时,集成电路总电流的变化是否正常。

④ 保证替换上的集成电路是好的,否则会更费周折。

**(7) 逻辑探针测试法**

在对数字集成电路进行检测时,可以使用一般的测试设备(如万用表、示波器等),但是在很多情况下,必须使用数字检测设备。逻辑探针是一种常用的数字检测设备。

逻辑探针是用来在线检测脉冲电路或逻辑电路的,它借助简单的指示灯指示检测数字信号的逻辑状态,并能检测很短暂的脉冲。当逻辑探针触到某个节点时,指示灯立即显示出该点的静态或动态逻辑状态。逻辑探针可以检测并显示高电平或低电平(逻辑 1 或 0),还可以检测并显示出数字电路中某点的中间(或"坏的")逻辑电平。例如,将探针接到一根地址或数据总线上,它就可以显示该线的状态(逻辑 1、逻辑 0 或高阻状态)。

逻辑探针的指示灯可以给出 4 种指示:灭、暗(半亮)、明(全亮)或闪烁。指示灯通常处于暗的状态,只有当探针尖端测到电压时才会变成另外 3 种状态之一。当输入电压为逻辑高电平时,指示灯明亮;当输入电压为逻辑低电平时,指示灯灭;如果输入电压在逻辑高电平和逻辑低电平或者电路开路,那么指示灯暗;如果输入的是脉冲信号,那么指示灯将闪烁,其闪烁的频率是固定的,与探针在线路中实际遇到的脉冲频率无关。

# 本章小结

电子元器件的检测是开展电子设备故障诊断的重要内容之一,熟练掌握电子元器件的检测技能也是电子设备维修人员的基本要求。本章介绍了基本的线性元器件(电阻、电容、电感和变压器)、分立半导体器件(二极管和三极管)和典型集成电路的识别、功能检测以及损坏器件的修复或替换方法,要求掌握基本电子器件的识别,并能熟练进行基本电子元器件的性能检测与损坏器件的替换。

# 思考题

① 常用电阻有哪些种类?

② 简述电阻、电容的参数标示方法。

③ 变压器的主要参数有哪些?

④ 二极管主要有哪些种类? 二极管的基本特性是什么?

⑤ 简述三极管的检测方法及典型故障。

⑥ 集成电路的典型故障有哪些?

⑦ 集成电路检测时需要注意哪些事项?

⑧ 集成电路的检测方法有哪些?

⑨ 列举五种所知的集成电路。

# 课外阅读

## 军用电子元器件选用现状及建议

随着武器装备的不断发展,电子元器件,尤其是通信类的电子元器件应用的数量、品种众多，越来越广泛，电子元器件的选择和使用就日益显得重要。器件选择不当会造成所购买的元器件不符合要求，从而影响系统的可靠性，因此，加入通过军用元器件设计标准、军用元器件选用标准规范操作，对元器件的选用进行控制，可以为军用产品提供重要保障。

## 一、军用电子元器件选用中存在的问题

目前，军用电子元器件的选用主要存在以下问题：

① 国产元器件产品目录信息掌握得不全面，大部分国产元器件相关资料未形成互联网电子文档，不便于查找、对比。

② 国产元器件的标准无法查找准确，元器件的资料错误较多，某些元器件型号执行的标准不能快速、便捷查询，咨询厂家，也很难得到正确信息。

③ 合格供方的界定难度较大，所选军用电子元器件无法准确、快速的确定是否为合格供方，对生产商的执照、资质等信息获取被动。

④ 国内外电子元器件主流标准认识模糊，尤其是对于国外某些生产商的主流产品了解不全面，导致选用的部分元器件为非主流产品，不能保证产品跟踪、供货周期等问题。

⑤ 部分集成电路国产元器件未形成系列产品，很多情况是依据技术协议生产的个性化产品，不能满足元器件功能的扩展、继承性，同时也不能实现产品的公用、共享和标准化。

⑥ 部分国产元器件存在生产周期长、价格过高以及开发工具和开发环境通用性差等问题，制约了器件使用的普遍性，导致元器件的售后服务相对较差，遇到问题解决能力弱，不能满足现在的设计周期和设计成本。

⑦ 目前国内 SMD 中 BGA、QFN 等封装国产化器件很少，少有存在类似封装的材料和环保性都不能与国际接轨，元器件制作工艺对焊接、返修工艺和振动、环境适应性不能满足要求。

⑧ 通信设备越来越提倡小型化的设计，很多国产元器件性能指标满足要求，但外形尺寸太大，形成了小型化与国产化矛盾的现状。

⑨ 实际选用元器件的过程中，由于可供选择的国产集成芯片较少，导致设备的元器件种类国产化率很难达到要求，特别是在航天科工集团二院的航天产品中问题突出。

⑩ 选用部分进口元器件时，对其采用的规范、标准、进货渠道等信息掌握不全面，国外禁运元器件时有发生、市场变化较大，特别是军品断档已对许多产品的生产、维修产生了影响。

## 二、军用电子元器件选用的建议

根据军用电子元器件选用存在的问题及现状，军用电子元器件选用建议如下：

① 调研收集国产元器件性能、特点以及技术参数，形成系列产品目录、电子文档，便于查找和性能对比。

② 国内外元器件的执行规范、标准有据可查，实现动态查询。

③ 军用电子元器件形成系列化标准，同时标准分别针对航天弹上、航天地面、空军、海军、陆军、装甲兵等分军种改进和完善。例如，形成元器件选用标准、元器件保管标准、元器件检验标准、元器件运输标准、元器件包装标准、SMT 元器件贴装托盘标准、SMT 温度曲线设置标准、元器件可靠性分析标准、元器件失效分析标准等系列。

④ 建议整理《国产军用元器件合格供方目录大全》，其中包括生产上的执照、资质等信息。

⑤ 形成国内外电子元器件主流标准和各生产商主流产品对照表，便于及时掌握生产商、产品情况。

⑥ 依据技术协议研制的元器件信息综合整理、形成标准并及时发布，在设计初期就应该将元器件的扩展、继承性设计思路放在首位，为不同应用厂家提供资源共享平台，对已经经过验证的产品可供查询。

⑦ 建议军用电子元器件标准依照国际主流标准、通用标准编写，对元器件的主要参数进行明确规定，如性能特性、封装形式、外形尺寸、开发环境等，使国产元器件在设计阶段就与国际接轨，特别应加快增加国产元器件的贴装种类、塑封材料等系列化产品，满足设计初期型号的选定和替代国际主流器件和断档器件的要求，从而满足进口/国产元器件种类与数量的比例，尤其是提高国产化的比率。

⑧ 及时动态发布国产元器件的优选目录、准用目录、停产目录和国外权威机构的QPL/PPL中的元器件、国外元器件最新“禁运”“断档”军品等情况。

⑨ 依据产品研制生产阶段中元器件使用品种的变化情况、元器件生产厂家的产品及其质量状况变化情况、元器件使用过程中的信息反馈形成统一模板进行统计、动态管理，形成信息化查询系统。统一由国家、军方建立一个权威机构，负责时时发布和宣传元器件相关信息，时时指导各军工厂家。

# 第 7 章　电子设备维修工具及仪器

**导语**：工欲善其事，必先利其器。开展电子设备维修离不开维修工具及维修仪器的使用，掌握各种测试测量仪器原理，并能熟练运用合适的维修工具和仪器是电子设备维修工程人员必备素质之一。

## 7.1　常用维修工具

### 7.1.1　焊接工具

电烙铁是手工焊接的主要工具，选择合适的烙铁并合理使用，是保证焊接质量的基础。由于用途、结构的不同，有各式各样的烙铁。按加热方式分，有直热式、感应式、气体燃烧式等；按功率分，有 20 W、30 W、…、300 W 等；按功能分，有单用式、两用式、调温式等。

最常用的电烙铁一般为直热式，又可分为内热式、外热式和恒温式三种。加热体也称为烙铁芯，通常由镍铬电阻丝绕制而成。加热体位于烙铁头外面的称为外热式（见图 7－1），位于烙铁头内部的称为内热式（见图 7－2），恒温式电烙铁则通过内部的温度传感器及开关进行温度控制，实现恒温焊接。它们的工作原理相似，在接通电源后，加热体升温，烙铁头受热温度升高，达到工作温度后，就可熔化焊锡进行焊接。

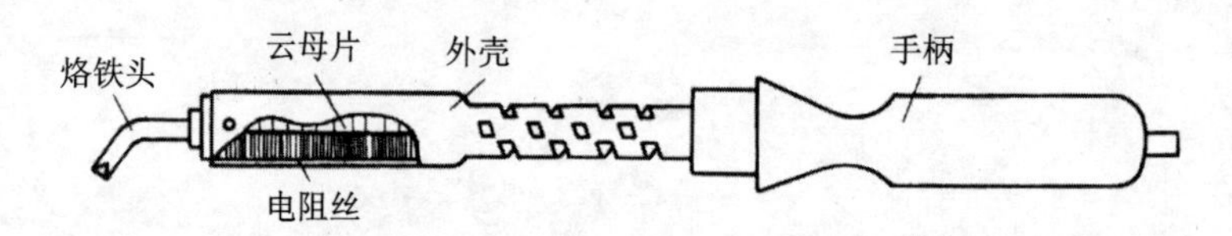


图 7－1　外热式电烙铁

内热式电烙铁比外热式热得快，从开始加热到达到焊接温度一般只需要 3 min 左右，热效率高，可达 85％～95％，而且具有体积小、重量轻、耗电量少、使用方便、灵巧等优点，适用于小型电子元器件和印刷电路板的手工焊接。电子产品的手工焊接多采用内热式电烙铁。

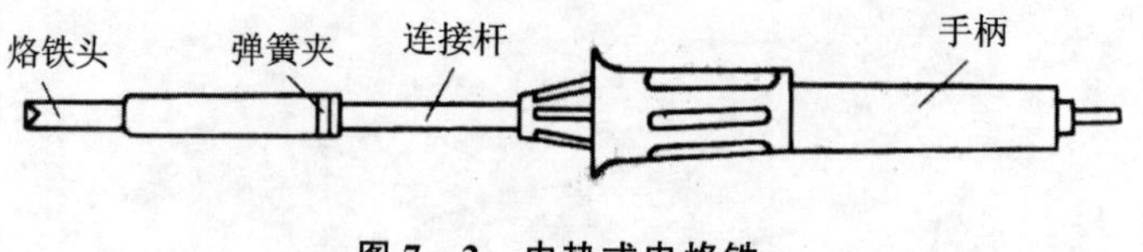


图 7－2　内热式电烙铁

目前使用的外热式和内热式电烙铁的烙铁头温度都超过 300 ℃，这对焊接晶体管、集成块等是不利的，一是焊锡容易被氧化而造成虚焊；二是烙铁头的温度过高，若烙铁头与焊点接触时间长，就会造成元器件的损坏。在要求较高的场合，通常采用恒温电烙铁。烙铁头的工作温度可在 260～450 ℃范围内任意选取，如图 7－3 所示，直热式电烙铁结构如图 7－4 所示。

图7-3　恒温电烙铁

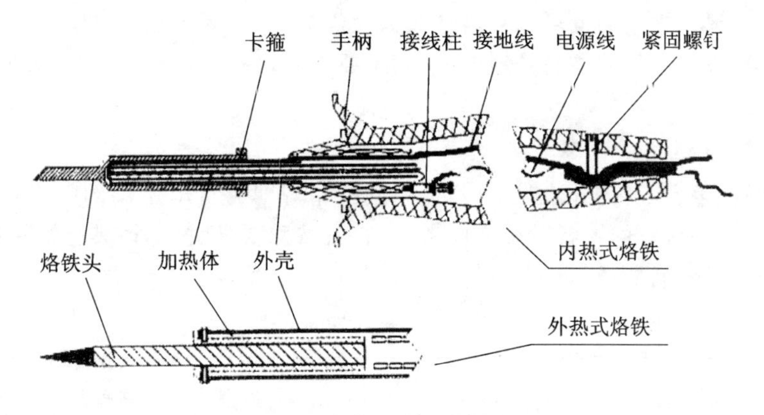


图7-4　直热式电烙铁结构图

## 1. 烙铁头的选择与修整

### (1) 烙铁头的选择

为保证可靠方便地焊接,必须合理选用烙铁头的形状与尺寸,常用的几种烙铁头的外形如图7-5所示。其中,圆斜面式是市场上销售烙铁头的一般形式,适用于在单面板上焊接不太密集的焊点;凿式和半凿式多用于电器维修工作;尖锥式和圆锥式烙铁头适用于焊接高密度焊点和小而怕热的元器件。当焊接对象变化大时,可选用适合于大多数情况的斜面复合式烙铁头。

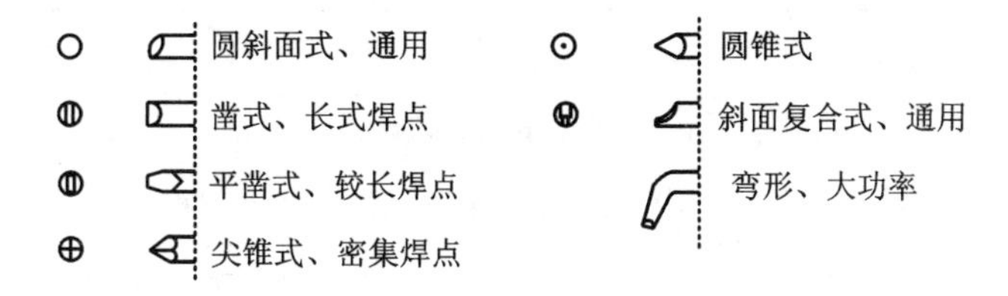


图7-5　几种常用烙铁头的形状

烙铁头的选择依据:应使烙铁头尖端的接触面积小于焊接处(焊盘)的面积。烙铁头接触面过大,会使过量的热量传导给焊接部位,损坏元器件及印刷电路板。一般说来,烙铁头越长、越尖,温度越低,需要焊接的时间越长;反之,烙铁头越短、越粗,则温度越高,焊接的时间越短。

每个操作者可根据习惯选择合适的烙铁头;通常,有经验的操作者都备用几个不同形状的烙铁头,以便根据焊接对象的变化和工作需要合理选用。

### (2) 烙铁头的修整

烙铁头一般用紫铜制成,表面有镀层,一般不需要修挫打磨。因为镀层的作用就是保护烙铁头不被氧化生锈。但目前市售的烙铁头大多只是在紫铜表面镀一层锌合金。镀锌层虽然有一定的保护作用,但经过一段时间的使用以后,由于高温和助焊剂的作用,烙铁头被氧化,使表面凹凸不平，这时就需要修整。

修整的方法一般是将烙铁头拿下来，根据焊接对象的形状及焊点的密度，确定烙铁头的形状和粗细。夹到台钳上用粗锉刀修整，然后用细锉刀修平，最后用细砂纸打磨光。修整过的烙铁头要马上镀锡，方法是将烙铁头装好后，在松香水中浸一下，然后接通电源，待烙铁热后，在木板上放些松香及一些焊锡，用烙铁头沾上锡，在松香中来回摩擦，直到整个烙铁头的修整面均匀地镀上一层焊锡为止。也可以在烙铁头沾上焊锡后，在湿布上反复摩擦。尤其要注意，新烙铁或经过修整烙铁头后的电烙铁通电前，一定要先浸松香水，否则烙铁头表面会生成难以镀锡的氧化层。

**2. 电烙铁的选用**

在进行科研、生产、设备维修时，可根据不同的施焊对象选择不同的电烙铁。主要从烙铁的种类、功率计和烙铁头的形状三个方面考虑，在有特殊要求时，选择具有特殊功能的电烙铁，电烙铁选择的一般依据如表 7-1 所列。

表 7-1 电烙铁的选用

| 焊件及工作性质 | 烙铁头温度<br>（室温、220 V 电压） | 选用烙铁 |
| --- | --- | --- |
| 一般印刷电路板，安装导线 | — | 20 W 内热式，30 W 外热式，恒温式 |
| 集成电路 | 250～400 ℃ | 20 W 内热式，恒温式，储能式 |
| 焊片，电位器，2～8 W 电阻，大电解电容，功率管 | 350～450 ℃ | 30～50 W 内热式，调温式<br>50～75 W 外热式 |
| 8 W 以上大电阻，$\phi 2$ 以上导线等较大元器件 | 400～550 ℃ | 100 W 内热式<br>150～200 W 外热式 |
| 汇流排，金属板等 | 500～630 ℃ | 300 W 以上外热式或火焰锡焊 |
| 维修，调试一般电子产品 | — | 20 W 内热式、恒温式、感应式、储能式，两用式 |

**3. 电烙铁的正确使用**

使用电烙铁前首先要核对电源电压是否与电烙铁的额定电压相符，注意用电安全，避免发生触电事故。电烙铁无论第一次使用还是重新修整后再使用，使用前均须进行“上锡”处理。上锡后如果出现烙铁头挂锡太多而影响焊接质量，此时千万不能为了去除多余焊锡而甩电烙铁或敲击电烙铁，因为这样可能将高温焊锡甩到周围人的眼中或身体上造成伤害，也可能在甩或敲击电烙铁时使烙铁芯的瓷管破裂、电阻丝断损或连接杆变形发生移位，使电烙铁外壳带电造成触电伤害。去除多余焊锡或清除烙铁头上的残渣的正确方法是在湿布或湿海绵上擦拭。

电烙铁在使用中还应注意经常检查手柄上紧固螺钉及烙铁头的锁紧螺钉是否松动，若出现松动，易使电源线扭动、破损引起烙铁芯引线相碰，造成短路。电烙铁使用一段时间后，还应将烙铁头取出，清除氧化层，以避免发生日久烙铁头取不出的现象。

进行焊接操作时，电烙铁一般放在方便操作的右方烙铁架中，与焊接有关的工具应整齐有序地摆放在工作台上，养成文明生产的良好习惯。

### 7.1.2 拆焊工具

常用的拆焊工具除 7.1.1 中的焊接工具外还有以下几种。

**1. 吸锡电烙铁**

在检修电子设备时，经常需要拆下某些元器件或部件。使用吸锡电烙铁能够方便地吸附印刷电路板焊接点上的焊锡，使焊接件与印刷板脱离，从而可以方便地进行检查和修理。吸锡电烙铁外形如图 7－6 所示。

**2. 吸锡器**

吸锡器主要用于吸取焊接点上熔化的焊锡，要与电烙铁配合使用。先使用电烙铁将焊点熔化，再用吸锡器吸除熔化的焊锡，外形如图 7－7 所示。

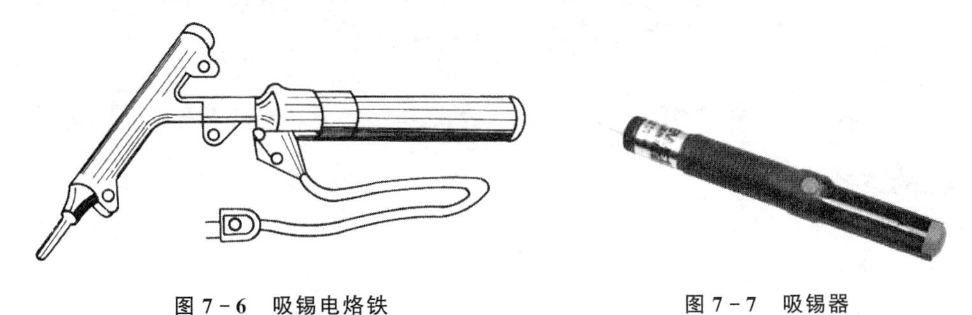

图 7－6　吸锡电烙铁　　　　图 7－7　吸锡器

**3. 吸锡绳**

吸锡绳用于吸取焊接点上的焊锡，使用时将焊锡熔化使之吸附在吸锡绳上。专用的吸锡绳价格昂贵，可用网状屏蔽线代替，效果也很好。

## 7.1.3　装配工具

**1. 钳口类工具**

**(1) 尖嘴钳**

尖嘴钳头部较细，适用于夹持小型金属零件或弯曲元器件引线，以及电子装配时其他钳子较难涉及的部位，不宜过力夹持物体，外形如图 7－8 所示。主要用在焊点上缠绕导线和元器件引线，以及元器件引线成形布线等。尖嘴钳一般都带有塑料套柄，使用方便，且能绝缘。

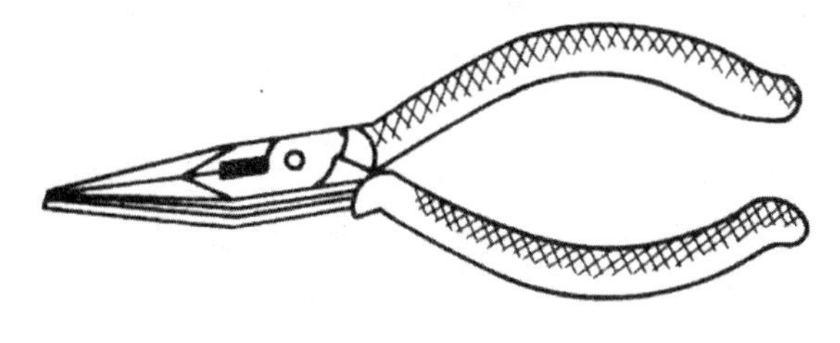

图 7－8　尖嘴钳

**(2) 平嘴钳**

平嘴钳钳口平直，外形如图 7－9 所示。由于钳口无纹路，主要用于拉直裸导线，将较粗的导线及较粗的元器件引线成形。在焊接晶体管及热敏元件时，可用平嘴钳夹住管脚引线，以便于散热。但因钳口较薄，不宜夹持螺母或须施力较大的部位。

**(3) 斜口钳**

斜口钳又称偏口钳，外形如图 7－10 所示。斜口钳用于剪切导线，尤其是用来剪除缠绕后或焊接后元器件多余的导线。剪线时,要使牵头朝下,在不变动方向时可用另一只手遮挡,防止剪下的线头飞出伤眼,也可与平嘴钳配合剥导线的绝缘皮。

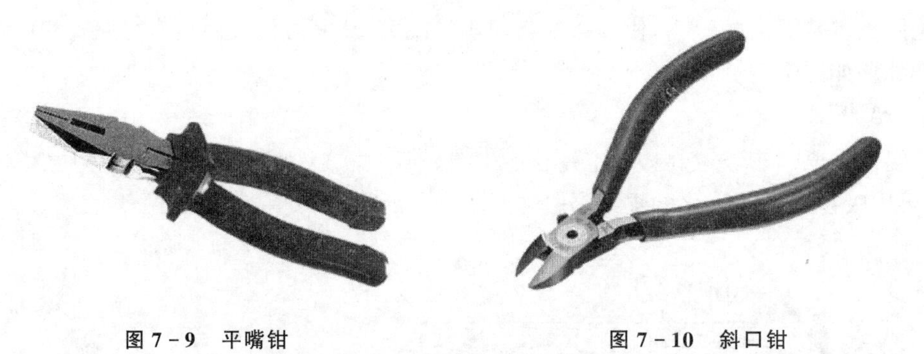

图 7-9 平嘴钳　　图 7-10 斜口钳

(4) 剥线钳

剥线钳专门用于剥去绝缘包皮的导线。使用时应注意将需要薄皮的导线放入合适的槽口,剥皮时不能剪断导线,剪口的槽并拢后应为圆形,如图 7-11 所示。

(5) 镊　子

镊子主要用于夹持物体,有多种形状。端部较宽的医用镊子可持较大的物体,而头部尖细的普通镊子适合夹持细小物体;也有头部与端部成一定角度的镊子,如图 7-12 所示。在焊接时,用镊子夹持导线、元器件,以防止移动。对镊子的要求是弹性强,合拢时尖端要对正吻合。

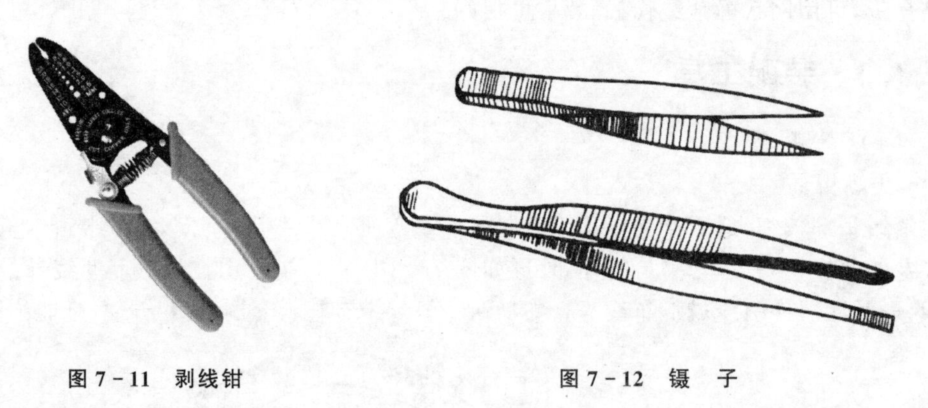

图 7-11 剥线钳　　图 7-12 镊　子

(6) 剪　刀

剪刀有普通剪刀和剪切金属线材用的剪刀两种,后者外形如图 7-13 所示,其头部短而宽,刃口角度较大,能承受较大的剪切力。

## 2. 紧固类工具

紧固工具用于紧固和拆卸螺钉的螺母。它包括螺钉旋具、螺母旋具和各类扳手等。螺钉旋具也称螺丝刀、改锥或起子,常用的有一字形、十字形两大类,并有自动、电动、风动等形式。

(1) 一字形螺钉旋具

这种旋具用来旋转一字槽螺钉,外形如图 7-14 所示。选用时,应使旋具头部的长短和宽窄与螺钉槽相适应。若旋具头部宽度超过螺钉槽的长度,在选沉头螺钉时容易损坏安装件的表面;若头部宽度过小,则不但不能将螺钉旋紧,还容易损坏螺钉槽。头部的厚度比螺钉槽过

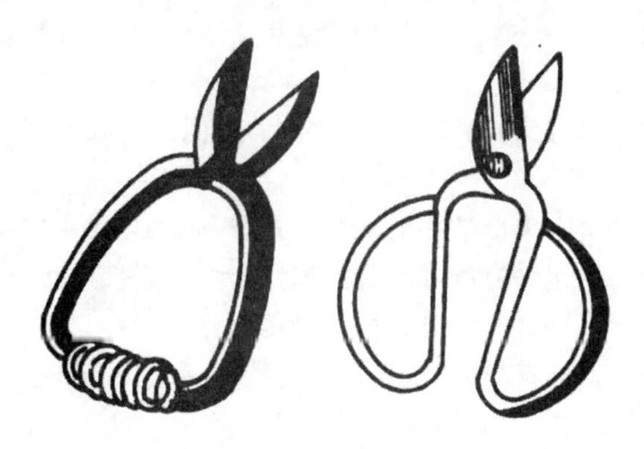

图7-13　剪　刀

厚或过薄也是不好的，通常取旋具刃口的厚度为螺钉槽宽度的0.75～0.8 mm。此外，使用时旋具不能斜插在螺钉槽内。

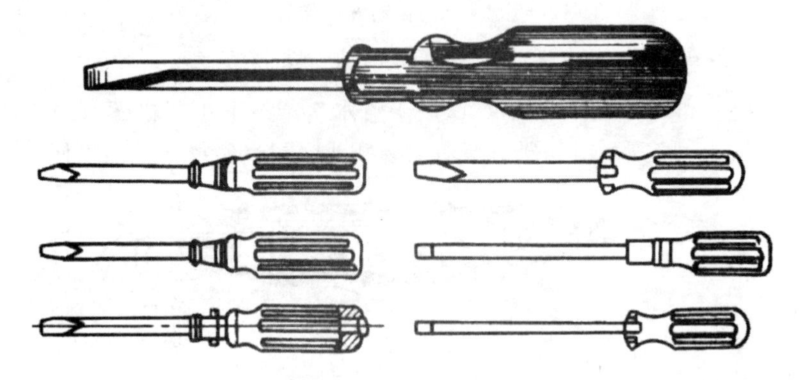

图7-14　一字形螺钉旋具

**(2) 十字形螺钉旋具**

这种旋具适用于旋转十字槽螺钉，其外形如图7-15所示。选用时应使旋杆头部与螺钉槽相吻合，否则容易损坏螺钉旋具的端头。该种旋具分四种槽型：1号槽型适用于2～2.5 mm

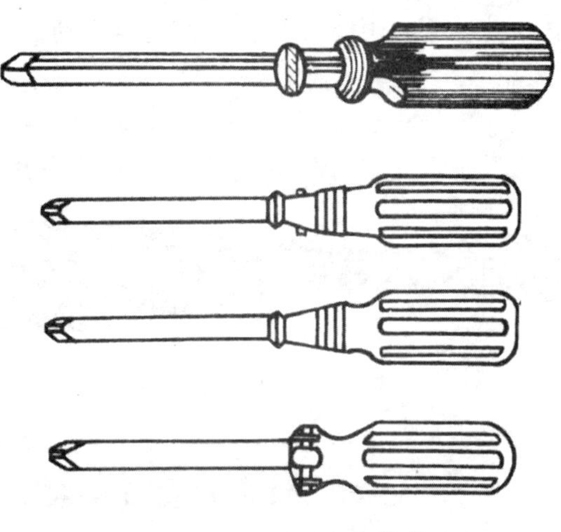

图7-15　十字形螺钉旋具

螺钉;2 号槽型适用于 3～5 mm 螺钉;3 号槽型适用于 5.5～8 mm 螺钉;4 号槽型适用于 10～12 mm 螺钉。

使用一字形或十字形螺钉旋具时,用力要平稳,压和拧要同时进行。

**(3) 自动螺钉旋具**

自动螺钉旋具适用于紧固头部带槽的各种螺钉,外形如图 7－16 所示。这种旋具具有同旋、顺旋和倒旋三种动作。当开关置于同旋位置时,与一般旋具用法相同。当开关置于是非曲直旋或倒旋位置,在旋具刃口顶住螺钉槽时,只要用力顶压手柄,螺旋杆通过来复孔而转动旋具,便可连续直旋或倒旋。这种旋具用于大批量生产中,效率较高,但使用者劳动强度较大,目前逐渐被机动螺钉旋具所代替。

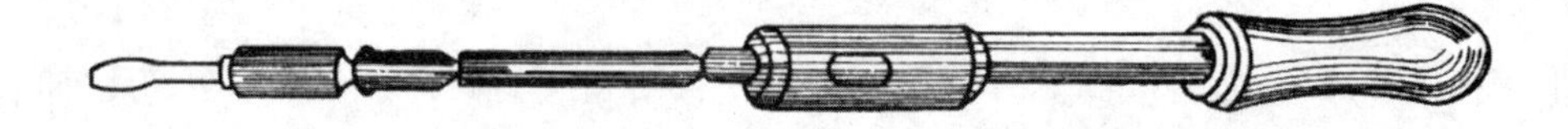

图 7－16　自动螺钉旋具

**(4) 机动螺钉旋具**

这种旋具有电动和风动两种类型,广泛用于流水生产线上小规格螺钉的装卸。小型机动螺钉旋具外形如图 7－17 所示。这类旋具具有体积小、重量轻、操作灵活方便等优点。

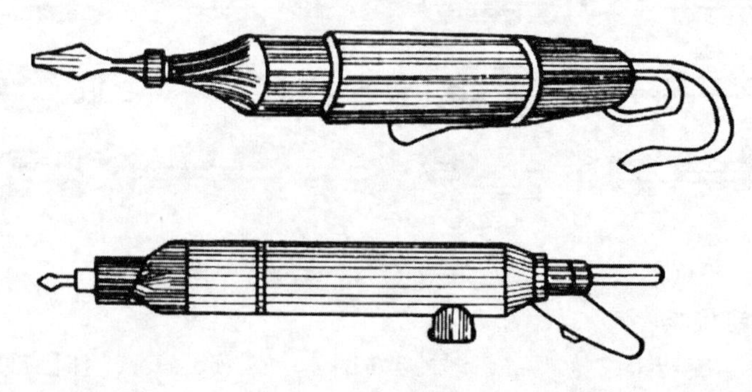

图 7－17　机动螺钉旋具

机动螺钉旋具设有限力装置,使用中超过规定扭矩时会自动打滑,这对在塑料安装件上装卸螺钉极为有利。

**(5) 螺母旋具**

螺母旋具外形如图 7－18 所示,它用于装卸六角螺母,使用方法与螺钉旋具相同。

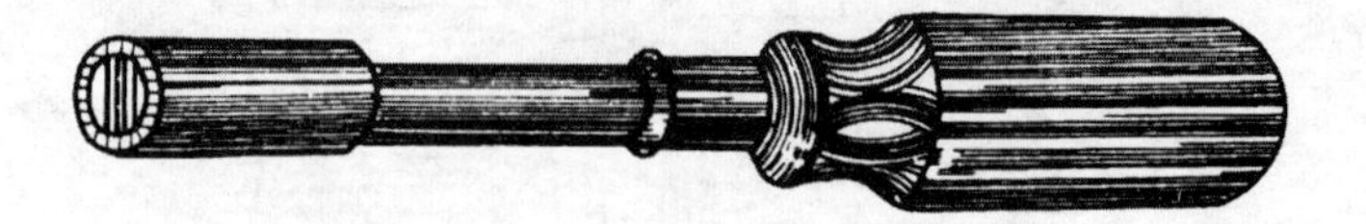

图 7－18　螺母旋具

## 7.2　常用测量仪器

按照测量仪器的功能,电子测量仪器可分为专用和通用两大类。专用电子测量仪器是为特定的目的而专门设计制作的，适用于特定对象的测量。通用电子测量仪器是为了测量某一个或某一些基本电参量而设计的，适用于多种电子参数测量。通用电子测量仪器又可以分为以下几类。

① 电压测量类仪器：该类仪器用来测量电信号的电压、电流、电平等参量，如电流表、电压表（模拟式和数字式）、电平表、多用表等。

② 频率、时间测量仪器：该类仪器用来测量电信号的频率、时间间隔和相位等参量，如各种频率计、相位计、波长表，以及各种时间、频率标准等。

③ 信号分析仪器：该类仪器用来观测、分析和记录各种电信号的变化，如各种示波器（数字式和模拟式）、波形分析仪、失真度分析仪、谐波分析仪、频谱分析仪和逻辑分析仪等。

④ 电子元器件测试仪器：该类仪器用来测量各种电子元器件的电参数，检测其是否符合要求。根据测试对象的不同，可分为晶体管测试仪、集成电路（模拟式、数字式）测试仪和电路元件（如电阻、电感、电容）测试仪等。

⑤ 电波特性测试仪器：该类仪器用来测量电波传播、干扰强度等参量，如测试接收机、场强计、干扰测试仪等。

⑥ 网络特性测试仪器：该类仪器用来测量电气网络的频率特性、阻抗特性、功率特性等，如阻抗测试仪、频率特性测试仪、网络分析仪和噪声系数分析仪等。

### 7.2.1　数字万用表

万用表又称为复用表、多用表、三用表、繁用表等，是电子设备故障诊断与维修中不可缺少的测量仪器，一般以测量电压、电流和电阻为主要目的。万用表是一种多功能、多量程的测量仪器，可测量直流电流、直流电压、交流电流、交流电压、电阻等，有的还可以测量交流电流、电容量、电感量及半导体的一些参数等。

万用表按显示方式分为指针式万用表和数字式万用表，两者的基本功能是相同的，而数字式万用表不存在满度值的折算和倍率乘数的问题。但要注意，数字式万用表红表笔接内置电池的正极，黑表笔接电池负极，而指针式万用表则相反，因此在测量PN结时结果是截然相反的。下面以应用较多的数字式万用表为例进行学习。

#### 1. 数字万用表的基本原理

万用表测量电压、电流和电阻功能是通过转换电路部分实现的，而电流、电阻的测量都是基于电压的测量。也就是说，数字万用表是在数字直流电压表的基础上扩展而成的。转换器将随时间连续变化的模拟电压量变换成数字量，再由电子计数器对数字量进行计数得到测量结果，最后由译码显示电路将测量结果显示出来。逻辑控制电路控制电路的协调工作，在时钟的作用下按顺序完成整个测量过程。下面介绍应用较为广泛的两种数字万用表A/D转换器的基本原理。

**(1) 逐次比较式数字电压表**

逐次比较式数字电压表的核心部件是逐次比较式A/D转换器。逐次比较式A/D转换器是一种反馈比较式A/D转换器，其原理框图如图7-19所示。它由比较器、D/A转换器、比较寄存器（比较控制逻辑电路）、时钟脉冲发生器和基准电压源等组成。

逐次比较式A/D转换器在转换过程中，用被测电压与标准电压（D/A转换器输出电压）进行比较，并用比较结果来控制D/A转换器的输入，使其输出电压大小向被测电压靠近，直到

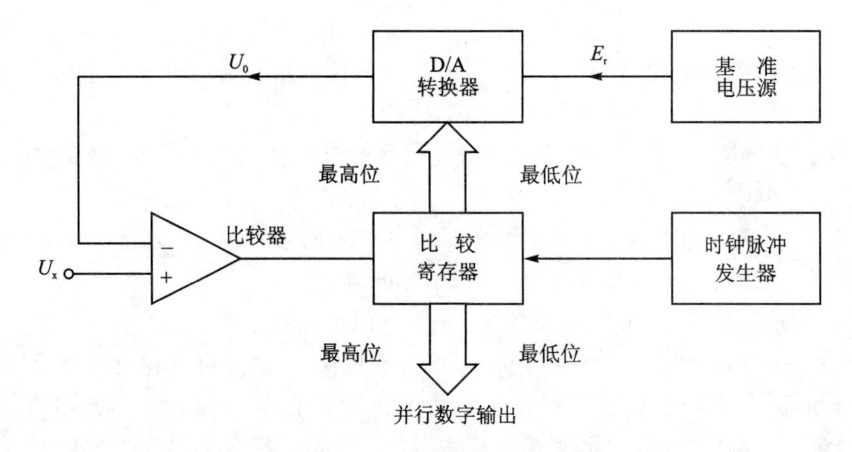


图 7－19　逐次比较式 A/D 转换器

两者趋于相等为止。此时 D/A 转换器的输入量（比较寄存器的输出量）即为 A/D 转换器的输出数字量。

本节给出 4 位逐次比较式 A/D 转换器的转换流程如图 7－20 所示。

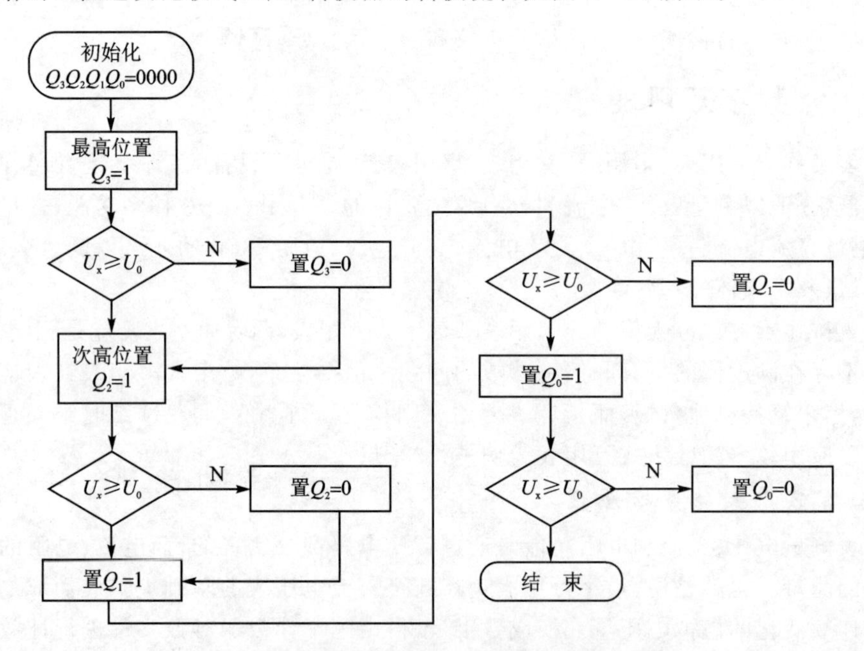


图 7－20　4 位逐次比较式 A/D 转换器转换流程

假设被测电压 $U_x=5.5$ V，基准电压源 $E_r=16$ V，这时 A/D 转换器的转换过程如下。

① 第一个时钟脉冲使比较寄存器最高位置“1”，即 $Q_3Q_2Q_1Q_0=1\ 000$，经 D/A 转换器输出标准电压 $U_0=\frac{1}{2}E_r=8$ V，加至比较器与 $U_s$ 进行比较，由于 $U_0>U_x$；比较器输出为低电平。所以，当第二个时钟脉冲来到时，比较寄存器最高位复位，即$Q_3=0$。

② 第二个时钟脉冲来到时，比较寄存器最高位回到“0”的同时，其下一位（次高位）被置“1”，故比较寄存器输出 $Q_3Q_2Q_1Q_0=0100$，经 D/A 转换器输出标准电压 $U_0=\frac{1}{4}E_r=4$ V，这

时由于$U_0<U_x$，比较器输出为高电平，使得比较寄存器次高位的“1”被保留，即$Q_2=1$。

③ 第三个时钟脉冲来到时，比较寄存器的第三位被置“1”，即$Q_1=1$，即比较寄存器输出$Q_3Q_2Q_1Q_0=0110$，经D/A转换器输出标准电压$U_0=\left(\frac{1}{4}+\frac{1}{8}\right)E_r=6\ \text{V}$。由于$U_0>U_x$，比较器输出又为低电平。故当第四个时钟脉冲来到时，比较寄存器的$Q_1$位返回到“0”。

④ 根据同样分析，可得比较寄存器最低位为“1”，即$Q_0=1$。

经过上述四次逐位比较后，最后比较寄存器为0101，即A/D转换器输出的数字量，从而完成了一次A/D转换的全部过程。

从以上讨论可知，由于D/A转换器输出的标准电压是量化的，因此最后转换的结果为5 V，比实际值低0.5 V，这就是A/D转换器的量化误差。减小量化误差的方法是增加比较次数，即增加逐次比较式A/D转换器的位数。目前，普通数字电压表中一般使用八位(二进制)逐次比较式A/D转换器，高精度数字电压表则使用十二位(二进制)逐次比较式A/D转换器。

由上述工作过程可以看出逐次比较式数字电压表具有以下特点。

① 测量速度快：因为其测量速度由时钟和转换器的位数决定，与输入电压的大小无关。

② 测量精度取决于标准电阻和基准电压源的精度，还与D/A转换器的位数和比较器的漂移有关。

③ 由于测量值对应于瞬时值，而不是平均值，因此抗串模干扰能力差。若增加输入滤波器，则可以提高抗干扰能力，但是由于RC时间常数增加，必然会降低测量速度。虽然如此，逐次比较式A/D转换器仍然是目前集成A/D转换器产品中用得最多的一种电路。

**(2) 双积分式数字电压表**

双积分式数字电压表中的核心部件是双积分式A/D转换器。双积分式A/D转换器是一种间接式A/D转换器，其转换原理是在一个测量周期内用同一个积分器进行两次积分，积分对象分别是被测电压$U_x$和基准电压$E_r$，先对$U_x$定时积分，再对$E_r$定值积分。通过两次积分的比较，将$U_x$变换成与之成正比的时间间隔，然后在该时间间隔内对时钟脉冲进行计数，故这种A/D转换属电压—时间(U—T)转换。

双积分式A/D转换器原理框图如图7-21所示，它主要由基准电压、模拟开关($S_1$、$S_2$、$S_3$、$S_4$)、积分器、零电位比较器、控制逻辑电路、时钟脉冲发生器和计数、寄存、译码、显示器等部分组成。

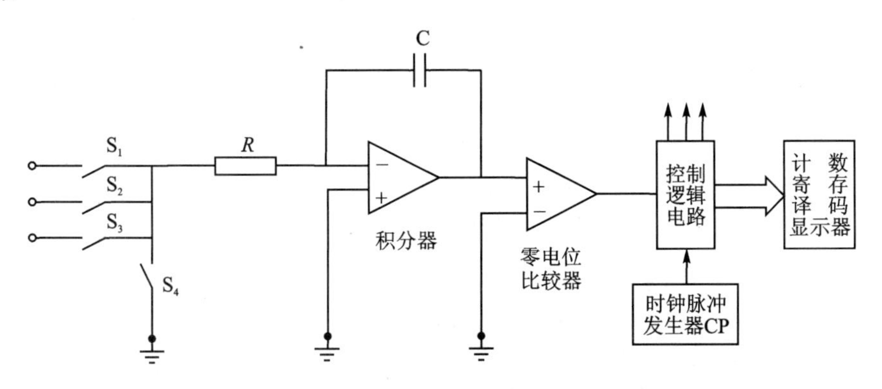


图7-21　双积分式A/D转换器原理框图

这种 A/D 转换器的工作过程分为准备、采样、比较三个阶段，其工作波形如图 7－22 所示。

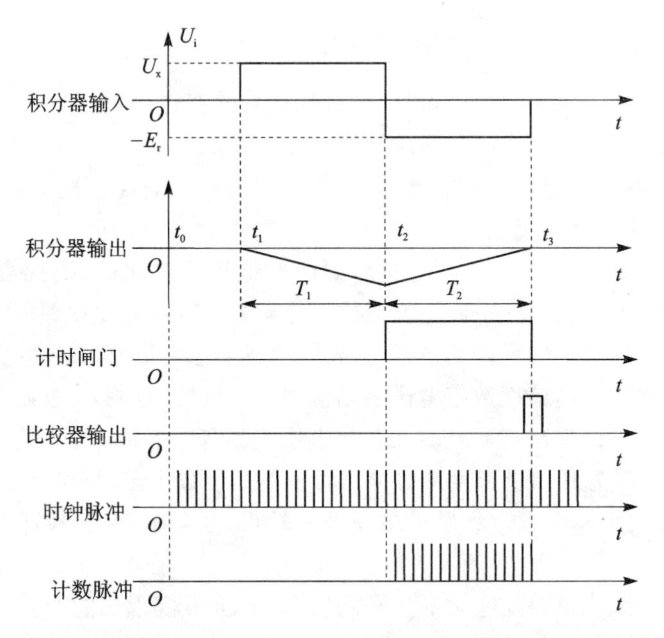


图 7－22　双积分式 A/D 转换器工作波形

① 准备阶段($t_0 \sim t_1$)：在 $t_0$ 时刻，由逻辑控制电路将 $S_4$ 接通，$S_1-S_3$ 断开，积分器输入电压为零，使输出也为零，计数器复零，电路处于休止状态。

② 采样阶段($t_1 \sim t_2$)：在 $t_1$ 时刻，逻辑控制电路将 $S_1$ 接通，$S_2-S_4$ 断开。被测电压 $U_x$ 加至积分器输入端，积分器输出随 $U_x$ 线性变化($U_x>0$ 时，积分器输出线性下降；$U_x<0$ 时，积分器输出线性上升)。经过一个固定时间($T_1=t_2-t_1$)后，积分器的输出电压为

$$U_0=-\frac{1}{RC}\int_{t_1}^{t_2}U_x\mathrm{d}t=-\frac{T_1}{RC}\cdot\frac{1}{T_1}\int_{t_1}^{t_2}U_x\mathrm{d}t=-\frac{T_1}{RC}\overline{U}_x \tag{7-1}$$

可见，在 $t_2$ 时刻积分器的输出电压与被测电压 $U_x$ 在 T 时间内平均值成正比。

③ 比较阶段($t_2 \sim t_3$)：在 $t_2$ 时刻，$S_1$ 断开，$S_2$(或 $S_3$)接通。此时一个与 $U_x$ 极性相反的基准电压 $E_r$($U_x>0$，接 $-E_r$；$U_x<0$，接 $+E_r$)接入积分器输入端，开始定值反向积分，积分器输出电压从 $U_0$ 逐渐趋向于零。在 $t_3$ 时刻，积分器输出电压 $U_0=0$，零电平比较器发生翻转，该翻转信号经控制逻辑电路使 $S_2$(或 $S_3$)断开，积分器停止积分，此时有

$$U_0-\frac{1}{RC}\int_{t_2}^{t_3}-E_r\mathrm{d}t=0$$

即

$$U_0=-\frac{E_r}{RC}(t_3-t_2) \tag{7-2}$$

令 $T_2=t_3-t_2$，并将式(7－1)代入式(7－2)，得

$$T_2=\frac{T_1}{E_r}\overline{U}_x \tag{7-3}$$

式(7－3)表明 $T_2$ 与 $\overline{U}_x$ 成正比。

如果在 $T_1$ 期间对时钟脉冲的计数值为 $N_1$，在 $T_2$ 期间对时钟脉冲的计数值为 $N_2$，根据式(7-3)可得

$$N_2 = \frac{N_1}{E_r}\overline{U}_x$$

$$\overline{U}_x = \frac{E_r}{N_1}N_2 = eN_2 \tag{7-4}$$

式中：$e=\frac{E_r}{N_1}$称为双积分式 A/D 转换器的灵敏度，单位是 mV/字。对于确定的数字电压表，$e$ 为定值，所以根据比较阶段中计数值 $N_2$ 可以读出被测电压值。

这种 A/D 转换器的准确度主要取决于标准电压 $E_r$ 的准确度和稳定度，而与积分器的参数(R、C 等)基本无关，因而准确度高，这是双积分式 A/D 转换器的重要特点。由于两次积分都是对同一时钟脉冲源输出脉冲进行计数，故对脉冲源频率准确度要求不高，这是这种 A/D 转换器的又一优点。

由于测量结果所反映的是被测电压在采样期 $T_1$ 内的平均值，故串入被测电压信号中的各种干扰成分将通过积分过程而减弱。如选择采样时间为交流电源周期(20 ms)的整数倍，则使电源干扰平均值接近于零，故这种 A/D 转换器的抗干扰能力强，但转换速度较低。目前这种转换器 CMOS 集成电路愈来愈多，它集成度高，成本低廉，在普及型数字多用表中已得到广泛应用。

### 2. 数字万用表使用说明

数字万用表的测量功能及操作大同小异，通常可以完成电压、电流、电阻、二极管、电容量等参数的测量。下面以图 7-23 所示数字万用表为例，介绍数字万用表的操作方法。

**(1) 电压的测量**

直流电压的测量按下面步骤进行：

① 将黑表笔插入 COM 插孔，红表笔插入 V/Ω 插孔。

② 将功能开关置于直流电压挡 $\overline{V}$ 量程范围，并将测试表笔连接到待测电源(测开路电压)或负载上(测负载电压降)，红表笔所接端的极性将同时显示于显示器上。

③ 察看读数，并确认单位。但要注意：

(a) 如果不知被测电压范围.将功能开关置于最大量程并逐渐下降。

(b) 如果显示器只显示“1”，表示过量程，功能开关应置于更高量程。

(c) “”表示不要测量高于 1 000 V 的电压，显示更高的电压值是可能的，但有损坏内部线路的危险。

(d) 当测量高电压时，要格外注意避免触电。

交流电压的测量按下面步骤进行：

① 将黑表笔插入 COM 插孔，红表笔插入 V/Ω 插孔。

② 将功能开关置于交流电压挡 $\widetilde{V}$ 量程范围，并将测试笔连接到待测电源或负载上.测试连接图同上。测量交流电压时，没有极性显示。

**(2) 电流的测量**

直流电流的测量按下面步骤进行：

① 将黑表笔插入 COM 插孔，红表笔插入 A 插孔。

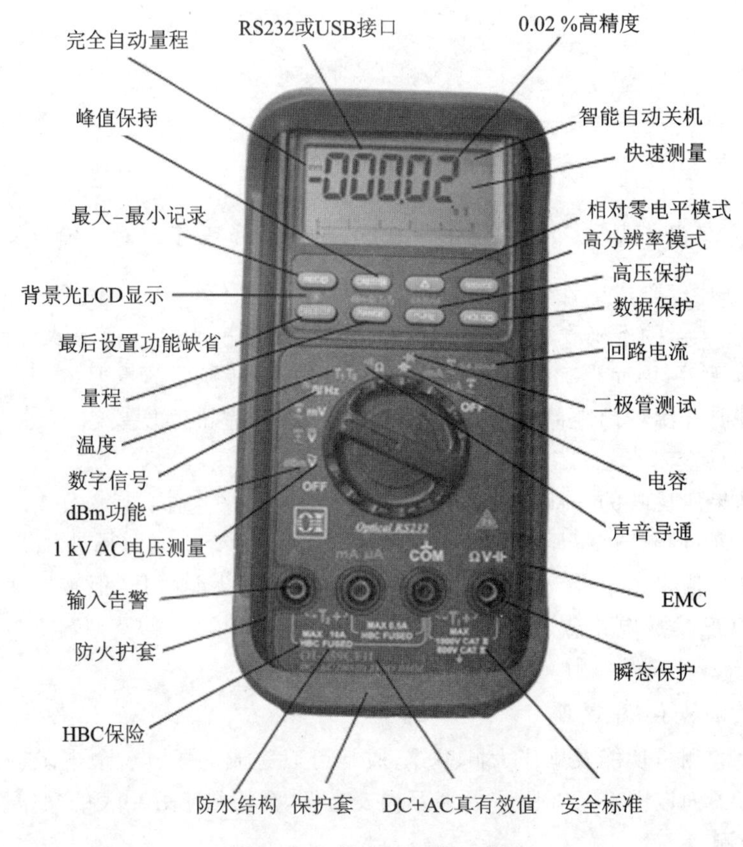


图 7-23　数字万用表示意图

② 将功能开关置于直流电流挡 $\overline{A}$ 量程，并将测试表笔串联接入到待测负载上，在电流值显示的同时，将显示红表笔的极性。电流测量时一定要注意：

(a) 如果使用前不知道被测电流范围，将功能开关置于最大量程并逐渐下降；

(b) 表示最大输入电流为 10 A，过量的电流将烧坏保险丝，应再更换测量时不能超过 15 s。

交流电流的测量方法与直流电流的测量方法相同，不过挡位应该打到交流挡位，电流测量完毕后应将红笔插回“VΩ”孔，若忘记这一步而直接测电压，表或电源会报废。

**(3) 电阻的测量**

将表笔插进“COM”和“VΩ”孔中，把旋钮打旋到“Ω”中所需的量程，用表笔接在电阻两端金属部位。

注　意：

① 如果被测电阻值超出所选择量程的最大值，将显示过量程“1”，应选择更高的量程，对于大于 1 MΩ 或更高的电阻，要几秒钟后读数才能稳定，这是正常的。

② 当没有连接好时，例如开路情况，仪表显示为“1”。

③ 当检查被测线路的阻抗时，要保证移开被测线路中的所有电源，所有电容放电，被测线路中，如有电源和储能元件，会影响线路阻抗测试正确性。

④ 测量中可以用单手接触电阻，但不要把双手同时接触电阻两端，这是因为人体的电阻很大，影响测量精度。

**(4) 二极管的测量**

数字万用表可以测量发光二极管，整流二极管……测量时，表笔位置与电压测量一样，将旋钮旋到“⊣◁⊢”挡；用红表笔接二极管的正极，黑表笔接负极，这时会显示二极管的正向压降。肖特基二极管的压降是0.2 V左右，普通硅整流管(1N4000、1N5400系列等)约为0.7 V，发光二极管约为1.8～2.3 V。调换表笔，显示屏显示“1”则为正常，因为二极管的反向电阻很大，否则此管已被击穿。

**(5) 三极管的测量**

表笔插位同上，其原理同二极管。先假定A脚为基极，用黑表笔与该脚相接，红表笔与其他两脚分别接触其他两脚；若两次读数均为0.7 V左右，然后再用红表笔接A脚，黑笔表接触其他两脚，若均显示“1”，则A脚为基极，否则需要重新测量，且此管为PNP管。然后利用“hFE”挡来判断集电极和发射极：先将挡位打到“hFE”挡，可以看到挡位旁有一排小插孔，分为PNP和NPN管的测量。前面已经判断出管型，将基极插入对应管型“b”孔，其余两脚分别插入“c”“e”孔，此时可以读取数值，即$\beta$值；再固定基极，其余两脚对调；比较两次读数，读数较大的管脚位置与表面“c”“e”相对应。

小技巧：上法只能直接对如9000系列的小型管测量，若要测量大管，可以采用接线法，即用小导线将三个引脚引出，这样做方便了测量工作。

**(6) MOS场效应管的测量**

G极(栅极)的确定：利用万用表的二极管挡。若某脚与其他两脚间的正反压降均大于2 V，即显示“1”，此脚即为栅极G。再交换表笔测量其余两脚，压降小的那次中，黑表笔接的是D极(漏极)，红表笔接的是S极(源极)。

**(7) 电容测试**

连接待测电容之前，注意每次转换量程时，复零需要时间，有漂移读数存在不会影响测试精度。电容参数测量步骤如下：

① 功能开关置于电容量程C(F)。

② 将电容器插入电容测试座中。但要注意：

(a) 仪器本身已对电容挡设置了保护，故在电容测试过程中不用考虑极性及电容充放电等情况；

(b) 测量电容时，将电容插入专用的电容测试座中；

(c) 测量大电容时稳定读数需要一定的时间；

(d) 电容的单位换算。

**(8) 通断测试**

① 将黑表笔插入COM插孔，红表笔插入V/Ω插孔(红表笔极性为“+”)将功能开关置于“Ω”挡，如果电阻值为无穷大，则断路；如果电阻值为零，则短路。

② 将表笔连接到待测线路的两端，按下“蜂鸣”开关；如果两端之间电阻值低于约70 Ω，内置蜂鸣器发声。

## 7.2.2 数字示波器

数字示波器是采用数据采集、A/D转换、软件编程等一系列的技术制造出来的高性能示波器。数字示波器一般支持多级菜单，能提供用户多种选择，以及多种分析功能，还有一些示波器可以提供存储功能，实现对波形的保存和处理。

数字示波器因具有波形触发、存储、显示、测量、波形数据分析等独特优点，应用越来越广泛。由于数字示波器与模拟示波器之间存在着较大的性能差异，如果使用不当，会产生较大的测量误差，从而影响测试任务的完成。

**1. 数字示波器的基本原理**

数字示波器的基本原理组成框图如图7-24所示。数字示波器的输入电路和模拟示波器的相似，输入信号经耦合电路后送至前置放大器，前置放大器将信号放大，以提高示波器的灵敏度和动态范围。前置放大器的输出信号由跟踪/存储或取样/存储电路进行取样，并由A/D转换器数字化，经过A/D转换后，信号变成了数字形式存入存储器中，微处理器便可以对存储器中的数字化信号波形进行相应处理，并显示在显示屏上。取样时钟驱动A/D转换器、取样器、A/D转换器和存储器，对实时取样进行控制。

在取样器之前，电路必须维持示波器的全部带宽，但在A/D转换之后，需要的带宽则可大大下降。因为波形被存在存储器中，显示器的带宽只需做到刷新荧光屏（从存储器中将数据读取并显示）时足够快，没有可见的闪烁就够了，所以可以用较低的带宽显示器来显示波形（对于模拟示波器而言，包括CRT显示管在内的整个系统都必须维持仪器的全部带宽）。

在图7-24中，通常在A/D转换器之前都有取样电路，但也有一些数字存储示波器没有取样电路，它通过采用多个A/D转换器来快速捕获模拟信号。

在数字示波器中，其时基电路的功能与模拟示波器的功能有很大不同，它不像模拟示波器中的时基电路那样产生斜波电压，这里的时基电路是一个晶体振荡器，通过测量触发信号和取样时钟之间的时间差，微处理器便可确定将波形取样放在显示器上的什么地方。图7-24中的微处理器一般采用通用微处理器。

在数字示波器中，首先把输入的被测模拟信号先送至A/D转换器，进行取样、量化和编码，成为数字“0”“1”码，存储到存储器（RAM）中，这个过程称为存储器的“写过程”。然后，再将这些“0”“1”码从RAM中依次取出，按顺序排列起来，重显输入模拟信号，这个过程称为存储器的“读过程”。数字存储示波器可采用多种取样方式，采用实时采样方式，可以观测单次信号；采用顺序取样或随机取样方式，可观测重复信号。

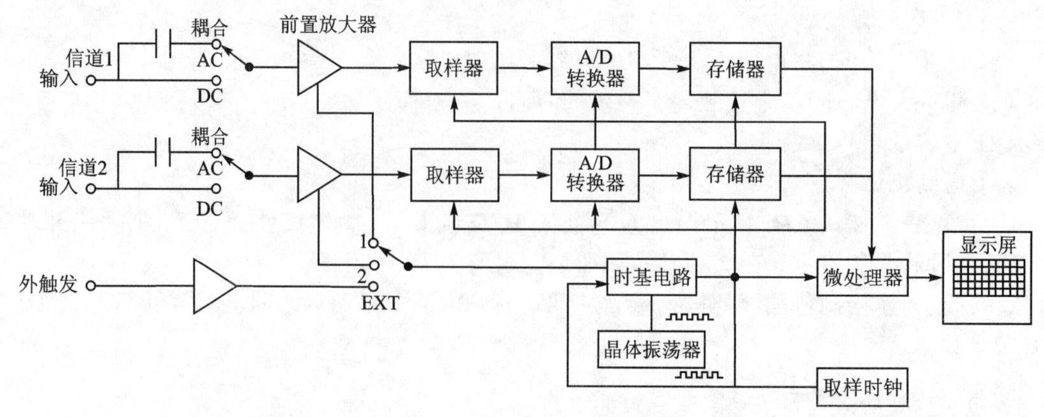


图7-24 数字示波器的原理组成框图

## 2. RIGOL DS1000D 数字示波器

RIGOL DS1000D 数字示波器具有简单而功能明晰的前面板，易于操作和学习。两个信号通道的标度和位置旋钮符合传统仪器的使用习惯，简单学习就可熟练使用。此外，还具有更快完成测量任务所需要的高性能指标和强大功能。通过 1 GSa/s 的实时采样和 25 GSa/s 的等效采样，可以在示波器上观察更快的信号；强大的触发和分析能力使其易于捕获和分析波形；清晰的液晶显示和数学运算功能，便于更快更清晰地观察和分析信号问题。

### (1) 面板简介

RIGOL DS1000D 数字示波器前面板主要由液晶显示屏、多功能旋钮、功能按键、控制按键、垂直控制、水平控制、触发控制和数据接口(USB 接口、逻辑分析仪接口、双通道 BNC 信号输入接口、BNC 外部触发源输入接口和探头补偿接口)8 个部分组成，如图 7-25 所示。

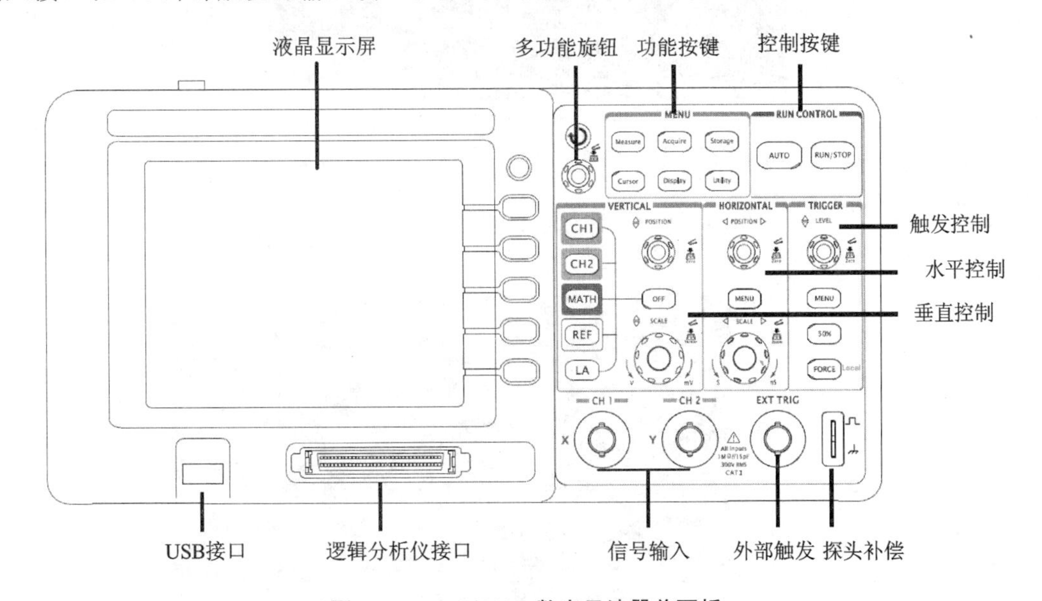


图 7-25 DS1000D 数字示波器前面板

### (2) 面板功能使用说明

① 液晶显示屏：用于对测量信号各种信息及波形显示，其模拟通道打开和数字与模拟通道同时打开的界面示意说明如图 7-26 和图 7-27 所示。

② 控制按键：控制按键(RUN CONTROL)包括自动设置按键(AUTO)和运行/停止按键(RUN/STOP)，按下自动设置按键(AUTO)后，示波器根据输入信号可自动调整电压倍率、时基以及触发方式至最好形态，即示波器处于自动设置水平、垂直和触发控制。但要注意，应用自动设置要求被测信号的频率大于或等于 50 Hz，占空比大于 1%。当运行/停止按键(RUN/STOP)处于弹起状态时，示波器实时显示输入信号波形，此时，该键一般为绿色；当运行/停止按键(RUN/STOP)处于按下状态时，示波器显示按键按下时刻输入信号波形，此时，该键一般为红色。

③ 功能按键：功能按键(MENU)包括自动测量按键(Measure)、采样设置按键(Acquire)、存储设置按键(Storage)、光标测量功能按键(Cursor)、显示设置按键(Display)和辅助功能设置按键(Utility)六个部分。

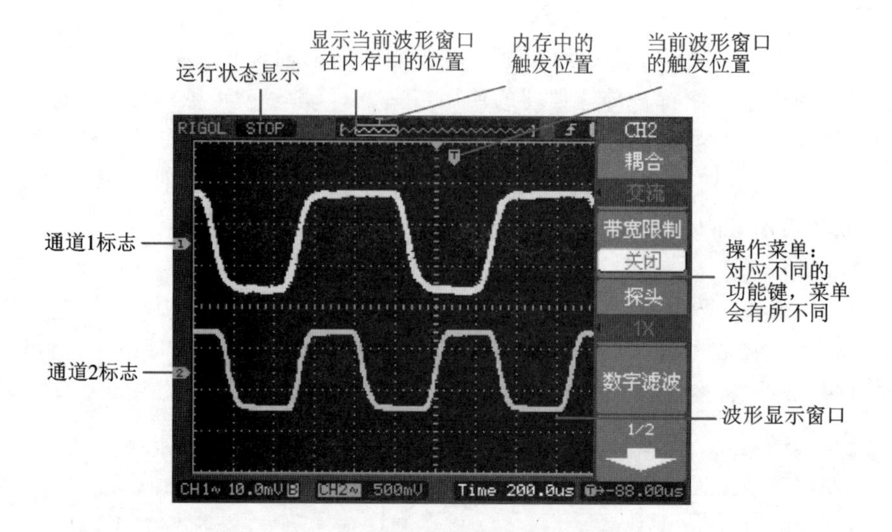


图 7-26 模拟通道打开显示界面示意图

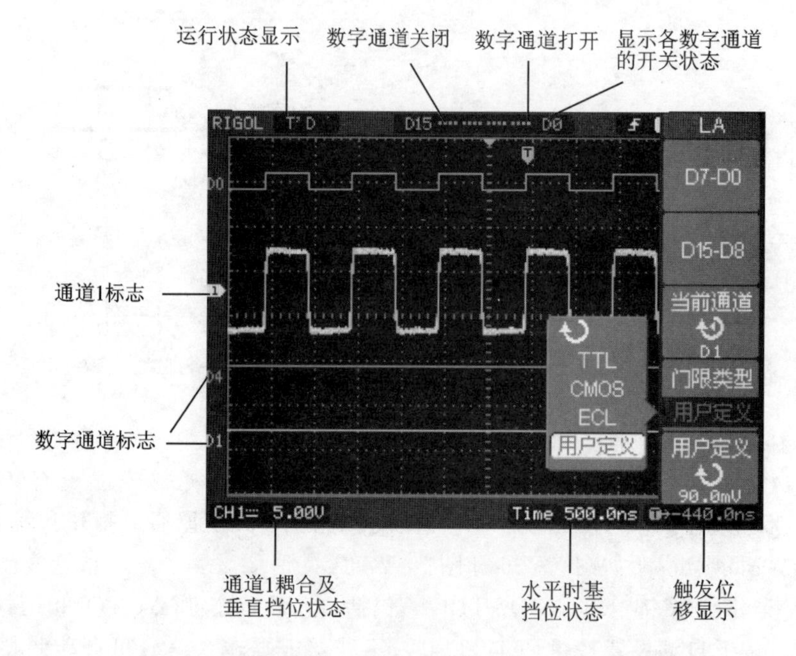


图 7-27 数字通道和模拟通道同时打开界面示意图

当按下自动测量按键(Measure)时，系统显示自动测量操作菜单。DS1000D 示波器具有 20 种自动测量功能，包括峰峰值、最大值、最小值、顶端值、底端值、幅值、平均值、均方根值、过冲、预冲、频率、周期、上升时间、下降时间、正占空比、负占空比、通道 1 和通道 2 在上升沿处的延迟、通道 1 和通道 2 在下降沿处的延迟、正脉宽、负脉宽的测量，共 10 种电压测量和 10 种时间测量，每种测量都可以进行一些相关设置。

当按下采样设置按键(Acquire)时，可以对输入信号采集的获取方式(普通、平均、峰值检测)、平均次数(2～256，以 2 的倍数步进，从 2～256 设置平均次数)、采样方式(实时采样、等效采样)、存储深度(长存储、普通存储)和 Sinx/x(打开时选择 Sinx/x 插值方式，关闭时选择线性插值方式)进行设置。

当按下存储设置按键(Storage)时,可以设置波形的存储类型(波形存储、设置存储、位图存储、CVS存储、出厂设置)、内部存储选择、外部存储选择和磁盘管理,也可以对示波器内部存储区和USB存储设备上的波形和设置文件进行保存和调出操作。但要注意,此时可以对USB存储设备上的波形文件、设置文件、位图文件以及CSV文件进行新建和删除操作,但不能删除(可以覆盖)仪器内部的存储文件(文件数最高为10个)。

当按下光标测量功能按键(Cursor)时,用户可以通过移动光标进行测量,包括手动测量、追踪测量和自动测量三种方式。当采用手动测量方式时,光标X或Y方式成对出现,并可手动调整光标的间距,显示的读数即为测量的电压或时间值;当使用光标时,需首先将信号源设定成需要测量的波形;当采用追踪测量方式时,水平与垂直光标交叉构成十字光标,十字光标自动定位在波形上,通过旋动多功能旋钮,可以调整十字光标在波形上的水平位置,同时示波器显示光标点的坐标;当采用自动测量方式时,示波器必须处于自动测量模式,此时,系统会显示对应的电压或时间光标,并可以根据信号的变化自动调整光标的位置、计算相应的参数值。

当按下显示设置按键(Display)时,可以设置信号的显示类型(矢量方式,采样点之间通过连线显示;点方式,直接显示采样点)、清除显示(清除所有屏幕显示波形)、波形显示(关闭时,记录点以高刷新率变化;无限时,记录点一直保持,直至波形保持功能被关闭)、波形亮度(通过多功能旋钮设置波形亮度)、屏幕网格(包括打开背景网格及坐标、关闭背景网格和关闭背景网格及坐标三种模式)、网格亮度(通过多功能旋钮设置网格亮度)、菜单保持(菜单将在最后一次按键动作后设置时间内隐藏,设置时间为1 s、2 s、5 s、10 s、20 s和无限6种选择)。

当按下辅助功能设置按键(Utility)时,可对系统辅助功能进行设置,包括接口设置、声音设置(打开、关闭)、频率计(打开、关闭)、系统语言(简体中文、繁体中文、English、Japanese、Francais等)、通过设置、波形录制、打印设置和参数设置,还可以实现系统自校正操作、查看系统信息。

④ 垂直控制:垂直控制包括垂直位移旋钮(POSITION)、零点恢复快捷键(Zero)、垂直挡位旋钮(SCALE)、粗调/微调状态快捷键(Coarse/Fine)、通道设置键(CH1、CH2)、数学运算设置键(MATH)、REF功能键(REF)、LA通道设置键(LA)和选择/关闭通道键(OFF)。

当旋动垂直位移旋钮(POSITION)时,对应测量信号指示通道地(GROUND)的标识随波形上下移动;当按下零点恢复快捷键(Zero)时,可使通道垂直显示位置直接恢复到零点;当旋动垂直挡位旋钮(SCALE)时,改变"Volt/div(伏/格)"垂直挡位,其波形窗口下方的状态栏显示信息也跟着变化;当按下粗调/微调(Coarse/Fine)键时,可通过SCALE旋钮粗调/微调垂直挡位;当按下通道设置键CH1或CH2时,可分别设置对应通道的功能,包括耦合方式(交流、直流、接地)、带宽限制(打开或关闭)、探头衰减系数(1∶1、5∶1、10∶1、50∶1、100∶1、500∶1和1000∶1)、数字滤波(数字滤波器打开/关闭、滤波类型、频率上限、频率下限)、挡位调节(粗调、微调)和反相(打开、关闭);当按下数学运算键(MATH)时,用来设置CHI1和CH2两个通道波形的数学运算,其结果可以通过栅格或游标进行测量,其设置菜单包括操作(信号源A和信号源B的加、减、乘、除、FFT运算)、信号源A(设定信号源A为CH1通道还是CH2通道)、信号源B(设定信号源B为CH1通道还是CH2通道)、反相(打开或关闭数学运算波形反相功能),在进行FFT运算时,还包括窗函数(Rectangle、Hanning、Hamming、Blackman)、显示(分屏、全屏)、垂直刻度(Vrms、dBVrms);在电子设备故障诊断时,可用实测信号与参考信号进行对比实现故障定位。因此，当按下参考信号功能键(REF)时，可以完成输入示波器参考信号的设置，包括信号源选择(CH1、CH2、MATH/FFT、LA)、存储位置(内部、外部)、保存(将REF波形保存到内部存储区)、导入/导出和复位；当按下LA通道设置键(LA)时，可以打开(或关闭)单个通道或一组(8个)通道，还可以设置波形大小，改变数字通道在屏幕上的显示位置及选择门限类型等，具体设置包括D7～D0(设置通道D7～D0)、D15～D8(设置通道D15～D8)、当前通道(旋转多功能旋钮可以选择当前可被移动的数字通道)、数字通道门限类型(TTL、CMOS、ECL、用户定义)、用户定义(旋转多功能选就可以自定义设置类型的门限电平值)；当打开或选择某一个通道时，只需要按下对应的通道按键，通道按键灯亮说明该通道已被激活，若希望关闭某个通道，再次按下该通道按键或此通道在当前处于选中状态时，按下关闭键(OFF)。

⑤ 水平控制：水平控制包括水平位置旋钮(POSITION)、水平位置恢复零点快捷键(ZERO)、时基挡位旋钮(SCALE)、延迟扫描快捷键(Delayed)和功能按键(MENU)。

水平位置旋钮(POSITION)用于调整信号在波形窗口中的水平位置，它也用于控制控制信号的触发位移。当应用于触发位移时，转动水平位置旋钮就可以观察到波形随旋钮而水平移动；当按下水平位置恢复零点快捷键(ZERO)时，可以使触发位移(或延迟扫描位移)恢复到水平零点处。

基挡位旋钮(SCALE)用于改变水平挡位设置，转动该旋钮可以改变“s/div(秒/格)”水平挡位，同时液晶屏状态栏对应通道的挡位显示发生相应变化，水平扫描速度从2 ns～50 s，以1-2-5的形式步进；当按下延迟扫描快捷键(Delayed)时，示波器切换到延迟扫描状态。

当按下功能按键(MENU)时，可对水平显示进行设置，包括延迟扫描(打开或关闭延迟扫描)、时基选择(当处于X-T方式时，X轴表示时间，Y轴表示电压量；当处于X-Y方式时，X轴为通道1电压量，Y轴为通道2电压量；当处于滚动方式ROLL时，波形自右向左滚动刷新显示，在这种模式下，波形水平位移和触发控制不起作用，但要注意，一旦设置为滚动模式，时基控制设定必须在500 ms/div，或者更慢)、采样率(显示系统采样率)和触发位移复位(调整触发位置到中心零点)。

⑥ 触发控制：触发控制包括触发电平设置旋钮(LEVEL)、触发电平零点恢复快捷键(ZERO)、功能设置按键(MENU)、50%按键和强制触发按键(FORCE)。

触发电平设置旋钮(LEVEL)可以改变触发电平设置。当旋动该旋钮时可以发现显示屏会出现一条橘红色的触发线及触发标志随旋钮转动而上下移动，停止转动旋钮，触发线和触发标志约5 s后消失，移动触发线的同时，屏幕上的触发电平数值也随之变化；当按下触发电平零点恢复快捷键(ZERO)时，触发电平会恢复到零点。

当按下“50%”按键时，会设定触发电平在触发信号幅值的垂直中点处；当按下强制触发键(FORCE)时，会强制产生一次触发信号，主要用于触发方式中的“普通”和“单次”模式。

当按下功能设置按键(MENU)时，其触发功能设置包括触发模式(边沿触发、脉宽触发、视频触发、斜率触发、交替触发、码型触发、持续时间触发)、信号源选择(通道1信号CH1、通道2信号CH2、外部触发信号源EXT、数字通道D15～D0任选一信号源触发)、边沿类型(上升沿、下降沿、上升&下降沿)、触发方式(自动、普通、单次)、触发设置(耦合方式，包括交流、直流、低频抑制、高频抑制；灵敏度设置，通过多功能旋钮设置；触发释抑设置，通过多功能旋钮设置；触发释抑复位，复位时间为100 ns)。

注意：触发释抑指重新启动触发电路的时间间隔，通过转动多功能旋钮可以设置触发释抑时间。

⑦ 数据接口：数据接口包括 USB 接口（用于储存波形或数据的拷入/拷出）、逻辑分析仪接口（用于 16 路数字信号输入）、两个独立的 BNC 信号输入接口 CH1 和 CH2（用于输入待观察或分析的信号）、外部触发源输入接口（EXT TRIG）和探头补偿接口（用于标定输入探头的衰减系数）。

## 7.2.3　数字电桥

数字电桥（又称 LCR 测试仪、LCR 电桥、LCR 表等）是用来测量电感、电容、电阻、阻抗的仪器。电桥是最早用来测量阻抗的一种方法，随着现代模拟技术、数字技术和微电子技术的发展，出现了以微处理器为核心的电桥，被称为数字电桥。

### 1. 数字电桥的基本原理

数字电桥的测量对象为阻抗元件的参数，包括交流电阻 R、电感 L 及其品质因数 Q，电容 C 及其损耗因数 D。其测量用频率自工频到约 100 kHz。基本测量误差为 0.02%，一般均在 0.1%左右。最早的阻抗测量用的是真正的电桥，如图 7－28 所示，待测器件的阻抗计算如公式（7－5）所示，即

$$Z_x = \frac{Z_1}{Z_2} Z_3 \tag{7-5}$$

式中，$Z_1$、$Z_2$ 和 $Z_3$ 为已知阻抗，$Z_x$ 为待测阻抗；当电流计指针位于正中间时，电桥达到平衡，4 个阻抗满足式（7－5）。根据所加交流电源频率，可进一步计算出待测阻抗 $Z_x$ 的具体参数，但要注意公式（7－5）为相量表达模式。

数字电桥是采用数字技术测量阻抗参数的电桥，它是将传统的模拟量转换为数字量，在进行数字运算、传递和处理来实现的，数字电桥原理如图 7－29 所示。图中 DUT 为被测器件，其阻抗用 $Z_x$，$R_r$ 为标准电阻器。切换程控开关可分别测出两者的电压 $V_x$ 与 $V_r$，根据电桥平衡原理，可得公式（7－6）。

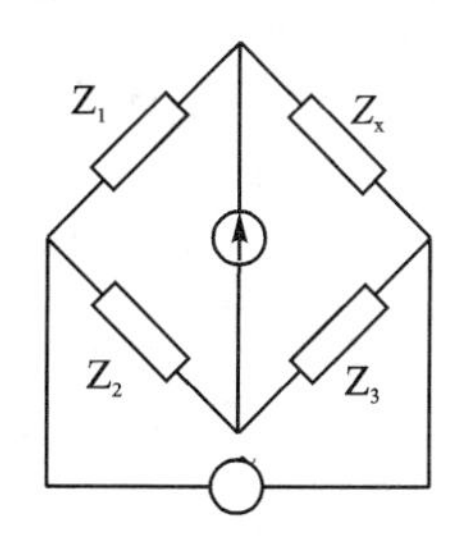


图 7－28　电桥测量原理图

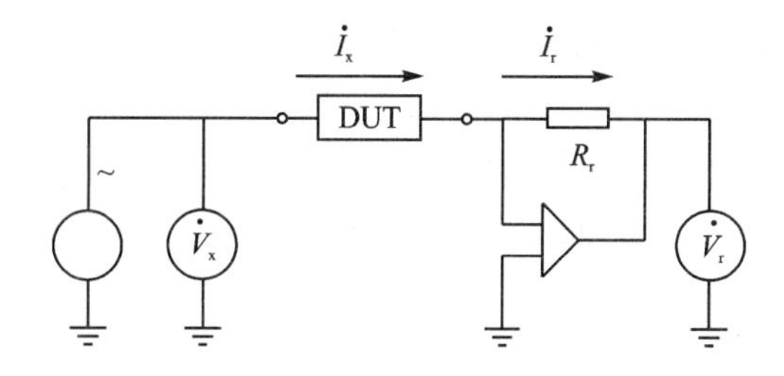


图 7－29　数字平衡电桥测试原理

$$Z_x = \frac{\dot{V}_x}{\dot{I}_x} = R_r \frac{\dot{V}_x}{\dot{V}_r} \tag{7-6}$$

公式（7－6）为相量关系式。如使用相敏检波器（PSD）分别测出 $V_x$ 与 $V_r$，它们分别对应于某一参考相量的同相位分量和正交分量，然后经模数转换器（A/D）将其转化为数字量，再由计算机进行复数运算，即可得到组成被测阻抗 $Z_x$ 的电阻与电抗值。从图中的线路及工作原

理可知，数字电桥只是继承了电桥传统的称呼。实际上它已失去传统经典交流电桥的组成形式，而是在更高的水平上回到以欧姆定律为基础的测量阻抗的电流表、电压表的线路和原理中。

## 2. YD2810B 型 LCR 数字电桥

YD2810B 型 LCR 数字电桥（面板见图 7－30）可测量电感量 L、电容量 C、电阻 R、品质因素 Q、损耗角正切值 D，其测量速度设快速时达 8 次/s，设慢速时达 4 次/s，设低速时达 2 次/s，其测试信号电平有效值为 0.1 V/0.3 V/1.0 V±10%。

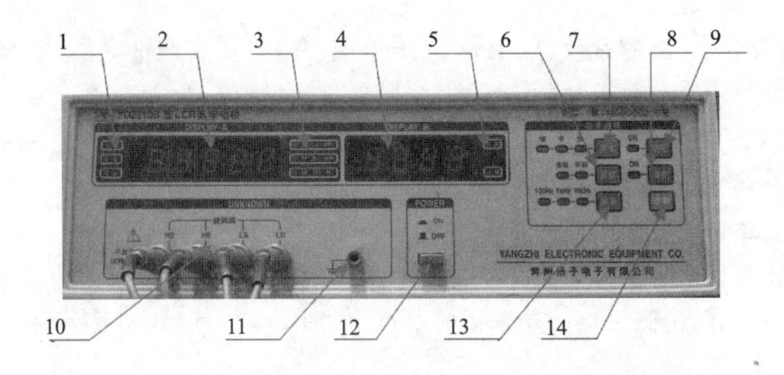


图 7－30 YD2810B 型 LCR 数字电桥面板示意图

### (1) 面板功能按键说明

图中 1 为主参数指示，用来指示当前测量主参数类型（L、C、R）；2 为测量参数显示，显示测量的 L、C、R 值；3 为主参数单位，用来指示当前测量主参数单位（如 pF、nF、μF 等）；4 为副参数显示，用来显示损耗正切角 D 或品质因素 Q；5 为副参数指示，用来指示当前测量的副参数（D、Q）值；6 为等效键，用来设定仪器测量时的等效电路，一般选择串联等效电路；7 为速度键设置键，测量速度分别为：快速 8 次/s、慢速 4 次/s、低速 2 次/s；8 为清零键，当测电容时，测试夹具或测试电缆开路，按一下“清零”键，“开”灯亮，每次测试自动扣去底数；当测电感、电阻时，测试夹具或测试电缆短路后，按“清零”键；9 为锁定键，当灯亮时仪器处于锁定状态，仪器测试速度最高；10 为测试信号端，HD 表示电压激励高端，LD 表示电压激励低端，HS 表示电压取样高端，LS 表示电压取样低端；11 为接地端，用于被测元件之屏蔽地；12 为电源开关键，按下，电源接通；弹出，电源断开；13 为频率设定键，设定加于被测元件上的测试信号频率是 100 Hz、1 kHz 或 10 kHz；14 为参数选择键，每按一下，选择一种主参数，分别在电感 L、电容 C 和电阻 R 三种参数中循环。

### (2) 使用步骤说明

① 插上电源插头，将面板开关按至 ON 开机后，仪器功能指示于上次设定状态，预热 10 min，待机内达到平衡后，进行正常测试。

② 测试参数选择，使用“参数”键选择 L、C、R，单位如下：

L：μH、mH、H（连带测试器件 Q 值）；

C：pF、nF、μF（连带测试器件 D 值）；

R：Ω、kΩ、MΩ（连带测器件间 Q 值）。

③ 使用者应根据被测件的测试标准或使用要求按频率键、电压键选择相应的测量频率、

测试电压。它们可选择 100 Hz、1 kHz、10 kHz 三个频率和 1 V、0.3 V、0.1 V 三个电压。

④ 选择设置好测试参数、测试频率、激励电压后，用测试电缆夹头夹住被测器件引脚、焊盘，待显示屏参数值稳定后，读取并记录。

⑤ 清"0"功能：通过清除存在于测量电缆或测量夹具上的杂散电抗来提高测试精度，这些电抗以串联或并联形式叠加在被测器件上，清"0"功能便是将这些参数测量出来，将其存储于仪器中，在元件测量时自动将其减掉，从而保证仪器测试的准确性。

仪器清"0"包括两种清"0"校准，即短路清"0"和开路清"0"。测电容时，先将夹具或电缆开路，按方式键使"校测"灯亮；测电阻、电感时，用粗短裸体导线短路夹具或测试电缆，按方式键使"校测"灯亮。

可同时存放三组不同的清"0"参数，即三种频率各一种，相互并不干扰，仪器在不同频率下其分布参数是不同的。因此，在一种频率下清"0"后转换至另一频率时需重新清"0"，若某种频率以前已清"0"，则无须再次进行，而掉电保护功能保证以前清"0"值在重新开机后仍然有效，若环境条件(如：温度、湿度、电磁场等)变化较大则应重新清"0"。

⑥ 等效功能：实际电容、电感和电阻都不是理想的纯电阻或纯电抗元件，一般电阻和电抗成分同时存在，一个实际的阻抗元件均可用理想的电阻器和电抗器(理想电感和理想电容)的串联或并联形式来模拟，而串联和并联形式两者之间是可以从数学上相互转换的，但两者的结果是不同的，其不同主要取决于元件品质因素 Q(或损耗因子 D)。

被测电容器的实际等效电路首先可以规格书或某些标准的规定得到，如果无法得到的话，可以用两个不同的测试频率下损耗因子的变化性来决定，若频率升高而损耗增加，则应选用串联等效电路；频率升高而损耗减小，则应选用并联等效电路，该并联方式 D 与频率成反比，而对于电感来说，情况正好与电容相反。

根据元件的最终使用情况来判定，用于信号耦合电容，则最好选择串联方式，LC 谐振则使用并联等效电路。

没有更合适的信息，则可根据以下信息来决定：低阻抗元件(较大电容或较小电感)使用串联形式；高阻抗元件(较小电容或较大电感)使用并联形式。一般地，当$|Z_x|<10\ \Omega$，应选择串联等效形式；当$|Z_x|>10\ k\Omega$，应选择并联等效方式；当$10\ \Omega<|Z|<10\ k\Omega$，根据实际情况选择合适的等效方式。仪器开机时，初始化为"串联"。

⑦ 测量速度选择：所有仪器开机默认为中速测试，其测试精度和速度成反比，即速度越慢精度越高。但效率低，应根据实际情况选择合适的速度，一般选择中速，由面板上的速度按键来选择。

⑧ 电平选择：一般高测试电平用于常规的元件测试(电容、电阻和某些电感)，低测试电平用于需低工作信号电平的器件(如半导体器件、电池内阻、电感和一般非线性阻抗元件)。对于某些器件来说，测试信号电平的改变将会使测量结果产生较大的变化，如一些电感性元件尤其如此。

**(3) 操作注意事项**

① 电源输入相线 L，零线 N 应与仪器电源插头上标志的相线、零线相同。

② 将测试夹具或测试电缆连接于本仪器前面板标志为 HD、HS、LS、LD 四个测试端，HD、HS 对应一组，LD、LS 对应一组。

③ 仪器应在技术指标规定的环境下工作，仪器特别是连接被测件的测试导线应远离强电

磁场，以免对测量产生干扰。

④ 仪器测试完毕或排除故障需打开仪器时，应将电源开关置于 OFF 位置并拔下电源插头。

⑤ 仪器测试夹具或测试电缆应保持清洁，以保证被测件接触良好，夹具簧片调整至适当的松紧程度。

## 7.2.4 频谱分析仪

频谱分析仪是用于研究电信号频谱结构的仪器，常用于信号失真度、调制度、谱纯度、频率稳定度和交调失真等信号参数的测量，可用于测量放大器和滤波器等电路系统的某些参数，是一种多用途的电子测量仪器。频谱分析仪又称为频域示波器、跟踪示波器、分析示波器、谐波分析器、频率特性分析仪和傅里叶分析仪等。现代频谱分析仪能以模拟方式或数字方式显示分析结果，能分析 1 Hz 以下的甚低频到亚毫米波段的全部无线电频段的电信号。如果仪器内部采用数字电路和微处理器，一般具有存储和运算功能；并配置标准接口（RS232、GPIB 等），通常用于大型自动测试系统，同时，也是高频电子电路维修的常用仪器之一。

### 1. 频谱分析仪基本工作原理

频谱分析仪通常分为扫频式频谱分析仪和实时式频谱分析仪。扫频式频谱分析仪需要通过多次取样过程来完成重复信息分析，主要用于对声频直到亚毫米波段的某一段连续射频信号和周期信号的分析；实时式频谱分析仪能在被测信号发生的实际时间内取得所需要的全部频谱信息并进行分析和现实分析结果，主要用于非重复性、持续期很短的信号分析。频谱分析仪的主要技术指标有频率范围、分辨力、分析谱宽、分析时间、扫频速度、灵敏度、显示方式和假响应等。

**(1) 扫频式频谱分析仪工作原理**

扫频式频谱分析仪工作原理图如图 7-31 所示。工作原理如下：本地振荡器采用扫频振荡器，它的输出信号与被测信号中的各个频率分量在混频器内依次进行差频变换，所产生的中频信号通过窄带滤波器后再经放大和检波，加到视频放大器为示波管的垂直偏转信号，使屏幕上的垂直显示正比于各频率分量的幅值。本地振荡器的扫频由锯齿波扫描发生器所产生的锯齿波电压控制，锯齿波电压同时还用作示波管的水平扫描，从而使屏幕上的水平显示正比于频率。用扫频振荡器作为超外差接收机的本机振荡器，当选择开关 S 置于 1 时，锯齿波扫描电压对本机振荡器 I 进行扫频，输入信号中的各个频率分量在混频器中与本机扫频信号进行差频，它们依次落入第一中放窄带滤波器的通带内，被滤波器选出，经二次变频、检波、放大后，加到示波管的垂直偏转系统，使屏幕上的垂直显示正比于各个频率分量的振幅。扫描电压同时加到示波管的水平偏转系统，从而使屏幕的 X 坐标变成频率坐标，并在屏幕上显示出被分析的输入信号频谱图。上述工作方式在本机振荡器 I 上进行扫频，称为“扫前式”工作模式，具有很宽的分析频带。当开关 S 置于 2 时，也可以在本机振荡器 II 上进行扫频，称为“扫中频式”工作模式，这时可进行窄带频谱分析。

**(2) 实时式频谱分析仪工作原理**

实时式频谱分析仪通常采用傅里叶分析来实现，因此又称为傅里叶分析仪，其工作原理如图 7-32 所示。工作原理如下：被分析的模拟信号经 A/D 变换电路后变换成数字信号，加到数字滤波器进行傅里叶分析；由中央处理器控制的正交型数字本地振荡器产生按正弦规律变

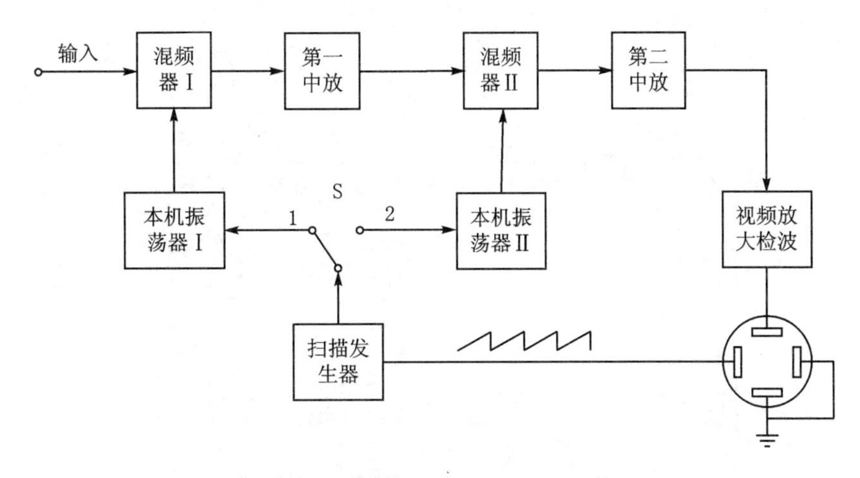


图 7-31　扫频式频谱分析仪工作原理图

化和按余弦规律变化的数字本振信号，也加到数字滤波器与被测信号作傅里叶分析。正交型数字式本振是扫频振荡器，当其频率与被测信号中的频率相同时就有输出，经积分处理后得出分析结果供示波管显示频谱图形。由于正交型本振用正弦和余弦信号得到的分析结果是复数形式，也可以换算成幅度和相位。

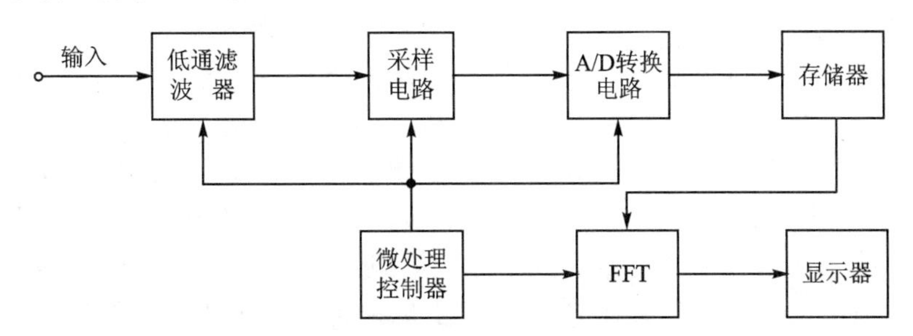


图 7-32　实时式频谱扫描仪工作原理图

## 2. 安捷伦 E4408B 型频谱分析仪

安捷伦 E4408B 型频谱分析仪属于安捷伦 ESA 系列频谱分析仪，其分析频谱范围为 9 kHz～1.5 GHz、3.0 GHz 和 26.5 GHz，分析绝对幅度精度达±1.1 dB，具有测量速度快（每秒大于等于 28 次测量更新，以及经 GPIB 为每秒大于等于 30 次测量更新的显示速率和先进的5 ms 扫描时间）、测量结果精确（连续锁相合成器的使用提高了频率测量的稳定性和重复性，自动的辅助调节则提供了连续校准，只需开机 5 min 之后便达到原定的性能，包括在 3.0 GHz 以下的±1.1 dB 绝对幅度和在 26.5 GHz 以下的±2.6 dB 绝对幅度精度）、使用方便（内置帮助按钮可以提供若干键功能命令和远地编程命令，无须携带用户手册，测试由于采用内置极限线和合格/不合格信息而得到进一步简化，内置磁盘驱动器可以对测量结果进行存储，并能迅速方便地传送到 PC 机上）等优点。

### (1) 前面板按键说明及功能简介

安捷伦 E4408B 型频谱分析仪前面板示意图如图 7-33 所示，其中，①为查看角度键，可调节屏幕显示，以便从不同角度进行最佳查看；②为退出/取消键（Esc），可以取消任何正在进行的输入，也可以终止一项打印作业（如果正在进行打印），同时消除显示屏底部的状态行中的

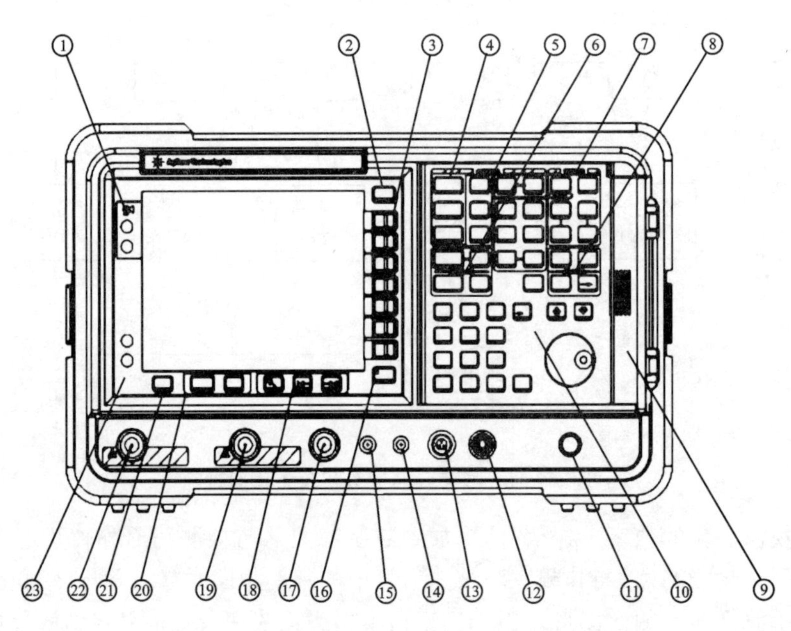


图 7-33 安捷伦 E4408B 频谱分析仪前面板示意图

错误信息，还可以清除输入，并跟踪发生器的过载状况；③为菜单键，是屏幕旁边未作任何标记的按键，它是这些未作标记的键旁边的屏幕上的注释；④为频率通道(FREQUENCY Channel)、跨度X刻度(SPAN X Scale)和幅度Y刻度(AMPLITUDE Y Scale)，是用于激活主要分析功能并访问相关功能菜单的三个较大键，在一些测量中要用到这些键的二级标签(Channel1(通道)、X Scale(X刻度)和Y Scale(Y刻度))；⑤为控制(CONTROL)功能菜单键，可访问用于调节分辨率带宽、调节扫描时间和控制分析仪显示屏，还可设置进行测量所需的其他分析参数；⑥为测量(MEASURE)功能菜单键，可访问使某些常见分析仪的测量实现自动化，当测量进行中时，可以通过测量设置(Meas Setup)访问用于定义测量的其他菜单，测量控制(Meas Control)和重新启动(Restart)可访问其他测量控制功能；⑦为系统(SYSTEM)功能键，它可以影响整个分析仪的状态，通过该键可以访问各种设置和对准例程，绿色的预设(Preset)键可以将分析仪复位到一个已知状态，文件(File)菜单键可以将设置、轨迹、状态、限制线表、屏幕、测量结果和幅度校正因子保存到分析仪存储器或软盘(或从其中装入)，按保存(Save)键可立即执行保存功能，打印设置(Print Setup)菜单键可对打印输出进行配置；⑧为标记(MARKER)功能键，可控制标记、沿分析仪轨迹读出频率和幅度、自动定位具有最高幅度的信号，并方位标记噪声(Marker Noise)和频带功率(Band Power)等功能；⑨为一个介质盖板，通过它可以接触到3.5英寸软驱及耳机(Earphone)连接器，该连接器提供了一个可绕过内置扬声器的耳机插孔；⑩为数据控制键(包括步长键、旋钮和数字键盘)用于改变活动功能的数值，如中心频率、开始频率、分辨率带宽和标记位置等；⑪为音量旋钮，用于调节内置扬声器的音量，扬声器使用检波器/解调器(Det/Demod)菜单中的扬声器开/关(Speaker On/Off)键实现开启和关闭；⑫为外部键盘(EXT KEYBOARD)，该连接器是一个6针 mini-DIN 连接器，用于输入屏幕标题和文件名；⑬为探头电源(PROBE POWER)可为高阻抗交流探头或其他附件供电；⑭为本振输出(LO OUTPUT)，提供用于外部混频器的正确本机振荡器信号；⑮为IF输入(IF INPUT)，连接到外部混频器的IF输出；⑯为返回(RETURN)键，可返回上次访问的菜单;⑰为幅度参考输出(AMPTD REF OUT),提供了在－20 dBm 下 50 Hz 的幅度参考信号;⑱为制表键,用于在限制值编辑器、校正编辑器和类似的表格形式内移动;⑲为 50 Ω 分析仪信号输入(INPUT 50 Ω)接口;⑳为下一窗口(Next Window)键,可用于在支持分屏显示模式功能中选择活动窗口;㉑为帮助(HELP)键,按键后,再按任何前面板键或菜单键可获得相应按键的功能和 SCPI 命令的简单说明;㉒为 50 Ω 射频信号输出(RF OUT 50 Ω)接口,用于内置跟踪发生器的源信号输出;㉓为"开启"键,将分析仪开启,而待机键可将分析仪大部分功能关闭,每次开启分析仪时将执行一次分析对准(如果自动对准功能打开),开启分析仪后,要进行 5 min 的预热以保证分析仪符合所有技术指标。

**(2)屏幕注释说明**

安捷伦 E4408B 型频谱分析仪屏幕显示示意图如图 7－34 所示,图中①为检波器模式;②为参考电平;③为活动功能区;④为屏幕标题;⑤为时间和日期显示;⑥为 RF 衰减;⑦为标记频率;⑧为标记幅度;⑨为 GPIB 指示符(R 为远程操作,L 为 GPIB 接听,T 为 GPIB 通话,S 为 GPIB 服务请求);⑩为数据无效指示符;⑪为状态消息;⑫为键菜单标题;⑬为键菜单;⑭为频率跨度或停止频率;⑮为扫描时间/点数;⑯为视频带宽;⑰为频率偏移;⑱为显示状态行;⑲为分辨率带宽;⑳为中心频率或开始频率;㉑为信号跟踪;㉒为内部前置放大器;㉓为自动对准例程打开;㉔为幅度校正功能打开(表示总的校正状态为打开;单独的校正功能可能都打开或都没打开);㉕为触发/扫描(F 表示自由触发,L 表示电源触发,V 表示视频触发,E 表示外部/前面触发,T 表示电视触发,B 表示突发脉冲触发,C 表示连续扫描,S 表示单次扫描);㉖为轨迹模式(W 表示清除写入,M 表示最大保持,m 表示最小保持,V 表示查看,S 表示存储清除,1 表示轨迹 1,2 表示轨迹 2,3 表示轨迹 3);㉗为平均(打开或关闭);㉘为显示行;㉙为幅度偏移;㉚为幅度刻度。

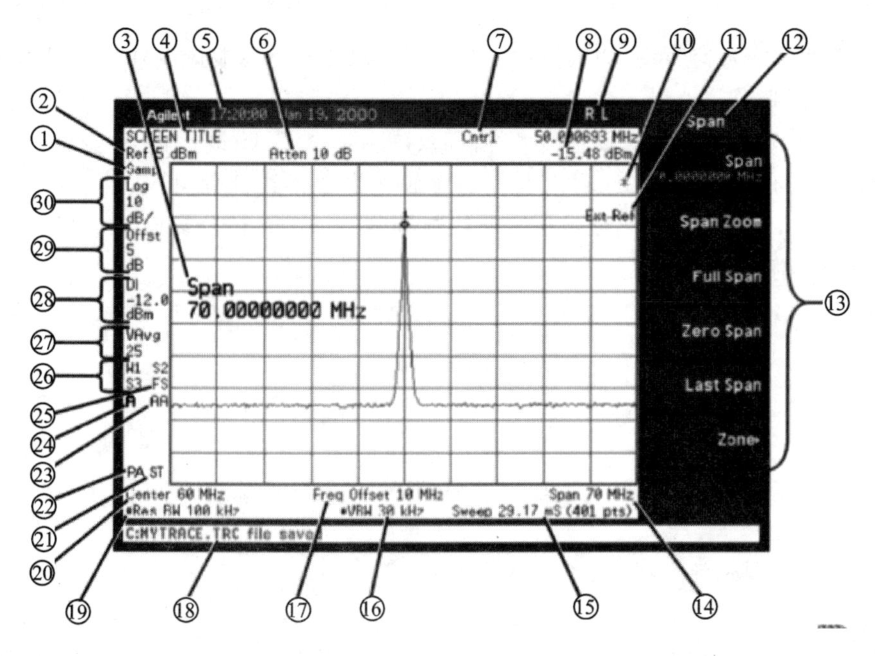


图 7－34　安捷伦 E4408B 频谱分析仪屏幕显示示意图

# 7.3 其他维修仪器

## 7.3.1 函数信号发生器

函数信号发生器又称为信号源或振荡器，函数信号发生器在电路实验、设备检测及维修中应用十分广泛。函数信号发生器能够产生多种波形，如三角波、锯齿波、矩形波(含方波)、正弦波等。

### 1. 函数信号发生器基本工作原理

函数信号发生器通常以某种波形为第一波形，然后利用第一波形导出其他波形。构成函数信号发生器的方案很多，早期是先产生方波，经积分后产生三角波或斜波，再由三角波经过非线性函数变换网络形成正弦波；后来又出现了先产生正弦波，再形成方波、三角波等。近来较为流行的方案是先产生三角波，然后产生方波、正弦波等，这种方案的原理框图如图 7-35 所示。

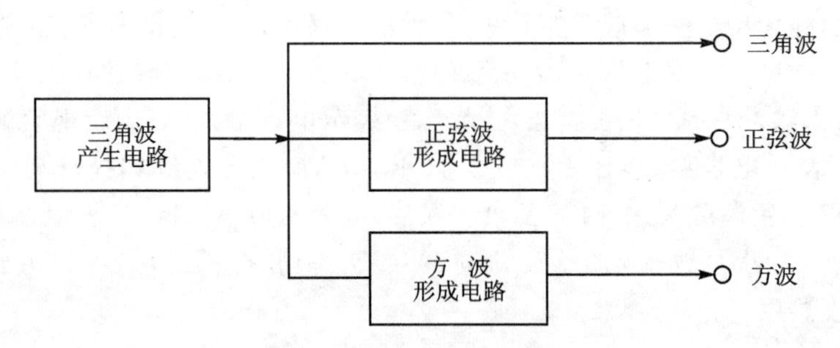


图 7-35 函数信号发生器原理框图

根据函数发生器原理框图，以典型的三角波产生电路和正弦波形成电路为例，描述函数发生器基本工作原理。

三角波形成电路有很多种，如恒流源控制式、施密特电路式、线性积分电路和运算放大器构成式等，它们的基本思想都是利用电容的充放电来获得线性斜升、线性斜降的电压。如图 7-36(a)所示，三角波形成电路由恒流源控制电路、恒流源、积分器(包括积分电容 C 和运算放大器 A)和幅度控制电路构成。

① 电压斜升过程：当开关 S 拨向“1”端时，正恒流源向积分电容充电，形成三角波斜升过程，积分器输出电压为

$$u_{01}=\frac{1}{C}\int_{0}^{t} i\,\mathrm{d}t \tag{7-7}$$

式中，$u_{01}$ 为斜升输出电压的瞬时值；$i$ 为积分电容支路的电流瞬时值；$C$ 为积分电容的电容量。

因为充电电流是恒流源，故式(7-7)可表示为

$$u_{01}=\frac{I_1}{C}t \tag{7-8}$$

式中，$u_{01}$ 为斜升输出电压的瞬时值；$I_1$ 为正恒流源的电流值；$C$ 为积分电容的电容量。

由式(7-8)可以看出,改变恒流源的电流或积分电容可以改变输出电压的变化斜率,即改变三角波的频率,通常通过调节 $C$ 实现粗调,调节 $I_1$ 实现细调。

当电压上升到幅度控制电路的限值电平 $+E$ 时,幅度控制电路将发出控制信号,使开关S断开“1”,三角波的斜升过程结束。如图7-36(b)所示,三角波的斜升时间为

$$T_1=\frac{2|E|C}{I_1} \tag{7-9}$$

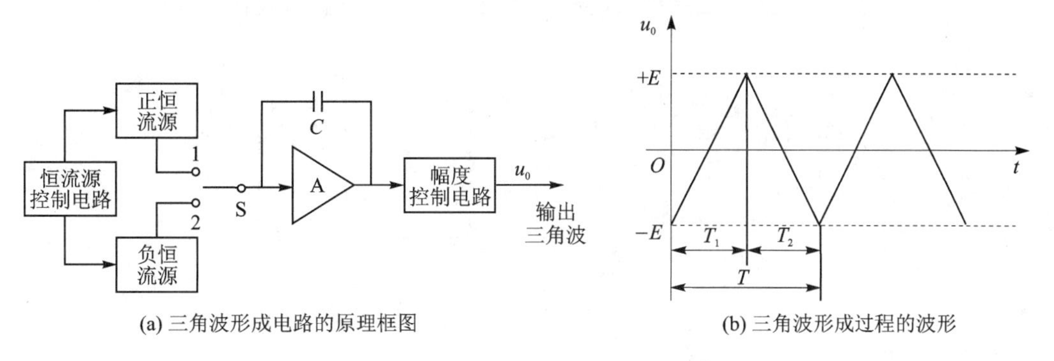


(a) 三角波形成电路的原理框图　(b) 三角波形成过程的波形

**图7-36　三角波产生电路及其波形**

式中,$T_1$ 为输出电压的斜升时间;$I_1$ 为正恒流源的电流值;$C$ 为积分电容酌电容量;$E$ 为幅度控制电路的限值电平。

② 电压斜降过程:当开关S拨向“2”端时,接通负恒流源,负恒流源 $I_2$ 向积分电容充电,且充电方向与开关S拨向“1”相反,电容上的电荷减少,形成三角波斜降过程。当电压下降到幅度控制电路的极限电平－E时,控制电路又使“2”断开,三角波的斜降过程结束。同理可得

$$u_{02}=u_{01}+\frac{I_2}{C}t \tag{7-10}$$

式中,$u_{01}$ 为斜升输出电压的瞬时值;$I_2$ 为负恒流源的电流值;$C$ 为积分电容的电容量,则

$$T_2=\frac{2|E|C}{I_2} \tag{7-11}$$

式中,$T_2$ 为输出电压的斜降时间。如此重复进行,形成了连续的三角波。

从以上分析可知,当正、负恒流源的恒流值相等时,即 $I_1=I_2$ 时,可得到左、右对称的三角波,三角波的幅度取决于幅度控制的极限电平,若 $|+E|=|-E|$,可得到正、负幅度对称波形。

### 2. SFG-1000系列函数信号发生器

SFG-1000系列函数信号发生器是根据DDS(直接数字合成技术)和FPGA芯片设计的具有高精确度和高稳定度输出的函数信号发生器,能够提供3 MHz以内的正弦波、方波、三角波和TTL电平输出信号,在电子电路实验、电子设备的测试和维修中得到广泛应用。

#### (1) 前面板简介

SFG-1000系列函数信号发生器前面板包括显示区、设置区和输出区,如图7-37所示。设置区包括输入键、SHIFT键、输出开/关键、电源开关、频率调整旋钮、PA输出、占空比控制、DC偏置控制和振幅控制,输出区包括TTL输出和主输出两部分。

#### (2) 面板按键作用及说明

① 主要显示区:6个7段LED构成的频率、电压显示;用于显示TTL电平是否输出的

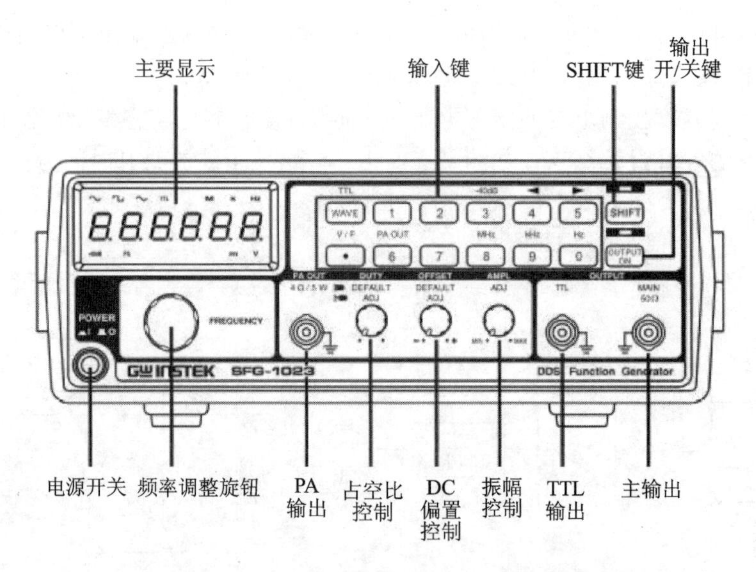


图 7-37 SFG-100 函数信号发生器前面板

TTL 指示器;用于显示输出波形为正弦波、方波或三角波的波形指示器;用于显示输出信号频率的频率指示器(单位为 MHz、kHz 或 Hz);用于显示输出信号电压单位(mV 或 V)的电压单位指示器;用于显示-40 dB 衰减器是否工作的-40 dB 指示器;用于显示功率放大(PA)输出是否开启的 PA 指示器。

② 输入键:波形选择键(WAVE),用于选择输出的波形是正弦波、方波还是三角波;数字键(0~9),用于设置输出信号的频率;频率/电压显示选择键(V/F),用于在输出信号显示频率或显示电压间切换;其他按键需要与 SHIFT 按键组合使用。

③ 第二功能键 SHIFT:当按下 SHIFT 键后,再按下输入键中的 WAVE 键,可用于设置 TTL 输出是否开启;当按下 SHIFT 键后,再按下输入键中的 8、9、0 键,可分别选择输出信号的频率单位为 MHz、kHz 和 Hz;当按下 SHIFT 键后,再按下输入键中的 4、5 键,分别用于向左、右移动光标,设置修正频率数值的位置(如个位、十位、百位等);当按下 SHIFT 键后,再按下输入键中的 3 键,用于调节衰减振幅为-40 dB;当按下 SHIFT 键后,再按下输入键中的 6 键,用于开启功率放大器(PA)输出。

④ 输出开/关键:输出开/关键(OUTPUT ON),用于设置信号是否输出,当输出状态为 ON 时,绿色 LED 灯亮。

⑤ 频率调整旋钮:用于调整输出信号的频率,顺时针旋转,频率增大,逆时针旋转,频率减小。

⑥ BNC 接口输出:主输出用于采用 BNC(同轴电缆接插件)输出的正弦波、方波或三角波输出,其输出阻抗为 50 Ω;TTL 输出用于采用 BNC(同轴电缆接插件)输出的 TTL 波形;PA 输出用于 BNC(同轴电缆接插件)输出的 PA 波形。

⑦ 振幅控制旋钮:振幅控制旋钮(AMPL)用于设定正弦波、方波或三角波的幅度,逆时针旋转时减少,顺时针旋转时增加;当此旋钮被拉起时,输出波形的振幅将被衰减-40 dB。

⑧ DC 偏置控制旋钮:当 DC 偏置控制旋钮(OFFSET)拉起时,用于设置正弦波、方波和三角波的直流偏压范围,逆时针旋转时减少,顺时针旋转时增加;当加 50 Ω 负载时,偏置范围

为－5～＋5 V。

⑨ 占空比控制旋钮：当占空比控制旋钮（DUTY）被拉起时，可以在 25%～75%范围内调整方波或 TTL 波形的占空比，逆时针旋转时减少，顺时针旋转时增加。

## 7.3.2　直流稳压电源

直流稳压电源是能为负载提供稳定直流电源的电子装置。直流稳压电源的供电电源大部分是交流电源，当交流供电电源的电压或负载电阻变化时，稳压器的直流输出电压都会保持稳定。随着电子设备向高精度、高稳定性和高可靠性的方向发展，其对为其供电的直流稳压电源也提出了更高的要求。

直流稳压电源一般可以分为线性电源和开关电源两大类。线性电源的优点是稳定性高、纹波小、可靠性高，容易做成多路，输出连续可调的成品；缺点是体积大、较笨重、效率相对较低。开关电源的优点是体积小、重量轻、稳定性高，相对线性电源来讲，其缺点是纹波较大。开关电源又可分为 AC/DC、DC/DC、通信电源、电台电源、模块电源、特种电源等。

直流稳压电源的技术指标可以分为两大类：一类是特性指标，反映直流稳压电源的固有特性，如输入电压、输出电压、输出电流、输出电压调节范围等；另一类是质量指标，反映直流稳压电源的优劣，如稳定度、等效内阻、纹波电压及温度系数等。

### 1. 直流稳压电源工作原理

#### (1) 线性直流稳压电源工作原理

线性稳压电源一般由电源变压器、整流、滤波电路及稳压电路组成，如图 7－38 所示。

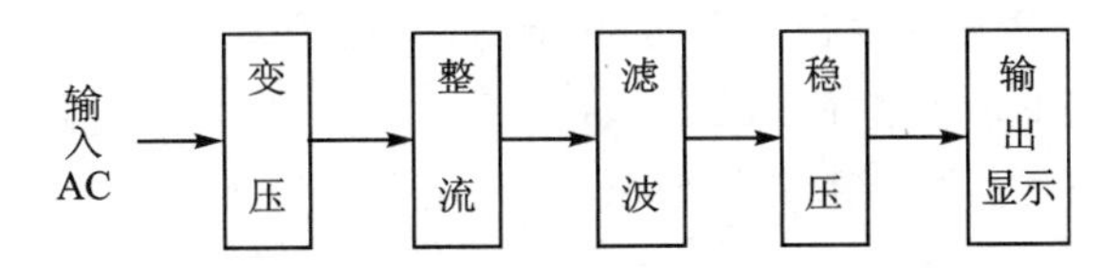


图 7－38　线性直流稳压电源原理框图

线性直流稳压电源通常由变压、整流、滤波、稳压和输出显示五个主要部分组成，有的电源带有保护检测等功能。工作原理如下：输入一般为 220 V/50 Hz 的交流电，经变压器适当降压（或升压）后，得到合适的交流电，然后经过整流得到纹波系数较高的直流电，经滤波和稳压环节后得到较为平滑的单向直流电压，该电压不随输入交流电压或负载电阻的变化而变化。

#### (2) 开关型直流稳压电源工作原理

开关型直流稳压电源通常由整流（AC/DC）、稳压、高频逆变（DC/AC）、高频整流（AC/DC）、滤波、稳压和控制电路组成，如图 7－39 所示。

其工作原理如下：输入的 220 V/50 Hz 的交流电经二极管构成的桥式整流电路整流后，经大电容滤波变为稳定的直流电；稳定的直流电经高频逆变电路变换后，变为高频交流电，再经过高频整流管构成的整流电路变换后，变为脉动频率较高的脉动直流，经滤波电路和稳压电路后变为稳定的直流电源。同时电压或电流采样电路对输出的稳定直流进行电压或电流采样，控制电路根据采样结果调整高频逆变电路的驱动信号，使得输出电压能保持稳定，输出电流不超出设计指标，或者实现输出欠压、过压、过流等保护功能。如果输出功率不高，图 7－39 中的高频逆变电路和高频整流电路可由直接直流/直流变换电路（如单端反激式电路）实现；如

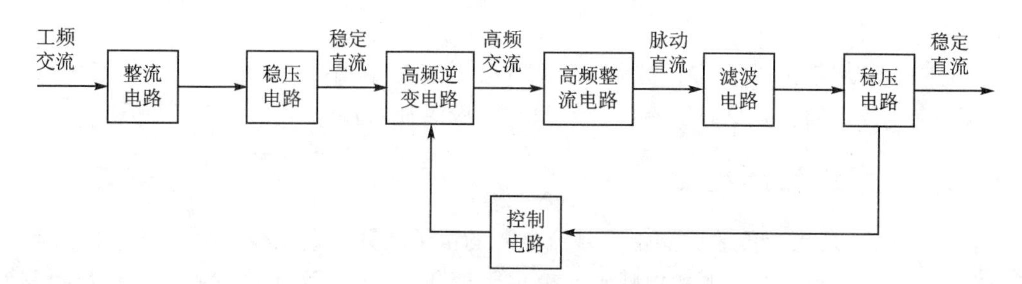


图 7－39　开关型直流稳压电源原理框图

果需要输出多路直流稳压电源，可根据需要调整高频逆变电路及后期电路的路数。

## 2. 艾德克斯 IT6322 型可编程直流稳压电源

艾德克斯 IT6322 型三路可编程直流稳压电源，每路输出电压和输出电流均可设定为从 0 到最大额定输出值。该三路电源具备高分辨率、高精度及高稳定性，并且具有限电压、过电流和过热保护的功能。此外，还提供了串联、并联的工作模式，用于双倍提升电压和电流的输出能力。高达 1 mV/1 mA 的高解析度，支持 GPIB、USB 和 RS232 通信接口及标准 SCPI 通信协议，可满足各种应用需求，是研发部门、生产厂家、教学科研及维修单位的首选。

### (1) 面板简介

艾德克斯 IT6322 型可编程直流稳压电源面板主要由 7 部分组成，如图 7－40 所示。其中①为高可见度真空荧光显示屏(VFD)；②为参数设置调节旋钮，用于对设置的电压和电路进行微调，微调幅度达 0.001 V 或 0.001 A；③为电源开关，按下接通电源，弹起断开电源；④为数字按键和 ESC 退出键，用于对输出电压或电流、过流保护值的设置；⑤为功能按键，用于电源工作模式设置；⑥为上下按键和 ENTER 按键，用于设置输出电压值、过流保护值的增加/减少及确认设置；⑦为三路直流稳压电源的输出端子，用于外接负载。

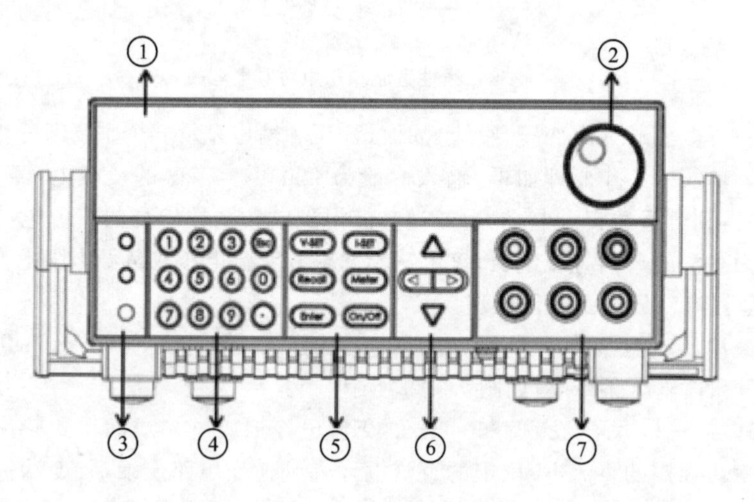


图 7－40　艾德克斯 IT6322 型直流稳压电源面板示意图

### (2) 面板功能使用说明

① VFD 指示灯的功能：电源开启后，屏幕左下方显示的相关标记含义如下：当出现“C”时表示是定电流操作模式；当出现“V”时表示是定电压操作模式；当出现锁的符号时，表示键盘

操作为锁定模式；当出现天线符号时，表示是远程操作（程控）模式；当出现“↑”时，表示“Shift”键被按下；当出现向右的黑色箭头时，表示通道被选中；当出现“T”时，表示为同步操作模式。

② 键盘功能：IT6322型直流稳压电源前面板键盘如图7-41所示，数字键“1～3”为单路输出开关键，按下时对应路输出，弹起时关闭；数字键“4～6”为单路电压设置键；数字键“7～9”为单路电流设置键；“⊙”为本机/远程控制键；“V-set”用于设置电源输出电压值；“I-set”用于设置电源保护电流值；“Save”用于存储电源的当前设定值到指定的内存位置；“Recall”用于从指定的内存位置取出电源设定值；“Menu”是菜单操作键，用于设置电源的相关参数；“On/Off”用于整体控制电源的输出状态；“▲”是上移动键，用于在菜单操作中选择菜单项或改变当前选择的通道；“▼”下移动键，用于在菜单操作中选择菜单项或改变当前选择的通道。

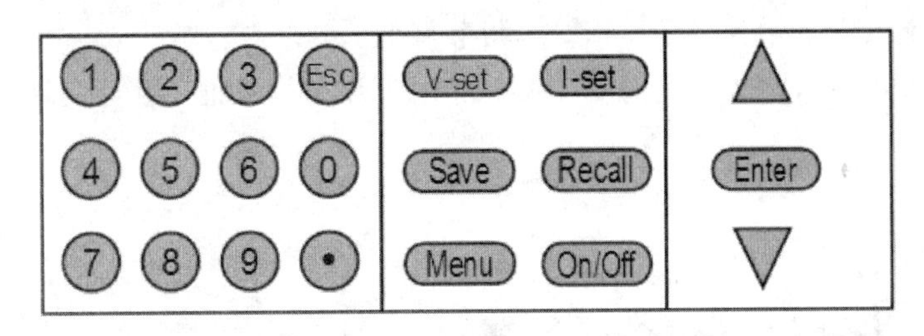


图7-41 艾德克斯IT6322型直流稳压电源面板键盘示意图

③ 面板操作注意事项：电源上电后，电源供应器自动地为面板操作模式，此时所有的按键都可以被使用；面板操作模式和远端程控操作模式仅可以通过PC机来控制切换，如果电源为远端操作模式且允许面板“⊙”（LOCAL）键使用时，可以按该键使电源返回到面板操作模式，在远端操作模式时，其他面板按键不起作用；电源上电后，电源供应器为Meter模式，此时VFD上显示的是当前输出电压和电流值，在Meter模式时，若转动旋钮，则此时电源为“Set”设置模式，VFD上显示的是电压设定值和电流设定值；可以通过按下键盘“On/Off”键来控制电源的输出开关，电源在关闭状态时，VFD上的“Off”标志会显示；VFD可显示当前电源的一些操作状态或错误信息；如果在设定状态，旋转旋钮可以改变当前设置的值，如果在菜单状态，旋转旋钮可以改变当前的菜单目录，如果在测量状态，旋转旋钮可以改变当前的设定电压值；如果电源出现“?”时，面板操作模式下，可以在菜单中找到“Error Information”，参考相关手册查找错误信息。

### 7.3.3 电子负载

电子负载是用电子器件实现的“负载”功能，其输出端口符合欧姆定律，通常具有定电流、定电压、定电阻、定功率、短路及动态负载等多种模式。电子负载常用于模拟真实环境中的负载（用电器），能够准确检测出负载电压，精确调整负载电流，同时实现模拟负载短路，模拟负载是阻性、容性或感性，模拟容性负载电流上升时间等功能，因此是电子设备（尤其是电源）生产研发、检测维修等工作的有力工具。电子负载有交流电子负载和直流电子负载之分，这里主要介绍应用广泛的直流电子负载。

#### 1. 电子负载基本工作原理

电子负载的原理是控制内部功率MOSFET或晶体管的导通量（或占空比大小），靠功率管的耗散功率消耗电能的设备，它能够准确检测出负载电压，精确调整负载电流，同时可以实现模拟负载短路，模拟负载是感性、阻性和容性，容性负载电流上升时间。一般开关电源的调试检测是不可缺少的。电子负载的实现电路多种多样，本书就不再列举。

**2. 艾德克斯IT8513/14型可编程直流电子负载**

艾德克斯IT8513/14系列可编程直流电子负载是单输入可编程直流电子负载，该电子负载具有全数位化可程控接口、高分辨率、高精确度、过压/过流/过功率/过热/极性反接保护等特点，可选择定电压、定电流、定电阻和定功率四种工作模式，此外还具有RS232通信接口、远端测量等功能，极大方便了用户的使用。

**(1) 面板介绍**

艾德克斯IT8513/14可编程直流电子负载前面板由6部分组成，如图7-42所示。其中，1为高可见度真空荧光显示屏(VFD)，2为调节旋钮，3为输入端子，4为功能按键(设置操作模式或控制输入状态)，5为复合按键(数字键用于设置参数值，组合实现菜单功能)，6为电源开关。

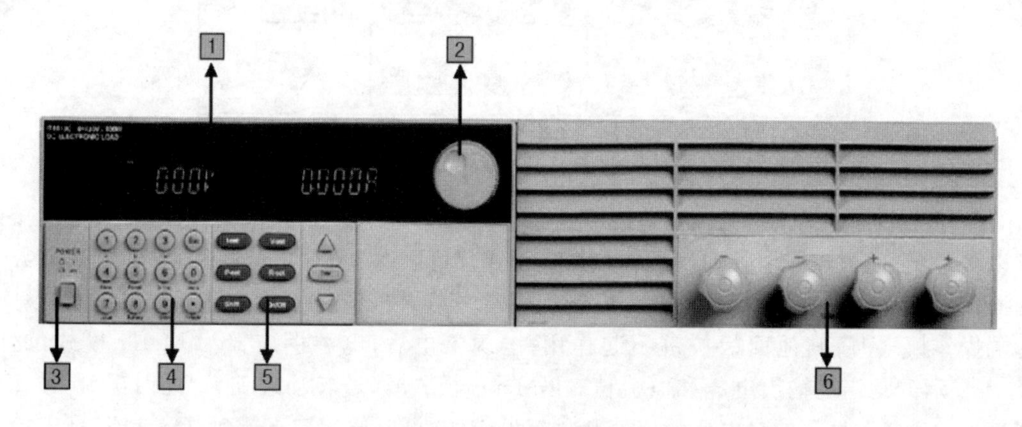


图7-42 艾德克斯IT8513/14型直流电子负载前面板

**(2) 面板功能使用说明**

① VFD显示屏：VFD显示屏可用来显示设置或负载电压/电流值，此外，VFD指示灯还具有重要的指示功能，其指示种类如图7-43所示。其中，OFF表示负载为关闭状态；CC表示负载为定电流工作模式；CV表示负载为定电压工作模式；CW表示负载为定功率模式；CR表示负载为定电阻工作模式；Tran表示负载为动态操作模式；List表示负载为顺序操作模式；Unr表示不定态工作模式(非CC、CV、CR、CW模式)；Trigger表示负载在等待触发信号；Sense表示负载为远程输入模式；Error表示负载有错误发生；Link表示负载在通信状态；Rmt表示负载在远程操作模式；SHIFT表示Shift键已经按下；Lock表示键盘操作为密码锁定模式。Prot表示负载为保护模式，Limit表示负载为极限模式。

② 键盘介绍：艾德克斯IT8513/14可编程直流电子负载前面板键盘示意图如图7-44所示。其中，0～9为数字输入键，用于输入电压值、电流值、功率值和电阻值；ESC为退出键，用于实现电子负载任何工作状态中退出；I-set用于选择定电流工作模式，并设定电流输入值；V-set用于选择定电压工作模式，并设定电压输入值；P-set用于选择定功率工作模式，并设定功率输入值；R-set用于选择定电阻工作模式，并设定电阻输入值；Shift为复合

图 7-43　艾德克斯 IT8513/14 型直流电子负载 VFD 指示灯指示种类示意图

键，与其他键组合实现快速功能设置(详见下文)；On/Off 键，用于控制电子负载输入状态的开启/关闭；△和▽分别为上下箭头键，用于在菜单操作中选择菜单选项；ENTER 键，用于设置功能确认。

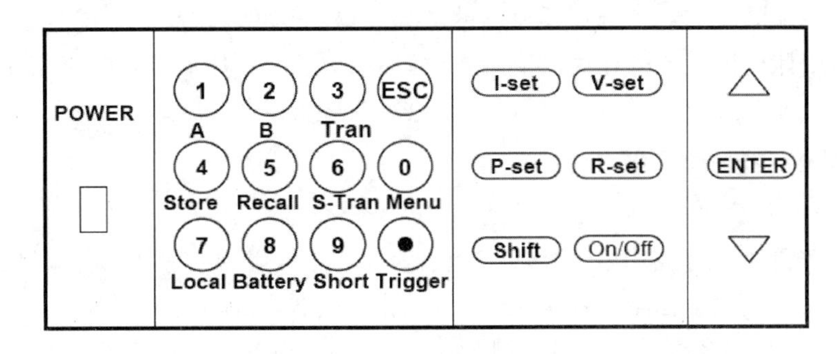


图 7-44　艾德克斯 IT8513/14 型直流电子负载面板键盘示意图

③ 快速功能键：Shift＋A 表示切换到 A 设定的值；Shift＋B 表示切换到 B 设定的值；Shift＋Tran 表示开始或结束动态测试；Shift＋Store 表示储存当前设定的负载参数值(电压值、电流值或功率值等)；Shift＋Recall 表示调出一个负载原先储存的值；Shift＋S－Tran 表示设置动态操作参数；Shift＋Menu 表示进入操作菜单；Shift＋Local 表示当负载由 PC 机控制时，按此功能键可切换到面板操作模式；Shift＋Battery 表示开始或结束电池测试功能；Shift＋Short 表示开始或结束短路测试；Shift＋Trigger 表示启用触发功能，用于改变触发源为 IMMEDIATE。

# 本章小结

合适的维修工具及仪器是成功开展电子设备故障诊断与维修的必要因素之一。本章首先介绍了电子设备常用焊接、拆焊、装配等维修工具，然后从原理和使用两个方面重点介绍了常用的数字万用表、数字示波器、数字电桥等测量类仪器，最后介绍了电子设备故障诊断与维修中常用的函数信号发生器、直流稳压电源等其他仪器设备。

# 思考题

① 列举五种常用维修工具？

② 简述逐次比较式数字万用表的基本工作原理。

③ 简述数字示波器的基本工作原理。

④ 简述数字电桥的基本工作原理。

⑤ 画出扫频式频谱分析仪的工作原理图，并简要说明其工作原理。

⑥ 简述开关型直流稳压电源的基本原理。

⑦ 简述电子负载在电子设备维修中的基本作用。

# 课外阅读

## 虚拟仪器技术简介

虚拟仪器系统概念是对传统仪器概念的重大突破，是计算机系统与仪器系统技术相结合的产物。它利用计算机系统的强大功能，结合相应的硬件，大大突破传统仪器在数据处理、显示、传送、处理等方面的限制，使用户可以方便地对其进行维护、扩展、升级等。

### 一、虚拟仪器技术的诞生

20世纪80年代中期，美国NI公司提出了全新概念的仪器——虚拟仪器，它将“计算机技术”、“网络技术”和“仪器技术”相结合，开创了“软件即是仪器”的先河。虚拟仪器技术就是利用高性能的模块化硬件，结合高效灵活的软件来完成各种测试、测量和自动化的应用。自1986年问世以来，世界各国的工程师和科学家们都已将NI LabVIEW图形化开发工具用于产品设计周期的各个环节，从而改善了产品质量、缩短了产品投放市场的时间，并提高了产品开发和生产效率。使用集成化的虚拟仪器环境与现实世界的信号相连，分析数据以获取实用信息，共享信息成果，有助于在较大范围内提高生产效率。

30多年来，无论是初学的新手还是经验丰富的程序开发人员，虚拟仪器在各种不同的工程应用和行业的测量及控制的用户中广受欢迎，这都归功于其直观化的图形编程语言。“软件即是仪器”是NI公司提出的虚拟仪器理念的核心思想。从这一思想出发，基于电脑和工作站、软件和I/O部件来构建虚拟仪器。I/O部件可以是独立仪器、模块化仪器、数据采集板卡(DAQ)或传感器。NI所有拥有的虚拟仪器产品包括软件产品(如LabVIEW)、GPIB产品、数据采集产品、信号处理产品、图像采集产品、DSP产品和VXI控制产品等。

### 二、虚拟仪器技术的现状

虚拟仪器可以广泛地应用在通信、自动化、半导体、航空、电子、电力、生化制药和工业生产各个领域。

现有的虚拟仪器系统按硬件工作平台主要可以分为基于PC总线的虚拟仪器、基于VXI的虚拟仪器和基于PXI的虚拟仪器，所应用场合不同各有其特点。虚拟仪器技术利用高性能的模块化硬件、结合高效灵活的软件来完成各种测试、测量和自动化任务；其灵活高效的软件能帮助用户创建完全自定义的用户界面，模块化的硬件能方便地提供全方位的系统集成，标准的软硬件平台能满足对同步和定时应用的需求。这也正是30年来始终引领测试测量行业发展趋势的原因所在。只有同时拥有高效的软件、模块化的I/O硬件和用于集成的软硬件平台这三大组成部分，才能充分发挥虚拟仪器技术性能高、扩展性强、开发时间少以及出色的集成这四大优势。

虚拟仪器技术的三大组成部分，首先是高效的软件，软件是虚拟仪器技术中最重要的部分。使用正确的软件工具并通过设计或调用特定的程序模块，工程师和科学家们可以高效地创建自己的应用以及友好的人机交互界面。其次，模块化的 I/O 硬件，面对如今日益复杂的测试测量应用，NI 提供了全方位的软硬件的解决方案。无论是使用 PCI、PXI、PCMCIA、USB 还是 1394 总线，NI 都能提供相应的模块化的硬件产品，产品种类从数据采集、信号调理、声音和振动测量、视觉、运动、仪器控制、分布式 I/O 到 CAN 总线接口等工业通信，应有尽有。NI 高性能的硬件产品结合灵活的开发软件，可以为负责测试和设计工作的工程师们创建完全自动化的测量系统，满足各种独特的应用要求。目前，NI 已经达到了每 2 个工作日推出一款硬件产品的速度，大大拓宽了用户的选择面：例如 NI 新近推出的新一代数据采集设备——先期推出的 20 款 M 系列 DAQ 卡，就为数据采集领域设定了全新的标准。最后是用于集成的软硬件平台。NI 首先提出的专为测试任务设计的 PXI 硬件平台，已经成为当今测试、测量和自动化应用的标准平台，它的开放式架构、灵活性和 PC 技术的成本优势为测量和自动化行业带来一场翻天覆地的改革。由 NI 发起的 PXI 系统联盟现已吸引了 80 多家厂商，联盟属下的产品数量也已激增至近千种。PXI 作为一种专为工业数据采集与自动化应用量身定制的模块化仪器平台，内建有高端的定时和触发总线，再配以各类模块化的 I/O 硬件和相应的测试测量开发软件，用户就可以建立完全自定义的测试测量解决方案。

## 三、虚拟仪器技术的优势

虚拟仪器技术具有以下四大明显优势。

### 1. 性能高

虚拟仪器技术是在 PC 技术的基础上发展起来的，所以完全"继承"了以现成即用的 PC 技术为主导的最新商业技术的优点，包括功能超卓的处理器和文件 I/O，使用户在数据高速导入磁盘的同时就能实时地进行复杂的分析。此外，不断发展的因特网和越来越快的计算机网络使得虚拟仪器技术展现其更强大的优势。

### 2. 扩展性强

NI 的软硬件工具使得工程师和科学家们不再圈囿于当前的技术中。得益于 NI 软件的灵活性，只需要更新用户的计算机或测量硬件，就能以最少的硬件投资和极少的、甚至无需软件上的升级即可改进整个系统。在利用最新科技的时候，用户可以把它们集成到现有的测试设备，最终以较少的成本加速产品上市的时间。

### 3. 开发时间少

在驱动和应用层面上，NI 高效的软件架构能与计算机、仪器仪表和通信方面的最新技术结合在一起。NI 设计这一软件架构的初衷就是为了方便用户的操作，同时还提供了灵活性和强大的功能，使用户轻松地配置、创建、发布、维护和修改高性能、低成本的测量和控制解决方案。

### 4. 无缝集成

虚拟仪器技术从本质上说是一个集成的软硬件概念。随着产品在功能上不断地趋于复杂，工程师们通常需要集成多个测试设备来满足完整的测试需求，而连接和集成这些不同设备总是要耗费大量的时间。NI 的虚拟仪器软件平台为所有的 I/O 设备提供了标准的接口，帮助用户轻松地将多个测量设备集成到单个系统，减少了任务的复杂性。

## 四、虚拟仪器技术的未来发展趋势

随着科学技术的不断进步，虚拟仪器技术将向以下几个方向发展。

### 1. 新的总线技术的应用

从虚拟仪器构成看，总线是连接计算机与仪器的纽带。总线的能力直接影响测试系统的总体水平，虚拟仪器的发展很大程度上是由于总线技术的不断升级换代的结果。

### 2. 硬件的进一步模块化、集成化

硬件标准化、模块化使测试系统组件方便灵活。模块式的结构使测试系统体积减小、速度提高，从而使测试系统实现小型化和微型化真正成为可能。ASIC 技术将被普遍应用于仪器与自动测试系统中。将仪器仪表的传感器及其处理、控制和后续电路等都集成于芯片上已经成为可能。

### 3. IVI 技术的发展

目前，遵循可互换虚拟仪器(Interchangeable Virtual Instrument，IVI)规范的驱动程序还有一些局限性。到现在为止，类驱动器规范只能统一每一类中 80％仪器的功能，而其他 20％仪器功能的统一要比前 80％艰难得多。而且，目前的 9 类仪器的类规范并没有包含所有的仪器类。仪器供应商和驱动程序的提供者都不能保证具有 IVI 驱动程序的可互换虚拟仪器对同一个应用程序或同一个测量要求会给出同样的结果，即互换的可靠性没有保障。

### 4. 网络化虚拟仪器

计算机技术与网络技术的飞速发展，可将分散在不同地理位置不同功能的测试设备联系在一起，使昂贵的硬件设备、软件在网络上得以共享，减少了设备重复投资。用户可以从任何地点、在任意时间获取到测量信息(或数据)，并控制仪器进行测量操作。因此，它与传统仪器相比是一个质的飞跃。

# 第8章　电子设备的维修工艺

**导语：**工艺是产品生产的主要依据，科学合理的维修工艺是通过维修获得优质产品的决定因素，是客观规律的反映，也是在设备维修中正确进行加工操作的依据。了解维修电子设备的基本工艺，有助于提高被维修设备的成功率和完好率。

## 8.1　电子设备装连工艺

电子设备的装连技术是将电子元器件、零件和部件按照设计要求安装成整机，是多种电子技术的综合。它是电子产品生产过程中及其重要的环节，一个设计精良的产品可能因为装连不当而无法实现预定的技术指标。掌握电子产品的装连技术对从事电子产品的设计、制造、使用和维修工作的技术人员是不可缺少的。

### 8.1.1　紧固件连接技术

**1. 螺装技水**

螺装技术就是用螺钉、螺栓、螺母等紧固件，把各种零、部件或元器件连接起来的连接方式。属于可拆卸的连接方式，在电子产品的装配中被广泛采用。螺纹连接的优点是连接可靠，装拆方便，可方便地表示出零部件的相对位置。但是应力比较集中，在震动或冲击严重的情况下，螺钉容易松动。

**(1) 螺　钉**

① 螺钉的结构：图8－1是电子装配常用的螺钉结构图，这些螺钉在结构上有一字槽与十字槽两种，由于十字槽具有对中性好、安装时螺丝刀不易滑出的优点，使用日益广泛。

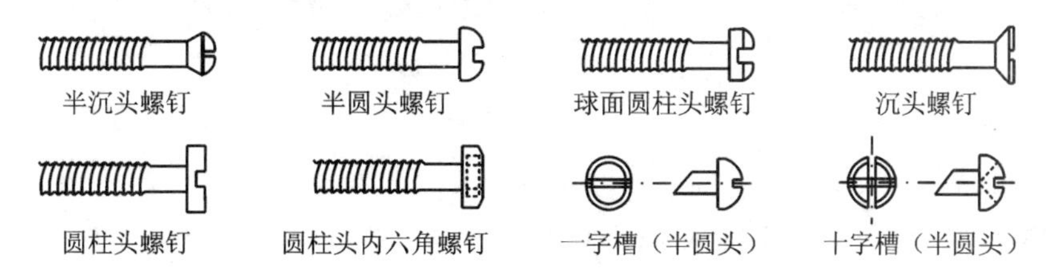


**图8－1　电子装配常用的螺钉结构图**

当需要连接面平整时，要选用沉头螺钉。选择的沉头大小合适时，可以使螺钉与平面保持等高，并且使连接件较准确定位。

薄铁板与塑料件之间的连接采用自攻螺钉，自攻螺钉的端头要尖锐一些，它的特点是不需要在连接件上攻螺纹。

② 螺钉的选择：用在一般仪器上的连接螺钉，可以选用镀锌螺钉，用在仪器面板上的连接螺钉，为增加美观和防止生锈，可以选择镀铬或镀镍的螺钉。紧固螺钉由于埋在元件内，所以只需选择经过防锈处理的螺钉即可。对要求导电性能比较高的连接和紧固，可以选用黄铜螺

钉或镀银螺钉。

③ 螺钉防松的方法：常用的防止螺钉松动的方法有三种：一是加装垫圈；二是使用双螺母；三是使用防松漆，可以根据具体安装的对象选用。

**(2) 螺　母**

螺母具有内螺纹，配合螺钉或螺栓紧固零部件。常用螺母的种类如图 8-2 所示，其名称主要是根据螺母的外形命名，规格用 M3、M4、M5、…标识，即 M3 螺母应与 M3 螺钉或螺栓配合使用。

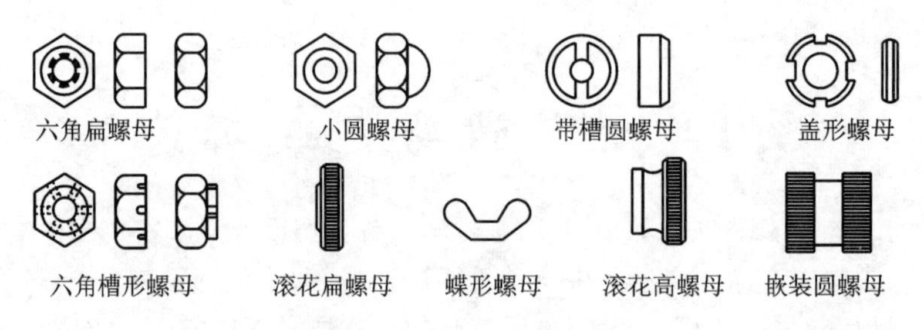


**图 8-2　常用螺母的种类**

六角螺母配合六角螺栓应用最普遍。六角槽形螺母用在震动、变载荷等易松动处，配以开口销，防止松动。六角扁螺母在防松装置中用做副螺母，用以承受剪力或用于位置要求紧凑的连接处。蝶形螺母通常用于需经常拆开和受力不灭处。小圆螺母多为细牙螺纹，常用于直径较大的连接，一般配用圆螺母止动垫圈，以防止连接松动。六角厚螺母用于常拆卸的连接。

**(3) 螺　栓**

螺栓是通过与螺母配合进行紧固的零部件，典型的结构如图 8-3 所示。六角螺栓用于重要的，装配精度高的以及受较大冲击、震动或变载荷的地方。双头螺栓(柱)多用于被连接件太厚不便使用螺栓连接或因拆卸频繁，不宜使用螺钉连接的地方。

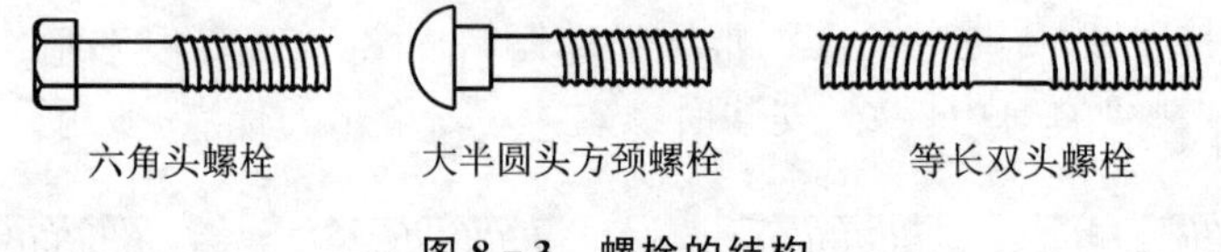


**图 8-3　螺栓的结构**

**(4) 垫　圈**

垫圈的种类如图 8-4 所示。圆平垫圈衬垫在紧固件下用以增加支撑面，遮盖较大的孔眼以防止损伤零件表面。圆平垫圈和小圆垫圈多用于金属零件上，大圆垫圈多用于需要零件上。

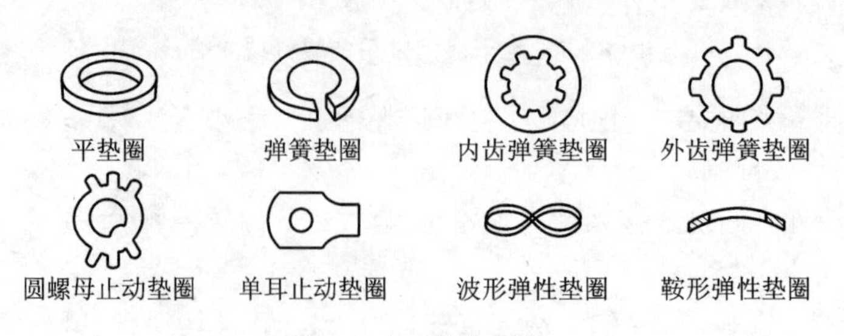


**图 8-4　垫圈的种类**

内齿弹性垫圈用于头部尺寸较小的螺钉头下，可以阻止紧固件松动。外齿弹性垫圈多用于螺栓头和螺母下，可以阻止紧固件松动。圆螺母止动垫圈与圆螺母配合使用，主要用于滚动轴承的固定。单耳止动垫圈允许螺母拧紧在任意位置加以锁定，用于紧固件靠机件边缘处。

**(5) 螺栓连接**

所谓的螺栓连接就是用螺栓贯穿两个或多个被连接件，保证螺栓的中心轴线与被连接件端面垂直，在螺纹端拧上螺母，紧固螺母时，一般应垫平垫圈和弹簧垫圈，拧紧程度以弹簧垫圈切口被压平为准(见图 8－5)，达到机械连接的目的。螺栓连接中被接件不需要内螺纹，结构简单，装拆方便，应用十分广泛。

螺栓紧固后，有效螺纹长度一般不得小于 3 扣，螺纹尾端外露长度一般不得小于 1.5 扣。

**(6) 螺钉连接**

螺钉连接是将螺钉从没有螺纹孔的一端插入，直接拧入被连接件的螺纹孔中(见图 8－6)，达到机械连接的目的。螺钉连接一般都需要使用两个以上成组的螺钉，紧固时一定要做到交叉对称，分步拧紧。螺钉连接的被连接件之一需制出螺纹孔，一般用于无法放置螺母的场合。

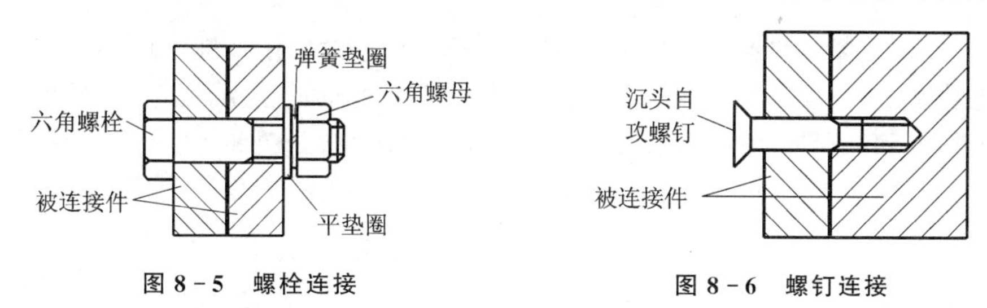


图 8－5　螺栓连接　　　图 8－6　螺钉连接

在紧固螺钉时，一般应垫平垫圈和弹簧垫圈，拧紧程度以弹簧垫圈切口被压平为准。螺钉紧固后，有效螺纹长度一般不得小于 3 扣，螺纹尾端外露长度一般不得小于 1.5 扣。若是沉头螺钉，紧固后螺钉头部应与被紧固零件的表面保持平整，允许稍低于零件表面，但不得低于 0.2 mm。

**(7) 双头螺栓连接**

双头螺栓连接是将螺栓插入被连接体，两端用螺母固定，达到机械连接的目的。这种连接主要用于厚板零件或需经常拆卸、螺纹孔易损坏的连接场合。

**(8) 紧固螺钉连接**

紧固螺钉连接是将紧固螺钉通过第一个零件的螺纹孔后，顶紧已调整好位置的另一个零件，以固定两个零件的相对位置，达到机械连接防松的目的(见图 8－7)。这种连接主要用于各种旋钮和轴柄的固定。

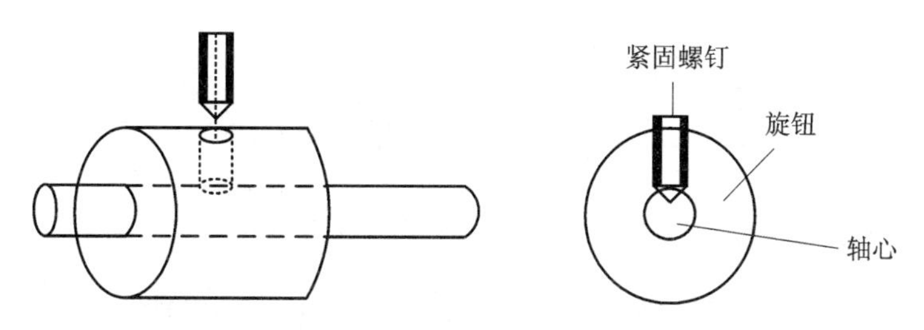


图 8－7　紧固螺钉连接

### 2. 铆装技术

铆装就是用铆钉等紧固件，把各种零部件或元器件连接起来的连接方式。目前，在小部分零部件及产品中仍然在使用。

电子装配中所用铆钉主要有空心铆钉、实心铆钉和螺母铆钉几类，常用铆钉的种类如图8-8所示。

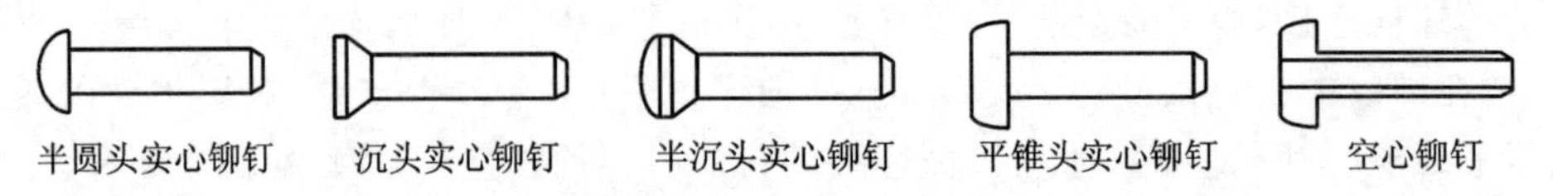


图8-8 常用铆钉的种类

实心铆钉主要由铜或铝合金制成，主要用于连接不需拆卸的两种材料。空心铆钉一般由黄铜或紫铜制成，是电子制作中使用较多的一种电气连接铆钉，空心铆钉的铆装步骤如下：

步骤一：根据被连接件的情况选择合适长度和直径的空心铆钉。

步骤二：将空心铆钉穿过铆接板材的铆钉孔，直径大于10 mm的钢铆钉需要加热到1 000～1 100 ℃。

步骤三：使用压紧冲将铆接板材压紧，使空心铆钉帽紧贴铆接板材，如图8-9所示。

步骤四：用左手将涨孔冲放在空心铆钉的尾端，涨孔冲的光滑锥面部分伸入空心铆钉，注意保持空心铆钉和涨孔冲的中心轴线重合，与铆接板材垂直(见图8-10)，右手使用榔头捶打涨孔冲。

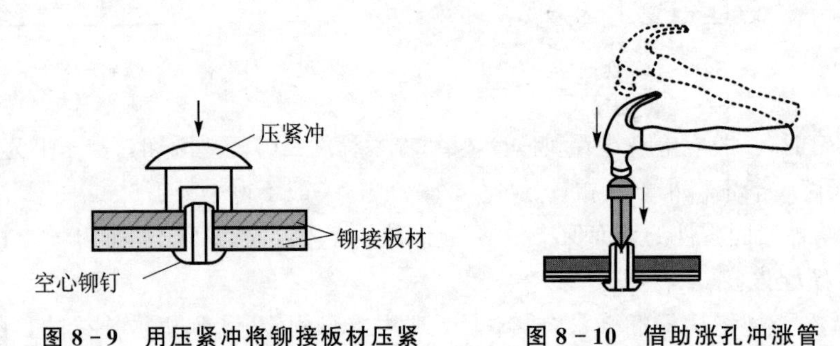


图8-9 用压紧冲将铆接板材压紧　　图8-10 借助涨孔冲涨管

步骤五：右手使用榔头捶打涨完的铆钉，如图8-11所示，空心铆钉的尾管在挤压下成型。

空心铆钉的尾管经扩张和捶打变形，变成圆环状铆钉头，紧紧扣住被铆板材，如图8-12所示。若击打力度、角度不正确，铆钉头呈梅花状或是歪斜、凹陷、缺口和明显的开裂，都会影响铆装的质量。

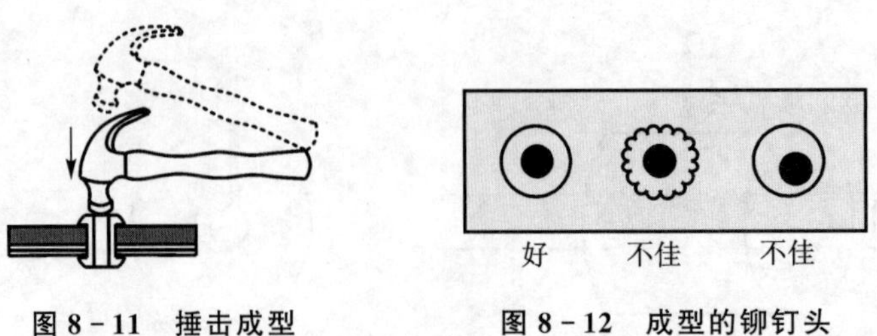


图8-11 捶击成型　　图8-12 成型的铆钉头

## 8.1.2 粘接技术

粘接也称胶接，是近几年来发展起来的一种新的连接工艺。特别是对异型材料的连接，例如金属、陶瓷、玻璃等之间的连接是焊接和铆接所不能达到的。在一些不能承受机械力和热影响的地方，粘接更有独到之处。在电子产品和设备维修过程中也常常用到粘接。

形成良好粘接的三要素是：选择适宜的黏合剂、处理好粘接表面和选择正确的固化方法。

### 1. 黏合机理

由于物体之间存在分子、原子间作用力，种类不同的两种材料紧密靠在一起时，可以产生黏合（或称黏附）作用，这种黏合作用可分为本征黏合和机械黏合两种。本征黏合表现为黏合剂与被粘工件表面之间分子的吸引力；机械黏合则表现为黏合剂渗入被粘工件表面孔隙内，黏合剂固化后被机械地镶嵌在孔隙中，从而实现被粘工件的连接。作为对黏合作用的理解，也可以认为机械黏合是扩大了本征黏合接触面的黏合作用，这种作用类似于锡焊的作用，具有浸润、扩散、结合三个过程。为了实现黏合剂与工件表面的充分接触，必须要求黏合面清洁。因此，粘接的质量与黏合面的表面处理紧密相关。

#### （1）润湿吸附

作为黏合剂，首先应该具备的条件是容易流动，这样才能充分浸润被粘物质的表面，有利于充分黏合。吸附理论认为，黏结力的形成首先是高分子溶液中黏合剂分子的布朗运动，使黏合剂的大分子链迁移到被粘物质的表面，即表面润湿过程，然后发生纤维对黏合剂大分子的吸附作用。这一阶段，强调黏合剂的润湿能力，其大小取决于纤维与黏合剂之间接触界面的表面张力，这是影响黏合剂的重要因素。

#### （2）扩散作用

由于润湿作用的存在，使被粘纤维在溶液中产生溶胀或混溶，界面两大分子能相互渗透扩散。扩散程度影响着黏合强度，因为扩散程度决定了界面区的结构、可运动链段的多少和界面自由能的大小。若扩散不良，界面分子易在外力作用下产生滑动，黏合强度就很低。

#### （3）化学键合

如果黏合剂和被粘物质之间存在化学键，即使没有很好的扩散，也能产生很强的黏合力，这就是化学键合理论。

#### （4）机械结合作用

机械结合作用是指黏合剂渗入被黏合材料的孔隙内部或其表面之间，固化后，被黏合材料就被固化的黏合剂通过锚钩或包覆作用结合起来而产生黏合强度。

### 2. 粘接工艺

粘接工艺，是利用黏合剂把被粘物连接成整体的操作工艺。粘接是连续的面积连接，可以减少应力集中，保证被粘物的强度，提高结构件的疲劳寿命。粘接特别适用于不同材质、不同厚度，尤其是超薄材料和复杂结构件的连接。

#### （1）黏合剂的选择

黏合剂的选择主要取决于胶粘剂的物理性质，同时还取决于零件的大小和形状、被粘接件的数目及零件的尺寸等。

#### （2）粘合表面的处理

对一般要求不高或较干净的表面，用酒精、丙酮等溶剂清洗去除油污，待清洗剂挥发后即行粘接；有些金属在粘接前应进行酸洗，如铝合金必须进行氧化处理，使表面形成牢固的氧化层再施行粘接；有些接头为增大接触面积需用机械方式形成粗糙表面，然后再施行粘接。

**(3) 接头的设计**

虽然不少黏合剂都可以达到或超过粘接材料本身的强度，但接头毕竟是一个薄弱点，设计接头时应考虑到一定的裕度。

**(4) 粘接工艺过程**

粘接的一般工艺过程是：施工前的准备→基材表面处理→配胶→涂胶与晾置→对合→加压→静置固化（或加热固化）→清理检查。

1) 施工前的准备

① 选择黏合剂：根据粘接工件的材料不同，选择合适的黏合剂。

② 分析零件断裂部位粘接后是否具有足够的强度，必要时采取加强措施，如采用粘接加强件，采取粘接与金属扣合法并用等。

③ 对基材表面粗化处理：可以用机械加工、手工加工或喷砂达到表面粗化。期望达到的表面粗糙度视基体材料及选用的胶种而定。

2) 基材表面处理

① 表面净化处理：目的是除去表面污物及油脂。常用丙酮、汽油、四氯化碳作净化剂。

② 表面活化处理：目的是获得新鲜的活性表面，以提高粘接强度，对塑料、橡胶类材料进行表面活化处理尤其必要。黏合剂有双组分、多组分成品胶，加填料或稀释剂的胶，均需按规定的配方、比例、环境条件（如温度），在清洁的器皿中调配均匀。

常用填料多为粉状，应筛选和干燥。对双组分胶，应先把填料填入黏料（甲组分）中拌匀，再与固化剂调配均匀。对单组分胶加入填料后也应搅拌均匀。

3) 涂胶与晾置

基材表面处理完毕后，一般即开始涂胶，涂胶时基材温度应不低于室温，对液态胶用刷胶法最为普遍。刷胶时要顺着一个方向，不要往返刷胶，速度要缓慢，以免起气泡。涂层要均匀，中间可略厚些，平均厚度约 0.2 mm，不得有缺胶处。无溶剂胶涂一遍即可，有溶剂胶一般应涂 2～3 遍，前一遍涂完后，应短时间晾置，待溶剂基本挥发后再涂下一遍。

粘接不能直接看见的表面（如内部间隙充填）时，要采用注胶法。根据实际情况，开注胶孔和出气孔。用一般润滑脂枪装胶压注。

4) 对合与加压

涂胶晾置后，将两基体面对合并基本找准位置。适当施压使两结合面来回错动几次，以排出空气并使胶层均匀，同时测量胶层的厚度，使多余的黏合剂从边缘挤出，最后精确找正定位。

对合定位后，视零件形状施加适当且均匀的正压力，以加速表面浸润，促进胶对基材表面的填充、渗透和扩散界面，从而提高粘接质量。

5) 固　化

固化是黏合剂由液体转变为固体并达到与基材形成一定结合强度的全过程。固化的条件主要是温度、压力和时间。在一定压力下，温度高则固化快，但固化速度过快，会使胶层硬脆。一般有机胶常温固化 24 h 以上可达到预定强度，加热至 50～60 ℃保温，固化效果比常温好，保温时间见用胶说明书的规定。

6) 检　查

对外露的黏补胶层表面，观察有无裂纹、气孔、缺胶和错位。对有密封要求的零件应进行密封试验，对有尺寸要求的零件进行尺寸检验。对重要的粘接件可进行超声探伤。

### 8.1.3　导线连接技术

#### 1. 导线连接的特点

在电子产品中,导线连接技术的主要特点是应用广、连接方式多、操作简便、便于拆卸和重复利用等。

**(1) 应用广**

几乎所有的电子产品都离不开导线,导线在电子产品中担负着内部电路元器件之间,内部电路与外部之间的各种连接。例如电源线、输入和输出信号线、印制电路板避免交叉的跳线、各单元电路之间的连接排线、内部电路与控制和显示电路的连接线等,早期的电子产品甚至完全是由许多导线将元器件连接而成的。

**(2) 连接方式多**

导线连接方式很多,主要有绕接、压接、焊接,还可通过排线、接插件、螺装等方式进行连接。

**(3) 操作简便**

导线连接在所有的连接方式中,有时是最简便的。比如,绕接只要将需要连接的导线有效地缠绕在一起,即可获得良好的电气和机械连接。而且绕接、压接、螺装等导线的连接往往不受场所限制。

**(4) 便于拆卸**

导线连接比其他的连接方式,更便于拆卸。如导线的接插件连接,可随时连接与拆卸。

**(5) 便于重复利用**

粘接、印制板连接等连接,往往是不能重复利用的。因为通常粘接特别是强力粘接是不可拆卸的,拆卸将破坏粘接工件,无法使用:印制板连接的印制电路一旦腐蚀成型,也是无法更改的,而导线可重复多次使用。

#### 2. 导线连接工艺

**(1) 压　接**

与其他连接方法相比,压接有其特殊的优点:温度适应性强,耐高温也耐低温,连接机械强度高,无腐蚀,电气接触良好,在导线的连接中应用最多。

① 压接机理:压接通常是将导线压到接线端子中,在外力的作用下使端子发生塑性变形,紧紧挤压导线,减小间隙并产生形变,形成紧密接触,在接触端产生一定程度的金属相互扩散,从而形成良好的电气连接,如图 8－13 所示。

② 压接端子及操作:压接端子主要有图 8－14 所示的几种类型,压接的操作过程如图 8－15 所示。通常的手工压接采用压接钳来进行压接,在批量生产中常用半自动或全自动压接机完成。在产品的研制、维修工作中也可用普通的钳子进行压接。

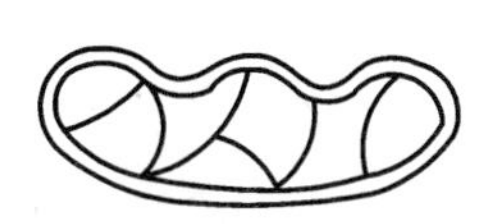


图 8－13　压接原理示意图

对接式

图 8－14　压接端子结构

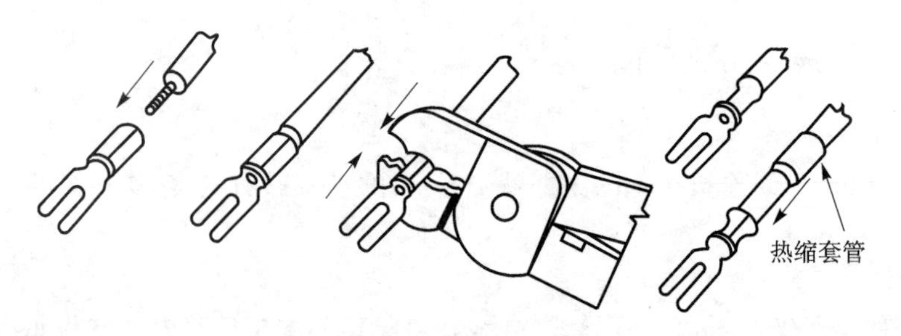


图 8－15　压接的操作过程

**(2) 绕　接**

绕接是直接将导线缠绕在接线柱上，形成电气和机械连接的一种技术，也是利用金属的塑性，将一金属缠绕在另一金属表面上或互相缠绕形成的连接。

① 绕接机理：对两个金属表面施加足够的压力，使之产生塑性变形，让两金属表面原子层产生强力结合，达到牢固连接的目的。

② 绕接结构：绕接靠专用的绕接器将导线紧密缠绕在接线柱上，靠导线与接线柱的棱角形成紧密连接。

③ 绕接的特点：绕接的特点主要是可靠性高，无虚、假焊，接触电阻小，无污染，无腐蚀，无热损伤，成本低，工作寿命长。最大的限制就是导线必须是单芯线，接线柱必须是带有棱角的特殊形状。绕接的匝数应不少于 5 圈，匝线应紧密排列。

**(3) 焊　接**

1）常用的连接导线

电子设备连接导线最常用的有三类，如图 8－16 所示。

① 单股导线：绝缘层内只有一根导线，俗称“硬线”，容易形成固定的线形，常用于固定位置连接。漆包线也属于此范围，只不过它的绝缘层不是塑胶，而是绝缘漆。

② 多股导线：绝缘层内有 4～67 根或更多的导线，俗称“软线”，使用最广泛。

③ 屏蔽线：屏蔽线在弱信号的传输中应用很广，同样结构的还有高频传输线，一般称为“同轴电缆”，在电子装备中用于控制盒和收发机以及收发机与天线之间的连接。

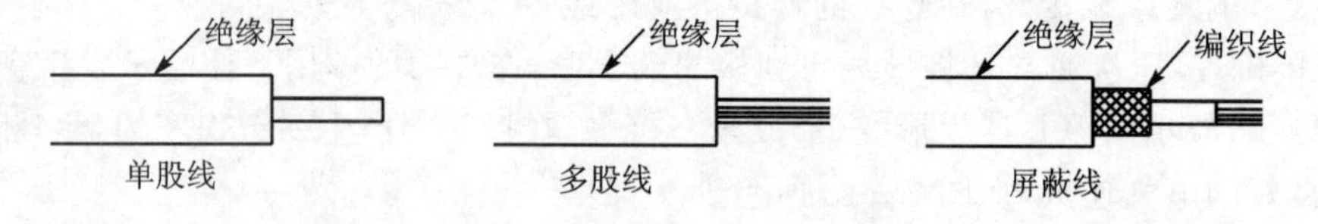


图 8－16　常用的连接导线

2）导线与连接端子的连接

① 绕焊：把经过上锡的导线端头在接线端子上缠绕一圈，用钳子拉紧缠牢后进行焊接，如图 8－17 所示。注意导线一定要紧贴端子表面，绝缘层不接触端子，一般 $L=1\sim3$ mm 为宜，这种连接可靠性最好。

② 钩焊：将导线端子弯成钩形，钩在接线端子上并用钳子夹紧后施焊（见图 8－17），端头处理与绕焊相同。这种方法强度低于绕焊，但操作简便。

③ 搭焊：把经过镀锡的导线搭接到接线端子上施焊，如图 8－17 所示。这种连接最方便，但强度可靠性最差，仅用于临时连接或不便于缠、钩的地方以及某些接插件上。

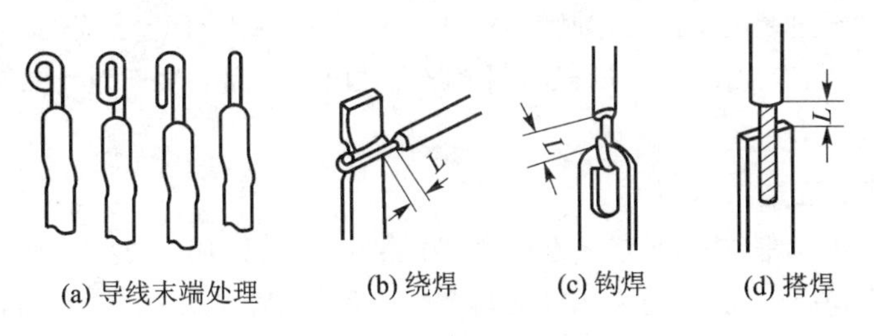


图8-17　导线同连接端子的连接

3）导线与导线的连接

导线与导线之间的连接以绕焊为主，如图8-18所示。

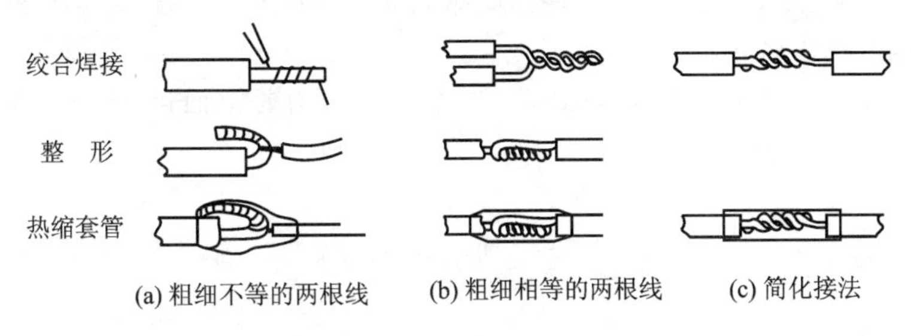


图8-18　导线与导线的连接

导线与导线连接的操作步骤如下：

① 去掉一定长度的绝缘层；

② 端子上锡，并套上合适热缩套管；

③ 绞合，施焊；

④ 趁热套上套管，冷却后套管固定在接头处；或在冷却状态下套上热缩管，而后用热风枪吹热缩管。

## 8.1.4　印制板连接技术

印制导线连接法是元器件间通过印制板的焊接盘把元器件焊接（固定）在印制板上，利用印制导线进行连接。目前，电子产品的大部分元器件都是采用这种连接方式进行连接。但对体积过大、质量过重以及有特殊要求的元器件，则不能采用这种方式。这是因为印制板的支撑力有限、面积有限。为了减少受震动、冲击的影响，保证连接质量，对较大的元器件，有必要考虑固定措施。

### 1. 印制板连接的特点

印制电路板具有以下特点：

① 印制电路板可以实现电路中各个元器件的电气连接，代替复杂的布线，减少了传统方式下的连接工作量，降低了线路的差错率，减少了连接时间，简化了电子产品的装配、焊接、调试工作，降低了产品成本，提高了劳动生产率。

② 布线密度高，缩小了整机体积，有利于电子产品的小型化。

③ 印制电路板具有良好的产品一致性：它可采用标准化设计，有利于提高电子产品的质量和可靠性，也有利于在生产过程中实现机械化和自动化。

④ 可以使整块经过装配调试的印制电路板作为一个备件,便于电子整机产品的互换与维修。

由于印制电路板具有以上优点,所以印制电路板在电子产品的生产制造中得到了广泛的应用。

**2. 印制板连接工艺**

**(1) 印制电路板互连**

电子元器件和机电部件都有电气连接点,为了实现它们的电气连通,必须用导体将两个电气连接点连接起来,在电子产品组装中,把两个分立连接点之间的电气连通称为互连。

印制电路板互连通常将元器件放在印制板的一面(通常称为元件面);印制板的另一面用于布置印制导线(通常称为焊接面)。对于双面板,两面都有印制导线,而仅在其一面安装元件。通过焊接将元器件和印制导线连接起来。

印制电路板不但完成了互连,而且还为电路元器件和机电部件提供了必要的机械支撑。

**(2) 印制电路板的对外连接**

印制电路板对外的连接有多种形式,可根据整机结构要求而确定。一般采用以下两种方法。

1) 用导线互连

对外连接点的做法是,先用印制导线引到印制电路板的一端,导线从被焊点的背面穿入焊接孔。

2) 印制电路板接插式互连

① 簧片式插头与插座:在印制电路板的一端制成插头,以便插入有接触簧片的插座中去,如图 8-19 所示。

② 针孔式插头与插座:在针孔式插头的两边设有固定孔,与印制电路板固定在插头上有90°弯针,其一端与印制电路板接点焊接,另一端可插入插座内,如图 8-20 所示。

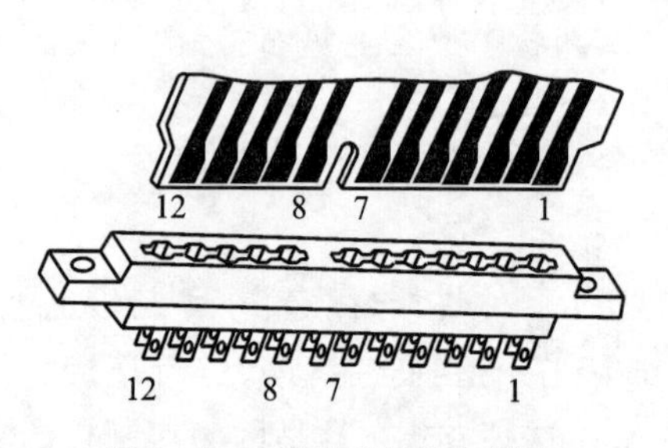


图 8-19 簧片式插头与插座

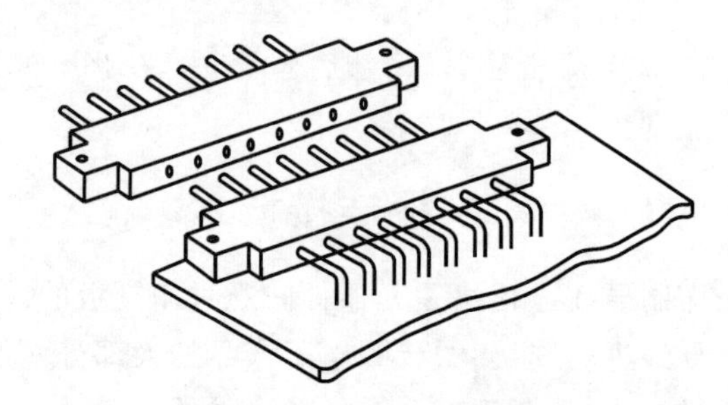

图 8-20 针孔式插头与插座

# 8.2 电子设备焊接工艺

## 8.2.1 焊接工艺基本知识

**1. 焊接的定义**

焊接定义是利用比被焊接金属熔点低的焊料与被焊两块金属一同局部加热,在被焊金属不熔化的条件下,使焊料与被焊接金属原子之间互相吸引(相互扩散),依靠原子间的内聚力在接触界面上形成合金层使两种金属永久地牢固结合,从而达到金属间的牢固连接。

### 2. 合金层形成条件

#### (1) 润 湿

在焊接时，熔化的焊料会像液体那样，黏附在被焊接金属表面，并能进行扩展，这种现象称为润湿。评价润湿程度一般用润视角来描述，润视角是熔化焊料沿被连接的金属表面润湿铺展而形成的两者之间的夹角，润视角 $\sigma$ 越小，说明焊料与被焊接金属表面的可润湿程度(可焊性)越好。一般认为当润视角 $\sigma$ 大于 90°时，其金属表面不可润湿(不可焊)，如图 8-21 所示。

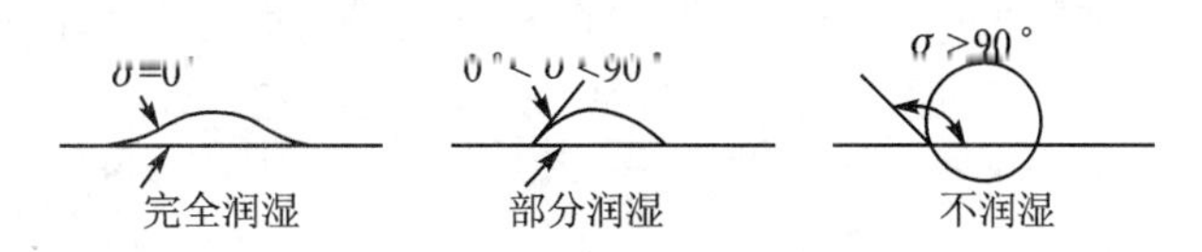


图 8-21 焊料润湿变化情况

#### (2) 完全润湿五要素

1) 被焊件必须具有可焊性

锡、银、紫铜等金属容易焊接，因此为了提高焊片、焊盘、焊接端子等焊件的可焊性，焊接前表面一般镀锡、镀银。

2) 被焊金属表面应保持清洁

① 对焊件来料前的控制：成品焊件应保持清洁并密封包装，防止焊件氧化或污染。

② 在电装生产过程中的控制：焊件在使用前再开封，开封后 48 h 未用完的焊件采用防氧化措施。

③ 焊件加热前应遵守电子产品装备标准关于助焊剂的使用规定，给被焊件涂助焊剂或采用氮气保护等科学措施，使焊接和被焊金属之间直接接触，达到焊料润湿金属的目的。

3) 焊料的选择

使用对被焊件适合的焊料。焊料的成分与被焊件镀层焊接时的附着性应良好，焊点光滑、明亮。

4) 适当的焊接温度和合适的焊接时间

焊盘、焊片、元器件引线、导线截面积、焊柱、焊接端子因尺寸不同，则焊接时间和所需温度也不同。

对这五要素的选择要达到最佳状况时，须经过很多的实验和摸索，还要进行优化才能实现。

### 3. 焊接的分类

焊接通常分为熔焊、接触焊和钎焊三大类。熔焊是利用加热被焊件，使其溶化产生合金而焊接在一起的焊接技术，如气焊、电弧焊、超声波焊等；接触焊是不用焊料与焊剂就可以获得可靠连接的焊接技术，如点焊、碰焊等；用加热溶化成液态的金属把固体金属连接在一起的方法称为钎焊。在钎焊中起连接作用的金属材料称为钎料，即焊料。作为焊料的金属，其熔点必须低于被焊金属材料的熔点。钎焊按照使用焊料的熔点不同分硬焊(焊料熔点高于 450 ℃)和软焊(焊料熔点低于 450 ℃)。在电子设备装配和维修中主要采用的是钎焊。电子元器件的焊接称为锡焊，锡焊属于软钎焊，它的焊料是铅锡合金，熔点比较低，如共晶焊锡的熔点为 183 ℃，所以在电子元器件的焊接工艺中得到广泛应用。

#### 4. 焊接的方法

随着焊接技术的不断发展,焊接方法也在手工焊接的基础上出现了自动焊接技术,即机器焊接;同时无锡焊接也开始在电子产品装配中采用。

**(1) 手工焊接**

手工焊接是采用手工操作的传统焊接方法,根据焊接前节点的连接方式不同,手工焊接方法分为绕焊、钩焊、搭焊、插焊等不同方式。

绕焊是将被焊接元器件的引线或导线缠绕在节点上进行焊接。其优点是焊接强度最高,此方法应用很广泛。高可靠整机产品的节点通常采用这种方法。

钩焊是将被焊接元器件的引线或导线钩接在被连接插件的孔中进行焊接。它适用于不便于缠绕但又要求有一定机械强度和便拆焊的接点上。

搭焊是将被焊接元器件的引信或导线搭在节点上进行焊接。适用于易于调整或改焊的临时焊点。

插焊将被焊接元器件的引线或导线插入洞形或孔形节点中进行焊接。如,有些插接件的焊接需要将导线插入接线柱的洞孔中,也属于插焊的一种。它适用于元器件带有引线、插针或插孔及印刷电路板的常规焊接。

**(2) 机器焊接**

机器焊接根据工艺方法的不同,可分为浸焊、波峰焊和再流焊。

浸焊是将装好元器件的印刷电路板在熔化的锡锅内浸锡,一次完成印刷电路板上全部焊接点的焊接,主要用于小型印刷电路板的焊接。

波峰焊是采用波峰焊机一次性完成印刷电路板上全部焊接点的焊接。此方法已成为印刷电路板焊接的主要方法。

再流焊是利用焊膏将元器件粘在印刷电路板上,加热印刷板后使焊膏中的焊料熔化,一次完成全部焊接点的焊接。这种方法主要用于表面安装的片状元器件焊接。

#### 5. 焊接材料

焊接材料包括焊料和焊剂,掌握焊料和焊剂的性质、作用原理及选用常识,对提高焊接技术很有帮助。

**(1) 焊　料**

焊料是易熔金属,其熔点应低于被焊金属。焊料按成分可分为锡铅焊料、铜焊料、银焊料等。在一般电子产品装备中主要使用锡铅焊料,俗称锡焊。锡焊材料主要是锡和铅的合金,锡和铅都是软性金属,它们的熔点很低,一般的熔点温度在 250 ℃以下,纯锡的熔点温度约 232 ℃,具有较好的润湿性,但热流动性(或称漫流动性)并不好;铅的熔点温度比锡高,约 327 ℃,它具有较好的热流动性,但润湿性能差,两者按不同的比例熔合后,则具有不同的特性。

**(2) 焊　剂**

焊剂又称为助焊剂,一般是由活化剂、树脂、扩散剂、溶剂四部分组成,是用于清除焊件表面的氧化膜、保证焊锡浸润的一种化学剂。

1) 焊剂的作用

① 除去氧化膜:助焊剂中的氯化物、酸类同氧化物发生还原反应,从而除去氧化膜。反应后的生成物变成悬浮渣,漂浮在焊料表面。

② 防止氧化:液态的焊锡及加热的焊件金属都容易与空气中的氧接触而氧化。助焊剂熔化后,漂浮在焊料表面,形成隔离层,因而防止了焊接面的氧化。

③ 帮助浸润:减小表面张力,增加焊锡的流动性,有助于焊锡浸润。

④ 使焊点美观:合适的焊剂能够整理焊点形状,保持焊点表面的光泽。

2)对焊剂的要求

① 熔点应低于焊料,只有这样才能发挥助焊剂的作用。

② 表面张力、黏度、体积密度应小于焊料。

③ 残渣应容易清除:焊剂都带有酸性,会腐蚀金属,而且残渣影响美观。

④ 不应腐蚀母材:焊剂酸性强,在除去氧化膜的同时,也会腐蚀金属,从而造成危害。

⑤ 不应产生有害气体和臭味。

**(3) 阻焊剂**

阻焊剂是一种耐高温的涂料。在焊接时,可将不需要焊接的部位涂上阻焊剂保护起来,使焊料只在需要焊接的焊接点上进行。阻焊剂广泛应用于浸焊和波峰焊。

1)阻焊剂的优点

① 可避免或减少浸焊时桥接、拉尖、虚焊和连条等弊病,使焊点饱满,大大减少板子的返修量,提高焊接质量,保证产品的可靠性。

② 使用阻焊剂后,除了焊盘外,其余线条均不上锡,可节省大量焊料;另外,由于受热少、冷却快、降低印制电路板的温度,起到保护元器件和集成电路的作用。

③ 由于板面部分为阻焊剂膜所覆盖,增加了一定硬度,是印制电路板很好的永久性保护膜,还可以起到防止印制电路板表面受到机械损伤的作用。

2)阻焊剂的分类

阻焊剂的种类很多,一般分为干膜型阻焊剂和印料型阻焊剂。现广泛使用印料型阻焊剂,这种阻焊剂又可分为热固化和光固化两种。

① 热固化阻焊剂的优点是附着力强,能耐 300 ℃高温,缺点是要在 200 ℃高温下烘烤 2 h,印制电路板容易翘曲变形,能源消耗大,生产周期长。

② 光固化阻焊剂(光敏阻焊剂)的优点是在高压汞灯照射下,只要 2～3 min 就能固化,节约了大量能源,大大提高了生产效率,便于组织自动化生产。另外,其毒性低,减少了环境污染。不足之处是它溶于酒精,能和印制电路板上喷涂的助焊剂中的酒精成分相溶而影响印制电路板的质量。

**(4) 锡焊的要求与特点**

任何种类的焊接都有严格的工艺要求,不但要了解焊接材料及施焊对象的性质,还要了解施焊温度、施焊时间及施焊环境的不同对焊接所造成的影响。印刷电路板的焊接也是如此,这些工艺要求是高质量焊接完成的前提。

1)锡焊的条件

① 必须具有充分的可焊性:金属表面被熔融焊料浸湿的特性称为可焊性。可焊性是指被焊金属材料与焊锡在适当的温度及助焊剂的作用下,形成结合良好金属的能力。只有能被焊锡浸湿的金属才具有可焊性,并非所有的金属都具有良好的可焊性,有些金属如铝、不锈钢、铸铁等可焊性就很差。而铜及其合金、金、银、铁、锌、镍等都具有良好的可焊性。即使是可焊性好的金属,因为表面容易产生氧化膜,为了提高其可焊性,一般采用表面镀锡、镀银等。铜是导

电性能良好和易于焊接的金属材料,所以应用最为广泛。常用的元器件引线、导线及焊盘等,大多采用铜材制成。

② 焊件表面必须保持清洁:为了使熔融焊锡能良好地润湿固体金属表面,并使焊锡和焊件达到原子间相互作用的距离,要求被焊金属表面一定要清洁,从而使焊锡与被焊金属表面原子间的距离最小,彼此间充分吸引扩散,形成合金层。即使是可焊性好的焊件,由于长期存储和污染等原因,焊件的表面可能产生有害的氧化膜、油污等。所以,在实施焊接前也必须清洁表面,否则难以保证质量。

③ 使用合适的助焊剂:助焊剂的作用是清除焊件表面氧化膜并减小焊料熔化后的表面张力,以利于浸润。助焊剂的性能一定要适合于被焊金属材料的焊接性能。不同的焊件,不同的焊接工艺,应选择不同的助焊剂。如镍镉合金、不锈钢、铝等材料,需使用专用的特殊助焊剂;在电子产品的线路板焊接中,通常采用松香助焊剂。

④ 加热到适当的温度:焊接时,将焊料和被焊金属加热到焊接温度,使熔化的焊料在被焊金属表面浸润扩散并形成金属化合物。因此,要保证焊点牢固,一定要有适当的焊接温度。

加热过程中不但要将焊锡加热熔化,而且要将焊件加热到熔化焊锡的温度。只有在足够高的温度下,焊料才能充分浸润,并充分扩散形成合金层,但过高的温度是有害的。

⑤ 焊料要适应焊接要求:焊料的成分和性能应与被焊金属材料的可焊性、焊接温度、焊接时间、焊点的机械强度相适应,以达到易焊和牢固的目的。

⑥ 要有适当的焊接时间:焊接时间是指在焊接过程中,进行物理和化学变化所需要的时间。包括被焊金属材料达到焊接温度的时间,焊锡熔化的时间,助焊剂发生作用并生成金属化合物的时间等。焊接时间的长短应适当,时间过长会损坏元器件并使焊点的外观变差,时间过短焊料不能充分润湿被焊金属,从而达不到焊接要求。

2) 锡焊的特点

锡焊在手工焊接、波峰焊、浸焊、再流焊等有着广泛的应用,其特点如下:

① 焊料的熔点低于焊件的熔点;

② 焊接时将焊件与焊料加热到最佳焊接温度,焊料熔化而焊件不熔化;

③ 焊接的完成依靠熔化状态的焊料浸润焊接面,由毛细作用使焊料进入间隙,形成一个结合层,从而实现焊件的结合。

### 8.2.2 手工焊接工艺

手工焊接是焊接技术的基础,也是电子产品装备、电子设备维修的一项基本操作技能。手工焊特别适用于小批量生产的小型化产品,一般结构的电子整机产品,具有特殊要求的高可靠产品,某些不便于机器焊接的场合及调试、维修中修复焊点和更换元器件等。

#### 1. 焊接的基本操作

**(1) 电烙铁的拿法**

使用电烙铁的目的是为了加热被焊件而进行焊接,不能烫伤、损坏导线和元器件,为此必须正确掌握手持电烙铁的方法。手工焊接时,电烙铁要拿稳对准,可根据电烙铁的大小和被焊件的要求不同,决定手持电烙铁的手法,通常有如图 8-22 所示的握法。

反握法动作稳定,长时间操作不易疲劳,适用于大功率烙铁的操作和热容量大的被焊件;正握法适于中等功率烙铁或带弯头电烙铁的操作;一般在操作台上焊印刷板等焊件时多采用

图8-22　电烙铁拿法

正握法。握笔法类似于写字时手拿笔的姿势，易于掌握，但长时间操作易疲劳，烙铁头会出现抖动现象，适于小功率的电烙铁和热容量小的被焊件。

**(2) 焊锡丝的拿法**

手工焊接中一手握电烙铁，另一手拿焊锡丝，帮助电烙铁吸取焊料。拿焊锡丝的方法一般有两种拿法，如图8-23所示。

1）连续焊锡丝拿法

用拇指和四指握住焊锡丝，其余三手指配合拇指和食指把焊锡丝连续向前送进，如图8-23所示。它适于成卷焊锡丝的手工焊接。

图8-23　焊锡丝拿法

2）断续焊锡丝拿法

断续焊锡丝拿法是用拇指、食指和中指夹住焊锡丝。这种拿法，焊锡丝不能连续向前送进，适用于小段焊锡丝的手工焊接，如图8-23所示。

由于焊锡丝成分中铅占有一定的比例，因此，操作时应戴手套或操作后洗手，以避免食入铅。电烙铁使用后一定要放在烙铁架上，并注意烙铁导线不要碰触烙铁。

**(3) 手工锡焊的工艺流程**

为保证焊接的质量，掌握正确的手工锡焊工艺流程是必要的。手工锡焊的工艺流程如图8-24所示。

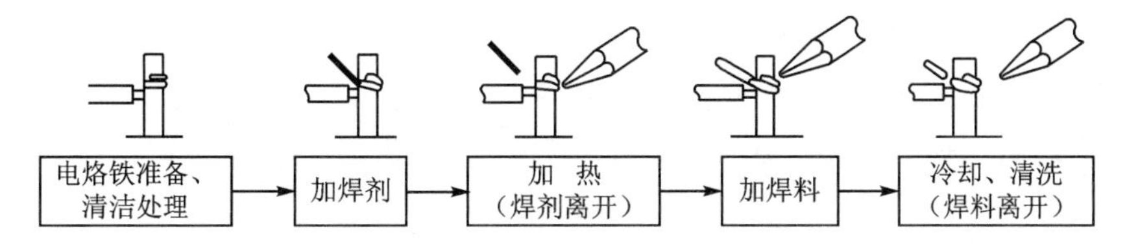


图8-24　手工锡焊工艺流程图

1）准　备

焊接前的准备包括：根据产品元器件的焊接需要选择不同形状烙铁头和调节烙铁头的温度，焊接部位的清洁处理，导线与接线端子的钩连，元器件插装以及焊料、焊剂和工具的准备，使连接点处于随时可以焊接的状态。

2）加焊剂

所有焊接部位均应使用焊剂，应薄而均匀地涂于连接部位；使用带焊剂芯的线状焊料时，除重焊或返工外，不再适用液态焊剂。使用焊剂量要根据被焊面积的大小和表面状态适量施用，用量过少会影响焊接质量，过多会造成焊后焊点周围出现残渣，使印刷电路板的绝缘性能下降，同时还可能造成对元器件和印刷电路板的腐蚀。合适的焊剂量标准是既能润湿被焊物的引线和焊盘，又不让焊剂流到引线插孔中和焊点的周围。

3）加　热

将电烙铁置于连接部位，热能通过烙铁头迅速传递并达到焊接温度。加热时，烙铁头和连接点应有一定的接触面积和接触压力，通常要注意让烙铁头的扁平部分（较大部分）接触热容量较大的焊件，烙铁头的侧面或边缘部分接触热容量较小的焊件，以保持焊件均匀受热。电子元器件手工焊接的温度一般设定在250～350 ℃，时间一般不大于3 s；对热敏器件、片状器件不超过2 s，若在规定时间内未完成焊接应待焊点冷却后再复焊。焊接温度、时间应视焊点大小而定，以确保焊接牢靠为宜。

特别值得注意的是，当使用天然松香焊剂且锡焊温度过高时，很容易使锡焊的时间随被焊件的形状、大小不同而有所差别，但总的原则是看被焊件是否完全被焊料所润湿（焊料的扩散范围达到要求后）。通常情况下，烙铁头与焊点的接触时间以使焊点光亮、圆滑为宜。如果焊点不亮并形成粗糙面，说明温度不够，时间太短，此时需要提高焊接温度，只要将烙铁头继续放在焊点上多停留些时间即可。

4）加焊料

加在烙铁头和连接部位的结合部或烙铁头对称的一侧。焊料应适量，并要覆盖住整个连接部位，形成凹形焊锡轮廓线。

5）冷却和清洗

自然冷却，严禁用嘴吹或其他制冷方法冷却。在焊料凝固过程中，连接点不应受到任何外力的影响而改变位置和形状。焊点冷却后及时清理，较容易清除掉残留在焊点周围的焊剂、锡渣等。

在实际焊接中还有一种焊接操作方法，即先将烙铁头上沾上一些焊锡，然后将烙铁放到焊点上停留等待加热后焊锡润湿焊件，这种方法虽然可以将焊件焊接起来，但却不能保证质量，所以这是不正确的操作方法，特别是对初学者而言不宜采用。

### 2. 合格焊点及质量判别标准

焊点的质量直接关系到产品的稳定性与可靠性等电气性能。一台电子产品，其焊点数量可能大大超过元器件数量本身，焊点有问题，检查起来十分困难。所以必须明确对合格焊点的要求，认真分析影响焊点质量的各种因素，以减少出现不合格焊点的机会，尽可能在焊接过程中提高焊点的质量。

#### (1) 对焊点的要求

1）可靠的电气连接

电子产品工作的可靠性与电子元器件的焊接紧密相连。一个焊点要能稳定、可靠地通过一定的电流，没有足够的连接面积是不行的。如果焊锡仅仅是将焊料堆在焊件的表面或只有少部分形成合金层，那么在最初的测试和工作中也许不能发现焊点出现问题，但随着时间的推移和条件的改变，接触层被氧化，脱焊现象出现了，电路会产生时通时断或者干脆不工作。而这时观察焊点的外表,依然连接如初,这是电子仪器检修中最头痛的问题,也是产品制造中要十分注意的问题。

2）足够的机械强度

焊接不仅起电气连接的作用,同时也是固定元器件、保证机械连接的手段,因而就有机械强度的问题。作为铅锡焊料的铅锡合金本身,强度是比较低的。常用的铅锡焊料抗拉强度只有普通钢材的 1/10,要想增加强度,就要有足够的连接面积。如果是虚焊点,焊料仅仅堆在焊盘上,自然就谈不上强度了。另外,焊接时焊锡未流满焊盘,或焊锡量过少,也降低了焊点的强度。还有,焊接时焊料尚未凝固就使焊件震动、抖动而引起焊点结晶粗大,或有裂纹,都会影响焊点的机械强度。

3）光洁整齐的外观

良好的焊点要求焊料用量恰到好处,外表有金属光泽,没有桥接、拉尖等现象,导线焊接时不伤及绝缘皮。良好的外表是焊接高质量的反映。表面有金属光泽,是焊接温度合适、生成合金层的标志,而不仅仅是外表美观的要求。

**(2) 典型焊点的外观要求**

图 8－25 所示为两种典型焊点的外观,其共同要求是:

① 形状为近似圆锥而表面微凹呈慢坡状(以焊接导线为中心,对称成裙状拉开),虚焊点表面往往呈凸形,可以鉴别出来。

② 焊料的连接面呈半弓形凹面,焊料与焊件交界处平滑,接触角尽可能小。

③ 焊点表面有光泽且平滑。

④ 无裂纹、针孔、夹渣。

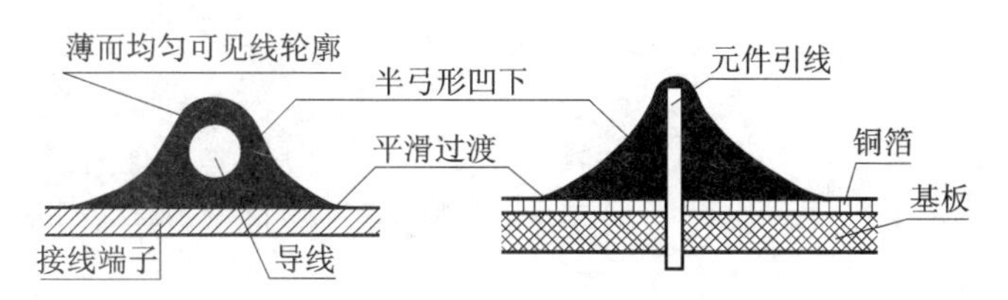


**图 8－25　焊点的外观形状**

**(3) 焊点的质量检查**

在焊接结束后,为保证产品质量,要对焊点进行检查。由于焊接检查与其他生产工序不同,没有一种机械化、自动化的检查测量方法,因此主要通过目视检查、手触检查和通电检查来发现问题。目视检查是从外观上检查焊接质量是否合格,也就是从外观上评价焊点有无缺陷;手触检查主要是指手触摸、摇动元器件时,焊点无松动、不牢、脱落的现象。或用镊子夹住元器件引线轻轻拉动时,有无松动现象;通电检查必须是在外观及连线检查无误后才可进行的工作,也是检验电路性能的关键步骤。通电检查可以发现许多微小的缺陷,如目测观察不到的电路桥接、虚焊等。

**(4) 常见焊点的缺陷及分析**

导线端子焊接缺陷如图 8－26 所示,在焊接过程中应精良避免。

印刷电路板焊点常见缺陷的外观、特点、危害及产生原因如表 8－1 所列。

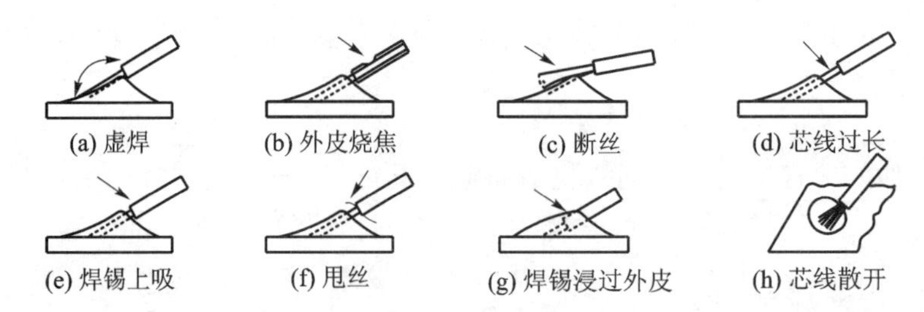


图 8-26　导线端子焊接缺陷示意图

表 8-1　印刷电路板常见焊点缺陷及分析

| 焊点缺陷 | 外观特点 | 危　害 | 原因分析 |
| --- | --- | --- | --- |
| 焊料过多 | 焊料面呈凸形 | 浪费焊料，且可能隐含缺陷 | 焊丝撤离过迟 |
| 焊料过少 | 焊料未形成平滑面 | 机械强度不足 | 焊丝撤离过早 |
| 松香焊 | 焊点中夹有松香渣 | 强度不足，导通不良，有可能时通时断 | 加焊剂过多，或已失效；焊接时间不足，加热不足；表面氧化膜未清除干净 |
| 过热 | 焊点发白，无金属光泽，表面较粗糙 | 焊盘容易剥落，强度降低<br>造成元器件失效损坏 | 烙铁功率过大<br>加热时间过长<br>环境温度低，焊点冷却过快 |
| 冷焊 | 表面呈豆腐渣状颗粒，有时有裂纹 | 强度低，导电性不好 | 焊料未凝固时焊件抖动 |
| 虚焊 | 焊料与焊件交界面接触角过大，不平滑 | 强度低，不通或时通时断 | 焊件清理不干净<br>助焊剂不足或质量差<br>焊件未充分加热 |
| 不对称 | 焊锡未流满焊盘 | 强度不足 | 焊料流动性不好<br>助焊剂不足或质量差<br>加热不足 |

续表 8-1

| 焊点缺陷 | 外观特点 | 危　害 | 原因分析 |
| --- | --- | --- | --- |
| 松动 | 导线或元器件引线可移动 | 导通不良或不导通 | 焊锡未凝固前引线移动造成空隙<br>引线未进行预处理(润湿不良或不润湿) |
| 拉尖 | 出现尖端 | 外观不佳,容易造成桥接现象 | 加热不足<br>焊料不合格 |
| 桥接 | 相邻导线搭接 | 电气短路 | 焊锡过多,烙铁头尺寸不合适<br>烙铁撤离方向不当 |
| 针孔 | 目测或放大镜可见有孔 | 焊点容易腐蚀 | 焊孔与引线间隙过大<br>加热不充分 |
| 气泡 | 引线根部有时有焊料隆起,内部藏有空洞 | 容易引起导通不良 | 加热不充分或引线润湿不良 |
| 剥离 | 焊点剥离(不是铜箔剥落) | 断　路 | 焊盘表面未处理好 |

**(5) 拆焊的方法及要求**

将已焊焊点拆除的过程称为拆焊。调试和维修中常需要更换一些元器件,在实际操作中,拆焊比焊接难度高,如果拆焊不得法,就会损坏元器件及印刷电路板。拆焊也是焊接工艺中一个重要的工艺手段。

**(6) 拆焊的基本原则**

拆焊前一定要弄清楚原焊接点的特点,不要轻易动手,其基本原则如下:

① 不损坏待拆除的元器件、导线及周围的元器件;

② 拆焊时不可损坏印刷电路板上的焊盘与印刷导线;

③ 对已判定为损坏元器件,可先将其引线剪断再拆除,这样可以减少其他损伤;

④ 在拆焊过程中,应尽量避免拆动其他元器件或变动其他元器件的位置,如确实需要应做好复原工作。

**(7) 拆焊的操作要点**

① 严格控制加热的温度和时间：因拆焊的加热时间较长，所以要严格控制温度和加热时间，以免将元器件烫坏或使焊盘翘起、断裂。宜采用间隔加热法来进行拆焊。

② 拆焊时不要用力过猛：在高温状态下，元器件封装的强度会下降，尤其是塑封器件，过力的拉、摇、扭都会损坏元器件和焊盘。

③ 吸去拆焊点上的焊料：拆焊前，用吸锡工具吸去焊料，有时可以直接将元器件拔下。即使还有少量锡连接，也可以减少拆焊的时间，减少元器件和印刷电路板损坏的可能性。在没有吸锡工具的情况下，则可以将印刷电路板或能移动的部件倒过来，用电烙铁加热拆焊点，利用重力原理，让焊锡自动流向电烙铁，也能达到部分去锡的目的。

**(8) 拆焊的方法**

① 分点拆焊法：对卧式安装的阻容元器件，两个焊接点距离较远，可采用电烙铁分点加热，逐点拔出。如果引线是弯折的，用烙铁头撬直后再行拆除。拆焊时，将印刷电路板竖起，一边用烙铁加热待拆元件的焊点，一边用镊子或尖嘴钳夹住元器件引线轻轻拉出。

② 集中拆焊法：晶体管及立式安装的阻容元器件之间焊接点距离较近，可用烙铁头同时快速交替加热几个焊接点，待焊锡熔化后一次拔出。对多焊接点的元器件，如开关、插头座、集成电路等，可用专用烙铁头同时对准各个焊接点，一次加热取下。

③ 保留拆焊法：对需要保留元器件引线和导线端头的拆焊，要求比较严格，也比较麻烦。可用吸锡工具先吸去被焊接点外面的焊锡。一般情况下，用吸锡器吸去焊锡后能够取下元器件。

如果遇到多脚插焊件，虽然用吸锡器清除过焊料，但仍不能顺利摘除，这时候细心观察哪些脚没有脱焊，找到后，用清洁而未带焊料的烙铁对引线脚进行熔焊，并对引线脚轻轻施力，向没有焊锡的方向推开，使引线脚与焊盘分离，多脚插焊件即可取下。

如果是搭焊的元器件或引线，只要在焊点上沾上助焊剂，用烙铁熔开焊点，元器件的引线或导线即可拆下。如果遇到元器件的引线或导线的接头处有绝缘套管，要先退出套管，再进行熔焊。

如果是钩焊的元器件或导线，拆焊时先用烙铁清除焊点的焊锡，再用烙铁加热将钩下的残余焊锡熔开，同时须在钩线方向用铲刀撬起引线，移开烙铁并用平口镊子或钳子矫正，再一次熔焊取下所拆焊件。但要特别注意：撬线时不可用力过猛，要注意安全，防止将已熔化的焊锡弹入人眼内或衣服上。

如果是绕焊的元器件或引线，则用烙铁熔化焊点，清除焊锡，弄清楚原来的绕向，在烙铁头的加热下，用镊子夹住线头逆绕退出，再调直待用。

**(9) 剪断拆焊法**

被拆焊点上的元器件引线及导线如留有余量，或确定元器件已损坏，可先将元器件或导线剪下，再将焊盘上的线头拆下。

拆焊后重新焊接时应注意的问题，拆焊后一般都要重新焊上元器件或导线，操作时应注意以下几个问题：

① 重新焊接的元器件引线和导线的剪截长度、离底板或印刷电路板的高度、弯折形状和方向，都应尽量保持与原来的一致，使电路的分布参数不致发生大的变化，以免使电路的性能受到影响，特别是对于高频电子产品更要重视这一点。

② 印刷电路板拆焊后，如果焊盘孔被堵塞，应先用锥子或镊子尖端在加热状态下，从铜箔面将孔穿通，再插进元器件引线或导线进行重焊。特别是单面板，不能用元器件引线从印刷电路板面捅穿孔，这样很容易使焊盘铜箔与基板分离，甚至使铜箔断裂。

③ 拆焊点重新焊好元器件或导线后，应将因拆焊需要而弯折、移动过的元器件恢复原状。一个熟练的维修人员拆焊过的维修点一般是容易看出来的。

## 8.2.3 印刷电路板的焊接修复与改装

### 1. 印刷电路板的焊接

#### (1) 焊件表面处理与预焊

在电子装备维修中，手工锡焊的焊件是各种各样的电子元器件和导线，在更换新器件时，一般都需要对新焊件进行表面处理，去除焊接面上的锈迹、油污、灰尘等影响焊接质量的杂质。一般用砂纸、机械刮磨和用酒精擦洗等方法。

在对焊件表面处理之后，进行预焊。预焊就是将要锡焊的元器件引线或导线的焊接部位预先用焊锡润湿，一般也称为镀锡、上锡、搪锡等，从而使焊接表面“镀”上一层焊锡。预焊并非锡焊不可缺少的操作，但对手工烙铁焊接时特别是维修、调试等工作几乎可以说是必不可少。

#### (2) 装焊顺序

电子元器件的装焊顺序遵循先低后高、先轻后重、先耐热后不耐热的基本原则；一般的装焊顺序依次是电阻器、电容器、二极管、三极管、集成电路、大功率管等。

#### (3) 元器件引线成形与插装

元器件的引线成形与插装方法详见8.3.2节。

#### (4) 印刷电路板的焊接

焊接印刷电路板，除遵循锡焊要领外，还要注意以下几点：

① 电烙铁一般应选用内热式20～35 W或调温式，烙铁的温度不超过300 ℃为宜。烙铁头形状应根据印刷电路板焊盘大小采用凿形或锥形。

② 加热时应尽量使烙铁头同时接触印刷电路板上铜箔和元器件引线，对较大的焊盘（直径大于5 mm）焊接时可移动烙铁，即烙铁绕焊盘转动，以免长时间停留在一点导致局部过热。

③ 金属化孔的焊接，两层以上电路板的孔都要进行金属化处理，焊接时不仅要让焊料润湿焊盘，而且孔内也要润湿填充，因此金属化孔加热时间应大于单面板。

④ 焊接时不要用烙铁头摩擦焊盘的方法来增强焊料润湿性能，而要靠表面清洁和预焊。

#### (5) 焊后处理

印刷电路板焊接完毕后还应做如下处理：

① 剪去多余引线，注意不要对焊点施加剪切力以外的其他力。

② 检查印刷电路板上所有元器件引线焊点，修补缺陷。

③ 根据工艺要求选择清洗液清洗印刷电路板。一般情况下，使用松香助焊剂后印刷电路板可不用清洗。

④ 根据工艺要求，最后做“三防”处理。

#### (6) 清洗技术工艺

1) 印制板清洗的主要作用

印制板清洗本质上是一种去污工艺，印制板的清洗就是要去除组装焊接后残留在印制板上的、影响其可靠性的污染物。组装焊接后清洗的作用：

第一，防止电气缺陷的产生：最突出的电气缺陷就是漏电，造成这种缺陷的主要原因是PCB板上存在离子污染物、有机残料和其他黏附物。

第二，清除腐蚀物的危害：腐蚀会损坏电路板，造成器件脆化；腐蚀物本身在潮湿的环境中能导电，会引起器件短路故障。

第三，使器件、丝印等清晰，整洁。

2）清洗技术

根据清洗介质的不同，清洗技术有溶剂清洗和水清洗两大类；根据清洗工艺和设备不同又可分为批量式和连续式清洗两种类型；根据清洗方法不同还可分为高压喷洗清洗、超声波清洗等。

① 溶剂清洗工艺技术：溶剂清洗的原理是将需清洗的印制板放入溶剂蒸气中后，由于其相对温度较低，故溶剂蒸气能很快凝结在印制板上，印制板上的污染物溶解、再蒸发，并带走。若加以喷淋等机械力的作用，其清洗效果会更好。

② 水清洗工艺技术：

(a) 半水清洗工艺技术：半水清洗属水清洗范畴，不同的是清洗时加入可分离型的溶剂。清洗过程中溶剂与水形成乳化液，洗后待废液静止，可将溶剂从水中分离出来。

半水清洗先用萜烯类或其他半水清洗溶剂清洗焊好后的印制板，然后再用去离子水漂洗。采用萜烯的半水清洗工艺流程如图 8 - 27 所示。

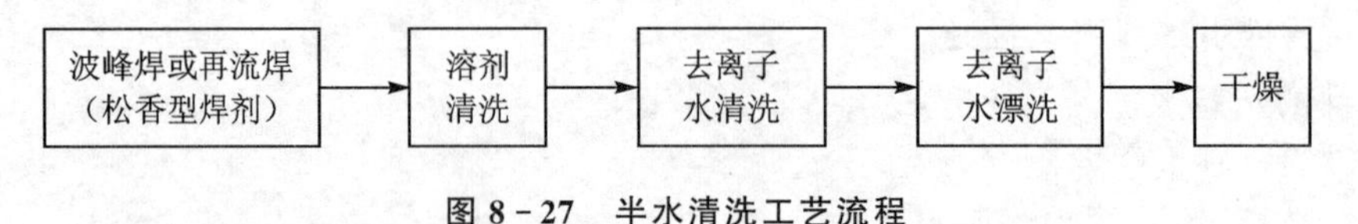


**图 8-27　半水清洗工艺流程**

(b)水清洗工艺技术：图 8 - 28 列出了简单的水洗工艺流程图。这种水洗工艺适用于结构简单的通孔 PCB 组件的清洗。

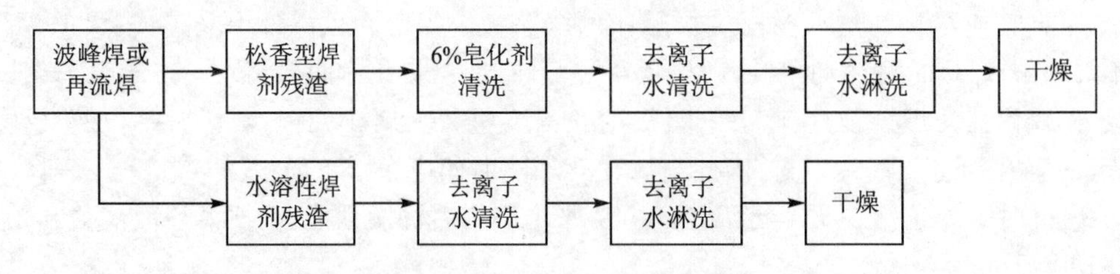


**图 8-28　水清洗工艺技术流程**

③ 超声波清洗：

(a) 超声波清洗原理：超声波清洗的基本原理是“空化效应”，当高于 20 kHz 的高频超声波通过换能器转换成高频机械振荡传入清洗液中，超声波在清洗液中疏密相间地向前辐射，使清洗液流动并产生数以万计的微小气泡的形成。生长及迅速闭合称为空化现象。在空化现象中，气泡闭合时形成约 1 000 个大气压的瞬时高压，就像一连串的“小爆炸”，不断轰击被清洗物表面，并可对被洗涤物的细孔进行轰击，使被清洗物表面及缝隙中的污染物迅速剥落。

(b) 超声波清洗的优点：效果全面，清洁度高；清洗速度快，提高了生产率；不损坏被清洗物表面；减少了人手对溶剂的接触机会，提高工作安全度；可以清洗其他方法达不到的部位；节省溶剂、热能、工作面积、人力等。

### 2. 印刷电路板的修复与改装

#### (1) 修复与改装的要求

修复与改装的要求如下：

① 修复与改装必须以技术文件(技术通知单、技术更改单)为依据，并编制相应的修复或改装工艺。

② 每个印刷电路板焊盘，通常只允许更换一次元器件。

③ 修复与改装中每一道工序完成后，应严格进行检查和检验，否则不准转入下一道工序。

#### (2) 修复与改装的原则

① 修复原则：印刷电路板组装件在装联、调试和试验过程中受到损伤，有必要恢复其功能时，才允许修复。所谓修复，只能是更换元器件及其相连接的部分，以及受损的导线或焊盘。

为保证修复后的印刷电路板组装件的质量和可靠性，对任何一块组装件修复(包括焊接和粘接)的数量应限制在6处。所谓1处是指1个元器件的修复。但是在任意25 $cm^2$ 面积内，涉及焊接操作的修复不得超过3处，涉及粘接的修复不得超过2处。

② 改装原则：印刷电路板组装件改装是电气特性的改变。这种改变可以通过切断印刷导线，增加元器件，以及增加导线(引线)连接等方法实现。

为保证改装后的印刷电路板组件的质量和可靠性，对任何一块组件，在25 $cm^2$ 面积内，改装数量不得超过2处。改装1处是指增添1个元器件多个连接点的改变。

③ 修复与改装的工艺方法：

第一，表面涂层清除法。

① 聚氨酯材料作为三防涂料层喷涂在印刷电路板及其组装件表面，喷涂厚度为30～35 μm。一般可用二甲苯等有机溶剂将涂层软化后，用镊子慢慢撕除。也可涂进口的“去漆膏”去除(去漆膏有毒、腐蚀性也大、一般在靶场使用)。涂层清除后，应彻底清洗已经暴露的地方。

② 硅橡胶、硅凝胶采用手术刀等小心割开要修复与改装部位周围的胶，然后用铲刀铲除。涂层铲除后应彻底清除暴露的地方。

③ 环氧树脂胶用烙铁头加热3～5 min后逐步铲除，直到元器件脱离印刷电路板为止，使用电烙铁头加热铲除时要注意以下两点：应避免印刷电路板的元器件过热损坏；铲除环氧树胶时动作应稳、应避免划伤印刷电路板上的元器件。

第二，焊点清除法。

常用焊点清除有四种方法：

① 连续真空吸锡法：将加热的吸嘴垂直作用于焊点，焊料熔化时，启动真空泵，使焊料从焊点吸走，并沉积在吸锡装置的收集器内。

② 手动吸锡器吸锡法：用电烙铁加热焊点，待焊料熔化后，即用手动吸锡器吸除焊料，操作过程需重复多次，至镊子摇晃引线，不粘连为止。

③ 热气流除锡：用于扁平封装的集成电路。操作时，用专用装置产生的热气流(200～3 000 ℃)，通过喷嘴作用于焊点，在焊料熔化时逐点撬起扁平封装引线。

④ 吸锡器除锡：对双面板的接点可用一端烙铁加热，另一端用吸锡器的方法清除焊点焊料。

第三，受损印制导线修复法。

① 印制导线断裂、刻痕修复：修复前用玻璃纤维擦拭受损印制导线，并用相应的溶剂清洁印制导线断裂处的两端（每端至少有 3 mm 长被擦拭），切割一段镀铜线，长度比断裂处长 6 mm，然后用镊子将镀铜线固定于受损印制导线的中心位置，并焊接就位，最后经清洗后用少量环氧树脂胶涂满全部修复处。

② 隆起印制导线修复：

方法一：印制导线下方使用环氧树脂胶：

修复前用相应的溶剂清洗隆起印制导线的下侧及四周，然后将配制好的环氧树脂胶均匀地加到隆起印制导线的两侧，用热风枪缓慢地吹拂，直到胶液流到隆起印制导线全长的下侧，最后用压块加压印制导线，使其余基板接触，并固化。

方法二：印制导线上方使用环氧树脂胶：

修复前用相应的溶剂清洗隆起的印制导线的表面和四周，然后将配置好的环氧树脂胶均匀地加到隆起的印制导线表面及四周，各个方向距离受损部位至少为3 mm，在固化前不得移动修复的组装件。

③ 印制焊盘修复：修复前首先清除焊点的焊料，并用相应的溶剂清洗焊盘下侧和四周，然后用毛笔、注射器或其他合适工具，在焊盘下侧注入环氧树脂胶，再用压块压住焊盘，并固化。操作时必须防止胶液污染焊盘和金属化孔。

若焊盘与所连接的印制导线已出现裂缝或已断裂时，用裸铜线制造一个带焊盘的印制导线，与原焊盘相互焊接，并涂环氧树脂胶粘固。

第四，引线对导线焊接法。

需要加长元器件引线时，采用引线对导线直接焊接并套热缩套管。这期间引线加长后，导线应用相应的黏接剂（如环氧树脂胶）粘接在印制电路板上，粘接距离应小于 25 mm。

第五，元器件增添法。

方法一：在印制电路板上焊接面增添元器件：

改装前首先清除改装区域表面涂层，并进行清洁处理，然后将经搪锡和成形处理的元器件搭焊在规定的印制导线中心线上，并给元器件点胶固定，搭焊的长度至少为 4 mm，引线直径应小于印制导线宽度的 2/3。如新增元器件跨于印制导线，元器件引线应套绝缘套管。

方法二：在印制电路板元器件面增添元器件：

改装前首先清除改装区域表面涂层，并进行清洁处理，然后再印制电路板上邻近要焊接元器件的印制导线旁边钻安装孔（孔径应比元器件引线直径大于 0.1～0.2 mm），安装孔边缘距印制导线边缘最小为 0.2 mm。将经过搪锡和成形处理的元器件安装于印制电路板上，引线沿印制导线中心放置并焊接。如图 8－29 所示引线直径应小于印制导线宽度的 2/3。

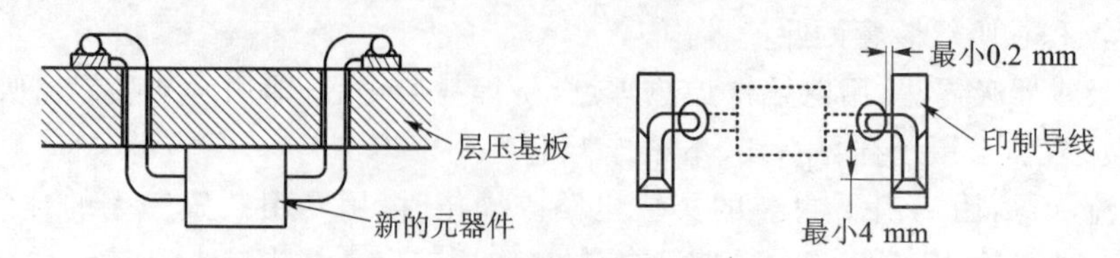


**图 8－29　在印制电路板元器件面增添元器件**

方法三：通过邻近元器件引线，安装增添元器件：

改装前应首先清除改装区域的表面涂层，并进行清洁处理。然后按图 8-30 所示，将引线绕焊于邻近元器件引线上。增添的元器件可以安装在电路板元器件面，也可以安装在焊接面。

第六，扁平封装元器件拆除及更换法。

拆除扁平封装元器件，首先应在引线末端焊接部位轻轻插入一片聚酰亚胺或聚四氯乙烯材料制成的薄片，在焊点加热的同时，薄片向焊接部位移动，并撬起引线。元器件拆除后要认真清洗焊接部位，检查待焊表面，吸除多余焊料，使待焊表面光洁平整。最后安装新的元器件，按焊接工艺要求焊接就位。

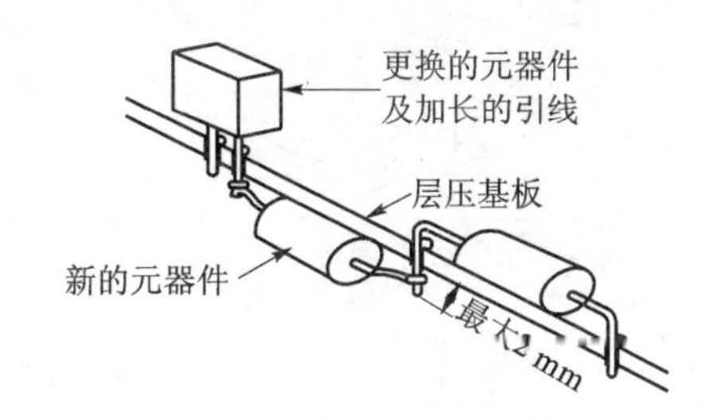


图 8-30　通过邻近元器件引线增添元器件

也可以用热吹风机面对扁平封装元器件的焊接点循环加热，观察锡料呈熔融状态时，用镊子轻轻拨动扁平封装元器件，即可拆除。

第七，元器件连接改装法。

当需要改变元器件到印制电路板的连接状态时，可以采用以下工艺。

方法一：与元器件加长引线连接：

改装前首先清除改装区域的表面涂层，并进行清洁处理，然后拆除需要连接的元器件，安装上新的加长引线的元器件，按工艺要求，将连接导线绕焊在加长引线的元器件上，并将导线按要求粘固在印制电路板上，如图 8-31 所示。

方法二：元器件引线与安装孔中导线相连接：

本方法适用于元器件引线直径大于现有金属化孔直径的场合。首先将一根直径合适的镀锡铜线焊在金属化孔中，再将元器件引线与直立的镀锡铜线相连接，如图 8-32 所示。

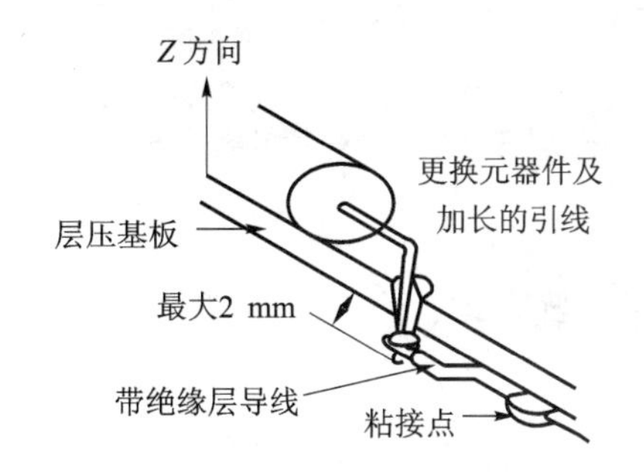


图 8-31　与元器件加长引线的连接

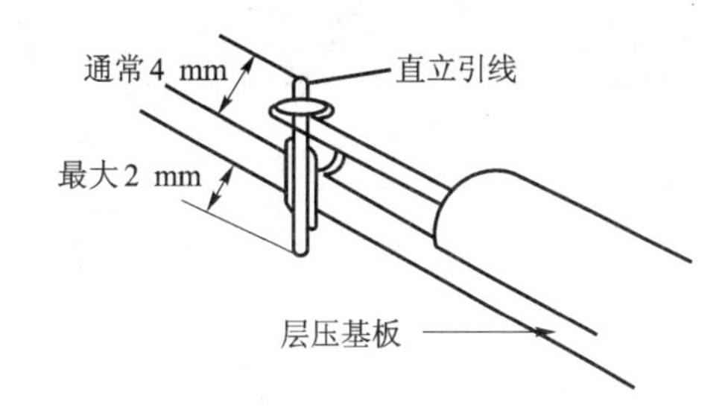


图 8-32　元器件引线与安装孔中导线相连接

方法三：插有扁平引线的金属化孔增加一根连接导线：

本方法适用于金属化孔中插有扁平引线(如双列直插封装引线)，并有可能再插入一根连接导线的场合。首先清除金属化孔四周范围的表面涂层，并进行清洁处理，然后清除占据引线的焊点的焊料，再将导线沿元器件引线的侧面插入金属化孔(导线可以从印制电路板的元器件面或焊接面插入)，并焊接到位，如图 8-33 所示。

方法四：扁平封装引线上增加一根连接导线：

改装前首先清除需连接部位的表面涂层，并进行清洁处理，然后将加工的导线沿引线中心位置处理，并在此位置焊接，如图 8-34 所示。搭接导线直径应小于引线宽度的 2/3。

方法五：元器件引线的绝缘：

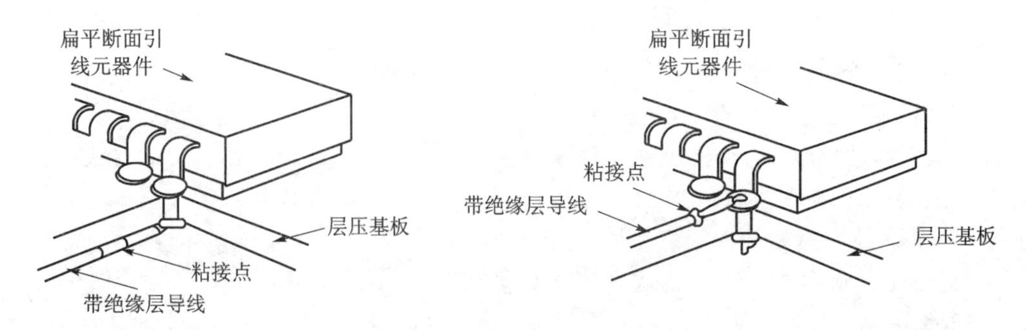


图 8-33 插有扁平引线的金属化孔增加一根连线

本方法适用于元器件引线需要与印制电路板上金属化孔的连接相绝缘的场合。首先按要求拆除元器件，在需要绝缘的位置用电钻钻头金属化孔，并用刮刀清除印制电路板两侧的焊盘。再用稍大一些的钻头钻孔，最后在孔中插入一段聚四乙烯套管，通过绝缘孔插入新的元器件，并来连接导线焊接，如图 8-35 所示。

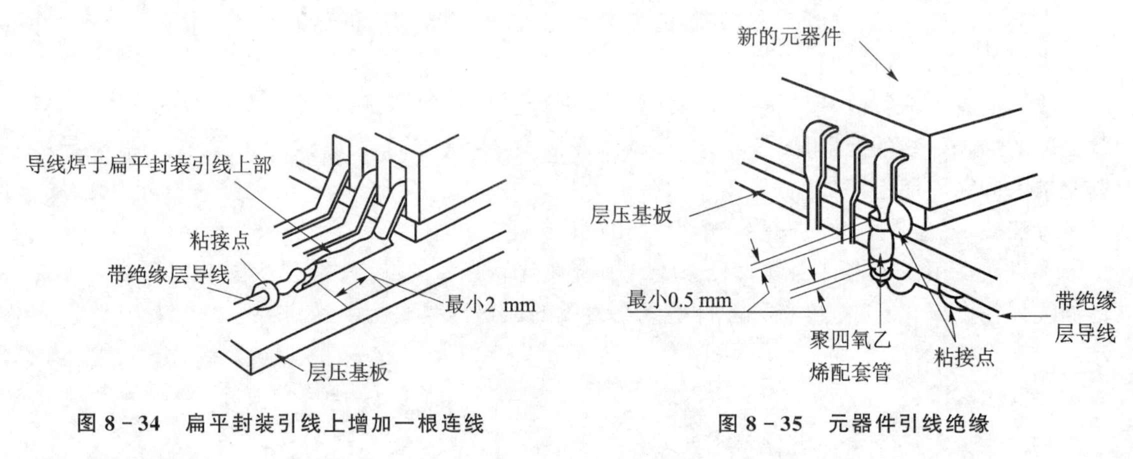


图 8-34 扁平封装引线上增加一根连线

图 8-35 元器件引线绝缘

# 8.3 电子设备装配工艺

电子产品装配是按照设计要求，将各种元器件、零部件、整件装配到规定的位置上，组成具有一定功能的电子产品的过程。电子产品装配包括机械装配和电气装配两大部分，它是生产过程中一个极其重要的环节。

## 8.3.1 装配工艺技术基础

电子产品的使用性能及质量好坏直接影响着人们的生活与工作。因此，生产出高性能、高质量的电子产品已经成为厂家追求的目标之一。电子产品装配的目的，就是以较合理的结构、最简化的工艺实现整机的技术指标，快速而有效地制造稳定可靠的产品。可见，电子产品的装配工作不仅是一项重要的工作，也是一项创造性的工作。要制造出世界上著名的产品，从某种意义上来讲，要靠掌握现代装配技术的工人和技术人员。

### 1. 组装特点及技术要求

#### (1) 组装特点

电子产品属于技术密集型产品，组装电子产品的主要特点如下。

① 组装工作是由多种基本技术构成的，如元器件的筛选与引脚成形技术、线材加工处理技术、焊接技术、安装技术、质量检验技术等。

② 装配操作质量，在很多情况下，都难以进行定量分析，如焊接质量的好坏，通常以目测判断，刻度盘、旋钮等的装配质量多以手感鉴定等。因此，掌握正确的安装操作方法是十分必要的，切勿养成随心所欲的操作习惯。

③ 进行装配工作的人员必须进行训练和挑选，不可随便上岗。不然的话，由于知识缺乏和技术水平不高，就可能生产出次品，一旦混进次品，就不可能百分之百地被检查出来，产品质量就没有保证。

#### (2) 组装技术要求

① 元器件的标志方向应按照图纸规定的要求，安装后能看清元件上的标志。若装配图上没有指明方向，则应使标记向外易于辨认，并按照从左到右、从下到上的顺序读出。

② 安装元件的极性不得装错，安装前应套上相应的套管。

③ 安装高度应符合规定要求，同一规格的元器件应尽量安装在同一高度上。

④ 安装顺序一般为先低后高、先轻后重、先易后难、先一般元器件后特殊元器件。

⑤ 元器件在印制电路板上的分布应尽量均匀，疏密一致，排列整齐美观，不允许斜排、立体交叉和重叠排列。元器件外壳和引脚不得相碰，要保证有 1 mm 左右的安全间隙。

⑥ 元器件的引脚直径与印刷焊盘孔径应有 0.2～0.4 mm 的合理间隙。

⑦ MOS 集成电路的安装应在等电位工作台上进行，以免静电损坏器件。

⑧ 发热元件(如 2 W 以上的电阻)要与印制电路板面保持一定的距离，不允许贴面安装。

⑨ 较大元器件的安装(重量超过 28 g)应采取固定(绑扎、粘、支架固定等)措施。

### 2. 组装方法

组装在生产过程中要占去大量的时间，因为对于给定的生产条件，必须研究几种可能的方案，并选取其中最佳的方案。目前，电子产品的组装方法，从组装原理上可以分为以下三种：

#### (1) 功能法

功能法是将电子产品的一部分放在一个完整的结构部件内。该部件能完成变换或形成信号的局部任务(某种功能)，这种方法能得到在功能上和结构上都属完整的部件，从而便于生产、检修和维护。不同的功能部件(接收机、发射机、存储器、译码器、显示器)有不同的结构外形、体积、安装尺寸和连接尺寸，很难做出统一的规定，这种方法将降低整个产品的组装密度。此法使用于以分立元件为主的产品组装。

#### (2) 组件法

组件法是制造一些在外形尺寸和安装尺寸上都统一的部件，这时部件的功能完整性退居到次要地位。这种方法是针对为统一电气安装工作及提高安装密度而建立起来的。根据实际需要又可分为平面组件法和分层组件法。此法大多用于组装以集成器件为主的产品。规范化带来的副作用是允许功能和结构有某些余量(因为元件的尺寸减小了)。

#### (3) 功能组件法

功能组件法是兼顾功能法和组件法的特点，能制造出既功能完整又较规范的结构尺寸和组件。微型电路的发展,导致组装密度进一步增大,以及可能有更大的结构余量和功能余量。因此,对微型电路进行结构设计时,要同时遵从功能原理和组件原理。

### 8.3.2 装配准备工艺

准备工作包括正确选择导线和元器件的品种规格,合理设计布线,采用可靠的连接技术。准备工艺是保证电子产品质量和性能的重要环节,本章主要介绍导线的加工,元件引脚、导线的浸锡和元件引脚的成形三项常见的准备工艺。

**1. 导线的加工工艺**

在整机装配准备之前,必须对所用的线材进行加工。加工内容包括:剪切、绝缘导线和屏蔽导线端头的加工。

**(1) 绝缘导线的加工工艺**

绝缘导线的加工可分为剪裁、剥头、捻头(多股导线)、浸锡、清洁、印标记等工序。

① 剪裁:根据"先长后短"的原则,先剪长导线,后剪短导线,这样可以减少线材的浪费。剪裁绝缘导线时,要求先拉直再剪裁,其剪切刀口要整齐,不损伤导线。剪裁的导线长度允许有5%～10%的正误差,不允许出现负误差。剪线所用的工具和设备常用的有斜口钳、钢丝钳、钢锯、剪刀、半自动剪线机和自动剪线机等。

② 剥头:剪裁完毕后,将导线端头的绝缘层剥离。剥头长度应符合工艺文件的要求,剥头时不应损坏芯线,使用剥线钳时,注意芯线粗细与剥线口的匹配。剥线长度应根据芯线的截面积、接线端子的形状及连线方式来确定。

③ 捻头:对多股芯线的导线在剪切剥头等加工过程中易于松散,尤其是带有纤维绝缘层的多股芯线,在去掉纤维层时更易松散,这就必须增加捻线工序。进行捻头可以防止芯线松散,便于安装。捻头时要顺着原来的合股方向旋转来捻,螺旋角度一般为30°～45°。捻线时用力要均匀,不宜过猛,否则易将较细的芯线捻断。捻头的方法有手工捻头和机器捻头。使用捻线机比手工捻头效率高、质量好。

④ 上锡:为了提高导线的可焊性,防止虚焊、假焊,避免已剥好的线头氧化,要对导线进行浸锡或搪锡处理。绝缘导线经过剥头和捻头后,应在较短的时间内对剥头部分进行上锡。上锡包括浸锡和搪锡,即把导线剥头部分插入锡锅中浸锡或用电烙铁搪锡。

电烙铁上锡的方法是将电烙铁加热至可以将焊料熔化时,在电烙铁上蘸满焊料,将导线端头放在一块松香上,烙铁压在导线端头,左手慢慢地一边旋转导线一边向后拉出导线。上锡时注意:

(a) 上锡的表面应光滑明亮,无拉尖和毛刺,焊料层厚薄均匀,无残渣和焊剂黏附;

(b) 烙铁头不要烫伤导线的绝缘层。

⑤ 清洁:上锡后的导线端头有时会残留焊料、焊剂的残渣或其他杂质而影响焊接,应及时清洗。清洗液可选用酒精,既能清洁脏物,又能迅速冷却刚完成上锡工艺的导线,保护导线绝缘层。清洁时不允许采用机械方法刮擦,以免伤到芯线。

⑥ 打印标记:复杂的电子装置使用的绝缘导线通常有很多根,需要在导线两端印上字符标记或色环标记等,以便于区分。

**(2) 线扎的加工工艺**

电子产品的电气连接主要依靠各种规格的导线来实现。在一些复杂的电子产品中,连接导线多且复杂。为了简化装配结构，减小占用空间，便于检查、测试和维修等，常常在产品装配时，将相同走向的导线绑扎成一定形状的导线束(又称线扎或线把)。采用这种方式，可以将布线与产品装配分开，便于专业生产，减少错误，从而提高整机装配的安装质量，保证电路工作的稳定性。

① 线扎的分类：根据线扎的软硬程度，线扎可分软线扎和硬线扎两种。软线扎一般用于产品中各功能部件之间的连接，由多股导线、屏蔽线、套管及接线连接器等组成，一般无须捆扎，只要按导线功能进行分组，将功能相同的线用套管套在一起即可。硬线扎多用于固定产品零部件之间的连线，特别在机柜设备中使用较多。它是产品需要将多根导线捆扎成固定形状的线束，这种线扎必须有实样图。

② 常用的几种绑扎线扎的方法：常用的线扎方法有线绳绑扎、黏合剂结扎、线扎搭扣绑扎、塑料线槽布线、塑料胶带绑扎、活动线扎的加工等。

线绳绑扎是一种比较稳固的方法，比较经济，但是工作量较大。绑扎用的线绳材料有棉线、亚麻尼龙线、尼龙丝等。这些线绳可以放在温度不高的石蜡中浸渍一下，以增强绑扎的涩性，使线扣不易松脱。

几根至几十根塑料绝缘导线一般都采用黏合剂结扎的方法黏合成线束。在黏合时，把待黏合的导线拉直、并列、紧靠在玻璃上，然后用毛笔蘸黏合剂涂敷在这些塑料导线上，待黏合剂凝固后便可以获得一束平行的塑料导线。

用线扎搭扣绑扎十分方便，线把也很美观，更换导线方便，常用于大中型电子产品中，但搭扣只能使用一次。用线扎搭扣扎线时，可以采用专用工具拉紧，但更多的是手工拉紧。线扎搭扣不可拉得太紧，以防止破坏搭扣或损伤导线。

对机柜、机箱、控制台等大型电子装置，一般采用塑料线槽布线的方法，成本相对较高，但布线比较省事，更换也比较方便。线槽固定在机壳内部，线槽两端和两边均有出线孔，将准备好的导线以一字排在槽内，不必绑扎。导线排完后，盖上线槽盖即可。

塑料胶带绑扎简便可行，制作效率比线绳高，效果比线扎搭扣好，成本比塑料线槽布线低，在洗衣机等家电中已广泛使用。

插头这一类接插件，因需要拔出插件，其线扎也需要经常活动，所以这种线扎应先把线扎拧成 15°左右的角度，当线扎弯曲时，可使各导线受力均匀，如图 8－36 所示。

**(3) 屏蔽导线的加工工艺**

屏蔽导线(或同轴电缆)的结构要比普通导线复杂，此类导线的导体分为内导体和外导体，故对其进行线端加工处理相对要复杂一些。在对此类导线进行端头处理时，应注意去除的屏蔽层不宜太多，否则会影响屏蔽效果，屏蔽导线的结构如图 8－37 所示。

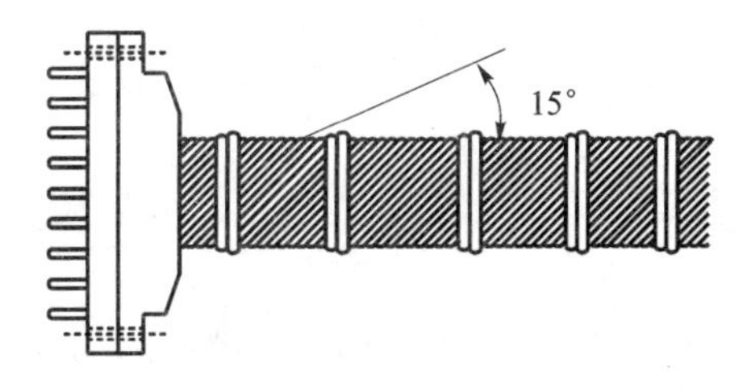


图 8－36　活动线扎的加工

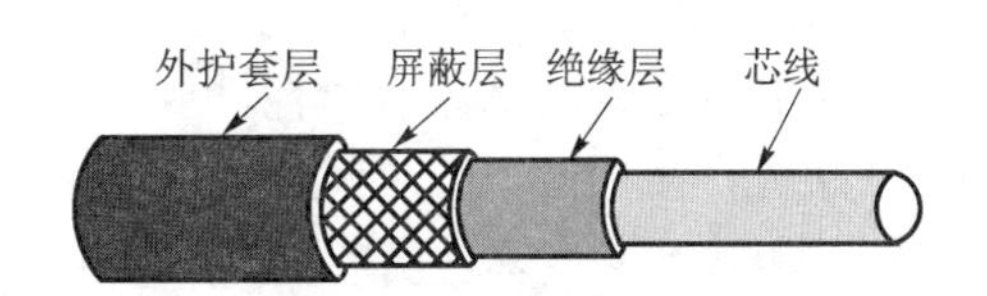


图 8－37　屏蔽导线的结构

屏蔽导线的加工一般包括:不接地线端的加工、直接接地端的加工、导线端头的绑扎处理及插头插座安装等。

1)屏蔽导线不接地时的加工工艺

① 将屏蔽导线尽量铺平拉直,再根据使用的需要裁剪成所需的尺寸,剪裁的长度同样允许有5%~10%的正误差,不允许出现负误差,如图8-38所示。

② 使用热控剥皮器在需要的部位烫一圈,深度直达铜线编织层,再顺着断裂圈到端口,撕下外套的绝缘护套层,如图8-39所示。

③ 对于较细、较软的铜编织线,左手拿住屏蔽线的外绝缘层,用右手指向左推编织线,使编织线推挤隆起,如图8-40所示。

图8-38 加工前的屏蔽导线

图8-39 去掉一段绝缘层

④ 使用剪刀将推挤隆起的编织网线剪掉一部分,如图8-41所示。

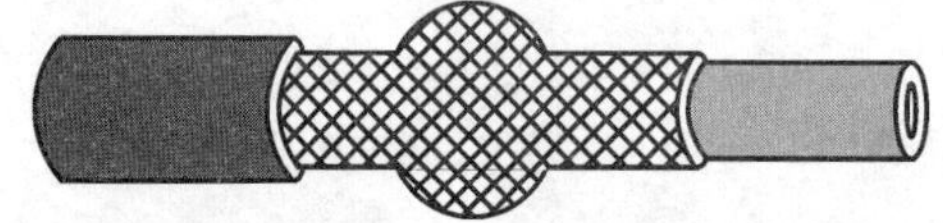

图8-40 将编织网线推挤隆起

图8-41 剪去多余的编织网线

⑤ 将剩余的裸露编织网线翻转,如图8-42所示。

⑥ 再使用热控剥线器去掉一段内绝缘层,如图8-43所示。

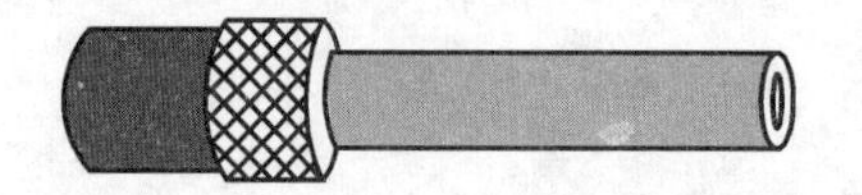

图8-42 将编织网线翻转

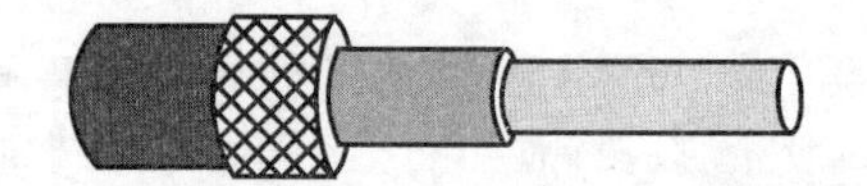

图8-43 去掉一段内绝缘层

⑦ 将裸露的芯线浸锡处理,如图8-44所示。

⑧ 最后在编织网线部分套上热收缩管,如图8-45所示。

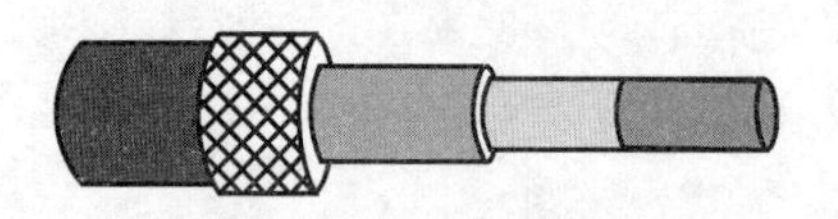

图8-44 芯线浸锡

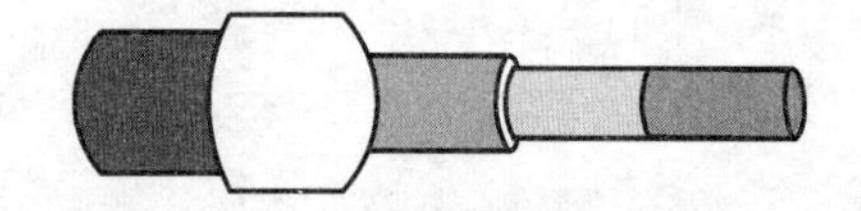

图8-45 套上热收缩管

2)屏蔽导线直接接地时的加工工艺

① 将屏蔽导线尽量铺平拉直,再根据使用的需要裁剪成所需的尺寸,剪裁的长度同样允许有5%~10%的正误差,不允许出现负误差。

② 使用热控剥皮器在需要的部位烫一圈,深度直达铜线编织层,再顺着断裂圈到端口,撕下外套的绝缘护套层。

③ 使用小刀将编织网线划破,如图8-46所示。

④ 使用剪刀将编织网线剪掉一部分，留下细细的一缕，然后拧紧，如图 8-47 所示。

图 8-46　将裸露的编织网线剪开

图 8-47　剪去一部分编织网线并拧紧

⑤ 再使用热控剥线器去掉一段内绝缘层，如图 8-48 所示。

⑥ 在拧紧的编织网线上焊接一小段引脚，用于接地，并将裸露的芯线浸锡处理，如图 8-49 所示。

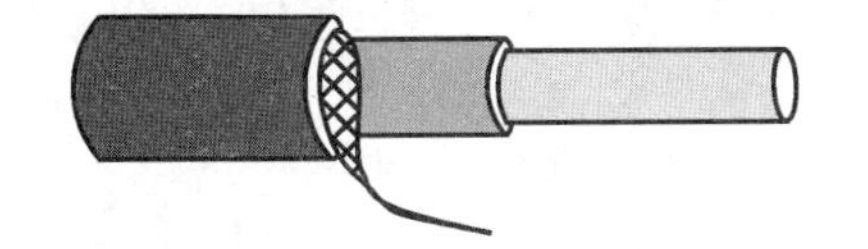

图 8-48　去掉一段内绝缘层

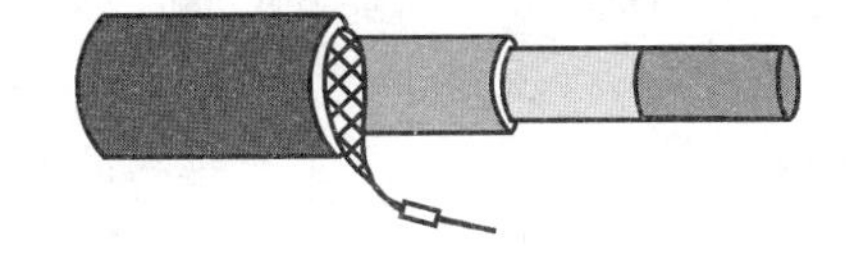

图 8-49　编织线焊上一小段引出线，芯线浸锡

⑦ 加套管：由于屏蔽层处理后有一段多股裸线在外，为提高绝缘性和便于使用，需要加上一段套管。加套管的方法一般有以下三种：

(a)用与外径相适应的热缩管：先套好已剥出的屏蔽层，然后用较粗的热缩管将芯线连同套在屏蔽层的小套管的根部一起套住，留出芯线和一段小套管和屏蔽层。

(b)在套管上开一小口，将套管套在屏蔽层上，芯线从开口处伸出来。

(c)采用专用的屏蔽套管：这种套管的一端只有一段较粗的管口而另一端有一大一小两个管口，分别套在屏蔽层和芯线上。

3）加接导线引出接地端的处理

有时对屏蔽导线(或同轴电缆)还要进行加接导线来对引出的接地线端进行处理。通常的做法是，将导线的线端处剥脱一段屏蔽层，进行整形搪锡，并加接导线做接地焊接的准备。其处理的步骤如下。

① 剥脱屏蔽层并整形搪锡：剥脱方法可采用如图 8-50 所示的方法。在屏蔽线端部附近把屏蔽层开个小孔，挑出绝缘导线(见图 8-50)，把剥脱的屏蔽层编织线整形、捻紧并搪好锡。

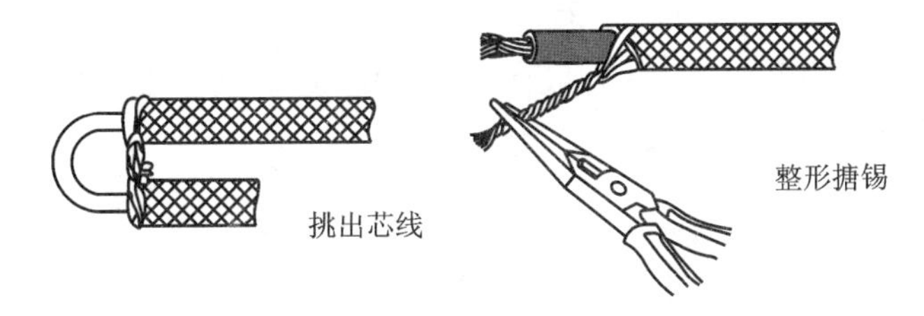


图 8-50　剥脱屏蔽层并整形搪锡

② 在屏蔽层上绕制镀银铜线制作：在屏蔽层上绕制镀银铜线制作地线的方法有两种。

一种方法是在剥离出的屏蔽层下面缠绸布 2～3 层，再用直径为 0.5～0.8 mm 的镀银铜线的一端密绕在屏蔽层端头的绸布上，宽度为 2～6 mm。然后将镀银铜线与屏蔽层焊牢(应焊一圈)，焊接时间不宜过长，以免烫坏绝缘层。最后，将镀银铜线空绕一圈并留出一定的长度用于接地。制作的屏蔽地线如图 8－51 所示。

有时剥脱的屏蔽层长度不够，需加焊接地导线，这时可用第二种方法：把一段直径为 0.5～0.8 mm 的镀银铜线的一端绕在已剥脱并经过整形搪锡处理的屏蔽层上 2～3 圈并焊牢，如图 8－51 所示。

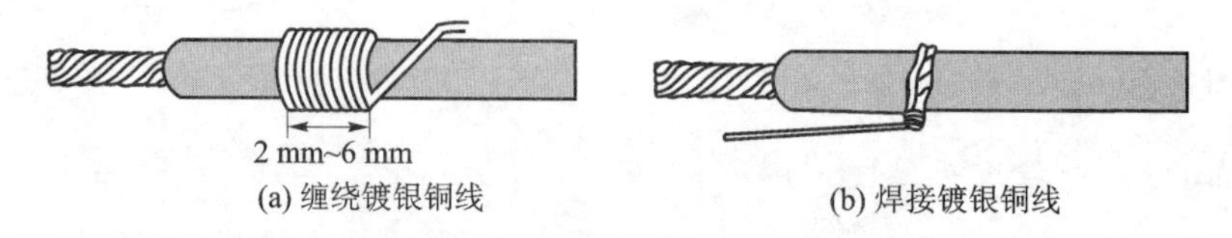


图 8－51 在屏蔽层上绕制镀银铜线制作地线的方法

③ 焊接绝缘导线加套管制作：有时并不剥脱屏蔽层，而是在剪除一段金属屏蔽层之后选取一段长度适当、导电良好的导线焊牢在金属屏蔽层上，再用套管或热塑管套住焊接处，以保护焊点，如图 8－52 所示。

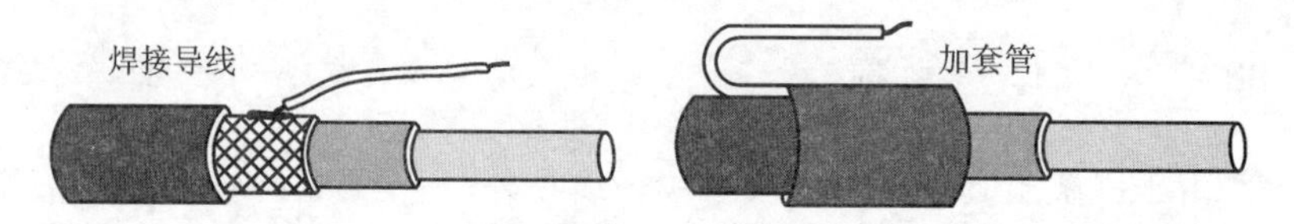


图 8－52 焊接绝缘导线加套管制作地线的方法

## 2. 浸锡工艺

浸锡也称镀锡，是用液态焊锡（焊料）对被焊金属表面进行浸润，形成一层既不同于被焊金属又不同于焊锡的结合层。由这个结合层将焊锡与待焊金属这两种性能、成分都不同的材料牢固地连接起来。其目的是防止氧化，提高焊接质量。一般有锡锅浸锡和电烙铁上锡两种方法。在电子设备维修中，应用更多的电烙铁上锡在前面已有介绍；锡锅浸锡更适用于批量焊接或自动化焊接工艺，此处不再详细介绍。

## 3. 元器件引脚成形工艺

为使元器件在印制电路板上的装配排列整齐，并便于安装和焊接，提高装配质量和效率，增强电子产品的防振性和可靠性，在安装前，根据安装位置的特点及技术方面的要求，要预先把元器件引脚弯曲成一定的形状。元器件的引脚要根据焊盘插孔的设计做成需要的形状，引脚折弯成形要符合后期的安插需要，目的就是使它能够迅速而准确地安插到电路板的插孔内。元器件引脚成形是针对小型元器件的。大型器件不可能悬浮跨接，而是单独立放，而且大部分必须用支架、卡子等固定在安装位置上。小型元器件可用跨接、立、卧等方法进行插装、焊接，并要求受震动时不变动器件的位置。

元器件成形时要注意以下几点：

① 所有元器件引线均不得从根部弯曲，因为根部容易折断，一般应留 1.5 mm 以上。

② 弯曲一般不要成 90°死角，圆弧半径应大于引脚直径的 1～2 倍。

③ 要尽量将有字符的元件面置于容易观察的位置。

## 8.3.3 电子元器件的装配

### 1. 普通元器件的安装

#### (1) 安装方法

元器件的安装方法有手工安装和机械安装两种。前者简单易行，但效率低，误装率高；而后者安装速度快，误装率低，但设备成本高，引脚成形要求严格。

① 贴板安装：安装形式如图8-53所示，它适用于防震要求高的产品。元器件贴紧印制板，安装间隙小于1 mm。当元器件为金属外壳，安装面又有硬质导线时，应加绝缘衬垫或套绝缘管套。

② 悬空安装：安装形式如图8-54所示，它适用于发热元件的安装。元器件距印制板有一定高度，安装距离一般在3～8 mm范围内，以利于对流散热。

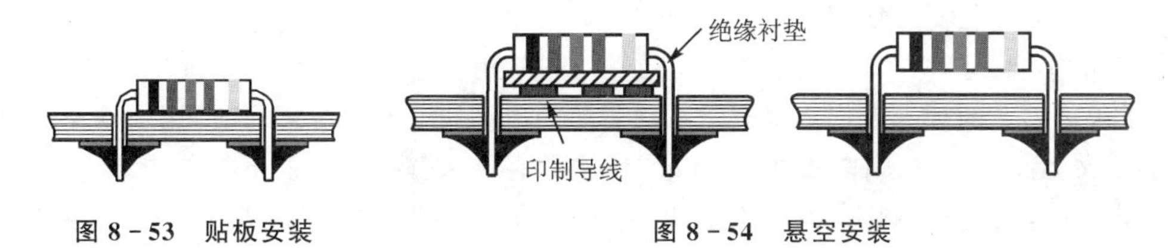


图8-53　贴板安装　　图8-54　悬空安装

③ 垂直安装：安装形式如图8-55所示，它适用于安装密度较高的场合。元器件垂直于印制板，但对质量大引脚细的元器件不宜采用这种形式。

④ 埋头安装(倒装)：安装形式如图8-56所示，这种方式可提高元器件防震能力，降低安装高度。元器件的壳体埋于印制基板的嵌入孔内，因此又称为嵌入式安装。

⑤ 有高度限制时的安装：元器件安装高度的限制，一般在图纸上是标明的，通常处理的方法是垂直插入后，再朝水平方向弯曲。对大型元器件要特殊处理，以保证有足够的机械强度，经得起震动和冲击。

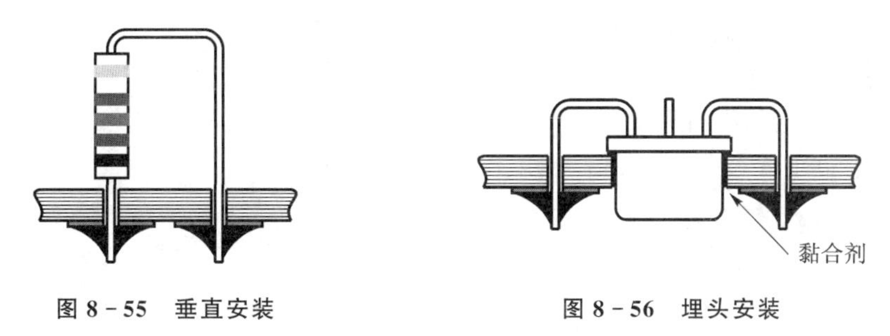


图8-55　垂直安装　　图8-56　埋头安装

⑥ 支架固定安装：这种方法适用于安装重量较大的元件，如小型继电器、变压器、阻流圈等，一般用金属支架在印制板上将元件固定。

#### (2) 元器件安装注意事项

① 元器件插好后，其引脚的外形处理有弯头的，有切断、成形等方法，要根据要求处理好，所有弯脚的弯折方向都应与铜箔走线方向相同。

② 安装二极管时，除注意极性外，还要注意外壳封装，特别是玻璃壳体易碎，引脚弯曲时易爆裂，在安装时可将引脚先绕1～2圈再装。对于大电流二极管，有的则将引脚体当做散热

器，故必须根据二极管规格中的要求决定引脚的长度，也不宜把引脚套上绝缘套管。

③ 为了区别晶体管的电极和电解电容的正负端，一般是在安装时，加带有颜色的套管以示区别。

④ 大功率晶体管一般不宜装在印制板上，因为它发热量大，易使印制板受热变形。

### 2. 特殊元器件的安装

#### (1) 集成电路的安装

集成电路在大多数应用场合都是直接焊接到 PCB 极上的，但不少产品为了调整、升级、维护的方便，常采用先焊接 IC 座再安装集成电路的安装方式。计算机中的 CPU、ROM、RAM 和 EPROM 等器件，引脚较多，安装时稍有不慎，就有损坏引脚的可能。对集成电路的安装还可以选择集成电路插座，因为集成电路的引脚有单列直插式和双列直插式，引脚的数量也不相同，所以要选择合适的集成电路插座。

集成电路的安装要点如下。

① 防静电：大规模 IC 都采用 CMOS 工艺，属电荷敏感型器件，而人体所带的静电有时可高达上千伏。工业的标准工作环境虽然采用了防静电系统，但也要尽可能使用工具夹持 IC 芯片，并且通过触摸大件金属体（如水管、机箱）等方式释放人体所带的静电。

② 找方位：无论何种 IC 芯片在安装时都有方位问题，通常 IC 插座及 IC 芯片本身都有明显的定位标志。

③ 匀施力：安装集成电路在对准方位后要仔细的让每一条引脚于插座口一一对应，然后均匀施力将集成电路插入插座。对采用 DIP 封装的集成电路，其两排引脚之间的距离都大于插座的间距，可用平口钳或用手夹住集成电路在金属平面上仔细校正。现在已有厂商生产专用的 IC 插拔器，给装配集成电路的工作带来很大方便。

#### (2) 大功率器件的安装

大功率器件在工作时要发热，必须依靠散热器将热量散发出去，而安装的质量对传热效率影响很大。以下三点是安装的要领：

① 器件和散热器接触面要清洁平整，保证两者之间接触良好。

② 在器件和散热器的接触面上要涂硅酯。

③ 在有两个以上的螺钉紧固时，要采用对角线轮流紧固的方法，防止贴合不良。

常见功率器件的安装如图 8－57 所示。

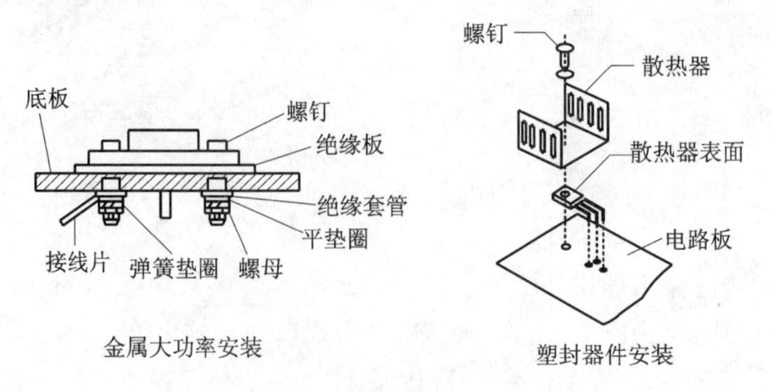


图 8－57　功率器件的安装

**(3) 电位器的安装**

电位器的安装根据其使用的要求一般应注意以下两点。

① 有锁紧装置时的安装：这里指对电位器芯轴的锁紧。芯轴位置是可变的，能影响电阻值。在安装时由固定螺母将电位器固定在装置板上，用紧锁螺母将芯轴锁定。图 8－58 所示为装置的电位器安装。利用锁紧螺母内锥面对弹性夹锥面施加的夹合力将调整芯轴夹紧，在震动冲击中不发生角位移，拧动锁紧螺母不直接碰到芯轴，施加的是渐近力，不影响已调好的轴位，容易锁定在最佳点上，且便于调试。装配中拧动锁紧螺母检查其锁定性能，拧紧时用 2 寸(6.666 6 cm)起子拧到拧不动芯轴为止，而拧松时芯轴应能被轻松地转动。

② 有定位要求时的安装：定位是指元件本身的定位和元件转轴的定位。装配件必须具有两个以上的紧固点才可能得到位置上的固定，因此在元件上往往设置定位圈、定位销和定位凸缘与装置板上相应的定位孔、定位槽相嵌套，当轴向得到固定后，不致产生经向角位移，在安装中必须使定位装置准确入位。

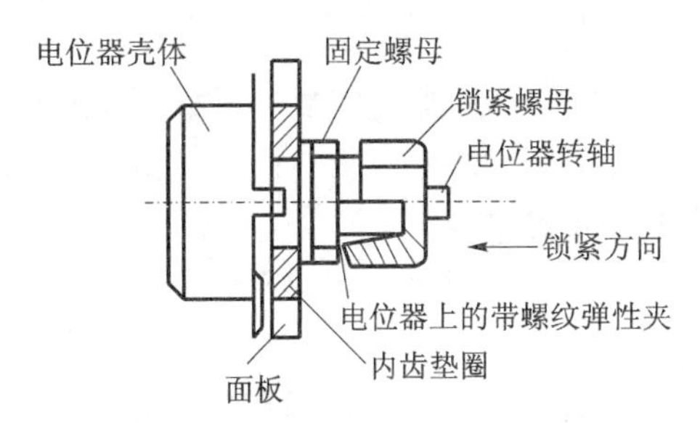


图 8－58 有锁紧装置的电位器安装

**(4) 散热器的安装**

电子产品中大功率元器件的散热通常采用自然散热形式，它包括热传导、热对流、热辐射等几种。功率半导体器件一般都安装在散热器上，图 8－59 所示为几种晶体管散热器安装结构，图 8－59 (a)为引脚固定的中功率晶体管套管状散热器，它依靠弹性接触紧箍在管壳上；图 8－59(b)为用叉指型散热器组装集成电路稳压器，并安装在印制板上进行散热的结构；图 8－59(c)为大电流整流二极管用自身螺杆直接拧入散热器的螺纹孔里进行散热，这样接触面积大，散热效果更好些。

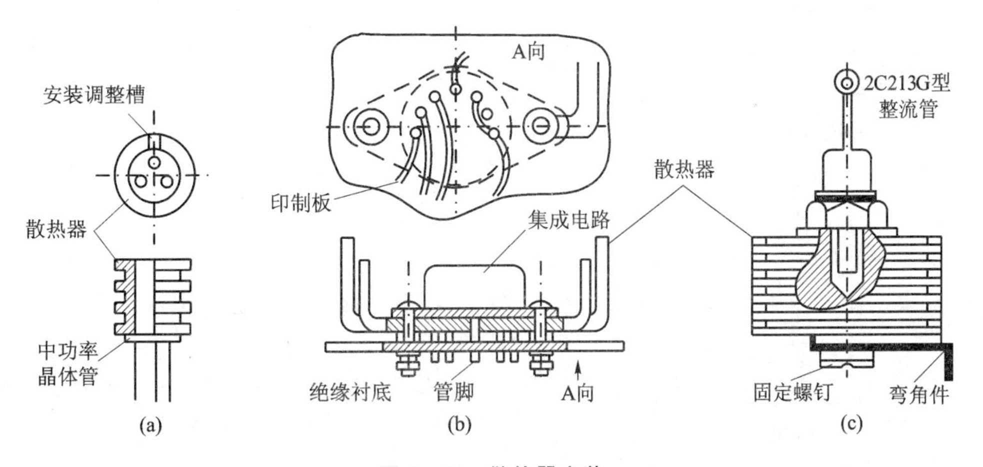


图 8－59 散热器安装

在安装时，器件与散热器之间的接触面要平整、清洁，装配孔距要准确，防止装紧后安装件变形，减小实际接触面积，人为的增加界面热阻。散热器上的紧固件要拧紧，保证良好的接触，以有利于散热。为使接触面密合，往往在安装接触面上涂些硅脂，以提高散热效率，但涂的数量和范围要适当，否则将失去实际效果。散热器的安装部位应放在机器的边沿、风道等容易散热的地方，有利于提高散热效果。叉指型散热器放置方向会影响散热效果，在相同功耗下因放置方向不同而温升较大，如方形叉指型散热器平放（叉指向上）比侧放（叉指向水平方向）的温升稍低，长方形和菱形叉指型散热器平放比横侧放（长轴在水平方向）散热效果要好。在没有其他条件限制时，应尽量注意这个特点。

**(5) 继电器**

继电器和其他电气元件不一样，由电气和机械结构组合在一起，它本身容易失效，在冲击和震动的影响下，继电器的典型故障有：接触不良；衔铁动作失灵或移位；触点抖动使接触电阻不断变化干扰电路工作等。通过选择合理的安装方法，可以提高其抗击震动的能力。

### 3. 表面安装元器件的焊接

随着技术的发展，装备上表面安装元器件（SMD/SMC）越来越多，在进行维修时，有必要了解表面安装元器件的焊接。

**(1) 表面安装元器件质量与开封要求**

表面安装元器件引线变形和氧化，是造成“虚焊”和“引线挂锡少”的主要因素，因此其质量与开封要求如下：

① 元器件外形应适合于自动化安装，尺寸、形状应标准化，并具有良好的精度和互换性，元器件应能承受 10 个再流焊周期，每个周期为 215 ℃、60 s，并能承受 260 ℃的熔融焊料中浸 10 s。

② 元器件外观应无划痕，标志清晰，引出线清洁、无氧化与本体连接可靠。

③ 元器件应真空包装、存放在温度 30 ℃以下，相对湿度小于 60%环境中，有效周期一般为 1 年；对小外形塑料封装（SOP）、方形扁平封装（QFP）、塑料 J 形引线芯片（PLCC）、球栅阵列封装（BGA）等器件，在包装启封后 4 h 内应进行焊接，应在 48 h 内使用完毕，否则，应存放在相对湿度小于 20%的干燥箱内，以防止引出线氧化或污染。

④ 操作人员在拿取 SMD 器件时，应戴好防静电手腕，分料、检验、手工贴装时尽量使用真空吸笔，不要碰伤 SOP、QFP 等器件的引脚，防止引脚起翘变形。

**(2) 印制板要求**

表面组装质量与印制电路板焊盘设计有重要关系。如果印制电路板的焊盘设计正确，贴装时少量的歪斜在再流焊熔融焊锡表面张力作用下能得到纠正（称为自动位或自校正效应）；如果印制电路板焊盘设计不正确，即使贴装位置十分准确，再流焊后也会出现元器件位置偏移、吊桥等焊接不良。

1）焊盘设计要素

① 对称性：两端焊盘必须对称，才能保证熔融焊锡表面张力平衡。

② 焊盘间距：确保元器件焊端或引脚与焊盘搭接尺寸恰当。焊盘间距过大或过小都会引起焊接不良。

③ 焊盘剩余尺寸：元器件端头或引脚与焊盘搭接后剩余尺寸必须保证焊点能够形成“弯月”面。

④ 焊盘宽度：应与元器件端头或引脚宽度基本一致。

2）印制板使用要求

① 印制板开封后不允许用裸手触摸其表面，开封后应在两周内安装完毕。

② 对尚未焊接完的PCB组装件半成品应及时储存在干燥、清洁、无腐蚀气体的环境中。

**(3) 表面安装元器件的手工焊接**

表面安装元器件更多是采用机器焊接(如再流焊等)，但在维修时更多的是采用手工焊接来更换损坏元件，因此，着重介绍表面元器件的手工焊接。

1）焊接准备

① 严格遵守防静电有关规定，用15～20 W内热式电烙铁，直径为$\phi$0.5～$\phi$0.7的焊锡丝，烙铁头的形状、大小应与引线和焊盘的宽窄相近似(烙铁头宽度以2.5 mm为宜，形状多为扁平)。

② 仔细检查元器件和印制电路板焊盘的可焊性，焊盘的表面应光滑、明亮、无针孔或非结晶状态等。片状电路的引线是用模具成型的，焊接时应从存放盒内用真空吸笔取出，元器件引线应满足以下要求：

(a) 应头部齐平、长短一致，长度方向上覆盖引线焊盘的2/3以上。个别引线短，往往是因为根部R角变形引起，可用镊子慢慢拉平。

(b) 引线与焊盘应紧贴，不允许翘起。若有翘起，将器件放在平面上(如玻璃板)，用镊子一一校平。

③ 检查贴片元器件引线与印制电路板焊盘的接触情况，若焊盘镀锡过厚应用吸锡绳吸除后再焊接。

④ 贴装元器件的型号、标称值和极性特征标志等应符合产品的元器件目录表、装配图和明细表要求。

2）元器件贴装

元器件贴装时，贴装方向、位置应准确，符合图纸规定。对于元器件贴放时引线偏离焊盘的尺寸，手工焊接同再流焊要求一致，内容如下：

① 元器件贴装位置应符合图纸工艺要求。

② 因为片式阻容元器件焊接时受自定位效应的作用较大，贴装时，元器件两个焊端要搭接到相应的焊盘上，其宽度方向保证至少有3/4搭接在焊盘上(再流焊时能够自定位，否则会产生移位或吊桥)，如图8-60所示。

③ 对于自定位作用比较小的SOP、SOJ、QFP、PLCC等器件贴装时必须保证引脚宽度的3/4以上处于焊盘上，引脚趾部和跟部也应在焊盘上，如图8-61所示。

④ 如果贴装位置超出偏差允许范围，必须进行人工纠正后再进行焊接，否则必须返修重焊。

⑤ 生产过程中发现贴装位置超出允许偏差范围时应及时修正贴装坐标。

⑥ 元器件的端头或引脚与焊盘图形要求尽量对齐、居中。

注意：如果贴片元器件引脚距离小于1 mm，且引脚数量较多(大于20)的扁平型或超小型器件不建议采用手工焊接。

3）手工焊接

位置对准后手指轻轻按住元器件，用狼毫小毛笔给焊盘、引线涂少许焊剂，先焊元器件四个角的引线，进行定位。

① 烙铁头沾少许焊料，快速焊接其余各引线。由左向右拉焊，不可往返，也可顺着引线的延长方向焊接，补焊时也要由左向右，焊点应符合图 8-62 和图 8-63 要求。

② 焊接完毕，引线若有桥连，当焊锡少时，用针头挑开；当焊锡多时，针头紧挨引线，用烙铁头迅速加热，即可断开，或将烙铁头焊锡擦掉，用烙铁头将短路引脚上余锡撤下，或对焊点加热，同时将板子竖起来并轻轻敲打使其桥接的余锡震下，即可清除造成短路的焊锡。

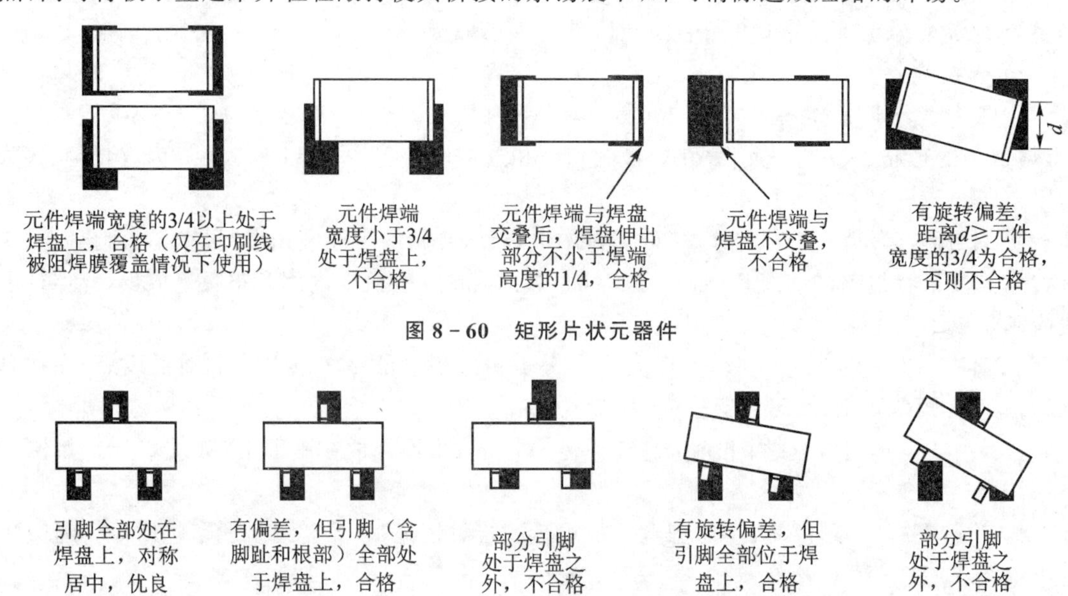


图 8-60　矩形片状元器件

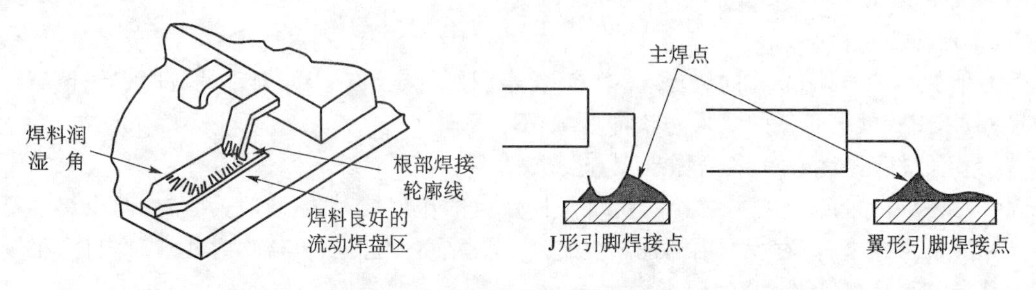


图 8-61　小外形晶体管



图 8-62　扁平引线的焊接要求

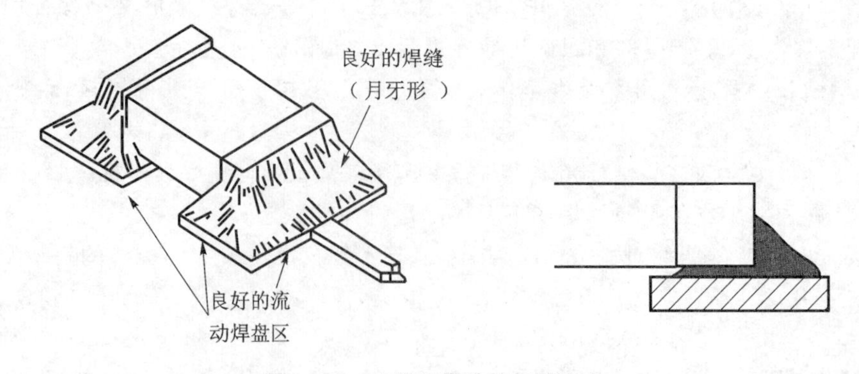


图 8-63　矩形元器件的焊接要求

### 8.3.4　电子设备整机组装

#### 1. 整机组装的结构形式

**(1) 整机结构形式**

电子产品的整机在结构上通常由组装好的印制电路板、接插件、底板和机箱外壳等构成。

印制电路板提供电路元件和器件之间的电气连接，作为电路中元器件的支撑件，起电气连接和绝缘基板的双重功效。

底板是安装、固定和支撑各种元器件、机械零件及插入组件的基础结构，在电路连接上还起公共接地点的作用。对于简单的电子产品也可以省掉底板。

接插件是用于机器与机器之间、线路板与线路板之间、器件与电路板之间进行电气连接的元器件，是用于电气连接的常用器件。

机箱外壳对构成电子产品的所有部件进行封装，起到保护功能部件、安全可靠、体现产品功能、便于用户使用、防尘防潮、延长电子产品使用寿命等作用。

**(2) 整机组装的结构形式**

电子产品机械结构的装配是整机装配的主要内容之一。组成整机的所有结构件，都必须用机械的方法固定起来，以满足整机在机械、电气和其他方面性能指标的要求。合理的结构及结构装配的牢固性，也是电气可靠性的基本保证。

整机结构与装配工艺关系密切，不同的结构要有不同的工艺与之互相适应。不同的电子产品组装，其组装结构形式也不一样。

① 插件结构形式：插件结构形式是应用最广的一种结构形式，主要是由印制板组成。在印制板的一端备有插头，构成插件，通过插座与布线连接，有的直接将引出线与布线连接，有的则根据组装结构的需要，将元器件直接装在固定组件支架(或板)上，便于元器件的组合以及与其他部分配合连接。

② 单元盒结构形式：这种形式是适应产品内部需要屏蔽或隔离而采用的结构形式。通常将这一部分元器件装在一块印制电路板上或支架上，放在一个封闭的金属盒内，通过插头座或屏蔽线与外部接通。

③ 插箱结构形式：一般将插件和一些机电元件放在一个独立的箱体中，该箱体有接插头，通过导轨插入机架上。插箱一般分无面板和有面板两种形式，它往往在电路上和结构上都有相对的独立性。

④ 底板结构形式：该形式是目前电子产品中采用较多的一种结构形式，它是一切大型元器件、印制电路及机电元件的安装基础，常和面板配合，很方便地将电路与控制、指示、调谐等部分连接，一般不是很复杂的产品采用一块底板，有些产品为了便于组装，常采用多块小面积底板分别与支架相连，这对削弱地电流窜扰有利，在整机装配时也很方便。

⑤ 机体结构形式：机体结构决定产品外形并使其成为一个整体结构。它可以给内部安装部件提供组装在一起并得到保护的基本条件，还能给产品装配、使用和维修带来方便。

电子产品的种类不同，其外形有很大的差异。一般机体结构又分为柜式、箱式、台式和盒式四类。尺寸较大的电子产品采用柜式结构，中等结构的电子产品则采用箱式结构，台式和盒式结构常见于民用产品。民用产品的造型美观是十分重要的，通常结构服从于外形并顾及装配和加工工艺，力求简单。

## 2. 整机组装工艺

### (1) 整机组装的内容和基本要求

1) 整机组装的内容

整机组装又叫总装,包括机械的和电气的两大部分工作。具体地说,总装的内容,包括将各零、部、整件(如各机电元件、印制电路板、底座、面板以及装在它们上面的元件)按照设计要求,安装在不同的位置上,组合成一个整体,再用导线(线扎)将元、部件之间进行电气连接,完成一个具有一定功能的完整的机器,以便进行整机调整和测试。

总装的连接方式可归纳为两类,一类是可拆卸的连接,即拆散时不会损伤任何零件,它包括螺钉连接、柱销连接、夹紧连接等。另一类是不可拆卸连接,即拆散时会损坏零件或材料,它包括锡焊连接、胶粘、铆钉连接等。

总装的装配方式,从整机结构来分,有整机装配和组合件装配两种。对整机装配来说,整机是一个独立的整体,它把零、部、整件通过各种连接方法安装在一起,组成一个不可分的整体,具有独立工作的功能。如收音机、电视机、信号发生器等。而组合件装配,整机则是若干个组合件的组合体,每个组合件都具有一定的功能,而且随时可以拆卸,如大型控制台、插件式仪器等。

2) 整机组装的基本要求

电子产品的总装是电子产品生产过程中的一个重要工艺过程环节,是把半成品装配成合格产品的过程。对总装的基本要求如下。

① 总装前组成整机的有关零、部件或组件必须经过调试、检验,不合格的零、部件或组件不允许投入总装线,检验合格的装配件必须保持清洁。

② 总装过程要根据整机的结构情况,应用合理的安装工艺,用经济、高效、先进的装配技术,使产品达到预期的效果,满足产品在功能、技术指标和经济指标等方面的要求。

③ 严格遵守总装的顺序要求,注意前后工序的衔接。

④ 总装过程中,不损伤元器件和零、部件,避免碰伤机壳、元器件和零、部件的表面涂覆层,不破坏整机的绝缘性,保证安装件的方向、位置、极性的正确,保证产品的电性能稳定,并有足够的机械强度和稳定度。

⑤ 小型机大批量生产的产品,其总装在流水线上安排的工位进行。每个工位除按工艺要求操作外,要求工位的操作人员熟悉安装要求和熟练掌握安装技术,保证产品的安装质量。严格执行自检、互检与专职调试检验的“三检”原则,都在总装中的每一个阶段的工作完成后进行检验,分段把好质量关,从而提高产品的一次成功率。

### (2) 整机组装的顺序

电子产品的总装有多道工序,这些工序的完成顺序是否合理,直接影响到产品的装配质量、生产效率和操作者的劳动强度。

整机组装的目标是利用合理的安装工艺,实现预定的各项技术指标。整机组装的顺序是:先轻后重、先小后大、先铆后装、先装后焊、先里后外、先下后上、先平后高、易碎易损件后装,上道工序不得影响下道工序的安装。

### (3) 整机组装工艺流程

1)电子产品装配的分级

电子产品装配是生产过程中一个极其重要的环节,装配过程中,通常会根据所需装配产品的特点、复杂程度的不同将电子产品的装配分为不同的组装级别。

① 元件级组装(第一级组装):这是指电路元器件、集成电路的组装,是组装中的最低级别。其特点是结构不可分割。

② 插件级组装(第二级组装):这是指组装和互连装有元器件的印制电路板或插件板等。

③ 系统级组装(第三级组装):这是将插件级组装件通过连接器、电线、电缆等组装成具有一定功能的完整的电子产品设备。

2) 工艺流程

一般整机组装工艺的具体操作流程图如图8-64所示。

由于产品的复杂程度、设备场地条件、生产数量、技术力量及操作工人技术水平等情况的不同,因此生产的组织形式和工序也要根据实际情况有所变化。例如,样机生产可按工艺流程主要工序进行;若大批量生产,则其装配工艺流程中的印制电路板装配、机座装配及线束加工几个工序,可并列进行;后几道工序则可按如图8-64所示的后续工序进行。在实际操作中,要根据生产人数、装配人员的技术水平来编制最有利于现场指导的工序。

3) 产品加工生产流水线

① 生产流水线与流水节拍:产品加工生产流水线就是把一部整机的装连、调试工作划分成若干简单操作,每一个装配工人完成指定操作。在流水操作的工序划分时,要注意到每个人操作所用的时间应相等,这个时间称为流水的节拍。

装配的产品在流水线上移动的方式有好多种。有的是把装配的底座放在小车上,由装配工人把产品从传送带上取下,按规定完成装连后再放到传送带上,进行下一个操作。由于传送带是连续运转的,所以这种方式的时间限制很严格。

传送带的运动有两种方式:一种是间歇运动(定时运动),另一种是连续的均匀运动。每个装配工人的操作必须严格按照所规定的时间节拍进行。而完成一部整机所需的操作和工位(工序)的划分,要根据产品的复杂程度、日产量或班产量来确定。

② 流水线的工作方式:目前,电视机、录音机、收音机的生产大都采用印制板插件流水线的方式。插件形式有自由形式和强制节拍形式两种。

(a) 自由节拍形式:自由节拍形式是由操作者控制流水线的节拍来完成操作工艺的。这种方式的时间安排比较灵活,但生产效率低。它分手工操作和半自动操作两种类型。手工操作时,装配工按规定插件,剪掉多余的引脚,进行手工焊接,然后在流水线上传递。半自动化操作时,生产线上配备着具有剪掉多余的引脚功能的插件台,每个装配工人独用一台。整块印制板上组件的插装工作完成后,通过宽度可调、长短可随意增减的传送带送到波峰焊接机上。

(b) 强制节拍形式:强制节拍形式是指插件板在流水线上连续运行,每个操作工人必须在规定的时间内把所要求插装的元器件、零件准确无误地插到印制板上。这种方式带有一定的强制性。在选择分配每个工位的工作量时,应留有适当的余地,以便既保证一定的劳动生产率,又保证产品质量。这种流水线方式,工作内容简单,动作单纯,记忆方便,可减少差错,提高效率。

**(4) 整机组装的质量检查**

产品的质量检查是保证产品质量的重要手段。电子产品整机组装完成后,按配套工艺和技术文件的要求进行质量检查。检查工作应始终坚持自检、互检、专职检验的“三检”原则,其程序是:先自检、再互检,最后由专职检验人员检验。通常,整机质量的检查有以下几个方面。

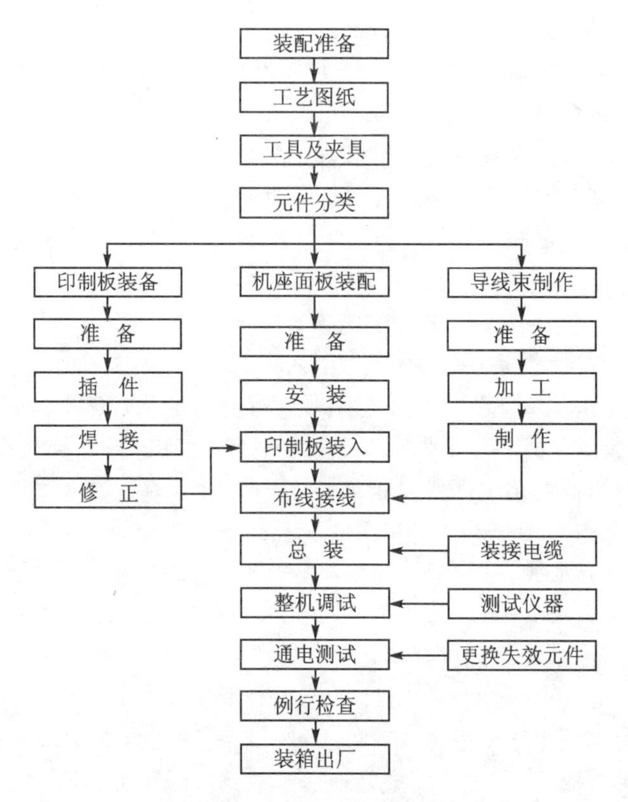


**图 8-64 装配工艺流程图**

1）外观检查

装配好的整机应该有可靠的总体结构和牢固的机箱外壳，整机表面无损伤，涂层无划痕、脱落，金属结构无开裂、脱焊现象，导线无损伤、元器件安装牢固且符合产品设计文件的规定，整机的活动部分自如，机内无多余物，如：焊料渣、零件和金属屑等。

2）装连的正确性检查

装连的正确性检查主要是指对整机电气性能方面的检查。检查的内容是：各装配件（印制电路板、电气连接线）是否安装正确，是否符合电路原理图和接线图的要求，导电性能是否良好等。批量生产时，可根据有关技术文件提供的技术指标，预先编制好电路检查程序表，对照电路图一步一步地检查。

3）安全性检查

电子产品是给用户使用的，因而对电子产品的要求不仅是性能好、使用方便、造型美观、结构轻巧、便于维修外，安全可靠是最重要的。一般来说，对电子产品的安全性检查有两个主要方面，即绝缘电阻和绝缘强度。

① 绝缘电阻的检查：整机的绝缘电阻是指电路的导电部分与整机外壳之间的电阻值。绝缘电阻的大小与外界条件有关，在相对湿度不大于 80%、温度为 25 ℃(1±5) ℃的条件下，绝缘电阻应不小于 10 MΩ；在相对湿度为 25%±5%、温度为 25 ℃+5 ℃的条件下，绝缘电阻应不小于 2 MΩ。

一般使用兆欧表测量整机的绝缘电阻。整机的额定工作电压大于 100 V 时，选用 500 V 的兆欧表；整机的额定工作电压小于 100 V 时，选用 100 V 的兆欧表。

② 绝缘强度的检查：整机的绝缘强度是指电路的导电部分与外壳之间所能承受的外加电压的大小。

检查的方法是在电子设备上外加实验电压，观察电子设备能够承受多大的耐压。一般要求电子设备的耐压应大于电子设备最高工作电压的两倍以上。

除上述检查项目外，根据具体产品的具体情况，还可以选择其他项目的检查，如：抗干扰检查、温度测试检查、湿度测试检查、震动测试检查等。

# 8.4 电子设备调试工艺

## 8.4.1 概述

维修更换的元器件特性参数与原设计用器件存在微小差异，加之在装配过程中产生的各种分布参数的影响，故在整机电路维修完成后，必须通过调试才能验证维修后设备是否达到规定的技术要求。

**1. 调试工作的内容**

调试工作包括测试和调整两部分内容。可以概括为，通过测试，以确定产品是否合格，对不合格产品，通过调整，使其技术指标达到要求。

① 测试：主要是对电路的各项技术指标和功能进行测量与试验，并同设计的性能指标进行比较，以确定电路是否合格。它是电路调整的依据，又是检验结论的判据。

② 调整：主要是对电路参数的调整。一般是对电路中可调元器件（如可调电阻、可调电容、可调电感等）以及机械部分进行调整使电路达到预定的功能和性能要求。

**2. 调试方案的制订**

调试方案是指一系列适用于调试某产品的具体内容和项目、调试步骤和方法、测试条件和测试设备、调试作业流程和安全操作规定。调试工艺方案的好坏直接影响到生产调试的效率和产品质量控制，所以，制定调试方案时内容一定要具体、切实可行，测试条件应该明确清晰，测试设备要选择合理，测试数据要尽量表格化。调试方案的制定一般有以下5个内容：

① 确定测试项目以及每个子项目的调试内容和步骤、调试要求。

② 合理安排调试流程：一般调试工艺流程的安排原则是先调试结构部分，后调试电气部分，先调试部件，后调试整机，先调试独立项目，后调试相互有影响和制约的公共项目。对调试指标的顺序安排应该是先调试基本指标，后调试对产品质量影响较大的指标。

③ 合理安排好调试工序之间的衔接：在流水作业方式的生产中，对调试工序之间的衔接要求很高，衔接不好，整个生产线会出现瓶颈效应甚至造成混乱。为了避免流水作业中出现重复和调乱可调元件的现象，必须规定调试人员除了完成本工序的调试任务以外，不得调整与本工序无关的部分，调试完成后还要做好调试标记（如贴标签或者蜡封、红油漆点封等），在本工序调试的项目中如果遇到不合格的电路板或部件，在短时间内难以排除时，应做好故障记录后放在一边，以备转到维修部门或者返回上道工序生产调试车间处理。

④ 调试手段及调试环境的选择：调试手段越简单越好，调试的参数越少越好，调试设备越少越好。调试仪器的摆放应该遵循就近、方便、安全的原则，应该充分利用高科技手段，例如计算机自动化测试。另外，要重视调试环境，应该尽量减小诸如电磁场、噪声、潮湿、温度等环境

因素对调试工作带来的影响。

⑤ 编制调试工艺文件：调试工艺文件主要包括调试工艺卡、调试操作规程、安全操作规程、质量分析表的编制。

## 8.4.2 调试仪器

### 1. 调试仪器的选择

在调试工作中，调试质量的好坏，在一定程度上，取决于调测试仪器的正确选择与使用。因此，在选择仪器时，应把握以下原则：

① 调试仪器的工作误差应远小于被调试参数所要求的误差。

② 仪器的输入/输出范围和灵敏度，应符合被测电量的数值范围。

③ 调试仪器量程的选择，应满足测量精度的要求。

④ 测试仪器输入阻抗的选择应满足被测电路的要求。

⑤ 测试仪器的测量频率范围，应符合被测电量的频率范围。

### 2. 调试仪器的配置

一项测试究竟要由哪些仪器及设备组成，仪器及设备的型号如何确定，必须依据测试方案来确定。测试方案拟定之后，为了保证仪器正常工作且达到一定精度，在现场布置和接线方面需要注意以下几个问题。

① 各种仪器的布置应便于观测：确保在观察波形或读取测试结果（数据）时视差小，不易疲劳。例如，指针式仪表不宜放得太高或太偏，仪器面板应避开强光直射等。

② 仪器的布置应便于操作：通常根据不同仪器面板上可调旋钮的布置情况来安排其位置，使调节方便、舒适。

③ 仪器叠放置时，应注意安全稳定及散热条件。把体积小、重量轻的放在上面。有的仪器把大功率晶体管安装在机壳外面，重叠时应注意不要造成短路。对于功率大、发热量多的仪器，要注意仪器的散热和对周围仪器的影响。

④ 仪器的布置要力求连接线最短：对于高增益、弱信号或高频的测量，应特别注意不要将被测件输入与输出的连接线靠近或交叉，以免引起信号的串扰及寄生振荡。

## 8.4.3 调试工艺技术

不论是部件调试还是整机调试，对于调试岗位，调试工作的一般程序如图 8-65 所示。

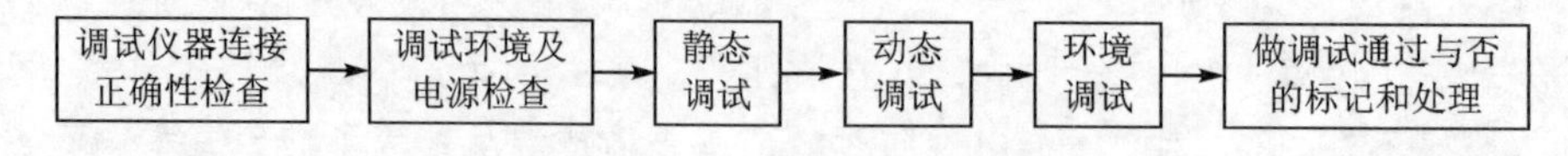


图 8-65 调试工作的一般程序

调试仪器连接正确性的检查：主要检查调试用的仪器之间不要连错，包括极性、接地、测试点、输入/输出连接等。

调试环境及电源检查：主要检查调试环境是否符合调试文件所规定的要求，例如，调试环境及周围有没有强烈的电磁辐射和干扰、有没有易燃易爆物质、电源的电压或频率是否符合要求等。

静态调试：主要完成静态工作点的调试和产品工作电流、逻辑电平的测试。

动态调试：主要完成产品的动态工作电压、各点波形、相位、功率、频带和放大倍数、输入/输出阻抗的测试。

环境测试：主要是根据产品环境测试要求完成产品的环境试验，例如温度、湿度、压力、运输、电源波动、冲击等的产品性能测试。一般环境测试都有专门的试验员或者检验员以及相应的产品环境测试大纲，本章不讨论这个内容。

做调试通过与否的标记和处理：调试过程中发现了不合格产品，应该立即做好记录并且放入不合格产品库中以便返回有关车间或者上道工序检查维修，调试合格的产品也要做好登记并且贴上合格标记。

# 本章小结

在技术原理相同的情况下，生产工艺决定了设备性能的好坏，因此维修工艺在设备维修中具有重要地位。本章从以电子设备的研制流程为参考，介绍了电子设备维修必备的维修工艺，包括装连工艺、焊接工艺、装配工艺和调试工艺，其中焊接工艺和装配工艺是开展电子设备重点掌握的维修工艺。电子设备维修工程师或学习人员应在了解工艺的基础上，重点通过实践训练来掌握相应的维修工艺。

# 思考题

① 简述导线连接有哪些方式？

② 简述手工锡焊的流程。

③ 手工锡焊有哪些方法？各是什么含义？

④ 合格焊点有哪些基本要求？

⑤ 印制电路板修复工艺分为几个步骤？

⑥ 电子设备组装的方法有哪些？

⑦ 导线的加工工艺有哪些？

⑧ 电子设备整机组装的结构形式有哪些？

⑨ 简述电子设备调试的一般程序有哪些？

# 课外阅读

## 国内外集成电路技术发展现状分析

目前，集成电路技术已经进入纳米时代，世界上多条 90 nm/12 英寸的生产线已进入规模化生产；65 nm 的生产技术已经基本成型，采用 65 nm 技术的产品已经出产。集成电路设计技术中，EDA 工具已经成为必备基础手段，一系列设计方法学的研究成果在其中得以体现并在产品设计过程中发挥作用，IP 核服用技术已经被广泛应用，相关产业即将成熟，系统级芯片(SOC)的设计思想在实际应用中得到广泛应用，并处于逐渐丰富和完善之中；芯片制造技术得益于光刻技术、SOI(Silicon on Insulator)技术、铜互连等技术的突破，目前已经达到 90 nm 的水平并且正在向 65 nm 工艺节点前进的封装技术中，封装形式的主流已经转变，新型封装技术的应用正在增多，以 SP(System in Package)封装为代表的下一代封装形式已经出现，封装与组装的界限已经变得模糊；测试技术从相关领域中的分离已经成为定局，测试系统向高速、多引脚、多器件并行同测、SOC 测试的方向发展明确。

## 一、集成电路设计技术

随着工艺技术水平的不断提高，早期的人工设计已逐步被计算机辅助设计(CAD)所取代，目前已进入超超大规模集成电路设计和 SOC 设计阶段。在集成电路设计技术中最重要的设计方法、EDA 工具及 IP 核三个方面都有新的发展：半定制正向设计成为世界集成电路设计的主流技术，而全定制一般应用在 CPU(Central Process Unit)等设计要求较高的产品中，逆向设计多应用于特定的集成电路设计过程中，当今世界领先的 EDA 工具基本掌握在世界专业 EDA 公司手中，如益华计算机(Cadence)、新思科技(Synopsys)、明导科技(Mentor Graphics)和今年发展迅猛的迈格玛(Magma)，它们的世界市场占有率达 60%以上，世界上 IP 专营公司日渐增多，目前自主开发和经营 IP 核的公司有英国的 ARM 和美国的 DeSOC 等，世界 IP 核产业已经初具规模。

在我国，近年来集成电路设计业得到了长足发展，大唐微电子、杭州士兰、珠海炬力、华大等专业设计公司已经崭露头角，年销售额已经达到几亿元人民币。其设计能力达到 0.25～0.18 μm，高端设计达到 0.13 μm。我国集成电路设计已经从逆向设计过渡到正向设计，全定制的设计方法也在某些电路设计中得到体现。但值得指出的是，我国集成电路设计公司基本上都是依赖国际先进的设计工具。

在 EDA 工具方面，华大集成电路设计中心是我国大陆唯一研发 EDA 工具的科研机构。该设计中心已经成功开发出全套 EDA 工具软件包——熊猫九天系列(Zeni 系列)。虽然我国在 EDA 工具研发方面取得了一定的成绩，但产品仍未达到普及的水平，还不能与世界顶尖厂家在高层次、高水平上竞争。

在 IP 核方面，我国 IP 核技术的发展相对落后，研发总量不大，未能形成规模市场，而且还存在着接口标准不统一、复用机制不健全以及知识产权保护力度不够等问题，加之国际大型 IP 公司纷纷以各种合作的方式向国内企业以低价甚至免费方式授权使用其 IP 核产品，对我国 IP 核产品的市场化形成非常大的阻力。

## 二、集成电路芯片制造技术

当前，国际先进的集成电路芯片加工水平已经进入 90 nm，而且正在向 65 nm 水平前进，65 nm 以下设备已逐步进入实用，45～22 nm 设备和技术正在研发当中。在芯片制造技术领域的一个显著特点是，集成电路工艺与设备的结合更加紧密，芯片制造共性工艺技术的开发越来越多地由设备制造商来承担。目前，设备制造商的职责已经从单纯地提供硬件设备转变为既要提供硬件设备又要提供软件(含工艺菜单)、工艺控制及工艺集成等服务的总体解决方案，芯片制造技术越来越多地融入设备之中。

我国集成电路芯片制造技术水平与世界先进水平相差巨大。近年来在全球市场兴旺发展大潮的带动下，我国集成电路产业投资加大，国际合作的大环境促进了产业从境外向我国大陆转移，中芯国际、上海华虹 NFC 等大型芯片制造企业已经具备大规模集成电路的生产能力。

目前,我国 8 英寸晶片制造产能快速扩充,主流制造工艺水平为 0.18 μm。虽然我国集成电路芯片制造业近年来大规模发展,但不容忽视的是生产过程中所用到的设备基本上都是从国外进口的。以光刻机为例,我国集成电路生产线中的光刻机基本都是从欧美和日本进口的,尤其是 0.5 μm 以下的光刻机百分百都来自国外。可喜的是,在"十五""十一五""十二五"规划期间,国家都安排了集成电路专用设备重大科研专项,包括 100 nm 分辨率集成电路光刻机、等离子刻蚀机和大倾角离子注入机,目前相关设备的研究已经取得成果,等离子刻蚀机、大角度离子注入机已经进行生产,并被中芯国际等企业批量采购。

## 三、集成电路封装技术

集成电路封装技术的发展主要体现在封装方式上。最早的集成电路封装技术起源于半导体器件封装技术,封装方式是 TO 型(礼帽型)金属壳和扁平长方形陶瓷壳,时至今日,封装方式已经发展到几大类和若干小类,包括:

① 直插式,包括单列直插式(SIP)、双列直插式(DIP)等。

② 引线芯片载体,包括引线陶瓷芯片载体(LCCC)、塑料有引线芯片载体(PLCC)等。

③ 四方型扁平封装(QFP),如薄型 QFP(TQFP)等。

④ 小外形封装(SOP),包括 J 型引脚小外形封装(SOJ)、薄小外形封装(TSOP)等。

⑤ 阵列式封装,包括针栅阵列封装(PGA)、球栅阵列(BGA)、柱栅阵列(CGA)等封装。

进入 21 世纪以来,新型的封装方式不断出现,其中以芯片级封装(Chip Size Package, CSP)、多芯片/三维立体封装(Multi Chip Pacakaging, MCP/3D)、晶片级封装(Wafer Level Packaging, WLP)等几型新型封装技术最为引人瞩目,这几种新型的封装方式代表着当今封装技术的最先进水平。CSP 是一种封装尺寸最接近裸芯片尺寸的小型封装,目前,CSP 技术已经趋于成熟,被众多的产品所选用。WLP 技术是在芯片制造工序完成后,直接对晶片利用半导体工艺进行后续封装,而后再切割分离成单个器件。使用 WLP 封装方式,可以提供相当于芯片尺寸大小的小型组件。三维立体封装是指在垂直于芯片表面的方向上堆叠、互连两片以上裸芯片的封装方式,其空间占用小,电性能稳定。目前,采用三、四或五层裸芯片构成的堆叠式存储器产品已经出现。除此之外,诸如系统级封装等下一代封装技术也由专家和研发机构提出,相关的基础研究已经开展。每一代封装技术的产生和推广,均有相应的加工设备作为支撑,目前国际上各类先进封装设备在封装方式、封装速度和封装可靠性等方面均可满足大规模、快变化的工业生产需要,而且大有向专业设备寡头化发展的趋势。

近些年来,我国在集成电路封装设备方面的开发和设备国产化方面有了一定的进展,典型设备包括:铜陵三佳公司研制的集成电路塑封模具、塑封压机,振华集团建新分公司研制的塑封压机,中电 45 所研制的全自动引线键合机和全自动芯片键合机等。经过多年的努力,国内一些单位在某些单台集成电路专用设备研发上填补了我国在封装设备领域的空白,但无论从设备先进性和整体规模方面,距离满足大工业化生产的要求还有很大的差距,距离世界先进设备的水平,相差更远,而且国内封装技术发展速度明显变缓。我国国内的集成电路封装大厂基本是合资或独资企业,所拥有的封装技术基本来自国外。

## 四、集成电路测试技术

测试技术的进步主要体现在测试设备的发展上,测试设备从测试小规模集成电路发展到测试中规模、大规模和超大规模集成电路,设备水平从测试仪器发展到测试系统。现今测试系统已经向高速、多引脚、多器件并行同测和SOC测试的方向发展。世界先进的测试设备技术,基本掌握在美国、日本等专业测试设备生产厂家手中,如美国泰瑞尼(TERADYNE)、安捷伦(Agilent Technologies)公司、日本爱德万测试(ADVANTEST)公司等。国产集成电路测试设备虽有一定的发展,但与国际水平相比仍存在较大的差距。市场上各种型号的国产测试仪,中小规模占80%,只有少数采用计算机辅助测试的设备可称之为测试系统,但由于价格、可靠性、实用性等因素导致没有实用化。在大规模集成电路测试系统方面一片空白,国内所用的设备,完全是随生产线一起引进的。

# 第 9 章　综合故障诊断设备

**导语**：随着电子设备性能越来越高，其组成越来越复杂，采用简单仪器组合或手工方式已经不能满足电子设备故障诊断与维修的需要。因此，以计算机和软件为核心，综合采用总线、虚拟仪器、网络化测试等新型技术的综合故障诊断设备越来越受到重视。了解掌握电子设备的综合故障诊断设备开发流程、基本架构等知识有助于熟练运用诊断设备开展电子设备的故障诊断与维修工作。

## 9.1　综合故障诊断设备开发流程

故障诊断设备一般由三大部分即故障诊断设备硬件平台、测试诊断程序集和软件平台所组成。其开发与集成过程与一般应用系统的开发与集成相似，大致可分为需求分析、体系结构选择与分析和硬件平台的选择与配置；需求分析主要涉及功能分析、目标信号类型及特征分析、拟测参数定义、可测性分析等；体系结构选择与分析主要涉及硬件平台和软件平台，其中，硬件平台主要涉及接口总线分析、硬件体系结构分析、控制器选择与分析；软件平台主要涉及软件运行环境分析、操作系统选择与分析、开发平台选择与分析、数据库选择与分析；硬件设备选择与配置主要涉及测量仪器模块选择、UUT 接口连接设计和特殊参量指标的处理，如图 9－1 所示。

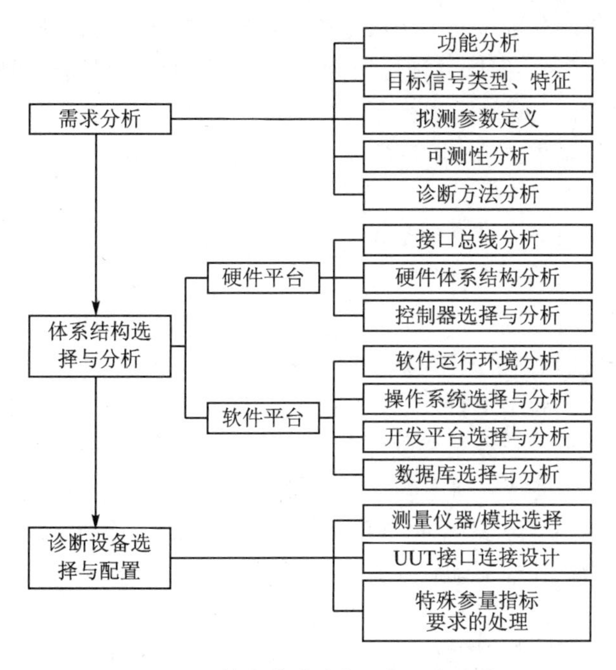


**图 9－1　综合故障诊断设备开发步骤**

在开发电子设备故障诊断系统时可按照图 9－1 所示的基本开发步骤来进行，但在具体执行时，其步骤具体化，而且在针对某项内容进行开发时，往往是多个步骤或多个流程的循环进行。实践证明,开发一套故障诊断系统的经典流程如图 9-2 所示。

系统需求分析的任务是根据实际系统的诊断需求确定诊断程序集的研制任务,编制研制要求,确定被测对象 UUT 清单和主要的诊断指标。

系统设计的任务是根据研制要求分析系统诊断需求,确定系统硬件构型、软件平台、TP 开发环模、研制策略等问题,讨论总体技术方案,研究系统中的关键技术问题,编制系统技术方案提交用户和专家组评审,系统技术方案评审通过后开始组织以后的各项工作。

UUT 诊断需求分析针对每一个 UUT 进行详细的诊断需求分析,编制诊断需求文档并得到 UUT 承制方和专家组的认可。

硬件需求分析的任务是根据所有 UUT 诊断需求文档,归纳分析出系统的硬件资源的需求情况。

硬件初步设计的任务是根据硬件需求情况确定硬件设计原则和设计规范,确定阵列接口信号定义与说明,制定适配器设计规范。

硬件详细设计包括订购货架产品硬件和研制专用测量诊断资源硬件。

适配器研制可根据 UUT 诊断需求文档,对适配器进行适当规划,可考虑多个 UUT 共用一个适配器。然后根据阵列接口信号定义与说明、UUT 接口信号定义及诊断需求,设计适配器和测试电缆,并交付生产。

硬件系统集成的任务是将所有诊断资源连接安装起来,在软件平台及仪器驱动程序的支持下进行硬件集成,要求所有测量诊断资源工作正常,程控资源控制准确可靠,仪器性能指标满足要求。硬件系统集成时可采用仪器面板和软件面板的控制方式进行试验,也可直接采用自检适配器和自检程序进行试验和验收。

系统软件需求分析的任务是对整个故障诊断系统的软件包括诊断程序集、诊断软件平台、仪器驱动程序等进行分析和评估,并随后通过“软件系统和段设计”合理划分软件功能和结构,制定诊断程序开发要求。

诊断软件需求分析是根据 UUT 诊断需求和诊断程序开发要求对某个 UUT 的诊断程序进行软件需求分析。

诊断软件设计包括概要设计和详细设计,编制软件设计文档。

诊断软件编程调试是根据软件设计文档,在软件平台和仪器驱动程序的支持下编写程序代码,并在一起驱动程序仿真状态进行程序调试。仿真调试过的各个 UUT 测量诊断程序同样可在仿真状态下进行“软件集成”。如果软件平台和仪器驱动程序不具备仿真功能,则调试和软件集成必须在硬件平台上进行,或直接进行“硬件和软件系统集成”。

硬件和软件系统集成的任务是将硬件系统和软件系统集成在一起进行联调,这个阶段必须对每个 UUT 诊断程序进行逐项实验,并进行验收试验。验收试验后 ATS 可交付使用方试用和使用,研制方的后续工作就是根据试用和使用情况对故障诊断系统进行维护和修改完善。

软件平台研制及测试仪器驱动程序开发过程,与一般软件系统的研制过程一致,不再详细讲述。

需要注意的是以上各步骤并非像图 9-2 所示那样简单排列,而是根据系统的复杂程序需要多次迭代过程。图中“硬件初步设计”“硬件详细设计”“软件平台研制”和“硬件系统集成”等过程,根据研制策略的不同而有所不同,如选用货架产品或推广现有的硬件平台、软件平台则没有这些过程,研制的工作量可大大减少。由于过分依赖国外硬件平台和软件平台会带来研

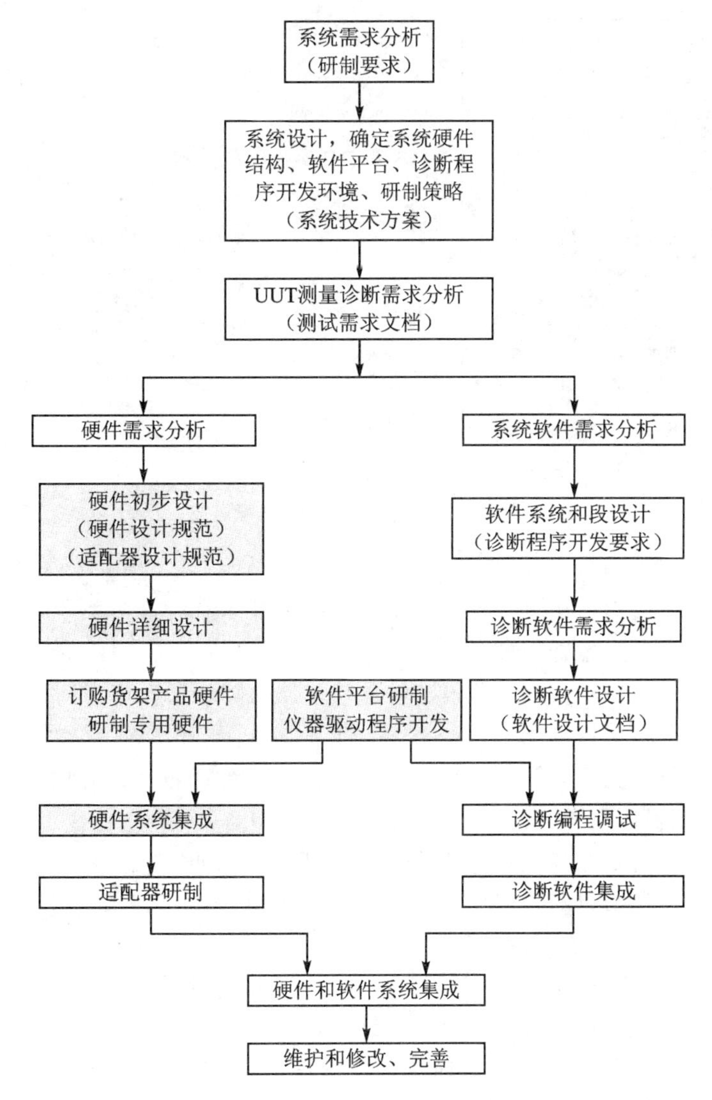


图9-2　综合故障诊断设备开发与集成流程

制和维护费用昂贵、注册管理不安全等问题，所有应大力提倡推广和使用具有自主知识产权的通用的硬件平台和软件平台。

## 9.2　综合故障诊断设备的体系结构

现代的综合故障诊断设备通常是在标准的测控系统或仪器总线(CAMAC、GPIB、VXI、PXI等)的基础上组建而成的，其基本体系如图9-3所示。该体系采用标准总线制架构，测控计算机(含测试诊断程序集)是故障诊断设备的核心，包括测试诊断资源、阵列接口(ICA)、测试诊断单元适配器或专用夹具等主要组成部分。

测控计算机提供测控总线(如VXI、GPIB等)的接口通信、测试诊断资源的管理、测试诊断程序(TPS)的调度管理和测量诊断数据管理，并提供检测人机操作界面，实现自动的测试与

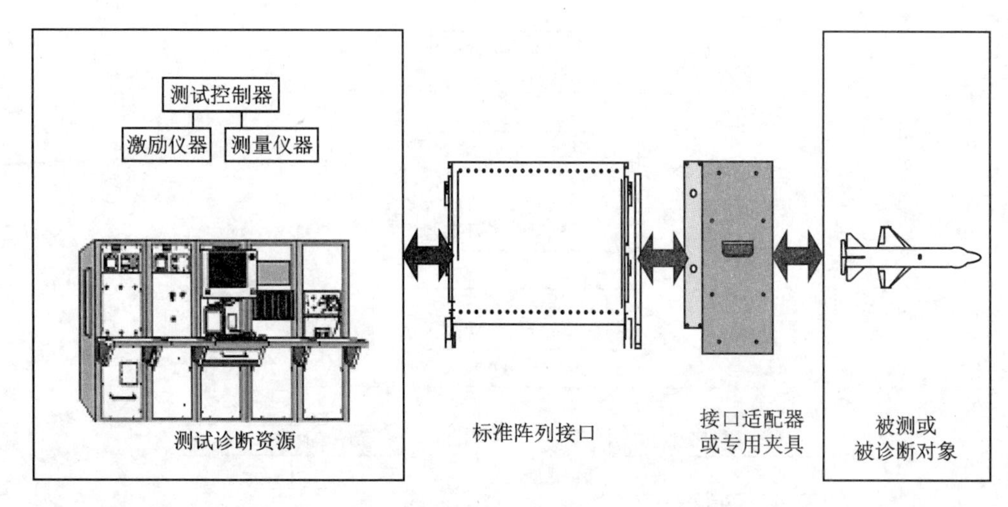


图 9-3 综合故障诊断设备组成

故障诊断。

测试诊断资源一般由通用测试诊断设备和专用测试诊断设备两大类构成。

通用测试诊断设备通常选用技术成熟的货架产品，目前主要选择具备 VXI、PXI、GPIB 等总线接口形式的产品。以一般的导弹设备性能检测与故障诊断设备为例，一般包括：PXI 主机箱或 VXI 主机箱(带系统控制器)、总线数字微波信号源、频率计模块、数字示波器模块、数字电压表模块、计数器模块、矩阵开关模块、数字信号输出模块、数字信号输入模块、任意函数信号发生器模块、直流稳压电源、交流电源三相交流净化电源等。

专用测试诊断设备是指专门用于被测或被诊断设备某些特定参数测量、模拟、控制的设备。如激光陀螺的测试与诊断一般应包括三轴电动转台，雷达的测试与诊断一般包括微波暗箱、目标模拟器等专用测试诊断设备。

阵列接口是接口连接器组件(ICA)，其中汇集了故障诊断设备测试诊断资源的全部电子、电气信号，既为测试诊断设备到测试对象的激励信号提供连接界面，又为被测或被诊断对象的响应传送到测试诊断设备提供连接界面。ICA 可根据系统设计要求选择标准化阵列式检测接口，如符合国际标准的 21 槽位 ARINC608A 标准 ICA 部件，VPC9025 标准接口部件等。

测试诊断单元适配器(TUA)或专用夹具是测试诊断设备与被测或被诊断设备之间的信号连接装置，可提供电子和电气的转接以及机械连接，可以包括测试诊断资源中并不具备的专用激励源和负载。此外，测试诊断单元适配器的阵列接口各信号通道必须与故障诊断设备的阵列接口各信号通道严格对应，并在实际使用时根据被测或被诊断设备的检测信号需求确定。

测试诊断单元适配器与被测或被诊断设备之间的接口采用电缆连接方式，电缆信号连接按被测或被诊断设备的外部检测接口要求进行设计。

# 9.3 便携式数模混合电路板故障诊断设备

## 9.3.1 设备需求

### 1. 技术指标要求

#### (1) 工作环境

工作温度:5~35 ℃。

存储温度:−20~50 ℃。

湿度:在温度不大于30 ℃,相对湿度不高于85%的条件下,设备应符合规定的性能特性要求。

高度:≤2 000 m。

#### (2) 电　源

220±22 VAC/50±5 Hz。

#### (3) 安全性

设备的安全性参考GJB/Z99—97《系统安全工程手册》和GJB 900—90《系统安全性通用大纲》设计。

#### (4) 电磁兼容性

设备的电磁兼容性设计应满足GJB151A中以下项目要求,根据需要进行适当的减裁:

CE102:电源线传导发射,10 kHz~10 MHz。

RE102:电场辐射发射,2 MHz~18 GHz。

CS101:电源线传导敏感度,100 Hz~50 kHz。

RS103:电场辐射敏感度,2 MHz~18 GHz。

#### (5) 元器件、仪器要求

器件选型满足GJB 1701—93关于材料、元器件、标准件的规定。

设备通用测试资源选型按下列原则进行:

- 优先选用成熟技术货架产品。
- 接口采用CompactPCI/PXI总线接口。
- 驱动程序应符合IVI规范。
- 控制命令应符合SCPI和IEEE 488.2标准。
- 激励和采样精度应优于UUT测试要求的1/3~1/4。
- 满足UUT测试诊断需求,综合权衡确定型号和数量。
- 仪器设备应有合格证和计量部门复验的合格证。

#### (6) 可靠性、维修性

设备具有自诊断功能,故障定位到单独通路或单台仪器。

MTBF:≥300 h(按指标进行系统设计)。

MTTR:满足GJB 1701—93 3.14的规定。

#### (7) 使用性

连续工作时间:不少于8 h。

设备展开时间：不超出 1 h。

设备撤收时间：不超出 0.5 h。

**(8) 运　输**

设备应能够以公路、铁路、水运、空运的方式进行运输，运输后设备应能够正常工作。公路运输条件为：在二级以上公路，速度为 60～90 km/h，连续运输距离不小于 800 km。

**(9) 校验方式及周期**

设备应提供计量测试接口，采用原位计量方式。设备在校准周期内，其性能参数均应在公差范围内，当详细规范未规定时，校验周期一般为 1 年。

**(10) 三　防**

设备除货架产品外应具有防潮、防霉、防盐雾的三防设计和三防处理。

### 2. 设备结构要求

**(1) 结构与外观**

设备采用 PXI 便携式机箱实现。PXI 便携式机箱内部按照标准 3U CompactPCI/PXI 规范设计，采用 14 槽 3U CompactPCI/PXI 背板，内置超薄键盘和 LCD 显示器，后部安装航空连接器安装托架，在机箱和 UUT 之间，配置信号调理转接适配器，便于信号连接。

重量：设备最大重量不大于 20 kg(不包括诊断对象夹具)。

接口：实现资源通用接口，采用 VPC 公司的 iCon 系列连接器。

颜色：机箱同一视面颜色应保持一致，前后面板采用黑色 BO5(GB 3181—82)，面板上的印字采用白色硝基漆，警戒性的文字、字符采用红色硝基漆。

**(2) 保护要求**

● 接地：设备内部电源地、信号地应分别布置，不应产生串扰。

安全接地能够在保证操作人员安全的同时，保护设备的安全。设备应提供接地螺栓，通过该螺栓应能够保证设备安全可靠接地，要求接地螺栓与仪器壳体之间的接地阻抗不得大于 10 mΩ。

● 绝缘电阻：电源 220 V 火线、零线与机壳之间的绝缘电阻不得低于 20 MΩ。

● 紧急处理要求：设备设置 UUT 紧急关机按钮，按下该按钮后，设备能够迅速切断 UUT 供电，并可靠切断设备给 UUT 加载的激励信号。

### 3. 测试诊断资源

故障诊断系统测试诊断资源如表 9-1 所列。

**表 9-1　测试诊断资源列表**

| 序　号 | 名　称 | 描　述 | 路　线 | 备　注 |
|---|---|---|---|---|
| 1 | DCPS | 0～20 V/2A 程控直流电源 | 1 | 27 V、5 V、±15 V 由测试夹具提供 |
| 2 | DMM | 数字万用表 | 1 | |
| 3 | DSO | 数字化仪 | 2 | |
| 4 | DIO_1 | 高速数字 I/O | 32 | 有时序要求 |
| 5 | DIO_2 | 数字 I/O | 48 | 通用 DIO |

续表 9-1

| 序号 | 名称 | 描述 | 路线 | 备注 |
| --- | --- | --- | --- | --- |
| 6 | CTR | 计数器、频率测量 | 2 | |
| 7 | G_SWC | C型通用 SPDT(1A) | 32 | |
| 8 | MTR_1 | 2线 8×32 矩阵 | 32 | 接通用接口 |
| 0 | MTR_2 | 2线 8×16 矩阵 | 16 | 接测试仪器 |
| 10 | PFG | 函数发生器 | 4 | |
| 11 | DAC | 数模转换器 | 4 | |
| 12 | ADC | 模数转换器 | 8 | |

注:诊断对象夹具上提供的直流电缆由系统通过 I/O 进行输出控制。

**(1) PXI 控制器**

主频:>2 GHz。

内存:>1 GHz。

硬盘:>100 GHz。

外部接口:

以太网接口(TCP/IP):1. RJ45,优选加固型,USB 接口:2. USB2.0。

**(2) 程控直流电源**

路数:1,各路电源具有程控开通和关断功能,具有电压和电流回读功能。

输出电压: 0~±20 V。

输出电流:0~2 A。

电压误差:<0.5%。

电流误差:<0.5%。

输出纹波:$V_{pp}$<60 m。

测试夹具上实现三路电源:27 V、5 V、±15 V(3 A),设备通过数字 I/O 提供控制信号。

**(3) 函数发生器**

提供频率和相位可远程控制的交流电压信号,输出阻抗对负载变化和信号电平尽量小。

路数:4。

标准波形:正弦、三角、方波、脉冲、斜坡。

分辨率:12 Bit。

转换速率:40 MSa/ch。

滤波器:程控选择 1 MHz/50 MHz 带宽。

波形重复次数:1~65 535 次或连续。

触发方式:软件触发、外部触发或 TTL 触发线。

外部触发:边沿触发,TTL 电平。

最大输出幅度:±10 V。

**(4) 数模转换器**

路数:4。

DAC 分辨率:16 Bit。

更新速率：4 M Sa/s(最大)。

DAC 转换速率：10 kSa/ch。

电压信号幅值：±10 V。

**(5) 数字万用表**

测量电阻、直流电压和电流、交流电压和电流的有效值。

电压测量范围：300 $V_{rms}$ 或 300 VDC。

电流测量范围：3 A。

电阻测量范围：≤20 MΩ。

分辨率：5 $\frac{1}{2}$位。

**(6) 模数转换器**

通道数：8，通道间隔离。

分辨率：16 Bit。

输入范围：±10 V(4 挡可程控) 或±42 V。

采样频率：1 MSa/s(每通道)，并行采集。

时基精度：最大±15 V。

直流误差：<0.5%。

存储深度：4 MSa/ch。

**(7) 数字化仪**

带宽(−3 dB)：DC~20 MHz。

最大采样速率：100 MSa/s。

通道数：2。

**(8) 低频定时计数器**

测量能力：频率、周期、计数、时间间隔。

通道数：3。

输入阻抗：50 Ω 或 1 MΩ。

耦合方式：AC/DC。

最小脉冲宽度：0.5 μs。

最小脉冲周期：1 ms。

灵敏度：峰峰值 100 mV。

**(9) 数字 I/O**

通道数：96 路(每 8 路 1 组进行方向控制)。

I/O 电平：5 V TTL。

**(10) 高速数字 I/O**

通道数：32(具有同步波形编辑功能)。

最大传输速率：80 MB/s。

I/O 电平：5 V TTL。

驱动能力：

低电平：0.5 V at 48 mA(Sink)。

高电平：2.4 V at 8 mA(Source)。

**(11) 2线,8×32 C型通用矩阵**

用于开关电流小于1 A的信号通路切换。

通路电阻：0.1 Ω。

通路隔离：1 000 MΩ。

最大开关电压，最大100 VDC/100 VAC,0.5 A。

开关速度：<0.25 ms(接通),<0.25 ms(释放)。

**(12) 2线,8×16 C型通用矩阵**

用于开关电流大于1 A的信号通路切换。

通路电阻：0.1 Ω。

通路隔离：1 000 MΩ。

最大开关电压：最大100 VDC/100 VAC,0.5 A。

开关速度：<0.25 ms(接通),<0.25 ms(释放)。

**(13) 信号开关**

路数：32(SPDT)。

驱动能力：1 A。

开关速度：<10 ms。

**4. 软件要求**

**(1) 软件质量要求**

开放性：驱动程序软件源代码开放。

互操作性：仪器驱动程序模块化设计，诊断程序集不直接控制测试诊断资源，仪器更换不需要重新调整(编译)应用程序。

易用性：直观、明确、友好的人机交互界面。

可靠性：对测试诊断资源、测试诊断流程的有效控制(防止通道竞争)，提供突发的异常事件防止措施。

稳定性：软件系统在任何操作使用情况下，均能稳定运行。

灵活性：系统具有可裁判、可增加(外部连接)的能力。

标准化：采用VPP、SCPI、IVI等技术规范。

**(2) 一般要求**

操作系统：WINXP操作系统(根据任务要求进行裁减)。

测试诊断程序开发：软件开发工具采用NI Lab Windows/CVI,C++,IVI Drivers,XML/ATML。为提供系统的通用性，对独立开发的ADE，须提供相应的TP开发文件。

**(3) 功能要求**

根据功能分类，软件系统包括以诊断软件运行环境、诊断软件开发环境、诊断软件程序、诊断数据管理工具四部分。

诊断软件运行环境提供用户管理、诊断软件的执行，诊断系统的配置等功能，是诊断软件的集成环境。

诊断软件开发环境完成测试诊断程序的开发、编译、调试，最后可以以行的代码提供给运行设备执行。

诊断软件程序提供一组可执行的代码序列,有关要求见 GJB 5938—2007。

诊断数据管理可应用专用软件开发,软件系统应集成该软件。

## 9.3.2 总体设计

便携式故障诊断设备采用 CTOS(商用货架产品)的设计原则,实现一套用于自动测试诊断系统开发的综合测试平台。系统以成熟、可靠的 CompactPCI/PXI 技术为依托,以商用货架产品为设计理念,采用模块化和标准化的设计方法实现其硬件平台。

软件系统采用 Windows 操作系统,人机交互界面良好,直观、易用。硬件设备驱动程序采用模块化设计,具有互换性。软件系统能够实现对测试诊断资源、测试诊断流程进行有效、可靠控制,具有良好的可测性、诊断性,提供突发事件的防护措施。

便携式故障诊断设备采用 PXI 货架产品实现系统所需的硬件资源,包括程控直流电源、数字化仪、数据采集、离散量、开关量、信号源、万用表、矩阵等。测试诊断控制计算机采用 PXI 系统控制器,系统内部采用 PXI 总线,标准接口采用 VPC iCon 系列海量连接器实现。

便携式检测故障诊断设备操作系统采用 Windows XP。软件系统提供一个综合、完善、开放的开发和管理平台,采用先进的软件开发组织模式,自动分配资源,使自动测试诊断系统的资源得到最好地配置和利用,减少软件的重复性开发,增强测试诊断程序的移植性。

系统提供一套用于 UUT 测试诊断流程编写的简单易用的 ADE 编程环境,可满足二次开发测试诊断程序的要求。系统提供一套针对 VPC 标准接口的仪器驱动程序,并提供针对 VPC 标准接口的虚拟仪器操作界面。整套设备对外预留 LXI 总线接口,即整套设备对外可等效成一台大型的仪器,并提供仪器的远程控制能力。

## 9.3.3 硬件设计

### 1. 系统组成

系统硬件平台采用 PXI 货架产品,并由 PXI 硬件资源与测试诊断夹具组成。PXI 硬件资源由 PXI 机箱、PXI 控制器、PXI 功能模块组成。由 PXI 控制器实现 PXI 模块的管理与资源分配,由 PXI 功能模块实现系统所需的硬件接口资源,包括:程控直流电源、万用表、数字化仪、开关量、频率量测量、继电器开关、矩阵、信号源、模拟量输出等。系统由 PXI 控制器完成 PCI 总线管理,实现与 PXI 控制之间的通信,完成测试任务。PXI 机箱采用一体化机箱和上翻式结构,提供键盘、触控板等人机接口外设。系统由 PXI 硬件系统与测试诊断夹具构成,如图 9-4 所示。

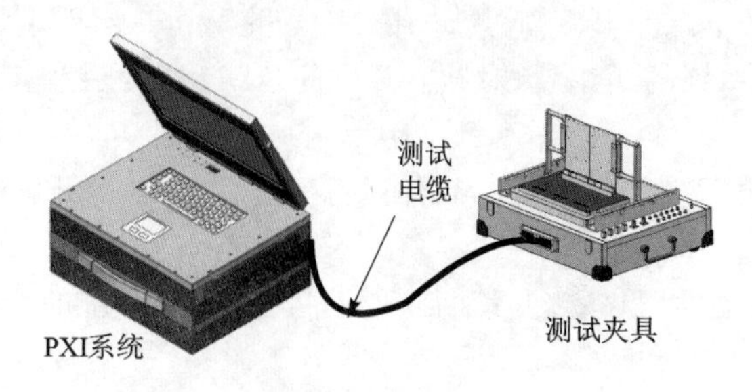


图 9-4 诊断系统硬件平台构成

被诊断 UUT 固定安装在夹具上，夹具与 PXI 硬件系统之间通过电缆连接，由夹具完成接口与被诊断 UUT 之间的转接。

## 2. PXI 硬件平台

PXI 硬件平台（见图 9-5）由 PXI 机箱、PXI 控制器、PXI 功能模块组成。PXI 控制器、PXI 功能模块安装在 PXI 机箱内，PXI 控制器通过 PCI 总线实现 PXI 功能模块的控制与管理。所有 PXI 功能模块的驱动程序安装在 PXI 控制器上，实现测试平台所需硬件资源的控制与管理。

图 9-5　PXI 硬件平台构成

### (1) PXI 机箱 JV39105

PXI 机箱选用四川纵横测控技术有限公司生产的 14 槽一体化 PXI 机箱 JV39105，如图 9-6 所示。

图 9-6　一体化 PXI 机箱

PXI机箱采用便携式一体化设计，内装PXI系统、电源、显示器、键盘、触控板等。撤收时，须将显示屏收起，如图9-7所示。

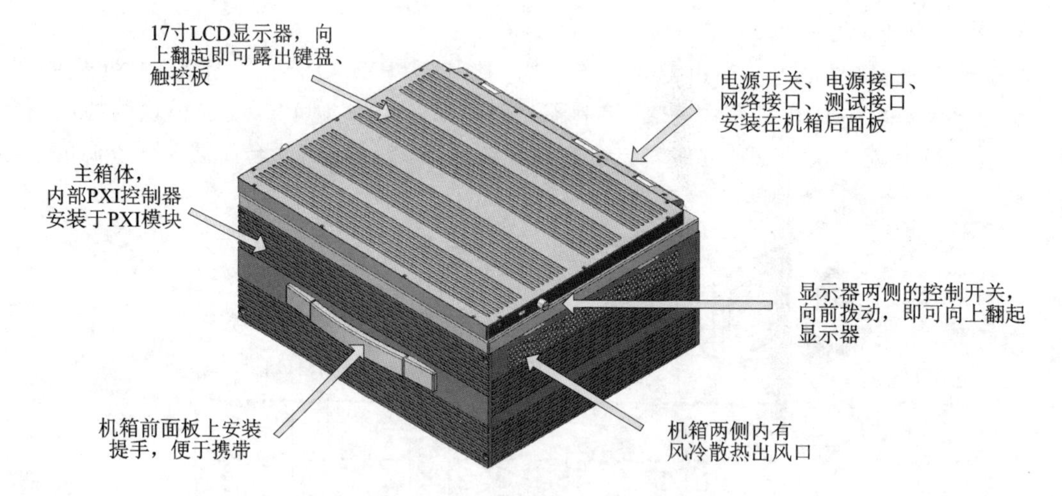


图9-7 PXI机箱外形示意图

机箱采用上翻式结构，上方的17"LCD，可通过显示器左右两侧的手动控制开关固定在箱体上。设备展开时，向前拨动开关即可将显示屏翻起，如图9-8所示。

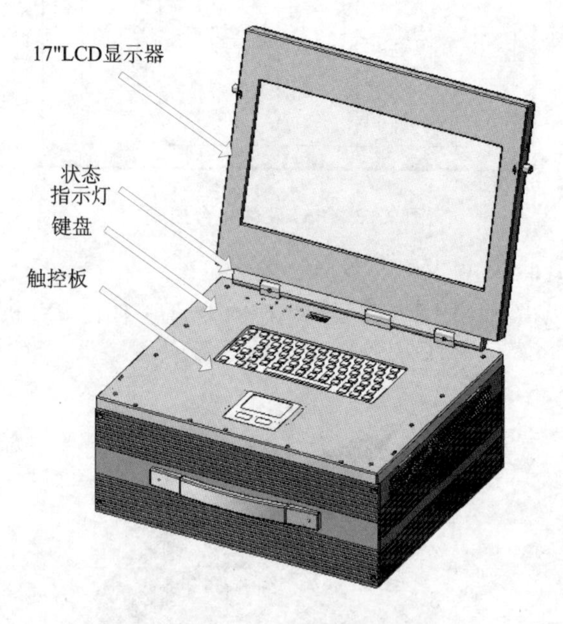


图9-8 PXI机箱展开示意图

在机箱前面板上配置把手，用于机箱的携带。机箱两侧为PXI系统的强制风冷散热通道出风口，机箱底面为进风口，以保证机箱的风冷散热性能。

在机箱的主箱体内，安装PXI模块，除此之外，在主箱体内还装配了PXI电源、PXI背板(14槽)、PXI控制器等，如图9-9所示。

机箱采用两块250 W PXI电源构成500 W电源系统，向PXI系统、LCD屏提供电源，电

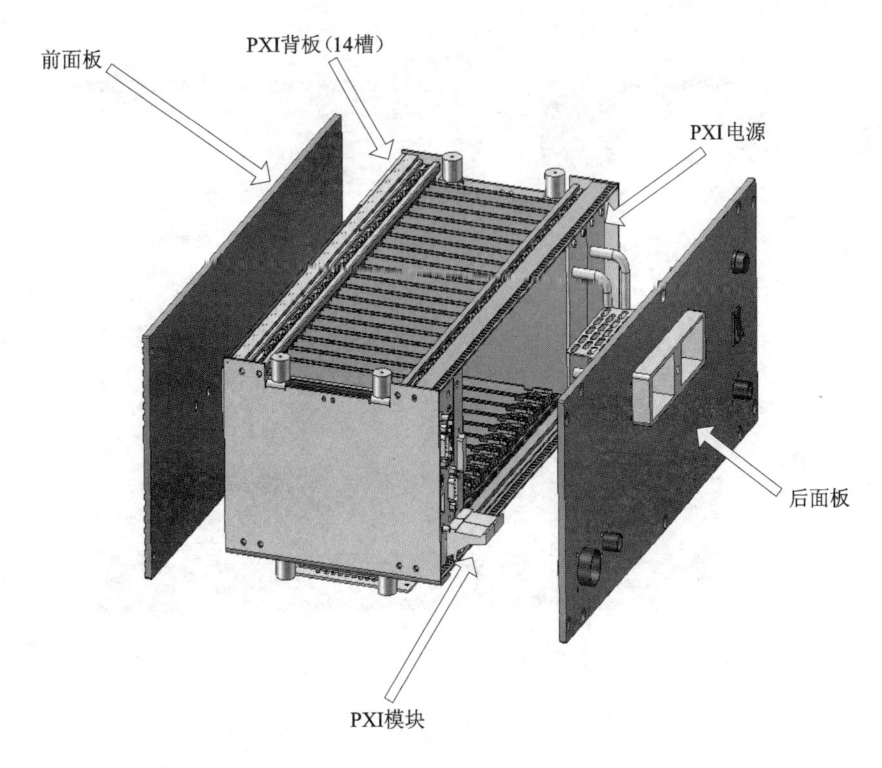


图 9－9　PXI 机箱 PXI 系统装配示意图

压主要有±12 V、5 V、3.3 V。

机箱强制风冷用的散热风扇安装在机箱的底板上，从机箱下侧进风，两侧出风，形成良好的散热通道，如图 9－10 所示。

所有连接器安装在后面板上，包括电源开关、电源保险、电源接口、USB 接口、测试接口、网络接口等。其中测试接口采用 VPC 公司的 iCon 海量连接器，电源接口标准电源连接器、网络接口采用航空连接器，USB 接口采用标准接口连接器。

为保证设备的电磁兼容性，在后面板上配置电源 EMI 滤波器。

后面板连接器安装如图 9－11 所示。

后面板连接器布局示意图如图 9－12 所示。

后面板上提供网络接口 2 个，USB 接口 2 个，电源接口、电源开关、电源保险等。

**(2) PXI 控制器 JV31413**

PXI 控制器选用纵横公司生产的 JV31413。

PXI 系统控制器采用 JV31413 3U CompactPCI/PXI 系统控制器。它是纵横公司开发的符合 CompactPCI/PXI 规范的 3U CompactPCI/PXI 系统控制器，采用基于 Intel Core2 Duo 处理器，实现 CompactPCI/PXI 总线控制与访问，满足基于 CompactPCI/PXI 设备模块所需系统控制器的要求。

技术指标如下：

● 处理器系统

CPU：Intel Core2 Duo 2.0 GHz。

内存：DDR 2 GHz。

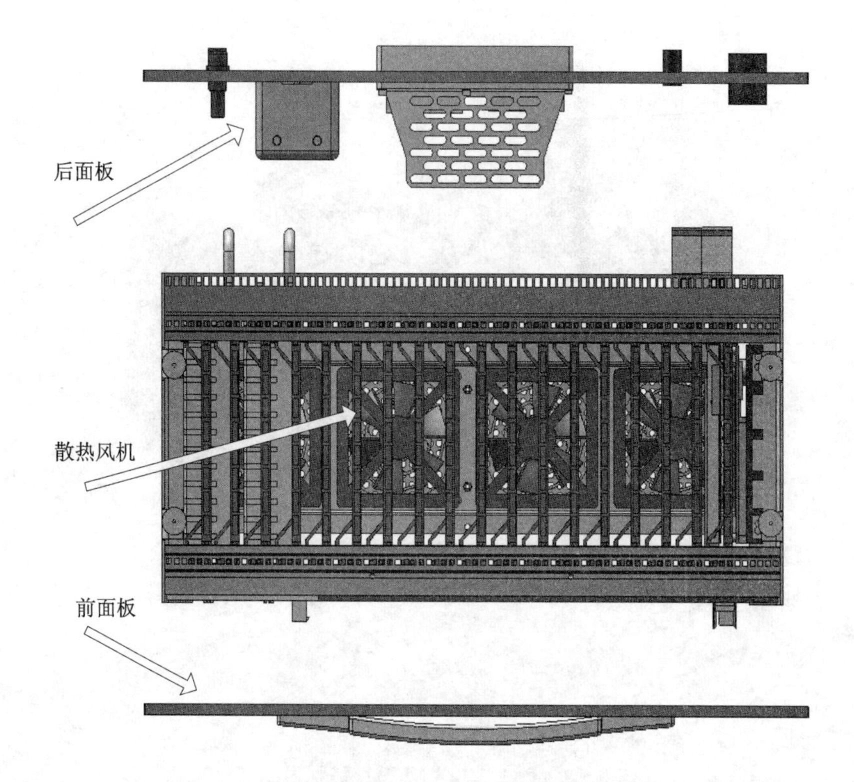


图 9-10 PXI 机箱散热风机

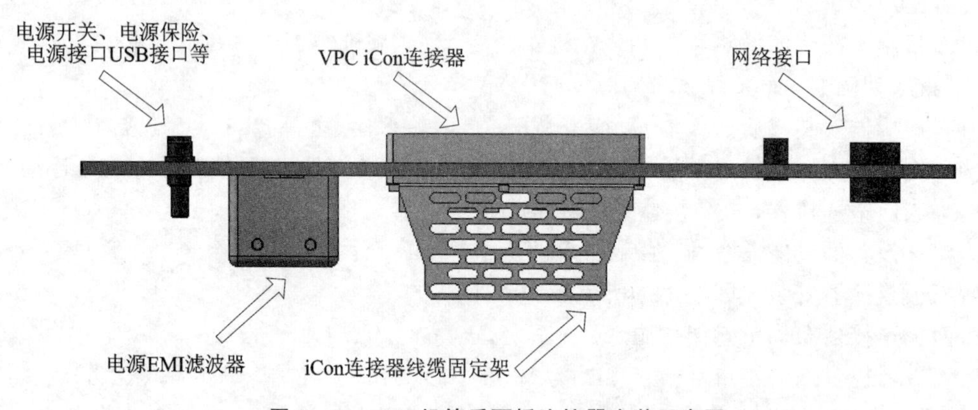


图 9-11 PXI 机箱后面板连接器安装示意图

● 以太网

特性：10/100 Base-TX，10/100/1000 Base-TX。

接口：RJ45×2。

● 存储设备

方式：板载 160 GB 硬盘。

操作系统：Windows 98/2000/XP。

● 硬件监测

监测 CPU 温度，3.3 V/5 V/12 V。

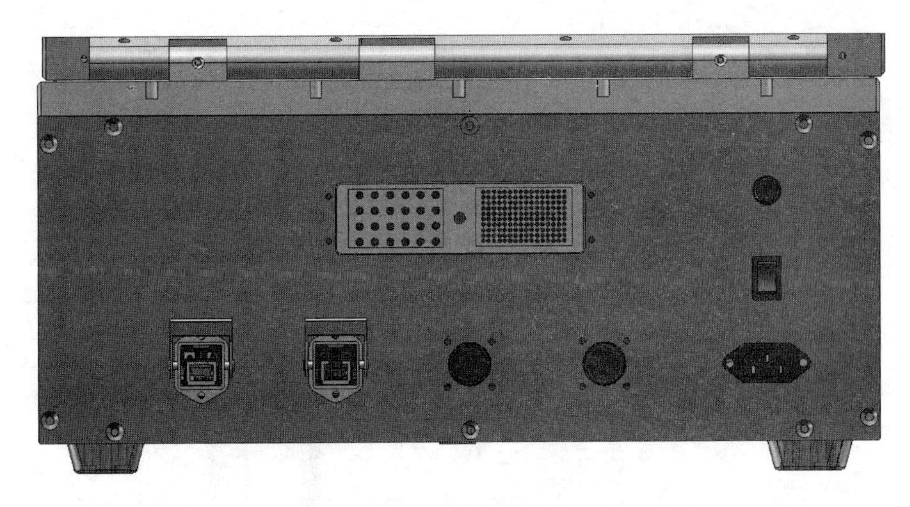

图9-12 PXI机箱后面板连接器布局示意图

● 看门狗定时器

输出：系统复位。

时间间隔：可编程 0～255 s。

● 其 他

固态电子盘：板上集成 2～8 GB FLASH DISK。

LED：指示灯，电源及硬盘。

USB(V2.0)：≥3。

RS232：RS232/422/485 程控选择物理电平，前置 1 个，后置 1 个。

● 物理规格

尺寸：160 mm×100 mm(L×W)2 槽宽，JV31413 型 PXI 控制器如图 9-13 所示。

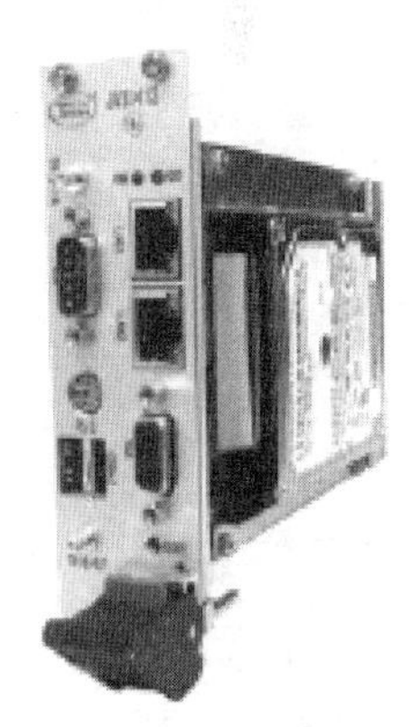

图9-13 PXI控制器JV31413示意图

**(3) PXI功能模块**

PXI 功能模块包括：程控电源模块、数字 I/O 模块、继电器开关模块、矩阵模块、信号源模块、频率测量模块、模拟量输出采集、离散量采集模块、数据采集模块、万用表模块等，PXI 功能模块清单如表 9-2 所列。

表9-2 PXI功能模块清单

| 序 号 | 类 型 | 型 号 | 数 量 | 名 称 | 备注信息 |
|---|---|---|---|---|---|
| 1 | DCPS | PXI-4130 | 1 | 0～±20 V/2 A 程控直流电源 | 1 路±20 V，1 路 6 V |
| 2 | DMM | JV31270 | 1 | $5\frac{1}{2}$位 万用表模块 | 1 路 |
| 3 | DSO | JV31218 | 1 | 数字化仪模块 | 2 路/100 MSa/s/14 bit |
| 4 | DIO_1 | JV31619 | 1 | 高速数字 I/O 模块 | 32 路 |
| 5 | DIO_2 | JV31610 | 1 | 数字量 I/O 模块 | 96 路输入/输出 |
| 6 | CTR | JV31230 | 1 | 频率量测量模块 | 8 路/32 bit/20 MHz |

续表 9-2

| 序　号 | 类　型 | 型　号 | 数　量 | 名　称 | 备注信息 |
|---|---|---|---|---|---|
| 7 | G_SWC | JV31517 | 1 | 1A SPDT 继电器开关模块 | 64 路 |
| 8 | MTR_1 | JV31511 | 1 | 8×32 矩阵模块(双线) | 512 交叉点 |
| 9 | MTR_2 | JV31512 | 1 | 8×16 矩阵模块(双线) | 128 交叉点 |
| 10 | FGEN | JV31332 | 2 | 信号源模块 | 2 路/50 MSa/s/14 bit |
| 11 | ADC DAC | JV31251 | 2 | 多功能模块 | 4 路 ADC,2 路 DAC,8 路 DIO |

测试诊断资源连接关系如图 9-14 所示。其中,JV31218 数字化仪模块用作示波器进行数据测量,JV31251 多功能模块用作模拟量输出,数据采集模块进行数据测量。

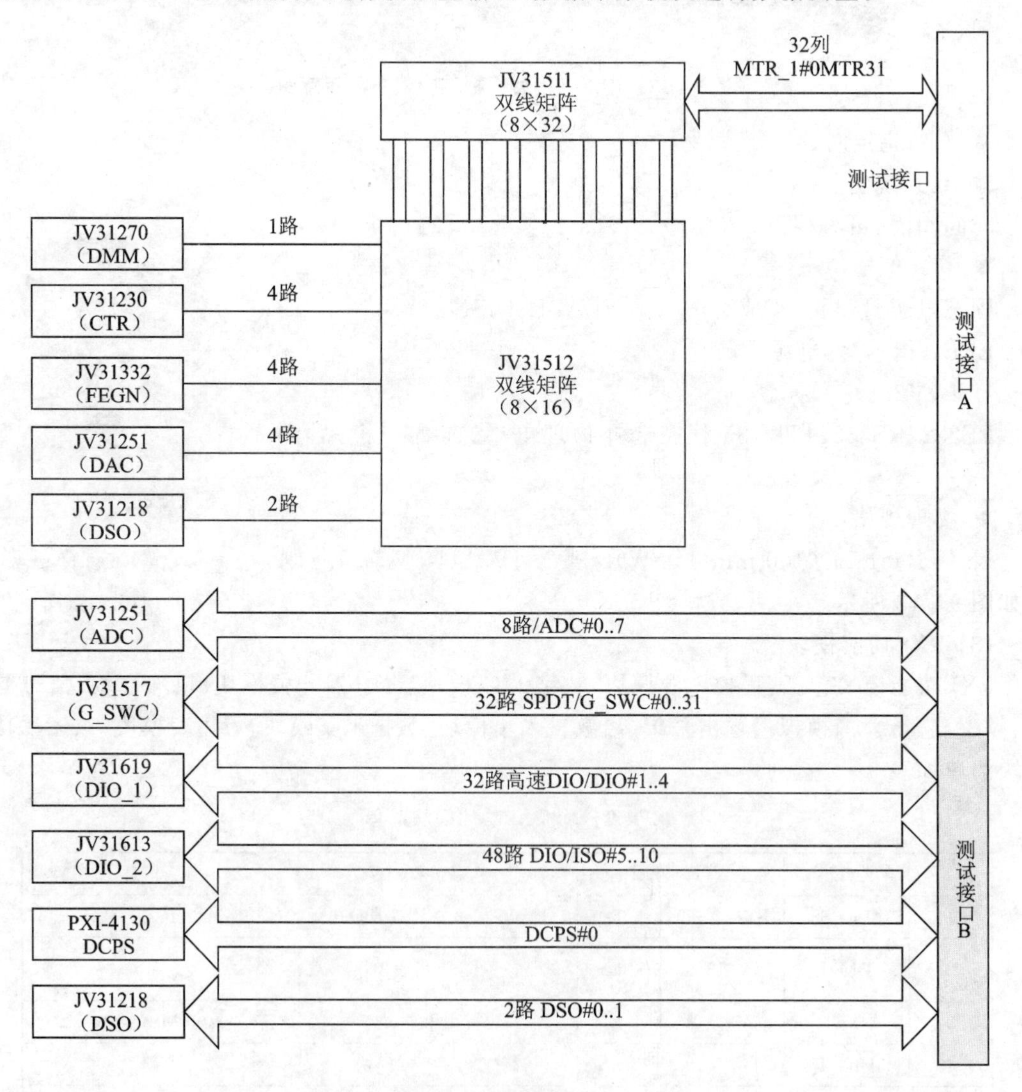


图 9-14　测试诊断资源连接关系示意图

JV31511 为 8×32 双线矩阵开关模块,JV31512 为 8×16 双线矩阵开关模块,通过该矩阵模块搭建 16×32 的矩阵进行测试资源的复用。复用的测试资源包括：万用表(DMM)、频率测量(CTR)、函数发生器(FGEN)、模拟量输出(DAC)、示波器(DSO)等。

程控直流电源由 5 A 继电器开关进行控制切换，高速数字 I/O、数字 I/O、继电器开关直接由 PXI 模块提供。

### 3. 接口设计

设备与夹具之间采用标准接口，系统内部的 PXI 功能模块硬件资源都连接到通用标准接口上，并通过标准电缆连接至夹具，在夹具上再通过适配板连接到 UUT，测试诊断不同的 UUT 时，只需要更换不同的适配板。

标准接口上的硬件资源由 PXI 模块实现，在设备内部通过 PXI 模块电缆将标准接口与 PXI 模块通用接口进行连接，接口示意图如图 9-15 所示。

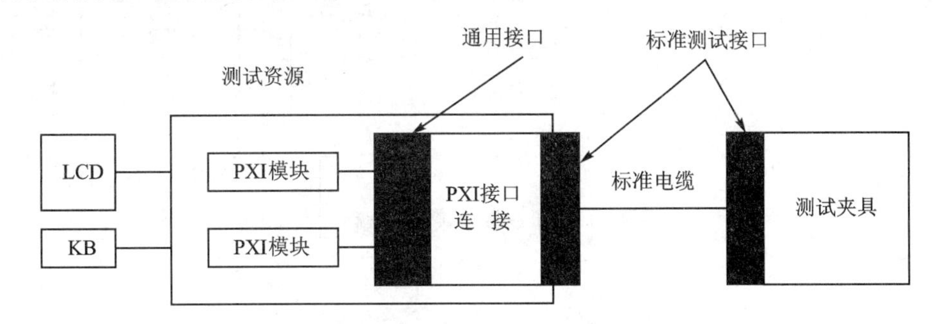


图 9-15　接口关系示意图

被诊断设备 UUT 安装在夹具上，夹具上的标准接口通过适配板与 UUT 连接，实现测试诊断所需的硬件资源。

标准接口提供 UUT 所需的硬件资源，包括程控开关电源、模拟量输出(DAC)、数据采集(ADC)、频率测量、开关矩阵、数字 I/O、万用表、数字化仪、信号源等。标准接口上的硬件资源由 PXI 功能模块实现，测试诊断控制计算机的 PCI 总线实现 PXI 模块的控制与管理。

系统接口实现原理如图 9-16 所示。

标准测试诊断接口采用 VPC 公司 iCon 系列海量连接器实现，如图 9-17 所示。

标准测试诊断接口与 PXI 功能模块的连接采用满足要求的自定义连接器实现。

测试诊断控制计算机采用 PXI 系统控制器实现，PXI 系统控制器安装在 PXI 机箱内，通过 PXI 背板与 PXI 功能模块进行连接，使用 PXI 总线实现 PXI 功能模块的控制与管理，完成测试诊断资源的分配与控制。

### 4. 诊断模块夹具

测试诊断模块夹具采用一体化设计，由机箱、VPC 连接器、母板、测试诊断适配板、被诊断 UUT 固定装置等组成。系统测试诊断所需硬件资源通过 VPC iCon 连接器接入，采用软连接的方式与母板连接，母板固定在箱体的上表面。适配板完成被诊断件与母板之间的转换，适配板与母板之间采用欧卡连接器硬连接，被诊断件与转接板之间采用特定连接器硬连接。适配板根据被诊断件的测试要求进行制作，不同的 UUT 配置不同的适配板。

箱体采用优质钢板喷塑制作，母板用螺栓紧固在平台上。适配板根据 UUT 测试诊断要求进行设计。测试诊断夹具整体外形如图 9-18 所示。

UUT 固定装置安装在滑动机构上，根据用户不同的被诊断 UUT，可自由调节夹持位置，

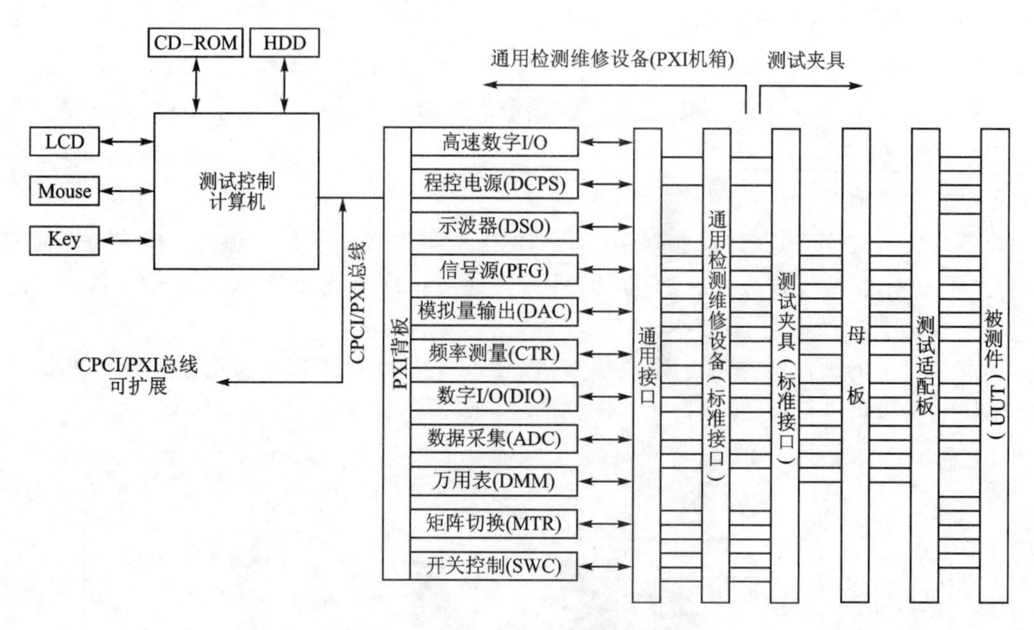


图 9-16 系统接口实现原理示意图

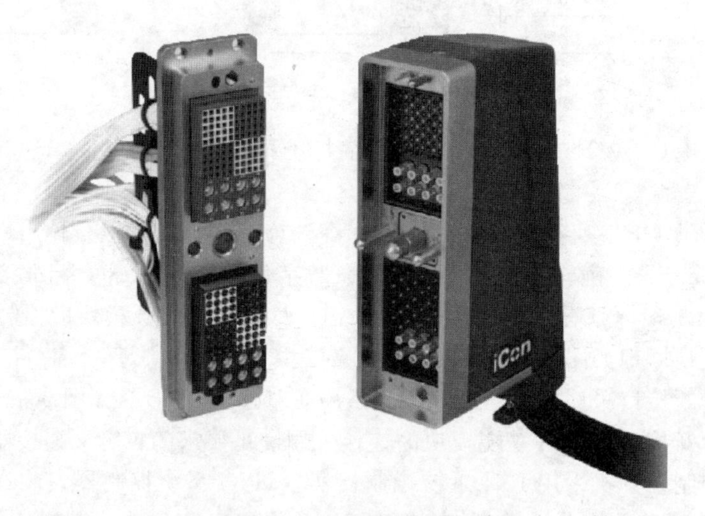


图 9-17 iCon 系列海量连接器

然后紧固在滑动机构上,以便用户检测诊断。

在设备上提供示波器(DSO)、万用表(DMM)信号连接接口,便于接入示波器探头、万用表表笔,方便 UUT 的诊断与检修。

在夹具上装配一个电源开头按钮,用于紧急情况下切断所有供电电源。电源开关按钮通过夹具内的一组继电器实现电源的通断控制。

设备配置一块通用适配板,将标准接口上的信号从凤凰端子接出,同时预留部分接其他专用信号的凤凰端子,进行快速诊断与检修。

母板与适配板之间通过欧卡连接器连接。

在适配板上配置助拔器,方便适配板的插拔。其中助拔器的选用及安装位置,在适配板上

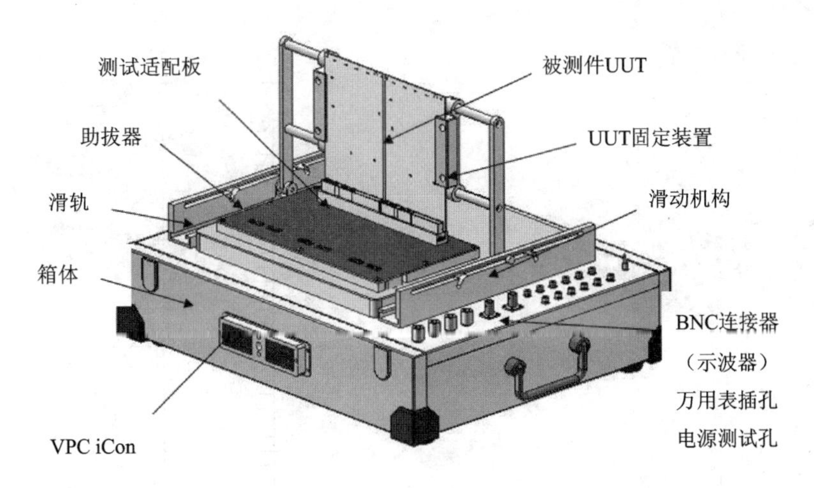


图9-18　测试夹具外形

预留安装位置。

当用户使用不同适配板时，被诊断电路板的插槽位置也有所不同，因此采用滑动机构可以调节针对被诊断电路板的夹持位置，以便用户诊断与检修。

用户测试诊断完后，将UUT固定装置松开，UUT取下后可将滑动机构收起，如图9-19所示。

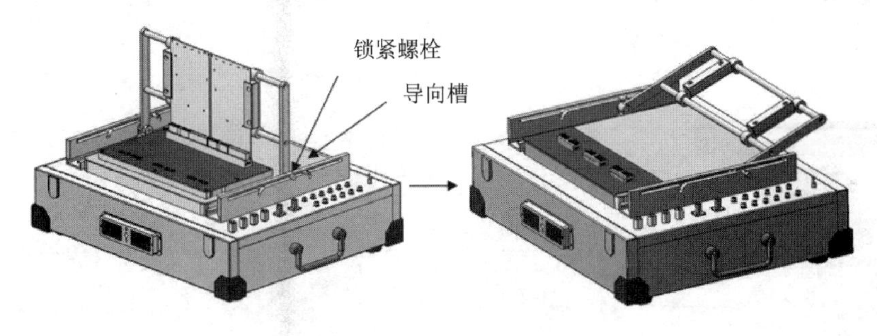


图9-19　测试夹具收起

操作方法：将滑动机构左右两边的锁紧螺栓松开，其螺栓沿圆弧导向槽放下，将滑动机构收起。

拧开适配板上的所有螺栓，然后松开助拔器，将适配板取下。若需要进行其他板卡的诊断维修，则须更换适配板；若不需要下一步诊断与维修，则将拧下的螺栓固定于安装孔位，以便下次诊断维修所用。

夹具配置上盖板，用于夹具的运输与保存，如图9-20所示。

夹具采用220 V交流供电，在后面板上提供电源开关与电流接口，如图9-21所示。

夹具外形尺寸为480 mm(宽)×400 mm(深)×175 mm(高)。

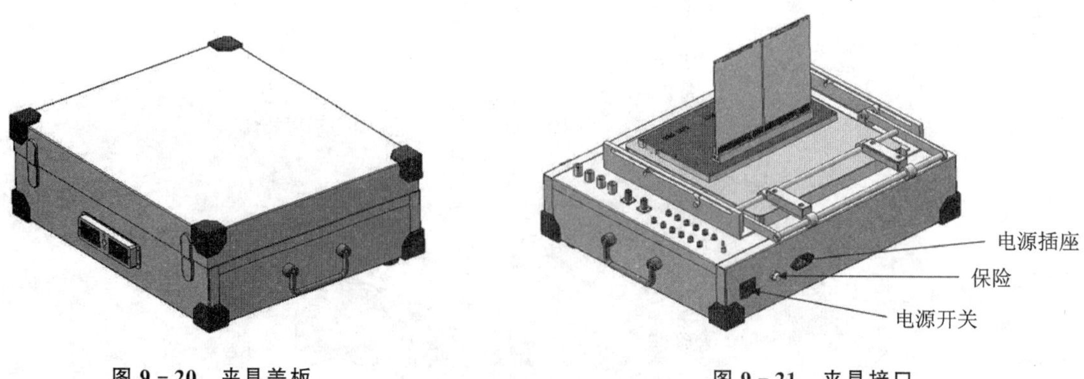

图 9-20 夹具盖板

电源插座
保险
电源开关

图 9-21 夹具接口

## 9.3.4 软件设计

### 1. 基本原则及总体架构

**(1) 基本原则**

人机界面友好;操作使用方便;可扩展性强;可靠性高;易于维护。

**(2) 总体架构**

软件系统在总体架构上共分为三层:物理层、仪器模块接口层、诊断维修软件平台,如图 9-22 所示。

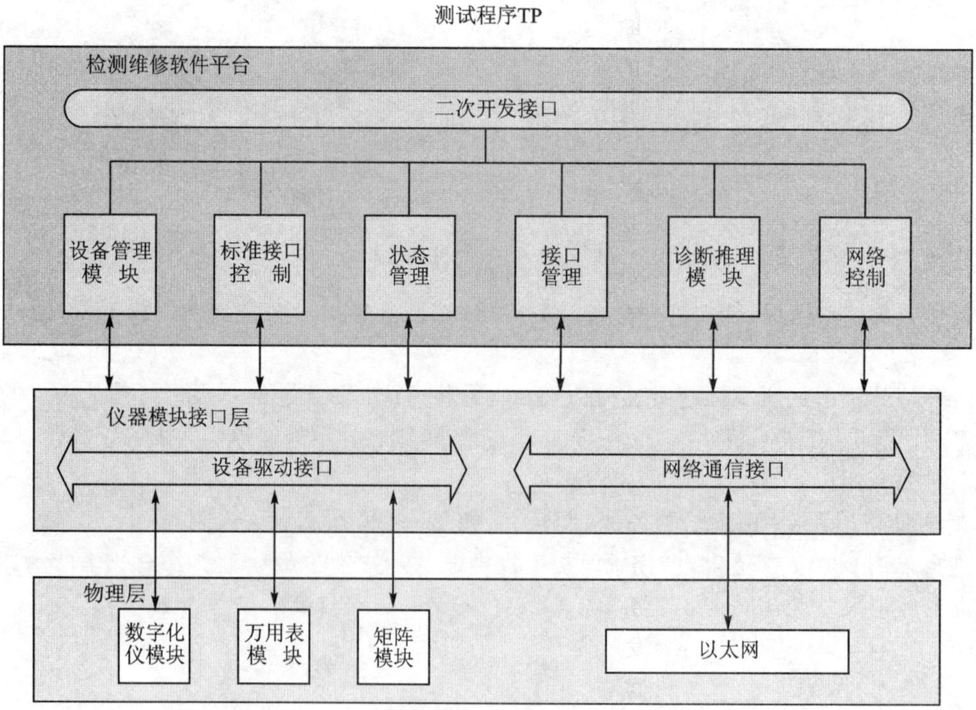

测试程序TP
检测维修软件平台
二次开发接口
设备管理模块
标准接口控制
状态管理
接口管理
诊断推理模块
网络控制
仪器模块接口层
设备驱动接口
网络通信接口
物理层
数字化仪模块
万用表模块
矩阵模块
以太网

图 9-22 软件平台总体架构

物理层由PXI仪器模块组成的硬件平台实现。

仪器模块接口层实现PXI仪器模块的控制与管理,由仪器模块驱动程序、应用程序编程接口(API)实现。设备硬件平台提供网络接口,预留网络接口以完成设备LXI接口的扩展。

诊断维修软件平台提供完成诊断维修所需的开发环境、运行环境。根据被诊断件UUT的特性在软件平台上开发出特定的测试诊断程序。除此之外软件开发平台还提供诊断推理模块,完成UUT的故障诊断。诊断模型描述被诊断对象的一般测试性信息和诊断策略,在诊断过程中运行环境内置的推理机将根据诊断策略自动调用测试诊断程序中的测试诊断功能,并根据测试诊断的结果进行故障推理,初始的诊断策略是根据模型中的一般测试性信息(如故障率等)自动生成的,每一次诊断被确认后运行环境将根据特定的算法对测试性信息进行调整,使诊断策略逐步趋于合理。

### 2. 模块接口设计

仪器模块接口由各模块的驱动程序实现,包括:程控直流电源模块(DCPS)、万用表模块(DMM)、数字化仪模块(DSO)、高速数字I/O模块(DIO_1)、数字I/O模块(DIO_2)、电源继电器开关模块(P_SWC)、通用继电器开关模块(G_SWC)、频率测量模块(CTR)、矩阵模块(MTR_1/MTR_2)、信号源模块(FGEN)、数据采集模块(ADC)、模拟量输出模块(DAC)。其中DCPS由PXI－4130实现,DMM由JV31270实现,DSO由JV31218实现,DIO_1由JV31619实现,DIO_2由JV31610实现, G_SWC由JV31517实现,CTR由JV31230实现,FGEN由JV31332实现,ADC、DAC由JV31251实现。

### 3. 诊断软件平台

诊断维修软件平台提供被诊断件测试诊断程序的开发环境、运行环境。诊断软件平台通过仪器模块接口控制标准接口上的硬件资源完成被诊断UUT的测试诊断。主要提供以下功能:设备管理、标准接口控制、用户管理、接口状态管理、诊断推理、数据管理、网络控制(预留)等。

标准接口控制:实现对标准接口硬件资源的控制。

接口状态管理:获取标准接口当前的资源状态。

诊断推理:通过推理机实现故障诊断。

数据管理:测试数据的管理,存储、检索、查询等。

#### (1) 设备管理

设备管理用于掌握设备中PXI模块的信息。根据测试诊断情况可以注册增加仪器模块、删减仪器模块、更换仪器模块等。根据诊断与维修设备仪器的构成和变化情况,完成系统的配置和升级等。

注册仪器:根据测试诊断任务,配置测试诊断任务所需仪器。

添加仪器:根据测试诊断任务,添加测试诊断任务所需仪器。

删除仪器:根据测试诊断任务,删除测试诊断任务不再需要的仪器。

更换仪器:根据技术状态和发展,完成仪器的升级。

仪器驱动程序管理:包括仪器驱动程序完整性检查、版本检查、备份、恢复等。

仪器自检:在确定条件,运行仪器的自检程序,确定仪器的自检状态。

#### (2) 用户管理

测试诊断软件提供用户管理功能,不同的用户分配不同的操作权限。对用户进行权限验证后，根据权限配置不同的软件运行环境。

根据用户类别，用户分为两类：系统管理员、测试诊断操作员。

系统管理员：具有访问和修改系统配置的权限。

测试诊断操作员：仅具有测试诊断程序执行、测试诊断结果查询和打印的权限。

用户管理功能包括用户创建、密码修改（不允许空密码），设置系统管理员密码遗忘时安全的密码重置功能。

**(3) 数据管理**

完成既往测试诊断数据的管理以及基础数据的管理及维护，包括数据完整性检查，查询系统的技术状态。添加、删除、修改数据，提供操作人员的管理。提供数据导出接口，并具有数据备份与恢复功能。

1）查询结果与查询既往测试记录

数据查询模块主要用于对原始试验数据的选取与分析，根据不同的要求和标准进行数据处理。通过数据的分析与处理，获取被诊断 UUT 的特性数据，主要包括以下几部分：

● 数据选取：通过设置选取条件检索原始试验数据，选取条件可以设置一个，也可以设置多个以及多个条件的组合。

● 数据分析：通过预设的数学模型进行数学分析，通过对原始数据的分析与处理，获取被测件 UUT 的特性数据。

● 结果管理：结果数据可以通过多种方式进行输出，如曲线、图形、表格等。

数据分析模块软件模型如图 9-23 所示。

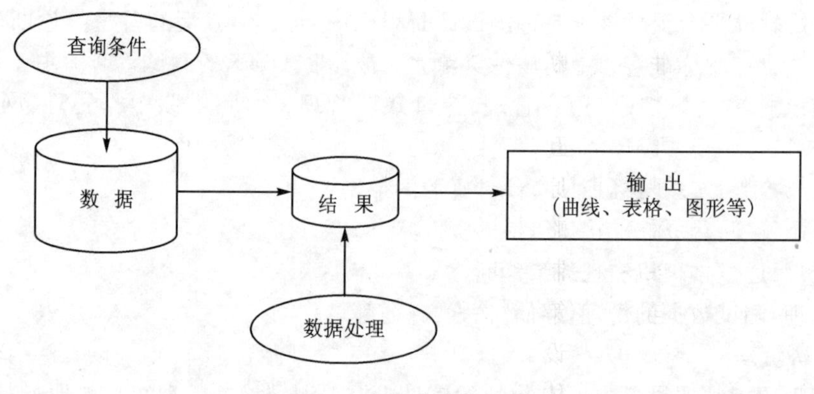


**图 9-23 数据查询软件模型**

2）生成报表

完成故障统计、UUT 状态分析等质量要求数据。

3）打印结果

按照标准格式打印测试诊断结果报告。

4）导出数据

根据统一格式，转换数据格式，进行远程数据交互或提供给其他处理软件。

**(4) 诊断推理**

故障诊断系统的核心为故障诊断策略推理机。为了实现基于该推理机的故障诊断系统的基本功能，一个故障诊断系统应包括六个部分：知识库、综合数据库、推理机、解释系统、知识获取系统、人机接口,各部分的关系如图 9-24 所示。

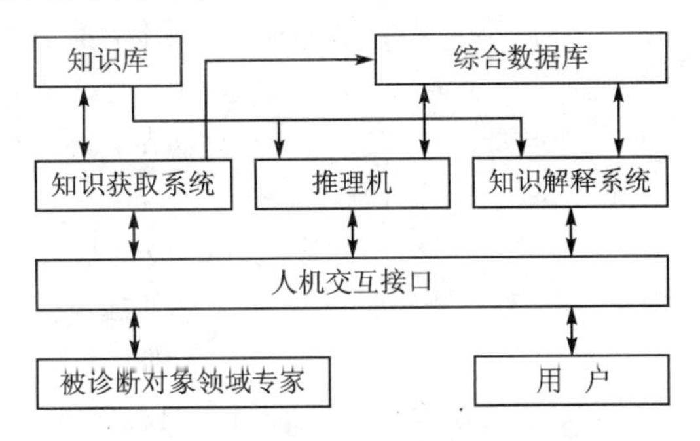


图 9-24 故障诊断系统的基本组成

知识库是诊断领域一般常识性知识的集合,主要包括解决该领域问题所需的事实和规则,知识库一般不面向具体被诊断对象,只面向诊断领域。知识库的关键是知识的表示方法和数据结构的设计,它应有利于提高系统的效率,同时保证知识库易于修改且不会与已有的知识发生冲突。

推理机是故障诊断的控制机构,根据已有知识、数据和诊断过程中获得的新数据控制诊断的进程,直至给出诊断结果。

综合数据库用于存储描述具体诊断对象的各种原始数据和各种推理中间过程数据。针对同一领域的不同诊断对象应建立与之一一对应的综合数据库。

知识获取系统是诊断系统获取领域专家、领域知识和具体诊断对象数据的接口,也是维护知识库和综合数据库的接口。

解释系统用于产生对应于诊断过程的各种解释,增加诊断过程的透明度,便于用户理解和使用。

人机接口是设备人机信息交互的界面,用于输出信息和实施人工干预。

1)故障诊断策略推理机制与原理

系统的推理机制又称控制策略,是系统的关键。推理机是推理机制的具体实现。作为故障诊断系统的信息组织与流程控制机构的推理机,能够根据诊断对象的状态信息,从知识库中选取相关的知识并按一定的推理策略进行推理,直到得出相应的结论。根据在线测试、脱机诊断、现场维修的设计目标,项目组设计了一种模拟人类专家诊断思维过程的、具有很强通用性的故障诊断策略诊断推理机。具体方案如下:

① 推理方法:在推理方法上,采用了深、浅知识推理结合的混合型推理方案,该方案很好地结合了两种推理模式的优点,提高了推理机的性能。

考虑到不精确推理在知识表达和推理机设计方面的复杂性以及推理效率低等特点,本推理机从实用的角度出发采用了精确推理方法,所谓精确推理就是把领域知识表示为必然的因果关系,推理的前提和结论或者是肯定的,或者是否定的,不存在第三种可能。为了解决由于故障本身的模糊性可能对诊断结果带来的影响,设计了故障特征信息标准参数自动统计录取、故障特征信息参数自适应调整等技术,取得了良好的效果。

② 推理方向:为了提高推理效率,本推理机采用正、反向推理相结合双向推理的设计。所谓正向推理是指根据事实推出结论,而反向推理是先给出假设结论,推出验证这种假设正确与错误的依据。正、反向推理使用的基本原则如下:

- 根据浅知识推理机给出的故障假设需要转入深知识推理时采用反向推理。
- 根据正确的状态信息进行推理空间剪裁时，采用反向推理。
- 深知识推理机单独推理时采用正向推理。
- 系统运行状态模拟进行节点修正时采用正向推理。
- 诊断结果错误后的回溯处理，采用反向推理。

③ 推理机制："浅知识推理机"的推理机制为产生式推理机制。

"深知识推理机"的推理机制是基于被诊断对象"结构化描述模型"和诊断对象运行状态仿真与搜索推理机制。搜索方法采用了深度优先和"最大、最近、最易相关"搜索策略，该搜索策略在推理故障假设时，模拟了人类专家在故障诊断时的一般思维规律，具有很高的搜索效率和可信性。

根据上述原则，诊断推理机每次给出的是当前条件下的最佳故障假设。在连续的推理过程中，不断给出最佳故障假设，不断进行验证，随着推理机获得的状态信息越来越多，推理搜索空间不断被剪裁压缩，当推理搜索空间被压缩到一个单元时，该单元就是最终的故障部位。这相当于人类专家在故障诊断过程中，不断假设，不断排除疑问，直至孤立出故障部位。

④ 解释机制的设计：在故障诊断系统中，由于推理机推理的复杂性导致用户很难理解诊断过程的合理性，需要设计一个专门程序来对诊断过程进行解释。

解释机制是指实现解释的途径和方法，项目采用路径跟踪法对推理过程进行跟踪，将问题求解所使用的知识自动记录下来。当用户提出解释需求时，解释器输出问题的求解路径。项目设计的解释器能够提供以下三种解释。

- 技术解释：技术解释给出诊断过程中每一步的推理路径和电路结构特征等信息。技术解释主要用于系统开发人员对新建被诊断对象综合数据库的调试。
- 状态解释：运行状态解释给出诊断过程中被诊断对象仿真的状态信息。主要也是用于故障诊断系统开发人员对新建诊断对象综合数据库的调试。
- 过程解释：诊断过程解释用于以便于用户理解的语言给出对诊断过程的解释，帮助用户了解整个诊断过程和问题求解思路。

2)被诊断对象综合数据库

由于客观因素的制约，大量的知识获取工作不可能与综合数据库的建立同步进行，因此应考虑系统知识不断输入和更新的问题。应为不同层次的用户(领域专家、知识工程师、设备维修人员等)设计一种较通用的诊断知识描述方法。

① 浅知识数据库：浅知识数据库主要用于存储产生式推理故障诊断所需要的各种知识。浅知识数据库在"浅知识推理机"的驱动下，按照产生式规则，组织各种知识的使用和输出，完成人机交互和诊断推理。

② 深知识数据库：深知识数据库主要用于存储诊断对象组成"结构化描述模型"的元素知识、结构知识、功能知识等。深知识库为"深知识推理机"的推理提供了数据和依据，在"深知识推理机"的驱动下，不断根据诊断过程每一步获得的系统状态信息，给出故障假设，不断压缩搜索空间，不断给出诊断策略，直至给出诊断结果。

实际上，人类专家在进行故障诊断时，不仅使用经验性知识，同时也利用设备结构性知识和功能性知识，这就是所谓的深、浅知识结合的混合型故障诊断系统。这种故障诊断系统是目前最接近人类专家诊断思维过程的一种。即将基于专家经验的故障树推理与基于被诊断对象电路结构和信号关系的计算机推理相结合，兼具灵活性和准确性，是故障诊断理论的一种新发展和实践。

系统设计的混合型故障诊断系统除了要解决好深、浅知识的组织与表示外，更重要的是要解决好深、浅知识推理的结合问题。系统深、浅知识推理的结构简图如图 9－25 所示。

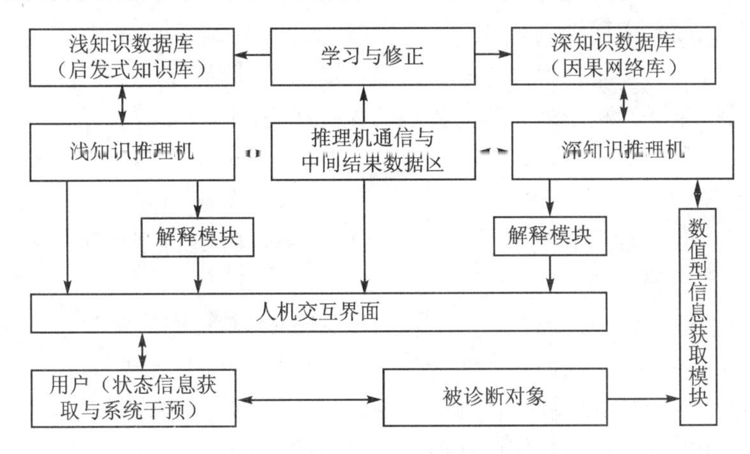


图 9－25　深、浅知识推理的结构简图

系统采用图形化人机交互界面，主要包括主诊断界面、示波器、激励信号与槽口位置装订界面，转接矩阵激励信号输出控制操作界面，激励信号环境编辑与管理界面等，如图 9－26 所示。

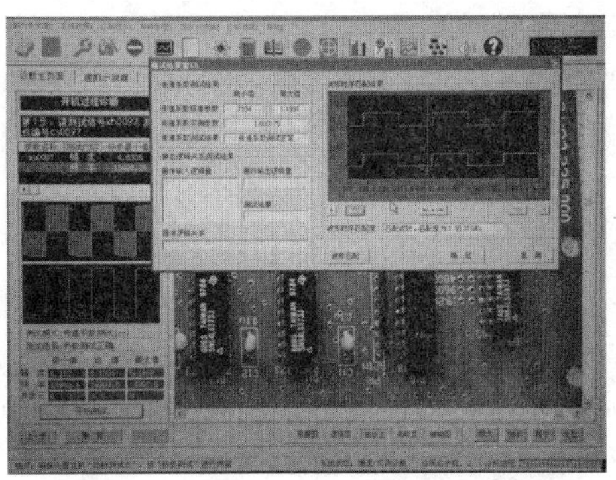

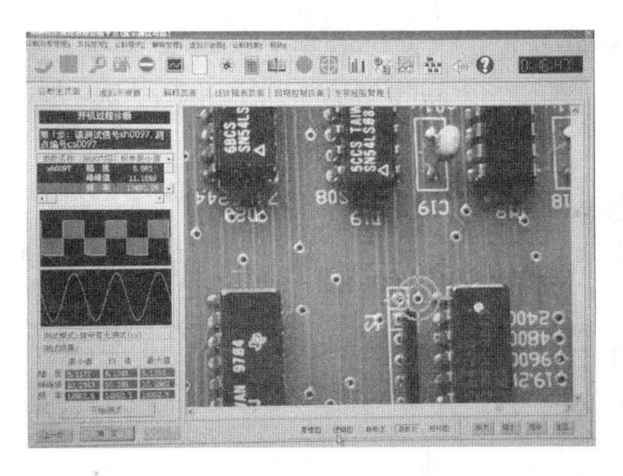

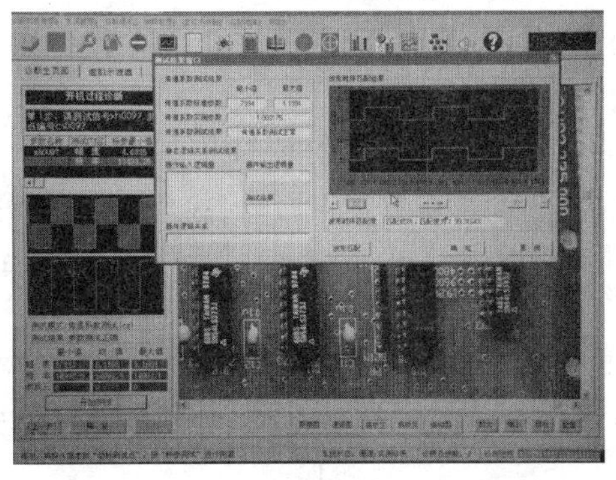

图 9－26　诊断推理机软件界面

### 4. 测试诊断程序开发

测试诊断程序开发主要完成测试诊断程序的开发、编译、调试，最后生成可执行代码提供运行设备执行，主要内容包括：

测试诊断项目：测试诊断需求定义的 UUT 测试诊断内容，用于确定 UUT 某一功能/参数是否合格，由测试诊断序列组成。

测试诊断策略：测试诊断序列的执行方式，连接、区间、单步等。

测试诊断进程：测试诊断序列和诊断流程的执行状态。

测试诊断序列：由一系列测试诊断动作组成，完成测试诊断项目所需的仪器资源设置、通路通断、数据采集等。

测试诊断动作：测试诊断过程的小单元，由测试诊断应用程序的编程接口和辅助功能组成。

系统提供测试诊断过程人机对话界面，包括测试诊断项目选择、测试诊断策略选择、测试诊断进程提示、UUT 状态监测、测试诊断结果显示、测试诊断执行、中断等功能和功能按钮。系统提供最终用户统一的用户界面，控制测试诊断程序运行，对被诊断对象进行功能测试、故障诊断，显示、打印测试诊断结果，使用软面板控制测试仪器。

**(1) 硬件资源编程接口**

系统既提供基于标准接口的硬件资源控制，也提供仪器模块的资源控制。硬件资源控制接口在系统的软件平台中以动态库的形式提供，通过访问动态库的接口函数完成控制与管理。

**(2) 测试诊断策略**

根据测试诊断任务和故障诊断需要，测试诊断程序执行具备以下执行方式：

连续执行：由测试诊断流程控制，循序执行测试诊断程序，并提供“故障”退出、忽略、继续执行等执行判断策略。

单步执行：以测试诊断动作为基本执行单元，逐步执行测试诊断程序。

选项执行：选择部分测试诊断项目进行测试与诊断，相当于抽测。

区间执行：选择部分测试诊断动作，即连续测试与诊断。

循环执行：以测试诊断动作为基本执行单元，进行循环测试与诊断，测试诊断策略主要用于 UUT 参数调整。

**(3) 测试诊断结果记录**

由测试诊断程序依据测试诊断结果生成，按照预先定义的文件名保存在系统定义的文件夹内。

1) UUT 测试诊断数据

测试诊断历程数据：操作人员记录，包括单位、姓名、日期、时间等信息。

测试诊断资源状态数据：累计工作时间、故障记录，包括故障名称、发生的日期、时间以及故障代码等信息。

测试诊断程序集运行状态数据：型号、序列号、累计工作时间、软件版本号等。

UUT 测试诊断结果数据：型号、序列号、测试项目、结果等。

2) 测试诊断项目数据

测试诊断项目名称、测试诊断子项名称、标称值、单位、正常范围、判据、实测数据、结果等。

测试诊断数据结果记录首先设置试验数据存储的方式，如当硬盘空间不足时，如何更新历史数据，如何完成试验数据的转存等。试验数据管理除了转存数据外，还包括查询、删除数据记录等操作。

测试诊断数据结果记录的软件模型如图9-27所示。

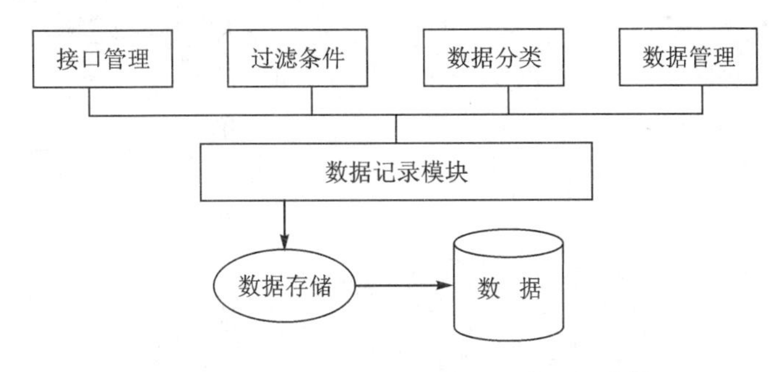


图9-27　测试诊断数据结果记录软件模型

(4) 仪器面板程序

系统中所有已注册登记的模块仪器都会显示在测试仪器工具栏内，操作人员打开仪器模块的软件面板(pxiPNP)，如图9-28所示。

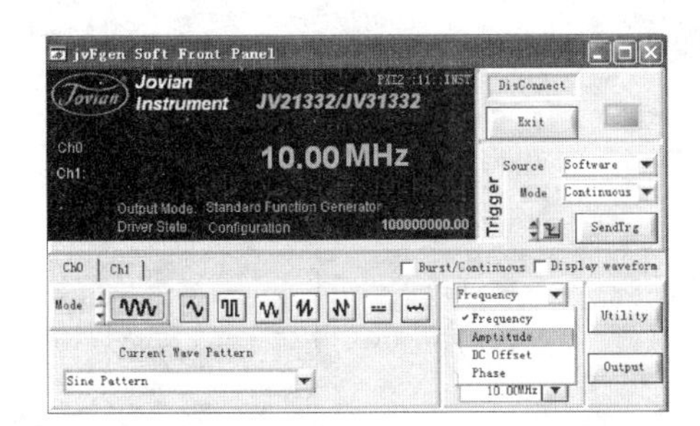


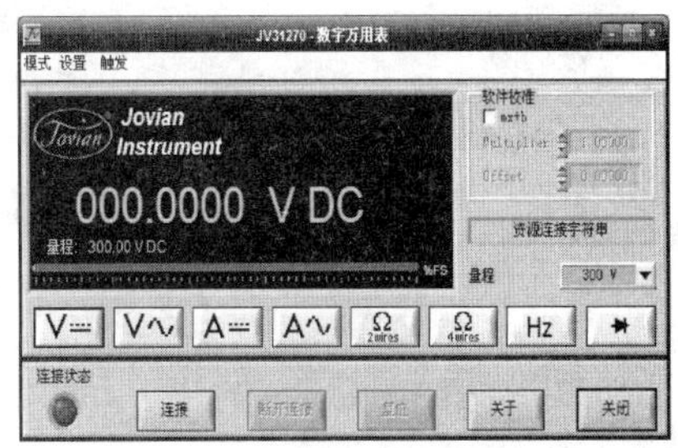


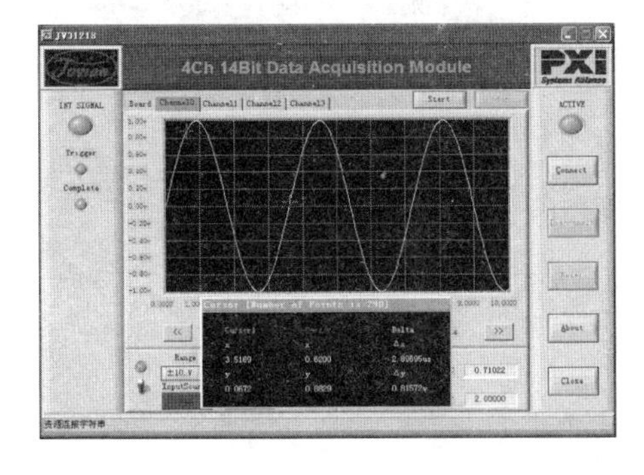


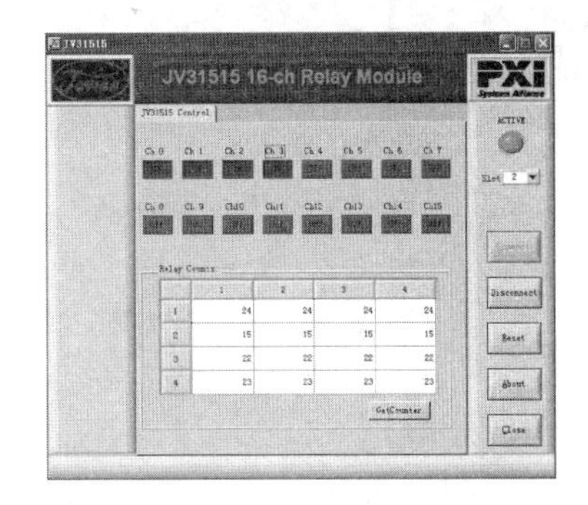


图9-28　仪器模块软件面板程序

在测试诊断程序的开发、调试过程中通过仪器模块的软件面板手动验证测试仪器的工作是否正常、适配器连接是否正确。

## 5. 数据库设计

系统对故障诊断设备信息、资源配置模型、信号通道模型等内容建立数据库。除此之外，针对测试诊断程序完成的测试诊断信息须根据需求建立相应的数据库。

故障诊断信息：记录故障诊断设备基本信息，包括故障诊断设备序列号、计量合格日期、设备名称、型号、厂商、出厂编号等内容。

资源配置信息：描述当前测试诊断系统资源配置情况，资源驱动程序信息。

信号通道信息：描述与测试诊断资源的信号通路，全面描述信号通路的特征，包括信号、方向、修正等内容。

测试诊断基本信息：记录 UUT 的型号、测试诊断日期、测试诊断起始时间等内容。

测试诊断数据信息：记录 UUT 的实际测试诊断数据，包括被诊断的名称、标称值、类型、单位以及结果数据等内容。

数据库概念模型如图 9－29 所示。

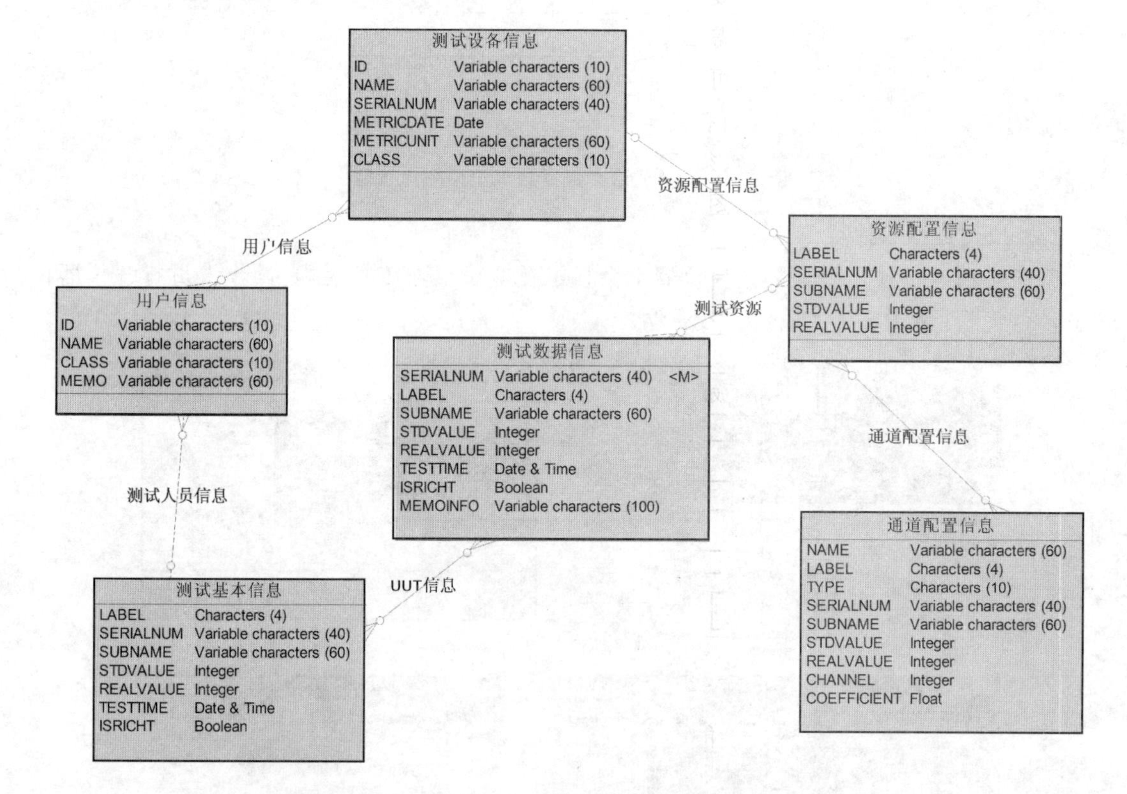


**图 9－29　数据库概念模型**

## 9.3.5　电磁兼容及可靠性设计

### 1. 电磁兼容性设计

电磁兼容性(Electroma Cnetic Compatibility，EMC)是指设备或系统在其电磁环境中能正常工作且不对该环境中任何事物构成不能承受的电磁干扰的能力。电磁兼容性是衡量电子设备或系统的可靠性的重要指标。

一个电子设备或系统既要受到来自设备或系统外界的电磁干扰的影响，同时系统内部各个部分之间也会相互干扰。电磁干扰主要通过以下两种方式影响电子设备或系统：

- 空间电磁场辐射。
- 线缆(信号线、电源线、控制线等)传导辐射。

电磁兼容控制策略与控制技术方案可分为如下几类：

- 空间分离：地点位置控制、自然地形隔离、方位角控制、电场矢量方向控制。

- 频率管理：频率控制、滤波、频率调制、数字传输、光电转换。
- 电气隔离：变压器隔离、光电隔离、继电器隔离、有隔离与非隔离式的DC/DC变换。
- 传输通道抑制：具体方法有滤波、屏蔽、搭接、接地、布线。
- 时间分隔：时间共用准则、主动时间分隔、被动时间分隔。
- 设备在电源的输入端配置EMI滤波器。

**2. 可靠性设计**

可靠性是构成产品质量的重要特征和标志，是指产品在规定的时间和条件下完成规定功能的能力。PXI系统实现测试所需的硬件资源，是整个系统的关键设备，对工作可靠性提出了较高的要求。设计过程中根据其可靠性工作通用要求和产品质量管理条例，合理地采用可靠性设计方法和技术，提高产品的固有可靠性。

为达到产品设计可靠性指标，须明确各阶段可靠性指标间的关系。在论证、设计、考核验收各阶段可靠性指标间的关系如图9-30所示。

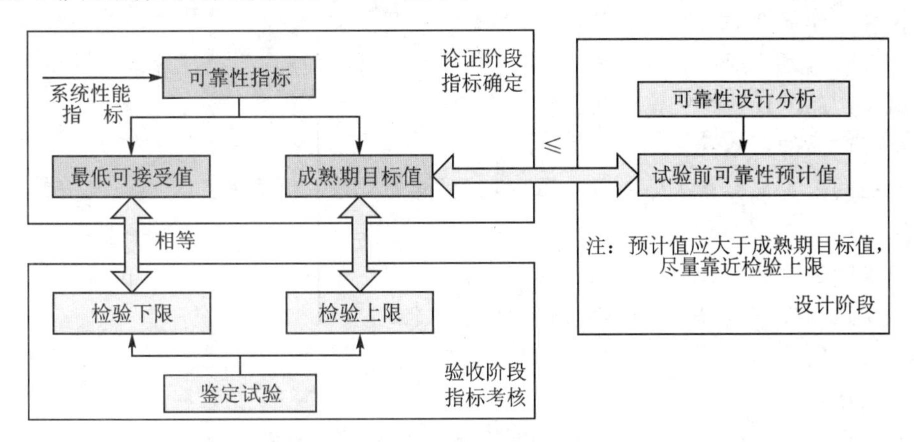


图9-30　不同阶段可靠性指标间的关系

在设计阶段初期，根据系统性能指标确定出可靠性指标的最低可接受值、成熟期目标值，明确系统的可靠性指标要求。

**(1) 提高可靠性的措施**

① 制定产品的可靠性保证大纲和增长计划：为确保系统达到预期的可靠性指标，根据CJB450A—2004的要求制定可靠性保证大纲，将可靠性保证工作贯彻到整个产品研制的全过程。

② 加强设计评审和确保设计质量：加强设计评审是对产品的可靠性进行全面审查，及时发现潜在的设计缺陷，降低决策风险，保证系统达到可靠性定量要求，运用及早告警和同行评议的原则对设计构思进行监控，参照公司多年来从事测控行业与大型测控系统的成功经验建立完善三级评审制度，即系统级、关键件、重要件技术设计评审。

③ 强化研制和生产过程中的可靠性试验：可靠性试验是对产品的可靠性进行调查、分析、评价的一种手段，对产品在试验中发生的每一个故障进行细致的分析、研究，采取可能的有效纠正措施。试验项目包括：元器件应力筛选试验和可靠性验证试验等。

④ 提高系统、设备中软件的可靠性：根据系统、设备工作流程中数据处理、信息和设备监控的实际需要，选择适当的可靠性高的操作系统，各应用软件的研制和生成均严格按照软件工

程化相关的标准、规范和规定进行。

加强应用软件的代码审查，严格进行应用软件的各级评估测试。

严格“接口控制”的设计，加强在研制过程中的协调与检查。

⑤ 加强对外协及外购件的质量监控：在转承包研制技术要求中必须有明确的可靠性、环境适应性等技术指标要求。

**(2) 维修性保证措施**

通过维修性设计，使系统达到 MTTR≤30 min 的维修性指标，研制阶段的维修性保证措施如下：

① 简化产品设计和维修程序：

- 优选满足设备性能的各种简化方案。
- 对产品功能进行分析权衡，去掉不必要的功能。
- 采用集成度高又有自检测功能的器件。
- 设计操作简便而可靠的调整机构，避免反复调校。
- 合理安排各组成部分的位置，减少连接件、固定件，使检测、换件等维修操作简单方便。
- 减少产品的预防性维修和不工作状态的维修。

② 增强产品的可达性：

- 产品的配置根据其故障率的高低、维修的难易、尺寸和质量的大小以及安装特点等统筹安排。
- 系统的检查点、测试点、检查窗、润滑点等维护点布置在便于接近的位置。
- 减少紧固件，或使用快速紧固件，使拆装方便。
- 要维修的产品，其周围预留足够的操作空间。

③ 模块化设计：

- 从产品上卸下后检测、调试、维修更换到产品上的合格模块不需要调整或只要简单的调整。
- 模块设计监测点，使故障可以隔离到模块。
- 模块的结构尺寸有统一的标准，制造有允许公差和容限。

④ 防差错设计：

- 采用容错技术，即使有差错也会提示或告警。
- 外形相近而功能不同的零部件、重要连接部位和安装时容易发生差错的零部件，应从结构上加以限制如须有定位装置或有明显的防差错识别或定位标记。
- 对可能误操作的零部件设计明显的防错标志 。

⑤ 结构、功能和电气划分：

- 把系统合理地划分为易于检测和更换的单元。
- 被测功能所涉及的元件安装在一起。
- 如一块电路板上设置多个被测功能，则能按功能进行独立测试。
- 故障不能准确隔离的产品组装在一起。
- 如果需要，驱动电路与负载安装在同一块印制电路板上。

# 本章小结

在维修工厂或基地通常采用专用的综合故障诊断设备对复杂电子设备进行故障诊断与维修，了解综合故障诊断设备的开发流程、基本架构可以有效帮助维修人员完成电子设备故障诊断与维修工作。本章首先介绍了综合故障诊断设备开发的基本流程和步骤，然后介绍了现代综合故障诊断设备基本的体系结构，最后以一套便携式数模混合电路板故障诊断设备为例说明如何开发、应用一套综合故障诊断设备。

# 思考题

① 简述综合故障诊断设备的开发流程。
② 综合故障诊断设备通常由哪几部分组成？
③ 什么是电磁兼容性设计？
④ 电磁兼容控制策略与控制技术有哪几类？
⑤ 如何提高设备的可靠性？

# 课外阅读

## 美军自动测试系统的现代化

伴随着作战飞机及机载制导武器的结构从简单到复杂，功能从单一到多样的发展过程，国外自动测试系统（ATS）的发展也经历了从孤立开发到各军种联合开发，从有限通用到技术通用的全系统标准化、现代化的演进过程。20世纪80年代开始，美国各军种分别启动ATS通用化发展计划，其中包括空军的模块化自动测试设备（MATE）计划、海军的综合自动化保障系统（CASS）、美海军陆战队的三级梯队移动测试系统（TETS）和陆军的综合测试装备族（IFTE）计划。但由于ATS研发是各军种分散管理、独立开发，不但浪费了大量的资源，而且使得ATS品种繁多、系统架构五花八门，给维护带来很大的麻烦，以至于有的计划不得不被终止（如空军的MATE计划）。由此，美国国防部认识到ATS的发展必须集中管理、统一安排。1994年美国国防部ATS执行局召集陆、海、空及工业部门成立“下一代测试”（NxTest）工作组，以协调工业部门和各军种在测试上的投资，使之趋于统一，并于1996年正式启动NxTest计划。NxTest工作组的主要工作是制定下一代ATS开放式体系架构与相关标准。NxTest计划指明了美军下一代自动测试系统（Next Generation ATS，NGATS）的发展方向。研究美军ATS的现代化发展历程，对国内下一代ATS的发展具有重要的参考价值。

### 一、美军ATS的现代化

#### 1. 美军NGATS计划

NGATS研究计划实施的最终目的包括：降低测试系统的使用维护费用；提高测试系统的互操作能力；提高测试诊断效率和准确性。美国NxTest工作组针对自动测试系统的测试设备、测试接口适配器、测试程序和被测对象等几个主要部分，定义了影响测试系统使用维护费用、标准化和互操作的26项架构要素，并在此基础上建立了NGATS开放式体系框架结构。除此之外，还将ATS划分为硬件、软件、接口、测试程序等若干功能组成部分，并联合工业界的相关标准组织(如IEEE)制定相关标准进行约束。美国NGATS在继承之前测试系统优点的基础上，又采用新的测试技术，依靠新的标准和通用化的关键接口，大大提高了测试效率，达到各军种ATS的模块化、通用化、现代化。

**2. 美军各军种ATS的现代化**

随着美国国防部关于NGATS"5步走"发展策略的发布，各军种对各自的ATS进行了现代化改造升级。"5步走"发展策略具体为：

① 使用国防部指定的标准ATS产品，以减少ATS品种，降低采购费用；

② 为ATS定义一种通用的技术架构，新研ATS必须使用国防部发布的标准；

③ 共担技术的开发与引入；

④ 在NGATS的演示验证中共同投资；

⑤ 各军种将各自的ATS现代化。

美国ATS现代化计划时间表如图9-31所示。

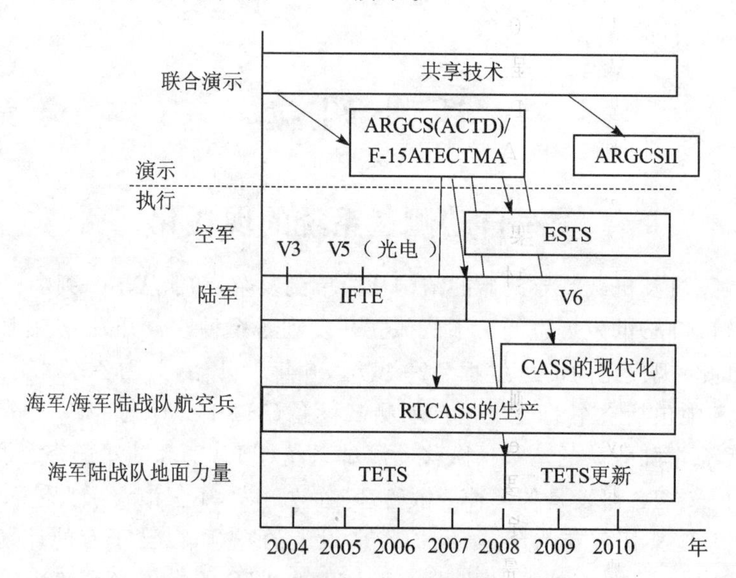


**图9-31　各军中ATS现代化时间表**

**(1) 海军的CASS**

CASS是20世纪80年代初由美国海军提出的，全称为"综合自动化保障系统"(Consolidated Automated Support System, CASS)。该系统具有从系统到元器件级的诊断能力，主要用于武器系统电子装置的中继级和基地级测试。CASS有六种配置方案：

Hybird配置为CASS基本配置，是一个混合测试系统，可逐步扩展，能够覆盖各种武器的一般测试项目。CASS由控制子系统、通用低频仪器、数字测试单元、通信接口、功率电源、开关组件等组成，并广泛用于通用的电器、电子、计算机、仪器、飞控检测。

RF(Radio Frequency)配置是在Hybird配置的基础上增加了射频系统配置。除了具有基本配置的测试能力外，还可以测试脉冲信号、各类雷达，在HPDTS(大功率电源系统)配合下能测试需要高电压、大电流的航空电子部件。

CNI(Communication Navigation Identification)配置是在RF配置的基础上增加了通信和导航仪器,具有对通信、导航和敌我识别系统的测试能力。EO(Electro-Optical)配置是把光电测试设备增加到核心配置中。用于对红外、激光制导、激光测距、可见光系统的基本功能测试。

GWTS(Guided Weapons Test Station)使用了CASS的一些部件,作为一种独立配置。用于AMRAAM的内场全弹测试,不能与CASS的其他配置兼容,但其架构是开放的,具有扩展能力,可以满足未来制导武器的测试需求。

RTCASS(Reconfigurable Transportable CASS)是独立于CASS的一种便携式可灵活配置的商品ATE系统,针对航空电子及武器系统的维修任务而开发。

自1994年起,海军对CASS进行了现代化升级,升级的成果即"电子综合自动化保障系统"(eCASS),用以替代CASS。eCASS具有以下特点:

① 可兼容CASS系列。

② 统一的LXI总线触发方式进行信息传递。

③ 支持热插拔。

④ 支持新的VXI-1Rev.4.0标准。

⑤ LabWindows/CVI测试程序开发工具。

⑥ 支持待机模式浏览IETM。

⑦ 提供多种运行环境,包括ATLAS、Test-Stand等。

⑧ 双触摸式监视器。

⑨ 具有开放式软件和硬件架构,使其可以在未来很长时间内不断升级,相对于CASS运行提升了20%,可靠性更高,互换性更好。

**(2) 陆军的IFTE**

综合测试装备族(Integrated Family of Test Equipment,IFTE)由美国陆军提出,是包括测试、测量和诊断模块的一系列测试设备,现已发展为支持陆军所有武器系统的标准ATE,它分为在线测试器(On-System Testers)和离线测试器(Off-SystemTesters)。

在线测试器主要用于野战需要,灵活、便携。所有IFTE在线测试器都是用完全的开放式结构集成,使用货架操作系统和货架仪器。离线测试器具有灵活的ATE集成能力,主要用于满足陆军中级保障部门测试保障需求,包括:

① 基地维修厂测试设备(Base Shop Test Facility,BSTF),用在直接维护或综合维护场所,用于测试武器系统现场可更换单元(Line ReplaceableUnits,LRU),可帮助TPS开发者,亦可满足士兵的训练需要。

② 商用等效装备(Commercial Equivalent Equipment,CEE),用于LRU和修理厂可更换单元(Shop Replaceable Unit,SRU)TPS的开发,用在库房级的维护程序并作为工厂级的测试装备。

③ 电子系统测试装置(Electronic Systems Test Set,ESTS),是一个基于VXI结构、自成一体的中间级通用测试器。

IFTE族目前还在不断扩充,现在主要有两种新产品:用于所有陆军光电设备测试和维修任务的光电测试装置(Electro-Optics Test Facility,EOTE)和用于测试、维修LRU和SRU

的电子维修盾(Electronic Repair Shelter,ERS)。

IFTE V6 是 NGATS 的代表,也是美军 ATS 现代化的成果之一。相比 IFTE,增加了武器系统的可利用性;可装备于测试车上,更加小型化,占用空间更少,更加机动、易部署,可及时支持保障武器系统。IFTE V6 具有以下技术特征:

① 综合了 IFTE BSTF V3,IFTE BSTF V5 以及 DSESTS(Direct Support Electronic System Test Set)的基本功能:

② 可重构、模块化。

③ 遵循“下一代”开放式的体系结构。

④ Windows 操作系统,PC 控制器。

⑤ 采用 IEEE1641 标准对测试信号进行标准化描述。

⑥ VXI 总线加台式机的系统架构,使其更易融入可互换虚拟仪器技术等新一代测试技术。

**(3) 空军的 VDATS**

通用场站级自动测试站(Versatile Depot Automatic Test Station,VDATS)是空军第一种通用自动测试系统,由洛宾斯空军基地的专业人员研制,2007 年被指定为国防部标准 ATS 家族成员之一。可用于支持多种武器系统,美国国防部和空军要求所有新型航空武器系统首先考虑使用 VDATS 作为其基地级修理测试设备。VDATS 具有以下特点:

① 采用基于 VXI 总线平台的高性能、高密度的数字(Digital)、模拟(Analog)测试仪器,系统功能可覆盖 80%的电子产品诊断测试需求,加上 RF 扩展测试站,可完成超过 90%的测试工作。

② 采用“共核方法”,大大减轻了体积重量。

③ 由三个舱室构成,其中一个双舱作为模拟和数字仪器的“共核”,第三个为可选的扩展舱,目前用于提供 RF 测试能力,也可以扩展提供针对特定工作的定制测试能力。

④ 系统软件为美国泰瑞达公司的 Test Studio 测试软件,是一款基于 Web 技术的多功能通用测试软件。

VDATS 系统设计用于替换美空军目前数百套、数十种不同种类的维修检测设备,大大减少了系统种类和数量,降低了系统培训、应用和维护的难度,提高了系统间的功能互换性,从而提升了测试保障能力,避免因测试系统故障影响维修保障任务,将成为美空军电子装备保障系统的统一标准。

**(4) LM - STAR**

洛马之星(LM - STAR)是 NxTest 的典型代表,由美国洛克希得·马丁公司研制,是建立在美海军和海军陆战队的 CASS 和 RTCASS 以及商业基础上的新一代测试系统。LM - STAR 所采用的开放式体系结构与国防部 ATS 执行代理的标准以及 Nx Test 组研制的技术完全一致。LM - STAR 提供多功能接口、VXI 即插即用及可互换的虚拟仪器(IVI)标准,支持多种运行时间系统、交互式电子技术手册(ITEM)的接口和基于网络的保障,并提供对数字、模拟、射频和光电系统的全面测试能力。LM - STAR 大量采用商业货架产品及技术,减少了升级改造和采购费用。

LM - STAR 采用公共测试接口技术,对于先进的测试技术可通过公共测试接口在测试系统中进行集成,为 TPS 可移植和互操作奠定了基础。LM - STAR 采用 TYX 公司的 PAWS

软件，结合NI公司的LabWindows/CVI及TestStand开发工具，建立了一个开放式的软件系统，该系统一方面可以运行已有的采用ATLAS语言的TPS，另一方面也为用户提供了一个可以使用C语言的虚拟仪器开发环境。保证了快速开发和配置测试系统的完成，减少了长期维护的投资。

### 3. ARGCS系统

NGATS的系统级演示项目“灵活快速全球作战保障”(Agile Rapid Global Combat Support，ARGCS)系统已于2004年开始启动，ARGCS项目的目的有：验证并完善NxTest的技术体系结构及其26项关键要素；充分发展各项测试及技术；联合各军种演示国防部NGATS的实现方法；指导和推动后期各军种ATS的现代化发展。

ARGCS系统采用通用核加必须的激励和测试设备的开放式体系架构，最大限度地实现TPS的跨平台操作及UUT的跨平台测试，即“横向与纵向的综合集成测试”。目前，ARGCS采用横向测试集成策略，已完成第一阶段的开发工作，实现跨军种的通用化测试。

## 二、美军NGATS的标准化体系结构

美军的NGATS计划是以技术为先导，通过ATS的系统架构统一和软硬件接口标准化，实现对各军种ATS现代化升级，最终完成全军测试系统的统一，实现跨军种的测试能力。

可见，通用化是下一代军用ATS发展的必然趋势，而通用化的关键是标准化。美军从ATS体系架构标准化出发，切实推进通用化工作。

### 1. 体系架构关键元素的标准化

为了促进ATS开放式体系结构的落实，美国国防部ATS执行局发布了ATS 26项架构要素的具体标准，如表9-3所列。

表9-3　体系结构关键元素

| 参考文献 | 架构要素 |
| --- | --- |
| 国防部自动测试系统体系指南(1999) | 适配器功能与参数信息(AFP)、机内测试数据(BTD)、计算机至外部环境接口部件(CXE)、诊断数据(DIAD)、诊断服务(DIAS)、仪器驱动器(DRV)、数字测试格式(DTF)、系统架构(FRM)、仪器通信管理器(ICM)、仪器功能和参数信息(JFP)、多媒体格式(MMF)、维修与测试数据以及服务(MTDS)、数据网络单元(NET)、产品设计数据(PDD)、资源适配器接口(RAI)、接收器/夹具接口(RFX)、资源管理服务(RMS)、运行时间服务(RTS)、开关功能与参数信息(SFP)、开关矩阵(SWM)、被测单元测试需求(UTR) |
| 国防部自动测试系统纲要计划(2006) | 新增：分布式网络环境(DNE)、控制一致性索引(MCI)<br>更改：开关功能与参数信息(SFP)更改为测试站功能与参数信息(TSFP)、测试程序至操作系统(TPOS)更改为测试程序文档(TPD)、开关矩阵(SWM)更改为被测对象接口(UDI) |
| 体系结构定义程序指南(2008) | 预兆数据(PROS)、预兆服务(PROD) |

基于这26项架构要素建立起的NGATS系统架构具有以下特点：

① 保证了测试系统的快速开发和配置。

② 减少了长期维护保障的费用。

③ 标准化的系统架构使得系统部件的升级改造对于系统中其他部件和软件没有大的

影响。

④ 促进 ATS 和其部件的互支持性。

⑤ 增强了跨军种的使用性。

目前，有 7 项架构要素已给出强制性的标准，另有 17 项架构要素正在形成标准。随着测试技术的发展以及测试需求的演变，架构工作组针对架构要素进行持续评估，并安排满足 NGATS 架构的关键元素的制定和验证。

**2. 软件标准化体系技术**

软件标准化体系技术将是 NGATS 的重要特点，也是实现信息交互的技术基础。结合 NGATS 体系结构的规划可以看出，未来的通用自动测试系统软件体系结构将以 IEEE 制定的 ABBET 标准为基础。

该标准有两个目标：通过定义一系列的接口提供针对 ATS 的描述能力和控制信息；通过定义一系列接口实现虚拟和真实资源管理服务。

广域测试环境（A Broad - Based Environment for Test，ABBET）标准的核心思想是将测试软件合理分层配置，实现测试软件与测试系统硬件、软件运行平台的无关性。采用 ABBET 标准将实现产品从设计到测试维护的信息的共享和重用，实现测试仪器的可互换、TPS 的可移植与互操作，使诊断测试系统的开发更方便、快捷。

实现测试软件可移植与互操作的两个基本条件是测试系统信号接口的标准化、测试程序与测试硬件资源的无关。测试软件从结构上可分为面向应用、面向仪器和面向信号三种形式，而面向信号的开发是实现测试软件互操作的前提，是未来测试软件的发展方向。

面向信号自动测试系统是现阶段解决仪器可互换和测试程序可移植的最佳手段，基于自动测试标记语言（Automati Test Markup Language，ATML）标准的面向信号软件开发则是现阶段主要的研究方向。ATML 系列标准为集成设计数据、测试需求、测试策略、测试过程、测试数据管理、测试制定等指定了一个综合环境。IEEE1671 标准和 IEEE1641 标准均为 AT-ML 系列标准的子标准，解决了 ATS 全生命周期的标准化问题。

IEEE1671 系列标准主要对测试系统的测试资源进行描述，规定了测试系统各组件测试数据交换的标准格式。该标准框架结构清晰，可以有效实现测试系统内部各组件之间信息共享和交换以及不同测试系统之间信息的交互和复用。

IEEE Std 1641—2010 标准作为 ATML 系列标准的子标准，是针对测试信号描述的标准。该标准为各种测试信号给出了完整的定义并提供了一个基本信号库，强调了测试信息在设计、测试和维护各阶段之间的可交互的重要性，为测试软件的标准化和互操作性提供了更为广泛的技术支持，从面向信号的角度实现测试软件的通用性。

美军 NGATS 计划经过 10 多年的发展，已经有技术成果和装备成果，在各军种 ATS 的现代化中发挥了重要作用，基本实现了最初设定的目标。分析、参照美军 ATS 的现代化发展过程、发展方向，可以指导国内 ATS 的发展。

NGATS 的重点在于系统架构的开放和软件体系的标准化，通过 ATS 架构要素的标准化，实现全过程测试诊断信息的交互和共享，而不是硬件组成等外在形式上的统一。当然，NGATS 的具体实现仍然要根据用途、场地、使用环境等使用需求进行结构形式上的针对性设计，以满足特殊的测试需求。

# 参考文献


[1] ELSAYED A E. 可靠性工程[M]. 2版. 杨舟，译. 北京：电子工业出版社，2013.

[2] 张金玉，张炜. 装备智能故障诊断与预测[M]. 北京：国防工业出版社，2013.

[3] ROBERT A P. 模拟电路故障诊断[M]. 王希勤，译. 北京：人民邮电出版社，2007.

[4] SANJAYA M. 开关电源故障诊断与排除[M]. 王晓刚，译. 北京：人民邮电出版社，2011.

[5] 王仲生. 智能故障诊断与容错控制[M]. 西安：西北工业大学出版社，2005.

[6] 夏虹，刘永阔，谢春丽. 设备故障诊断技术[M]. 哈尔滨：哈尔滨工业大学出版社，2010.

[7] 张凤鸣，惠晓滨. 航空装备故障诊断学[M]. 北京：国防工业出版社，2010.

[8] 冯静，孙权. 装备可靠性与综合保障[M]. 长沙：国防科技大学出版社，2008.

[9] 朱大奇. 电子设备故障诊断原理与实践[M]. 北京：电子工业出版社，2004.

[10] 吕琛. 故障诊断与预测——原理、技术及应用[M]. 北京：北京航空航天大学出版社，2012.

[11] 陈树峰. 高频电源电子线路故障诊断及辅助软件设计[D]. 南京：南京航空航天大学，2013.

[12] 曲延华，于源，秦宏. 模拟电路故障诊断方法的研究[J]. 科技创新导报，2009(20)：80，82.

[13] 唐人亨. 模拟电子系统的自动故障诊断[M]. 北京：高等教育出版社，1991.

[14] 库振勋，王建，李文惠. 实用电子电路故障查找技术[M]. 沈阳：辽宁科学技术出版社，2011.

[15] 杨海祥. 电子电路故障查找技巧[M]. 北京：机械工业出版社，2012.

[16] 廖剑. 基于 FrFT - SVM 的引俄模拟电路板故障诊断方法研究[D]. 烟台：海军航空工程学院，2009.

[17] 秦亮. 基于多源信息的导弹故障诊断方法[D]. 烟台：海军航空工程学院，2012.

[18] 郑伟，邵进. 板级电路测试诊断技术研究及典型设备研制[J]. 计算机测量与控制，2014，22(4)：997-999，1002.

[19] 陈飞. 基于电源电流测试的数字电路故障诊断研究[D]. 南京：南京航空航天大学，2008.

[20] 吕俊霞. 电子设备的故障及其规律分析[J]. 电子质量，2007(10)：47-50.

[21] 史贤俊，孔东明. 数模混合电路故障诊断新方法[J]. 舰船电子工程，2012，32(1)：83-84，102.

[22] 李太玲. 浅析数字电路故障的检测和诊断[J]. 数字技术与应用，2012(5)：102.

[23] 华新孝. 基于边界扫描技术的 PCB 功能模件测试方法的研究[D]. 哈尔滨：哈尔滨理工大学，2010.

[24] 杨士元. 数字系统的故障诊断与可靠性设计[M]. 北京：清华大学出版社，2000.

[25] 周龙甫. 模拟电路软故障的智能优化诊断方法研究[D]. 成都：电子科技大学，2009.

[26] 徐磊，陈圣俭. 数模混合电路测试与故障诊断方法研究[J]. 计算机测量与控制，2010，18(8)：1709-1711.

[27] 冯建呈,王彤威. 数模混合电路故障字典生成技术的研究[J]. 计算机测量与控制,2012,20(4):955-958.

[28] 徐龙海,曾昭勇. 一种电子设备故障维修仿真系统[J]. 通信对抗,2015,34(1):53-55.

[29] 吴苏,吴文全. 基于多传感器数据融合技术的电子设备故障诊断[J]. 计算技术与自动化,2016,35(1):27-30.

[30] 刘萌萌,苏峰. 装备电子边界扫描系列标准及测试性设计技术研究[J]. 计算机测量与控制,2017,25(2):8-11.

[31] 闫涛,赵文俊. 基于信息融合技术的航空电子设备故障诊断研究[J]. 电子科技大学学报,2015,44(3):392-396.

[32] 谢晓敏,孙雁南. 基于专家案例推理的板级电路智能故障诊断研究[J]. 佳木斯大学学报(自然科学版),2016,34(2):242-244.

[33] 黄钞. 模拟电路软故障诊断的研究[J]. 电子世界,2017(2):129-130.

[34] 战祥新. 航空电子装备故障诊断方法研究[J]. 装备制造技术,2016,(11):198-200.

[35] 孔庆宇,霍景河. 基于知识的主流故障诊断技术研究[J]. 2015,36(9):60-64.

[36] 高铁峰. 电子设备智能故障诊断技术[J]. 电子技术与软件工程,2016(20):120.

[37] 姚申茂,陈布亮. 舰船电子设备综合测试与故障诊断技术发展研究[J]. 仪表技术,2015(11):40-43.

[38] 毕坤. 关于电子电路的故障诊断技术分析[J]. 信息化建设,2015(11):283.

[39] 罗慧. 模拟电路测试诊断理论与关键技术研究[D]. 南京:南京航空航天大学,2012.

[40] 崔江,王友仁. 一种新颖的基于混合故障字典方法的模拟故障诊断策略[J]. 电工技术学报,2013,28(4):272-278.

[41] 周汝胜,焦宗夏,王少萍,等. 基于专家系统的导弹发射车液压系统故障诊断[J]. 航空学报,2008,29(1):197-203.

[42] 王晓峰,毛德强,冯尚聪. 现代故障诊断技术研究综述[J]. 中国测试,2013,39(6):93-98.

[43] 王朕,秦亮. 基于 RCM 的某类多型导弹电子设备维修决策[J]. 海军航空工程学院学报,2016,31(1):69-74.

[44] 王朕,秦亮,王朝轰. 基于 PXI 总线的便携式引进装备通用电路板故障诊断仪的设计[J]. 计算机测量与控制,2016,24(3):99-102.

[45] 王朕,肖支才,邵友权. 数字电路故障诊断方法研究[J]. 海军航空工程学院学报(军事版),2016,14(2):73-77.

[46] 秦亮,王朕. 一种基于免疫克隆聚类的模拟电路故障诊断方法[J]. 仪表技术,2017(5):22-26.

[47] 陈家斌. 常用电气设备故障查找方法及排除典型事例[M]. 北京:中国电力出版社,2012.

[48] 陈学平. 电子元器件识别检测与焊接[M]. 北京:电子工业出版社,2013.

[49] 樊融融. 现代电子装联焊接技术基础及其应用[M]. 北京:电子工业出版社,2015.

[50] 高小梅,龙立钦. 电子产品结构及工艺[M]. 北京:电子工业出版社,2016.

[51] 臧和发,王金海. 航空电子装备维修技能[M]. 北京:北京航空航天大学出版社,2014.

[52] 北京航天光华电子技术有限公司. 航天电子产品装接培训教材[M]. 北京:中国宇航出版社,2009.

[53] 孙磊. 现代电子装联常用工艺[M]. 北京:电子工业出版社,2016.
[54] 王文利,闫焉服. 电子组装工艺可靠性[M]. 北京:电子工业出版社,2011.
[55] 黄金刚,位磊. 电子工艺基础与实训[M]. 武汉:华中科技大学出版社,2016.
[56] 王兰君,黄海平,邢军. 电工实战—维修技法详解[M]. 北京:人民邮电出版社,2013.
[57] 胡剑波. 军事装备维修保障技术概论[M]. 北京:解放军出版社,2010.
[58] 邵延君. 武器装备预防性维修理论与方法[M]. 北京:电子工业出版社,2015.
[59] 张军. 电子元器件检测与维修从入门到精通[M]. 北京:科学出版社,2008.
[60] 王毅,周杨. 电子装联操作上应会技术基础[M]. 北京:电子工业出版社,2016.
[61] 陈晓. 电子工艺基础[M]. 北京:气象出版社,2013.
[62] 总装备部综合计划部. 军事装备技术保障学[M]. 北京:解放军出版社,2006.
[63] 冯健,王度桥. 国外电子装备维修技术发展综述[J]. 舰船电子工程,2013,33(2):23-25.
[64] 杨明,徐运涛,曾捷. 电子装备应急维修技术[J]. 火力指挥与控制,2010,35(11):142-145.
[65] 姜延涛,刘铭,贺兴. 电子设备维修的几种实用方法[J]. 科技视界,2016(20):90,141.
[66] 李成. 电子设备维修方法探析[J]. 科技经济导刊,2016(20):33,36.
[67] 杜家魁. 浅谈飞机电子设备的维修工作[J]. 通信世界,2017(2):291.
[68] 田沿平,叶晓慧等. 基于状态维修的电子设备故障预测技术研究[J]. 计算机测量与控制,2015,23(5):1485-1488.
[69] 盛雅明. 电子模拟维修系统的设计[J]. 电子技术与软件工程,2017(1):95.
[70] 张波,许力等. 电子工艺学教程[M]. 北京:清华大学出版社,2012.
[71] 北京普源精电科技有限公司. RIGOL DS1000E,DS1000D 系列数字示波器用户手册[M]. 2008.07.
[72] 艾德克斯电子(南京)有限公司. ITECH 直流可编程电子负载用户使用手册(型号 IT8513/14 系列)[M]. 2010.09.
[73] 常州扬子电子有限公司. YD2810B 型 LCR 数字电桥使用说明书[M]. 2010.10.
[74] 固纬电子实业股份有限公司. SFG-1000 系列合成函数信号发生器[M]. 2009.08.
[75] 严乐,司斌,张从霞. 美军自动测试系统的现代化发展综述[J]. 航空兵器,2016(2):71-76.
[76] 赵亮亮,肖明清,程进军,等. COBRA/T-美军通用自动测试系统的新进展[J]. 计算机测量与控制,2013,21(6):1408-1411.
[77] 齐永龙,宋斌,刘道熙. 国外自动测试系统发展综述[J]. 国外电子测量技术,2016,34(12):1-4.
[78] 刘志宏. 舰船电子装备测试诊断技术发展研究[J]. 仪表技术,2017(1):25-28.
[79] 肖明清,杨召,赵鑫. 云测试的概念及其应用探索[J]. 计算机测量与控制,2016,24(1):1-3,11.
[80] 刘福军,蔡德咏,孟晨,等. 下一代自动测试系统体系结构研究进展[J]. 计算机测量与控制,2015,23(2):339-341.
[81] 巩强,陈波. 电子战装备通用自动测试系统体系结构[J]. 电子信息对抗技术,2013,28(1):72-76.